JN303278

［机上版］
落葉広葉樹図譜

斎藤新一郎 著

共立出版

[改訂版]

落葉広葉樹図鑑

まえがき

　樹木の分類では，生殖器官の花，そして，栄養器官の葉が同定の基準となっている．開花期や着葉期には，それらで十分である．けれども，北国では落葉樹が多く生育していて，しかも着葉期間と落葉期間の長さが変わらない．つまり，落葉期にも同定の基準が欲しいのである．

　これまで，林業方面や森林植物，森林動物など，ほかの研究者の分野では，冬の樹木判別に，樹皮，樹形，枝ぶりが参考の基準とされてきた．しかし，これらの基準では，樹種を属の単位までしか判別できないケースが多い．しかも，同じ樹種についても，年齢，個体差，環境条件などによって，変化の範囲がいちじるしく多様となってしまい，豊かな経験，鋭い勘が必要となるから，初心者には判別が難しい．

　ところが，冬芽と一年生枝を基準にするならば，初心者であっても，多くのケースでは種の単位まで判別できるのである．

　筆者は，林学科の学生時代に，植物学科の館脇教室に入門を許され，伊藤浩司先生に指導を受け，「生きもの工法」の植物的な基礎を学びつつ，同時に，観察とスケッチを集成しながら，当時から北海道に生育する落葉広葉樹の図説に取り組み，後年，「落葉広葉樹図譜―冬の樹木学」を刊行する機会を得た．本書はその改訂版にあたる．

　本書を参考にされ，この基準をマスターされれば，読者は林業専門家の実施する毎木調査はもちろんのこと，環境アセスメント調査，環境緑化の材料探し，野外観察会，スキーツアー，冬山登山，冬の散歩などに利用して，冬の樹木に，森林に，いっそう親しむことができるであろう．少なくとも，主要樹種以外を「雑木」として片付ける風潮の抑制には役立つにちがいない．

　そのために，本書には，冬芽と一年生枝をマスターする基本として，また，冬の樹木学を楽しむために，「総論」として用語の解説と図解がある．なお，ここで用いた用語は，わが国で正式に用いられているか否かは必ずしも明らかでないものもあり――初版以来30年を経て，かなり定着してきたと思われるが――，多くの同義語がある場合もあり，また，適当な用語がなく，筆者が命名した用語もある．そして，誤解を少なくするために，英語を添えた場合もある．

　さらに，若いころからの落葉広葉樹の研究であった「冬芽からみた落葉広葉樹林の歴史」を追加させていただいた．熱帯起源の常伸常緑樹が，1億年以上も前から北方へ移住しつつ，隔伸常緑樹に進み，ついに，落葉樹に進んだという，地史的なロマン――進化（発展）と特殊化（展開）――を，筆者なりに書いたつもりである．

　ちなみに，冬芽と一年生枝による樹木図説，あるいは落葉期の樹木学は，本書以前には，わが国で公表されたものはなかった．本書の後，多くの写真図鑑にも，冬芽と一年生

枝が付加されるようになった。ヨーロッパでは，イギリスのH.M.Ward博士が，1904年に落葉樹の単行本を出版されて，これが世界的な古典である。わが国では，白沢保美博士が，1895年に日本のおもな樹種の検索表と略画とを，ドイツ語の論文として発表された。また，北海道の主要樹種については，宮部金吾先生らが，1920～31年に図譜を発表され，冬芽と小枝の項が設けられた。なお，宮部先生は，館脇先生の師であり，そのご縁から筆者も孫弟子となる。筆者は，上記の3書を本研究の底本として，北国の樹木学を展開できたのである。

　本書の刊行にあたり，この冬芽と一年生枝の研究を指導・助言された，館脇　操先生，四手井綱英先生，武藤憲由先生，伊藤浩司先生，菊沢喜八郎博士，ほかの方々に，筆者は，改めて深く感謝の意を表する。また，北海道内を始めとして，本州方面の大学植物園，研究所の樹木園，個人の庭園ほかで，小枝を採取し，スケッチさせていただいた。関係の方々に，改めて感謝の意を表する。

　最後に，「落葉広葉樹図譜—冬の樹木学」の刊行からすでに30年を経過した。けれども，改訂にあたり，樹種数についても，さらなる作画と解説についてもほとんど追加ができなかったことは，読者にとって，筆者にとっても，まことに不本意である。近い将来には，日本列島に生育する，より多くの樹種（特に低木種）を追加し，また，総論（用語解説）をより充実させるように努めたい。もし長生きできれば，落葉針葉樹類も加え，常緑樹類も加えた，「冬の樹木学」そのものをまとめ上げたい，と思っている。

　なお，本書の刊行にあたり，共立出版㈱の南條光章社長，横田穂波編集部長にお世話になった。付記して感謝する。

2008年初冬

斎藤　新一郎

目　次

1. 総　論（用語解説）

1. 一年生枝 …………………………………………………………………… 2
2. 冬芽の種類(1) ……………………………………………………………… 4
3. 冬芽の種類(2) ……………………………………………………………… 6
4. 冬芽のつき方 ………………………………………………………………11
5. 冬芽の形 ……………………………………………………………………15
6. 芽　鱗 ………………………………………………………………………18
7. 髄 ……………………………………………………………………………21
8. 葉　痕 ………………………………………………………………………23
9. と　げ ………………………………………………………………………26
10. 枝のその他の付属物 ………………………………………………………28
11. 開　葉 ………………………………………………………………………31

2. 各　論

1. ヤナギ科

ポプルス属	ドロノキ　ヤマナラシ　ギンドロ　クロポプラ	36
ケショウヤナギ属	ケショウヤナギ	41
オオバヤナギ属	オオバヤナギ	42
ヤナギ属	コリヤナギ　イヌコリヤナギ　バッコヤナギ　エゾノバッコヤナギ　キツネヤナギ　ネコヤナギ　エゾノキヌヤナギ　タチヤナギ　ナガバヤナギ　エゾノカワヤナギ	43

I

2. ヤマモモ科
    ヤマモモ属　　　　　ヤチヤナギ　　　　　　　　　　　　　　　　54
3. クルミ科
    ノグルミ属　　　　　ノグルミ　　　　　　　　　　　　　　　　　56
    サワグルミ属　　　　サワグルミ　　　　　　　　　　　　　　　　58
    オニグルミ属　　　　オニグルミ　テウチグルミ　クログルミ　　　　59
    ペカン属　　　　　　アラハダヒッコリー　アカヒッコリー　　　　62
4. カバノキ科
    クマシデ属　　　　　サワシバ　アカシデ　クマシデ　　　　　　　64
    アサダ属　　　　　　アサダ　　　　　　　　　　　　　　　　　　68
    ハシバミ属　　　　　ハシバミ　ツノハシバミ　セイヨウハシバミ　69
    シラカンバ属　　　　ウダイカンバ　ダケカンバ　シラカンバ　　　73
    ハンノキ属　　　　　ヒメヤシャブシ　ミヤマハンノキ　ケヤマハンノキ
                        ハンノキ　　　　　　　　　　　　　　　　　77
5. ブナ科
    ブナ属　　　　　　　ブナ　イヌブナ　　　　　　　　　　　　　83
    コナラ属　　　　　　ミズナラ　コナラ　カシワ　クヌギ　アベマキ　85
    クリ属　　　　　　　クリ　　　　　　　　　　　　　　　　　　91
6. ニレ科
    ニレ属　　　　　　　ハルニレ　コブニレ　オヒョウ　アキニレ　ノニレ　92
    エノキ属　　　　　　エノキ　エゾエノキ　　　　　　　　　　　97
    ケヤキ属　　　　　　ケヤキ　　　　　　　　　　　　　　　　　99
    ムクノキ属　　　　　ムクノキ　　　　　　　　　　　　　　　　100
7. クワ科
    クワ属　　　　　　　ヤマグワ　　　　　　　　　　　　　　　　101
    コウゾ属　　　　　　コウゾ　　　　　　　　　　　　　　　　　103
    イチジク属　　　　　イヌビワ　イチジク　　　　　　　　　　　104
8. フサザクラ科
    フサザクラ属　　　　フサザクラ　　　　　　　　　　　　　　　106

9. **カツラ科**
　　カツラ属　　　　　　　　カツラ　　　　　　　　　　　　　　　　　107
10. **メギ科**
　　メギ属　　　　　　　　　ヒロハノヘビノボラズ　メギ　　　　　　　108
11. **モクレン科**
　　モクレン属　　　　　　　ホオノキ　オオヤマレンゲ　キタコブシ　モクレン　ハ
　　　　　　　　　　　　　　クモクレン　　　　　　　　　　　　　　　111
　　ユリノキ属　　　　　　　ユリノキ　　　　　　　　　　　　　　　117
　　マツブサ属　　　　　　　マツブサ　チョウセンゴミシ　　　　　　　118
12. **クスノキ科**
　　クロモジ属　　　　　　　ダンコウバイ　カナクギノキ　クロモジ　オオバクロモ
　　　　　　　　　　　　　　ジ　　　　　　　　　　　　　　　　　　120
　　シロモジ属　　　　　　　アブラチャン　　　　　　　　　　　　　125
13. **ユキノシタ科**
　　イワガラミ属　　　　　　イワガラミ　　　　　　　　　　　　　　126
　　アジサイ属　　　　　　　ツルアジサイ　ノリウツギ　アジサイ　　　128
　　ウツギ属　　　　　　　　ウツギ　　　　　　　　　　　　　　　　132
14. **マンサク科**
　　マンサク属　　　　　　　マンサク　　　　　　　　　　　　　　　133
　　マルバノキ属　　　　　　マルバノキ　　　　　　　　　　　　　　135
　　トサミズキ属　　　　　　トサミズキ　　　　　　　　　　　　　　136
　　フウ属　　　　　　　　　フウ　　　　　　　　　　　　　　　　　137
15. **スズカケノキ科**
　　スズカケノキ属　　　　　アメリカスズカケノキ　　　　　　　　　138
16. **バラ科**
　　コゴメウツギ属　　　　　コゴメウツギ　　　　　　　　　　　　　140
　　ホザキナナカマド属　　　ホザキナナカマド　　　　　　　　　　　142
　　シロヤマブキ属　　　　　シロヤマブキ　　　　　　　　　　　　　143
　　ヤマブキ属　　　　　　　ヤマブキ　　　　　　　　　　　　　　　144

キイチゴ属	クマイチゴ　モミジイチゴ　ナワシロイチゴ	145
バラ属	サンショウバラ	149
サクラ属	スモモ　チョウジザクラ　チシマザクラ　エドヒガン ソメイヨシノ　エゾヤマザクラ　カスミザクラ　エゾノ ウワミズザクラ　ウワミズザクラ	150
サンザシ属	クロミサンザシ	160
リンゴ属	カイドウ　エゾノコリンゴ	161
ナシ属	ナシ	163
ザイフリボク属	ザイフリボク	164
カマツカ属	ワタゲカマツカ	165
ナナカマド属	ナナカマド　アズキナシ	166

17. マメ科

ネムノキ属	ネムノキ	170
サイカチ属	サイカチ	172
クララ属	エンジュ	173
イヌエンジュ属	イヌエンジュ	174
フジキ属	ユクノキ	176
フジ属	フジ	177
ハリエンジュ属	ニセアカシア	178
イタチハギ属	イタチハギ	179

18. ミカン科

サンショウ属	サンショウ　カラスザンショウ	180
コクサギ属	コクサギ	182
キハダ属	キハダ	183
カラタチ属	カラタチ	184

19. ニガキ科

ニガキ属	ニガキ	185
シンジュ属	シンジュ	187

20. センダン科
    チャンチン属　　　　　チャンチン　　　　　　　　　　　　　　　　188
21. トウダイグサ科
    シラキ属　　　　　　　シラキ　　　　　　　　　　　　　　　　　189
22. ウルシ科
    ウルシ属　　　　　　　ツタウルシ　ハゼノキ　ヤマハゼ　ヤマウルシ　ヌルデ
    　　　　　　　　　　　　　　　　　　　　　　　　　　　　　　　190
    チャンチンモドキ属　　チャンチンモドキ　　　　　　　　　　　　　196
23. モチノキ科
    モチノキ属　　　　　　ウメモドキ　アオハダ　　　　　　　　　　　197
24. ニシキギ科
    ツルウメモドキ属　　　ツルウメモドキ　　　　　　　　　　　　　　199
    ニシキギ属　　　　　　ニシキギ　コマユミ　マユミ　ツリバナ　　　201
25. ミツバウツギ科
    ミツバウツギ属　　　　ミツバウツギ　　　　　　　　　　　　　　　206
26. カエデ科
    カエデ属　　　　　　　イタヤカエデ　ベニイタヤ　クロビイタヤ　ハウチワカエデ　ヤマモミジ　ミツデカエデ　ヒトツバカエデ　カジカエデ　メグスリノキ　ウリハダカエデ　チドリノキ　ネグンドカエデ　ルブルムカエデ　　208
27. トチノキ科
    トチノキ属　　　　　　トチノキ　ヒメトチノキ　　　　　　　　　　223
28. クロウメモドキ科
    クマヤナギ属　　　　　クマヤナギ　　　　　　　　　　　　　　　　226
    ネコノチチ属　　　　　ネコノチチ　　　　　　　　　　　　　　　　227
    クロウメモドキ属　　　クロウメモドキ　　　　　　　　　　　　　　227
    ケンポナシ属　　　　　ケンポナシ　　　　　　　　　　　　　　　　229
29. ブドウ科
    ブドウ属　　　　　　　ヤマブドウ　　　　　　　　　　　　　　　　230

v

	ツタ属	ツタ	232
30.	**シナノキ科**		
	シナノキ属	シナノキ　オオバボダイジュ　ボダイジュ	233
31.	**アオギリ科**		
	アオギリ属	アオギリ	237
32.	**マタタビ科**		
	サルナシ属	サルナシ　ミヤママタタビ　マタタビ	238
33.	**ツバキ科**		
	ナツツバキ属	ナツツバキ	242
34.	**イイギリ科**		
	イイギリ属	イイギリ	243
35.	**キブシ科**		
	キブシ属	キブシ	244
36.	**グミ科**		
	グミ属	アキグミ　トウグミ	245
37.	**ミソハギ科**		
	サルスベリ属	サルスベリ	247
38.	**ザクロ科**		
	ザクロ属	ザクロ	248
39.	**ウリノキ科**		
	ウリノキ属	ウリノキ	250
40.	**ウコギ科**		
	タラノキ属	タラノキ	252
	ウコギ属	コシアブラ　ウコギ　ヤマウコギ	254
	タカノツメ属	タカノツメ	258
	ハリギリ属	ハリギリ	259
41.	**ミズキ科**		
	ミズキ属	ミズキ　サンシュユ	260

ハナイカダ属	ハナイカダ	262

42. リョウブ科
リョウブ属	リョウブ	264

43. ツツジ科
ツツジ属	バイカツツジ　レンゲツツジ　クロフネツツジ	266
ネジキ属	ネジキ	270
ドウダンツツジ属	ドウダンツツジ　サラサドウダン	271
スノキ属	ナツハゼ	273
アクシバ属	アクシバ	274

44. カキノキ科
カキノキ属	カキ　マメガキ	275

45. ハイノキ科
ハイノキ属	サワフタギ	278

46. エゴノキ科
エゴノキ属	エゴノキ　ハクウンボク　コハクウンボク	280

47. モクセイ科
イボタノキ属	イボタノキ	284
レンギョウ属	レンギョウ　チョウセンレンギョウ	285
ハシドイ属	ハシドイ　ムラサキハシドイ	287
トネリコ属	ヤチダモ　トネリコ　アオダモ　マルバアオダモ	288

48. クマツヅラ科
ムラサキシキブ属	ムラサキシキブ	293
クサギ属	クサギ　アマクサギ	294

49. ゴマノハグサ科
キリ属	キリ	296

50. ノウゼンカズラ科
キササゲ属	キササゲ　ハナキササゲ	298

51. スイカズラ科
ニワトコ属	エゾニワトコ	302

ガマズミ属	カンボク オオカメノキ ヤブデマリ ガマズミ オトコヨウゾメ ミヤマガマズミ ゴマギ	304
スイカズラ属	ウグイスカグラ	312
タニウツギ属	タニウツギ	313

3. 冬芽からみた落葉樹林の歴史

1. 落葉広葉樹の出現 …… 316
2. 休眠芽の形態 …… 324
3. 低温への適応 …… 334
4. 乾燥への適応 …… 347

検索図表 …… 363
索 引 …… 385
 和名索引 …… 387
 Latin Index …… 393
 用語索引 …… 398

1 総論 用語解説

1 一年生枝

落葉した樹木をみると，中心に**幹**（trunk, stem）があり，それから**大枝**（limbs ないし boughs）が出て，次に多数の**枝**（branches）が分かれ，さらに枝分かれしていって，細まって**小枝**（branchlets）になり，最後に**一年生枝**（twigs）になる（図1.1）。

図 1.1 樹形の模式図

小枝（しょうし，こえだ，branchlet）：2年生以上の部分を含む細枝をいう。
一年生枝（いちねんせいし，twig）：落葉した，木化した一年生の枝をいう。まだ伸長しつづけている，着葉して木化の不十分な1年目の枝は**新条**（しんじょう，shoot）といい，**当年生枝**ともいう。園芸方面では，木化の進んだ一年生枝を**赤枝**といい，

木化の未熟な一年生枝を**緑枝**といって，さしき増殖によく用いられる。

一年生枝の外皮の色は，ふつう，太陽のあたる側（日向側，sun side）は濃色であり，反対側（日陰側，shade side）は淡色で緑色をおびる傾向にある。

頂生枝（ちょうせいし，terminal twig）：一年生枝のうち，枝の頂端につき，頂芽からのびたものであって，将来は枝の主軸となる。

幹の頂端にあり，鉛直にのびるものを**一年生幹**（いちねんせいかん，leader）という。樹高測定では，leader の長さを当年成長量としている。

弱い枝（そくせいし，lesser twig）：一年生枝のうち，側芽から発達して側方にのびたものであり，ふつうは弱い枝で，あるいは短枝化して終る。

一年生枝から数年生の小枝にまでは，冬芽，葉痕，托葉痕，維管束痕，皮目，とげ，毛，芽鱗痕，果柄（花柄）ないし果軸（花軸）痕，髄，その他がみられる（図 1.2）。

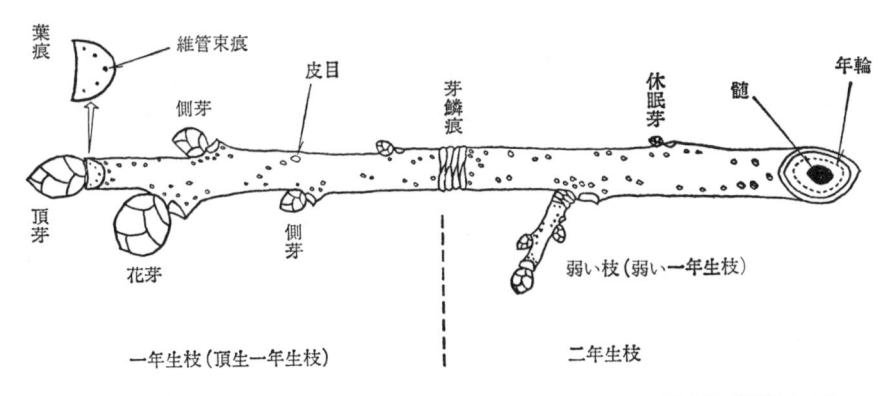

図 1.2 落葉した小枝の模式図

頂生枝および弱い枝の区別とはちがって，一年生枝には次のような区別もある。

長枝（ちょうし，long shoot）：節間がのびた，つまり葉ないし冬芽が離れてつく枝をいい，ふつう，一年生枝といえば長枝をさす。

冬芽のつく場所を**節**（せつ，node）といい，節と節のあいだの部分を**節間**（せっかん，internode）という。

短枝（たんし，dwarf shoot）：節間がのびずに，葉を密生させ

たり，花をつけたりしても，その発達がかぎられていて，数年後には枯死・脱落する枝である。短枝では，葉痕と芽鱗が交互に密につき，イモ虫状となって，1個の冬芽が頂生する。

節間がいくらかある場合には，**短枝化した小枝**（dwarfed branchlet）という（図1.3）。

短枝ないし短枝化した小枝は，環境条件が良くなると——光の増大，勢いよい枝の折損，その他が生じると——長枝化しやすい。

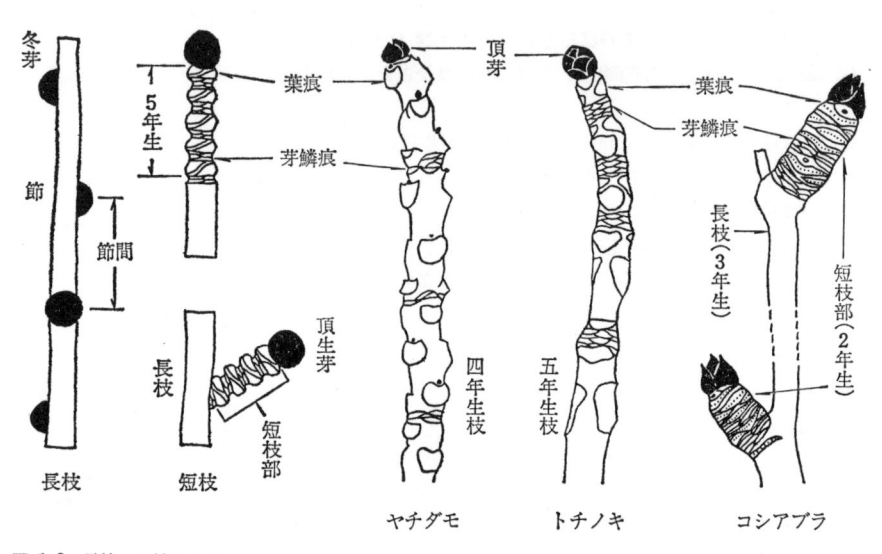

図 1.3 長枝，短枝および短枝化した小枝

2　冬芽の種類 (1)

冬芽（とうが，ふゆめ，winter bud）は，春になればのび出す花，葉および枝が，冬越しをしている姿である。これは，また**休眠芽**（きゅうみんが，sleeping bud），あるいは**抵抗芽**（ていこうが，resistant bud）とも呼ばれる。

多年生植物のうち，木本では，冬芽が地上ないし地表につく。けれども，草本の冬芽は地下ないし地表につき，**越冬芽**とも呼ばれる。大昔には，木本ばかりが生育していたが，くり返された氷河期を生きのびるため，冬芽が地下にもぐって，草本になったという学説もある。

冬芽は，その内容から，次のように区分される。

葉芽（ようが，leaf bud）：春に，冬芽が開いたときに，葉や新条になるものをいう。葉だけ出て，新条ののびないものは短枝になる。

花芽（かが，はなめ，flower bud）：開いたら，花ないし花序となるものをいう。これは，ふつう，葉芽より丸味があり，大きい。短枝の頂生花芽や一年生枝の側生花芽では，花だけが含まれている場合が多い。

混芽（こんが，mixed bud）：冬芽の中に，花と葉が，または花，葉および新条がいっしょに含まれるものをいう。混芽は大きく，ふつう，ただ単に花芽と呼ばれることが多い。混芽には，新条の先端に花をつけて終るものと，花が葉に腋生するものとがある。後者は，新条がのびてから咲く，初夏から夏の花に多く，冬には花芽ないし混芽としての形態が明らかでない。

つぼみ（蕾，bud）：木の芽がふくらんだ，芽ぐんだ状態のものをいう。わが国では，芽芽と類似の言葉であり，一般に，花開く前の状態をさしている。これは季節が冬にかぎられないから，用語としては，花芽がふさわしいといえる（図 1.4）。

図 1.4 葉芽，花芽および混芽（トチノキ，WARD, 1904から）

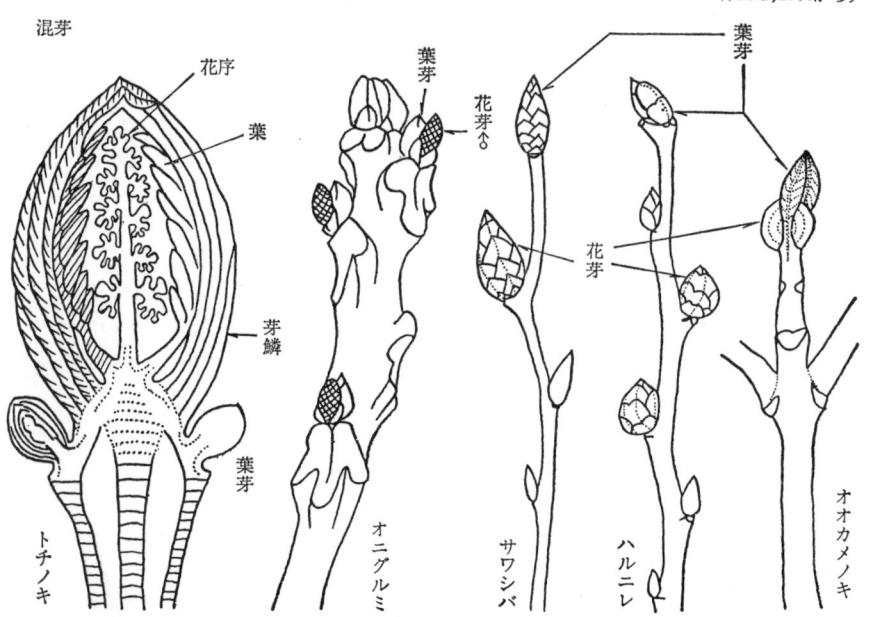

冬芽は枝の外側にみえるのがふつうの状態であるが，樹種によっては，また，生理的に外からみえないものがある。

隠芽（いんが，concealed bud）：一年生枝の内部に隠れている冬芽をいう。外出したものより，寒害や物理的加害によく耐えそうである。

潜伏芽（せんぷくが，dormant bud, or latent bud）：隠芽とちがって，休眠芽が春になっても開葉しないで，年とともに木質部内に埋まったものをいう（図 1.5）。木部内に埋まらず，常に樹皮上にある芽を**ロングバッド**（長生きの芽，long bud）という。

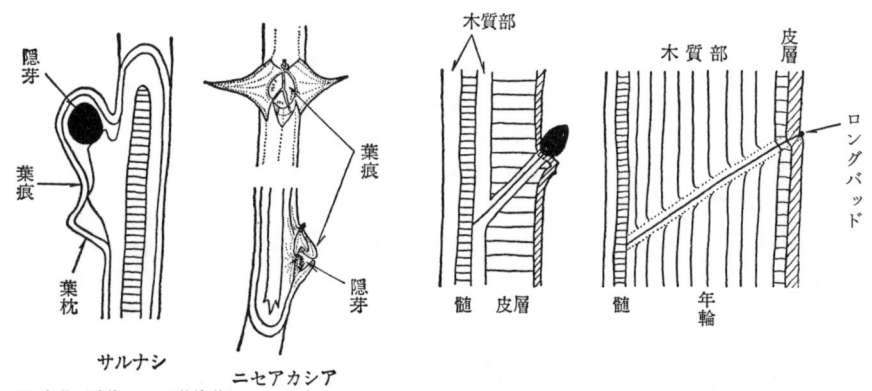

図 1.5 隠芽および潜伏芽

上方の成長部分に，幹折れ，枝折れ，枝ぬけなどの異常が発生すると，ロングバッドが枝や幹に発達することがあり，これを**萌芽幹**（ぼうがかん，萌芽枝，epicormic shoot, or sprout）という。ヤナギ編柵工は，活物工法として昔から実行されているが，このロングバッドないし冬芽の発達と，不定根の発生とを利用している。

なお，根にできる芽は**不定芽**（ふていが，adventitious bud）といい，これが発達すれば**根萌芽幹**（ねぼうがかん，sucker）となる。根ざし育苗法は，この性質を利用している。

3 冬芽の種類 (2)

冬芽は，また，枝につく位置によって，次のように区分される（図 1.1 参照）。

頂芽（ちょうが，terminal bud）：枝の頂端に，大きく発達し

た冬芽をいう。ふつう，これは側芽より大きく，開けば新条となって伸長する。一年生幹の頂芽は，**幹頂芽**（apical bud）と呼ばれる。そして，枝の頂芽は正確には枝頂芽である。

　頂芽が大きく，枝が太く，しかも枝の基部と先端部の太さがあまり変わらず，ほぼ通直な樹種を，**頂芽型の**（terminal bud type）樹種という。

　側芽（そくが，lateral bud）：枝先を除いた場所につくものをいう。葉痕の直上部につく，つまり，葉腋につくから，**腋芽**（えきが，わきめ，axillary bud）とも呼ばれる。

　頂生側芽（ちょうせいそくが，terminally lateral buds）：側芽のうち，頂芽の周囲に輪生状に集まったものをいう。カシワ，ミズナラなどでは，これらが強い枝に発達して，ふつうの側芽はあまり発達しない。なお，頂生側芽は，頂芽に対して副芽の役割，つまり予備的ないし保護的な役割も兼ねるらしい。

　仮頂芽（かちょうが，pseudo-terminal bud）：寒くなると，伸長していた枝先が枯死して，そこに**枝痕**（しこん，twig-scar）が残り，最上位の側芽が頂芽のようになる。これを仮頂芽という。これは下位の側芽よりいくらか大きいか，いくらか小さいが，樹種によって異なっている。

　新条の成長期間が長い樹種の多くは，この**仮頂芽型の**（pseudo-terminal bud type）樹種であるといえる（図 1.6(a)）。

図 1.6(a)　頂芽型および仮頂芽型樹種の一年生枝

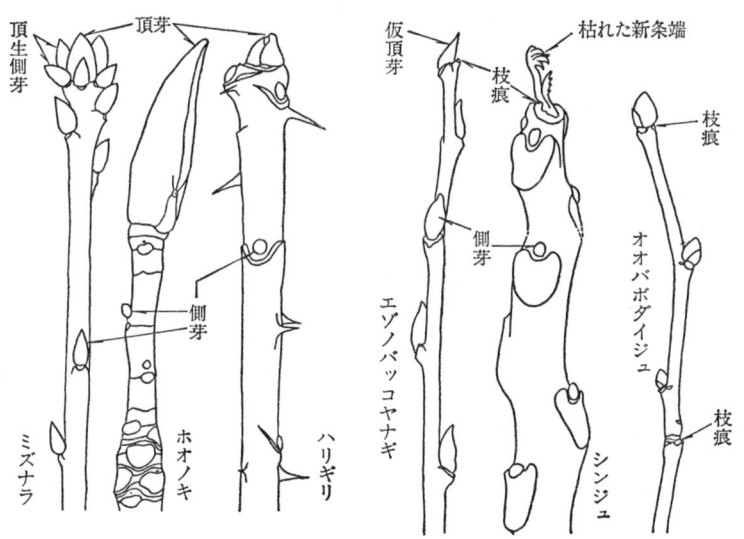

虫害・大気汚染・火山灰降下などにより葉の光合成能力が異常を生じたり，夏から秋に好天が続いたり，栄養状態がきわめてよい場合には，翌春まで休眠する予定の冬芽が開きやすくなり，開けば**土用芽**（土用枝）ないし**秋伸び**といわれる。こうした現象は**二次伸長**と呼ばれるが，その内容は同質ではない。KOZLOWSKI (1971) によれば，二次的伸長は次のように区分される。

頂芽型樹種が2度以上伸びるときには，2度目の枝を **lammas shoot**（頂生の二次伸長枝，二次頂生枝，ラマス枝）という。この型の樹種では，とくに苗木や若木の場合に，葉に異常がなくとも，好天・好栄養ならば，夏に1回ないし2回の芽吹きをする。これは頂芽型樹種の伸長パターンなのである。

頂生側芽がその年のうちに伸長すれば，それを **proleptic shoot**（頂生側芽からの二次伸長枝，二次頂生側生枝，プロレプティック枝）という。針葉樹のトドモミの育苗では，これを抑制するために根切り作業を行なっている。

仮頂芽型樹種の側芽がその年のうちに伸長すれば，それを **sylleptic shoot**（側生の二次伸長枝，二次側生枝，シレプティック枝）という。これは多くの仮頂芽型樹種の頂生一年生枝に，とくに一年生幹でしばしばみられる（図1.6(b)）。

図 1.6(b)　二次伸長枝

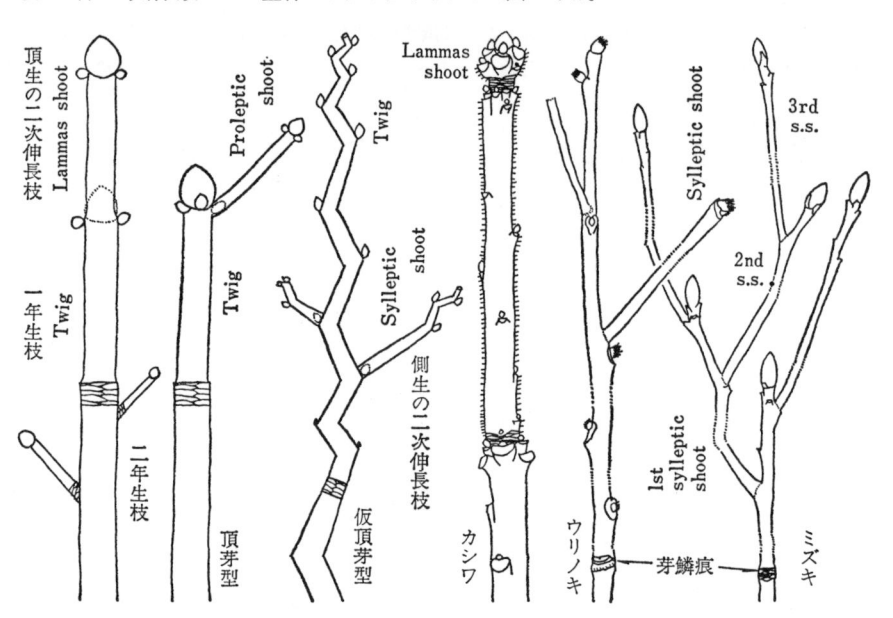

仮頂芽型樹種で，枝先がぐんぐん伸長する場合は，たとえそれが夏以降に伸長しても，正常な伸長である。

したがって，いわゆる「二次的伸長」は，伸長時期の問題ではなく，どの芽が伸長するかにかかわる問題であるから，土用芽，秋伸びなども用語としては概念を適確に表わしていないといえよう。

本来の一年生枝であるか，二次伸長枝であるかは，枝の基部に芽鱗痕があるかないかで判断しやすいが，芽鱗痕がある場合には，その明らかさ，別の枝との比較，年輪などからも検討しなければならない。

また，頂芽型樹種の新条は，短期間に，まだ葉が十分に展開しきらない間に伸長するから，そのために必要な栄養は前年の貯蔵養分に大きく依存し，しかも葉数が冬芽の中ですでに決まっている。それで，こうした樹種は predetermined（既決の）とも呼ばれる。

これに対して仮頂芽型樹種では，新条が長期間にわたってのびつづけ，細長く，先端へゆくほど細まり，ジグザグに屈折する傾向にある。基部の葉（春葉）は冬芽中ですでに形成されていたが，上部の葉（夏葉）は新条の伸長中に形成される。こうした樹種は，春葉と夏葉の形が異なるので，heterophyllous（異形葉の）とも呼ばれる（図1.7）。

これら二つのタイプの特徴は，表1.1のようである。

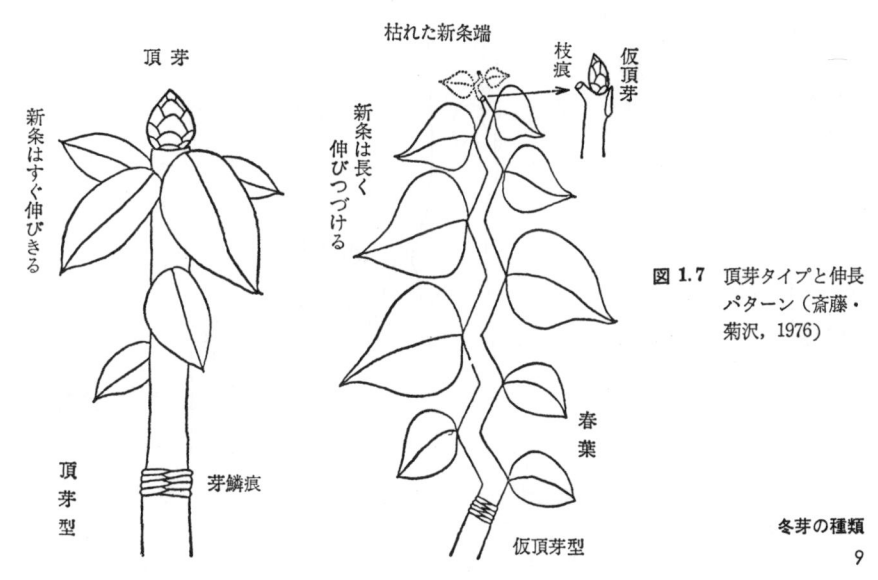

図1.7 頂芽タイプと伸長パターン（斎藤・菊沢，1976）

また，頂芽タイプと新条の伸長のパターンは，材質や根の形態など，樹木の他の特質とも関連しているようであり，育苗にとっては重要な因子といえる（表1.2）。

表 1.1 頂芽タイプと伸長のパターン（斎藤・菊沢，1976）

区分	新条	伸長期間	成長期の長い年	展開する葉数	霜害
頂芽型	太い，通直	短い	二次伸長	決まっている	晩霜
仮頂芽型	細い，ジグザグ状	長い	より長期の伸長	決まっていない	早霜

表 1.2 頂芽タイプ・材質によるおもな樹種の区分（斎藤・菊沢，1976）

頂芽タイプ	材質	樹　種
頂芽型	環孔材	ミズナラ，カシワ，コナラ，キハダ，ニガキ，ヤマウルシ，タラノキ，ハリギリ，ヤチダモ，アオダモ，サワグルミ，オニグルミ
	散孔材	ドロノキ，ホオノキ，トチノキ
仮頂芽型	環孔材	クリ，ハルニレ，ヤマグワ
	散孔材	ヤナギ類，カンバ類，ハンノキ類，カツラ，キタコブシ，サクラ類，シナノキ

冬芽には，さらに次のようなものもある。

副芽（ふくが，accessory bud）：一つの葉痕上に，冬芽が二つ以上つく場合には，葉痕の直上ないし直上中央にあるものを側芽といい，そうでないものを副芽という（図1.8）。

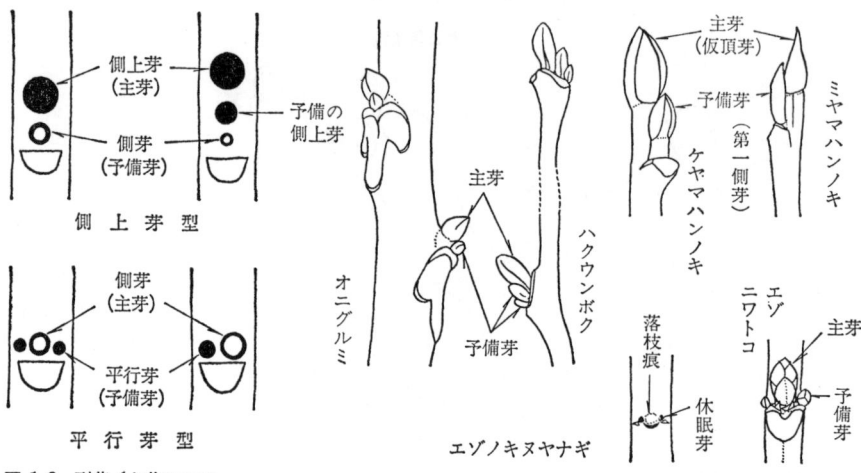

図 1.8　副芽（主芽および予備芽）

総論（用語解説）

側上芽（そくじょうが，superposed bud）：側芽の上にある副芽をいう。ふつう，これは側芽より大きい。

平行芽（へいこうが，collateral buds）：側芽の左右ないし片側

にある副芽をいう。ふつう，これらは側芽より小さい。

ただし，形式上は，側上芽が付随的な副芽とされているが，実際にはこれが開葉するのであるから，側上芽こそ重要である。反対に，形式上の側芽は開葉しない場合が多く，予備的なものにすぎない。

それで，本稿では，側上芽を**主芽**（しゅが，proper bud）と呼び，他方，形式上の側芽を**予備芽**（よびが，reserve bud）と呼ぶことにしたい。

4　冬芽のつき方

冬芽は，樹種によって枝につく形態ないし位置が異なる。このつき方は，冬芽が葉腋につくことから，**葉序**（ようじょ，葉のつき方，phyllotaxis）そのものである。

葉序はまず，対生と互生とに大別される（図1.9）。

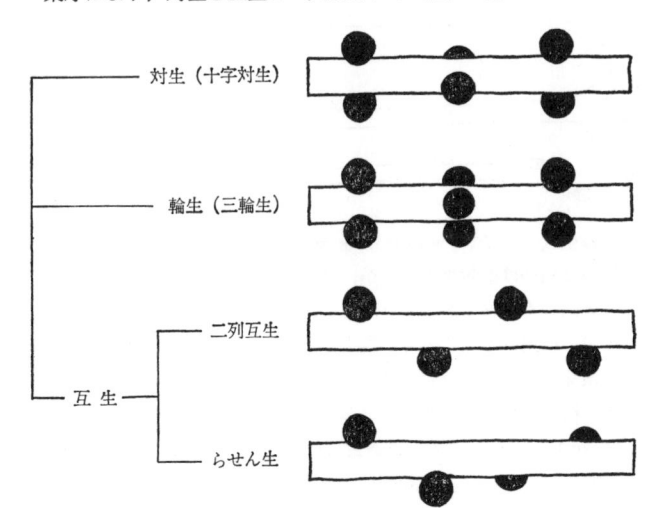

図1.9　冬芽のつき方

対生（たいせい，opposite）：冬芽が1節に2個ずつつくものをいう。そして，上下どちらへ向かっても，次の節のものとは枝の長軸に対して90°ずつずれてゆく。くわしくは，これを**十字対生**（じゅうじたいせい，decussate）というが，一般的に，広葉樹を扱う場合には，対生で十分であろう。

亜対生（あたいせい，sub-opposite）：本来は1節に2個つくは

ずの冬芽が、1個ずつ離れてつく場合をいう。
　亜輪生（ありんせい，pseudo-whorled）：本来は1節に2個つく対生であるのに，個体によっては，また同一個体でも枝によっては，1節に3個の冬芽がつく場合があって，これを亜輪生という（図1.10）。

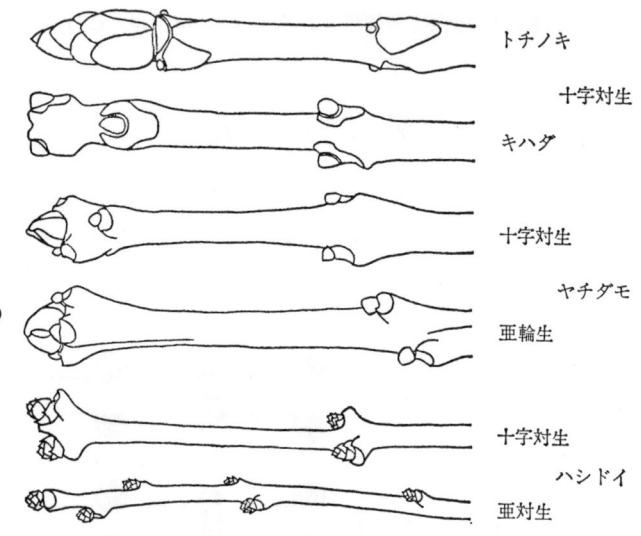

トチノキ
十字対生

キハダ
十字対生

ヤチダモ
亜輪生

ハシドイ
十字対生
亜対生

図1.10　対生（十字対生）

　輪生（りんせい，whorled, or whorl verticillate）：1節に冬芽が2個つけば対生であるが，3個以上つく場合を輪生という。3個つく三輪生がふつうである。
　なお，枝先に多数の冬芽が集まって，輪生にみえる場合もあるが，頂芽を取り囲んでいれば頂生側芽であるし，短枝ないし短枝化した小枝のように，節間がつまったのならば**偽輪生**（ぎりんせい，false verticillate），ないしは**叢生**（そうせい，fascicled）という。
　互生（ごせい，alternate）：冬芽が1節に1個つくものをいう。これは、さらに次の二つに区分される。
　二列互生（にれつごせい，distichous）：冬芽が枝上に180°ずつずれて交互につくものをいい，枝は節を屈折点にしてジグザグに伸長する。これは1/2のらせん生ともいえる（図1.11）。
　ただし，横枝は二列互生であっても，上伸する主幹にだけは冬芽がらせん生につく樹種もある。二列互生は仮頂芽型樹種に多いが，幹がらせん生の樹種は頂芽型である。

図 1.11 二列互生

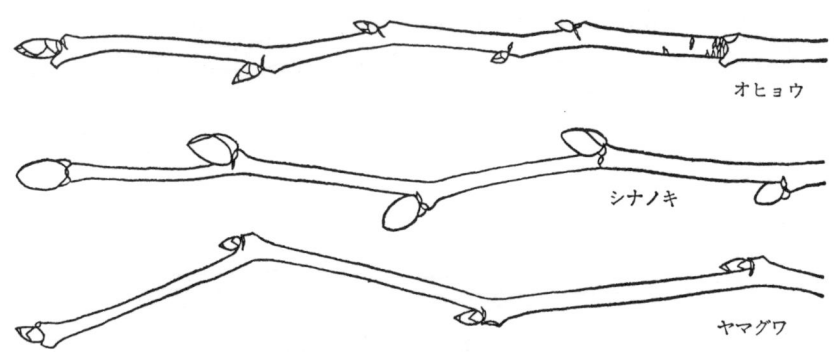

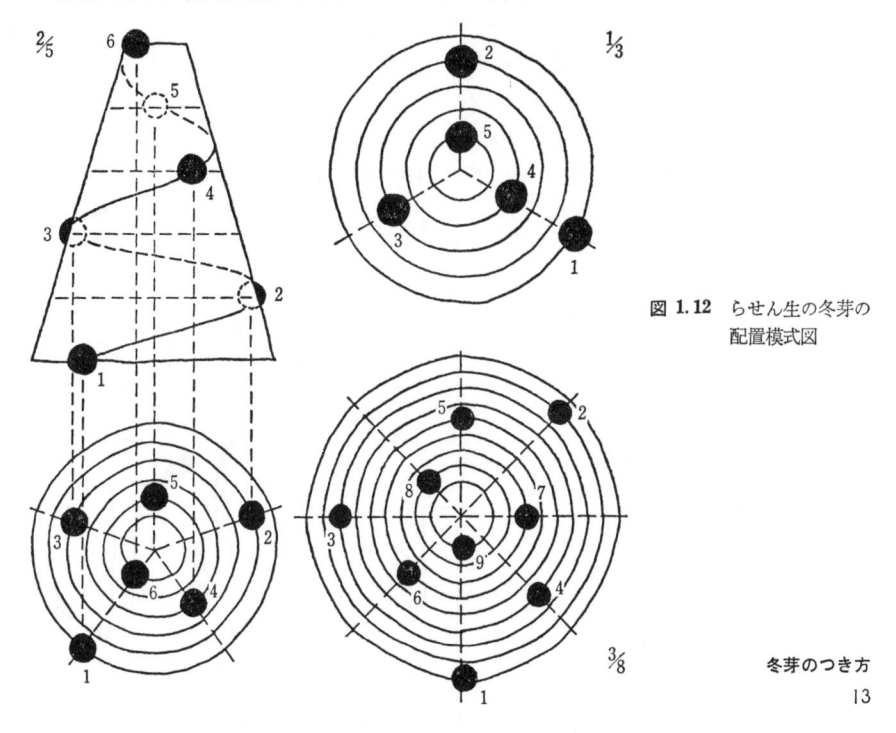

らせん生（螺旋生，spiral）：各節についた冬芽は，上ないし下へ，枝の長軸に平行な線を引いてみると，数個ずつ離れた冬芽に出会う。それで，離れた数を分母にし，同一線上にくるまでに枝をらせん状にまわった数を分子にする。すると，この分数は樹種によって，1/2, 1/3, 2/5, 3/8, 5/13, ……のように規則的であり，模式図を画くと図1.12のようである。

図 1.12 らせん生の冬芽の配置模式図

冬芽のつき方

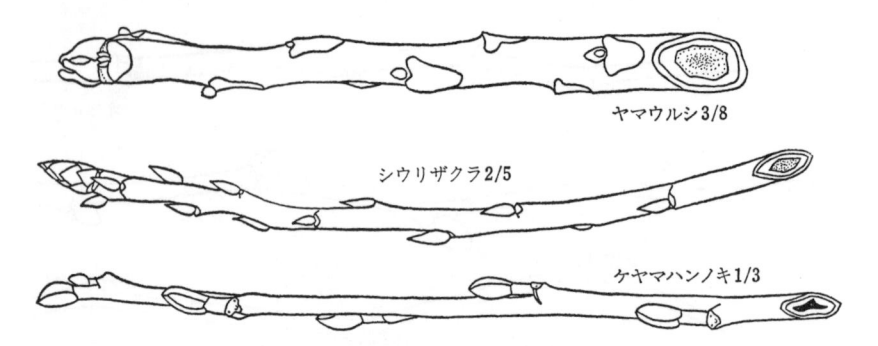

図 1.13 らせん生

1/3, 2/5 および 3/8 の樹種が多い。書き方としては，らせん生 (1/3)，ないし 1/3 のらせん生とする（図 1.13）。

対生・輪生のグループに比較すると，二列互生・らせん生のグループはきわめて多い。歴史的には，対生・輪生から，亜対生・亜輪生が由来し，さらに，これから二列互生やらせん生に進んできたのではあるまいか。

上述のつき方とは別に，冬芽は枝に対していくらか開いてつく。これを**開度**（かいど，divergence）という。

開出（かいしゅつ，divergent）：枝に対する冬芽の開度の大きい場合をいう。開度の大きさによって，やや開出，大きく開出などと表現する。

伏生（ふくせい，prostrate）：冬芽の開度がきわめて小さいか，

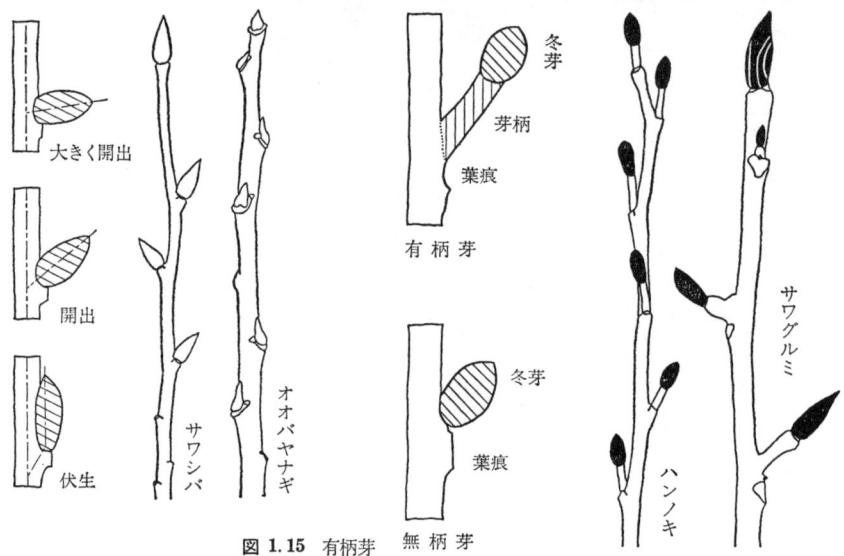

図 1.14 冬芽の開度

図 1.15 有柄芽　無柄芽

枝に密着する場合をいう（図1.14）。

また、冬芽には、柄をもつものがあり、これを**有柄芽**（ゆうへいが、stalked bud）という。柄のないものがふつうであるが、とくに有柄芽と対照させる場合には、これを**無柄芽**（むへいが、non-stalked bud）と呼ぶ（図1.15）。

5　冬芽の形

樹種の判別にとって、冬芽の形状やサイズは重要な要素である。冬芽の形態は多様であるが、樹種ごとに特徴がある。ただし、枝に占める位置によって、冬芽の形状やサイズにはいくらかちがいがあり、とくに頂芽型樹種ではいちじるしいちがいのあるものもある（図1.4, 1.6, 1.10, 1.11, 1.13および1.15参照）。

冬芽の縦断面の形としては、**だ円形**および**卵形**が一般的であるが、**球形、半球形、円錐形、紡錘形、皮針形**などもある。そして、これらの中間型としての**球状円錐形、だ円状紡錘形、皮針状紡錘形**などもしばしばみられる。また、既述のように、頂芽は大きく、花芽・混芽は丸味がつよい傾向にある（図1.16）。

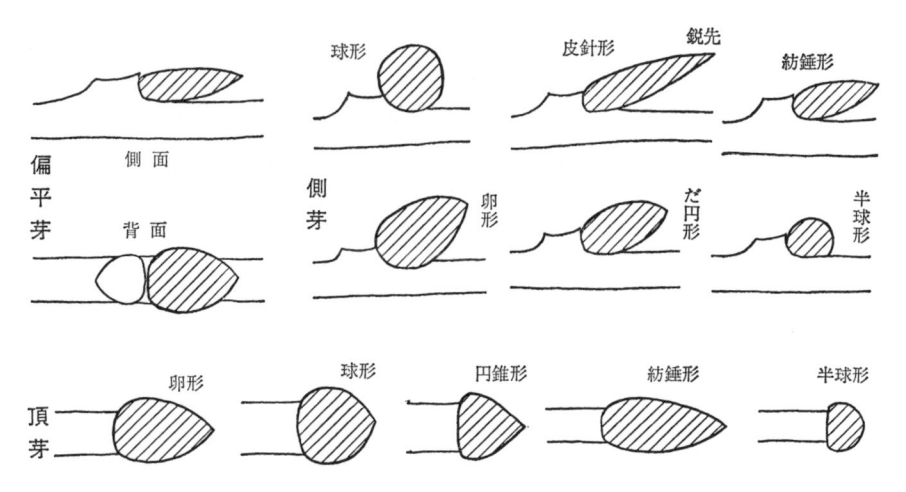

図 1.16　冬芽のおもな形

それの横断面の形は、一般的には円形であるが、いちじるしく偏平な冬芽もあり、このときは**偏平な**（flat）と記載する。伏生する冬芽には、偏平なものが多い。

冬芽の先端がとがっている場合には、**するどくとがる**（鋭先形

の，accuminate），**とがる**（鋭形の，acute）などといい，丸味をもてば，**鈍端の**（鈍頭の，obtuse）という。

その形態は，芽鱗と密接な関係があるし，有毛度とも関係する。

枝や葉と同じく，冬芽にも毛があり，そのはえ方を**有毛度**（ゆうもうど，hairiness）という（図 1.17）。

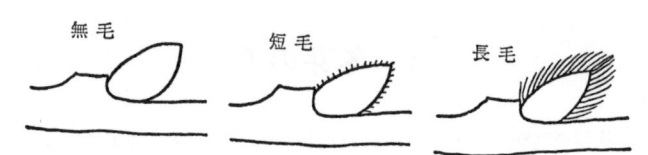

図 1.17 有毛度

無毛の（むもうの，glabrous）：まったく毛のない場合にいう。ほとんど毛がない場合には，ほぼ無毛，やや無毛などという。

粗毛の（そもうの，hirsute）：割に長い，粗い毛のある場合にいう。

短毛の（たんもうの，短軟毛の，pubescent）：短い，軟らかい，割に密な毛のある場合にいう。

密毛の（みつもうの，tomentose）：短い，やや軟らかい，きわめて密生した毛のある場合にいう。

長毛の（ちょうもうの）：毛が長い場合にいい，疎生すれば **長疎毛の**（ちょうそもうの，pilose），軟らかく密生すれば **長軟密毛の**（ちょうなんみつもうの，villous），堅く直立すれば **長剛毛の**（ちょうごうもうの，hispid）という。

縁毛の（えんもうの，ciliate）：芽鱗の縁に毛がはえた場合にいう。

このほかにも，毛の性質から，**絹毛，刺毛，羊毛状，くも毛，腺毛，垢状毛**などと区別されているが，有毛度は全体的に英語の直訳が多くて，実際的な用い方には困難が多いといえる。

おもな冬芽は，図 1.18 に示される。ただし，これらはほんの一部にすぎないから，その他の図も参照されたい。

総論（用語解説）
16

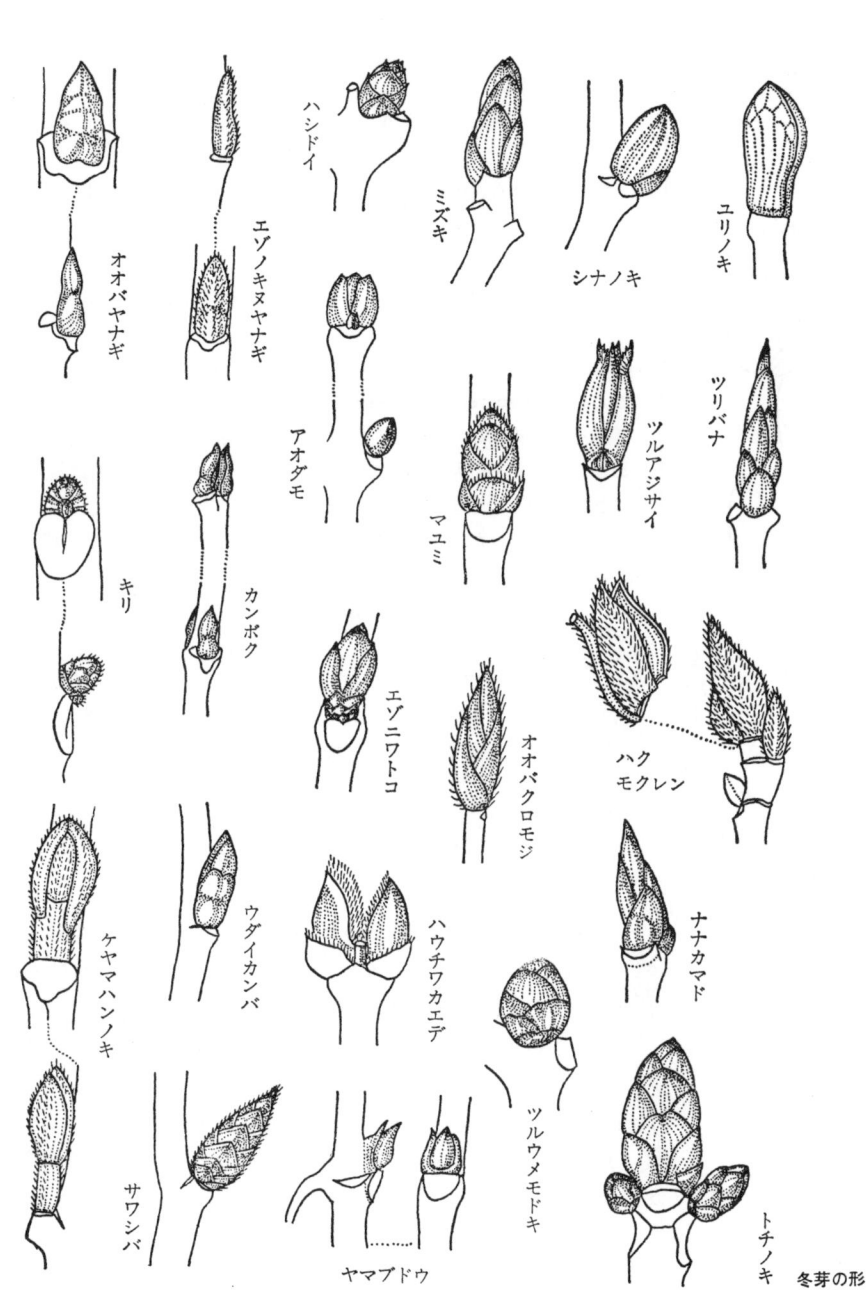

図 1.18 おもな樹種の冬芽（サイズは不同）

冬芽の形

17

6 芽 鱗

芽鱗（がりん，bud-scales）は，鱗片（りんぺん）とも呼ばれる。これは冬芽の本体である**原生組織の軸**（embryonic axis）をつつみ，寒気や乾燥から保護している（図1.19）。温帯から亜寒帯にかけて分布する落葉広葉樹の大半は芽鱗をもっているが，もたないものもいくらかある。

芽鱗は春になると役目を終えて離脱し，その跡が**芽鱗痕**（がりんこん，scale-scars, or bud-scale-scars）となる。芽鱗痕は，枝の年齢を数えるために，あるいは1年ごとの枝の伸長量を測定するために，きわめて重要な示標となる（図1.2, 1.3および1.7参照）。これは年輪に対応するから，枝を切断しなくても，枝齢を読み取ることができる。ただし，仮頂芽型樹種の中には，芽鱗痕が明白に残らないものもある。

有鱗芽（ゆうりんが，scaled bud）：芽鱗で保護された冬芽をいう。

裸芽（らが，はだかめ，裸出芽，無鱗芽，naked bud）：芽鱗をもたない冬芽をいう。裸芽では，最外側の葉が芽鱗の役目をしていて，寒気のとくにきびしい冬をすごすと，それは春に離脱してしまうことがある。また，花芽，とくに雄花では，裸出している樹種があり，**尾状花序**（びじょうかじょ，catkin）に多くみられる。裸芽のおもなものは図1.20に示される。

冬芽の横断面をみると，芽鱗の内側に葉（ふつう葉）がつつまれている。くわしく観察すると，芽鱗は葉（ないしその一部）の変態したものであることがわかる。そして，裸芽を除くと，芽鱗の起原は二つに分けられる。

一方は，葉身と葉柄が，あるいは葉身基部と葉柄が芽鱗に変態したグループであり，**leafy scales**（葉身鱗片）と呼ばれる。他方は，托葉が芽鱗化した——むしろ，外側の葉身が欠如した——グループであって，**stipular scales**（托葉鱗片）と呼ばれる（図1.21）。

芽鱗の起原とおもな樹種は，表1.3に示される。

起原を知ることはたいせつなことであり，芽鱗のそれだけを取り

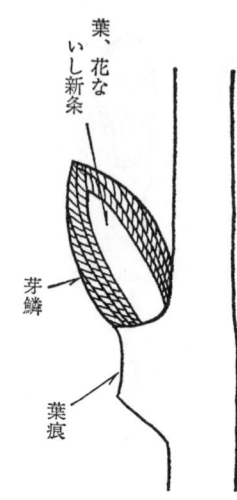

図1.19 冬芽の縦断面模式図
（葉痕，芽鱗，葉、花などいし新条）

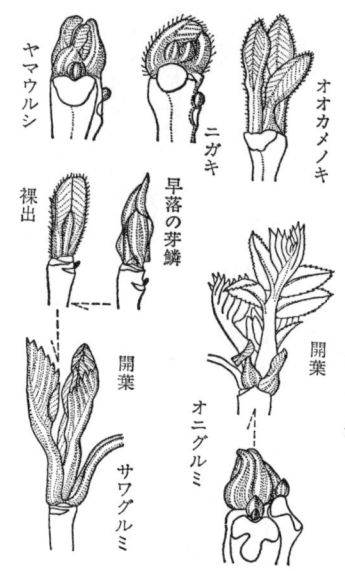

図1.20 裸芽のおもなもの（サイズは不同）
ヤマウルシ／ニガキ／オオカメノキ／裸出／早落の芽鱗／開葉／オニグルミ／サワグルミ

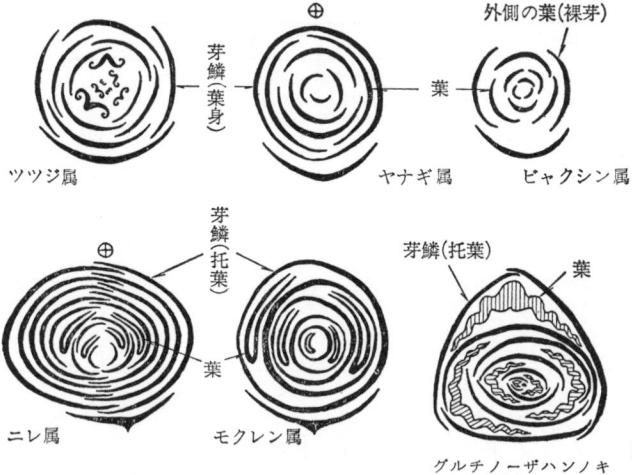

図 1.21 冬芽の横断面模式図（WARD, 1904 から変写）

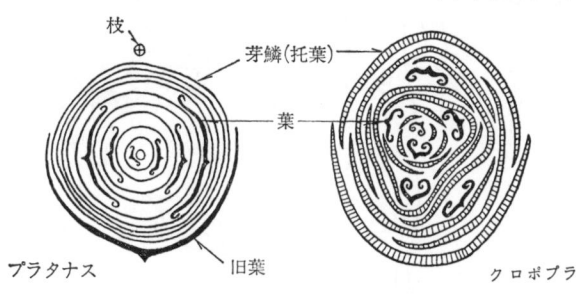

表 1.3 芽鱗の起原とおもな樹種

起原	樹種
裸芽	オニグルミ，サワグルミ，ハクウンボク，ヤマウルシ，オオカメノキ
葉身＋葉柄	ツツジ類，ヤナギ類，ニシキギ類，ミズキ，グミ類
葉身基部＋葉柄	トチノキ，カエデ類，サクラ類，ヤチダモ，エゾニワトコ，ハリギリ
托葉	ハルニレ，ブナ，ホオノキ，モクレン，ミズナラ，シナノキ，ドロノキ，ツタ，ハンノキ

上げても，その樹種の起原，科内・属内の位置づけ，地史との関係など，多くの興味ある問題にゆきつくことになる。

　外からみえる芽鱗の数は重要な樹種判別の要素である（図 1.18 参照）。その数とおもな樹種は，表 1.4 に示される。

　多数の芽鱗がカワラぶき屋根のように重なった場合を，**覆瓦状の**（ふくがじょうの，かわら状の，imbricate）という。重ならずに，

表 1.4 外からみえる芽鱗の数とおもな樹種

芽鱗数	樹　　種
1	ヤナギ類，プラタナス
2	シナノキ，ホオノキ，キハダ，ヤマブドウ，ミツバウツギ，カツラ，カンボク
3	ハンノキ，ケヤマハンノキ，ミヤマハンノキ
2〜4	イヌエンジュ，ヤチダモ，ハリギリ，ナナカマド，ツルアジサイ，シンジュ
4	ヤマグワ，ウダイカンバ，ガマズミ，オオバクロモジ
4〜6	アズキナシ，ハルニレ，オヒョウ，キリ，クロウメモドキ，ムラサキハシドイ
5〜10	ドロノキ，ミズキ，ニシキギ，マユミ，ツリバナ，ツルウメモドキ，イタヤカエデ
8〜20	トチノキ，エゾニワトコ，シウリザクラ
20以上	ミズナラ，サワシバ，ブナ

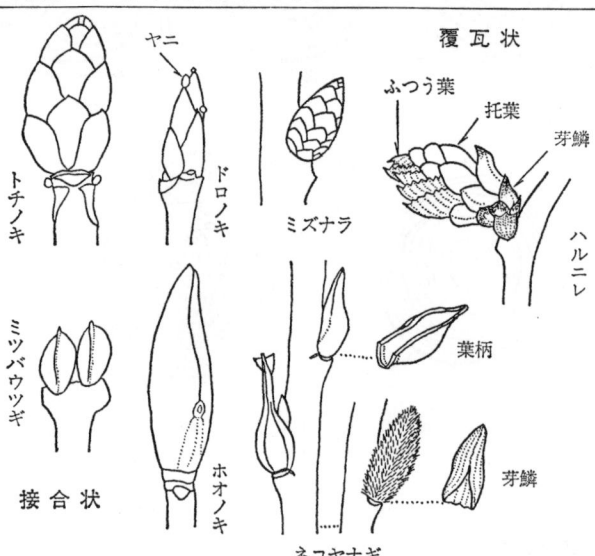

図 1.22 芽鱗の重なりおよび起原

2～3枚が縁で接した場合を，**接合状の**（せつごうじょうの，valvate）という。

芽吹き時には，外側にみえていた芽鱗ばかりでなく，内側の芽鱗も現われ，また，芽鱗から葉への移行態もみられる（図1.22）。このことは，後述の**開葉**でくわしく説明されよう。

なお，芽鱗は，既述のように有毛なものが多く，この毛も寒気から冬芽の内部を保護するのに役立っている。しかし，無毛であっても，**樹脂**（じゅし，やに，resin），**ろう**（蠟，wax）などで補っている樹種もある。

7 髄

小枝の横断面は，外皮，内皮，形成層，木質部，年輪，および中心にある髄からなる（図1.23）。

髄（ずい，pith）は，それを取り巻く木質部より軟らかいのがふつうである。その色は樹種によって，木質部の色といくらか，あるいはいちじるしく異なり，より淡い場合と，より濃い場合とがある。褐色，黄褐色，暗褐色，黄白色，白色などが一般的であるが，ときには緑色，桃色，黒色，チョコレート色などもある。

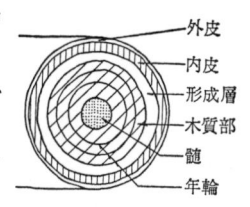

図1.23 小枝の横断面模式図

その構造ないし充実状態から，髄は次のように区分される。

　充実髄（じゅうじつずい，連続髄，solid pith, or continuous pith）：髄質が充実しているものをいう。さらにこれは均質髄および薄膜髄に分けられる。

　均質髄（きんしつずい，homogenous pith）：髄質が連続して充実し，しかも均質のものをいう。大半の樹種がこの髄をもつ。

　薄膜髄（はくまくずい，diaphragmed pith）：充実髄であり，しかも壁状の円板が長軸と直角に，ほぼ等間隔で置かれたものをいう。ユリノキの髄がこれである。

　海綿状髄（かいめんじょうずい，spongy pith, or porous pith）：髄質がきわめて軟らかく，充実不足のものをいう。ふつうには，これと均質髄の中間型がみられる。

　有室髄（ゆうしつずい，chambered pith）：髄がたくさんの空室に分割されたものをいう。新条では充実していて，秋から冬になると空室ができる樹種もある。オニグルミ，サワグルミ，ハリギリ，サルナシ，チョウセンレンギョウなどがこの髄をもつ。

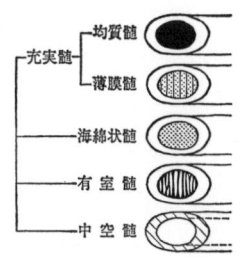

図 1.24 構造からみた髄の種類

中空髄（ちゅうくうずい，hollow pith, or excavated pith）：節部を除くと，竹のように髄が中空なものをいう。これは空木（うつぎ）の名前をもつ樹種に多い。しかし，……ウツギの名をもっていても，中空髄をもたない樹種もある（図1.24）。

また，髄の横断面は，いろいろな形をしていて，しかも属ないし科によって，形がかなり一定している。そして髄の形は冬芽のつき方と関係している。

円形髄（えんけいずい，terete pith, or round pith）：多くの樹種にみられる。これの大きいのがエゾニワトコで，顕微鏡の切片づくりに用いられる。ヤマブキの髄は豆鉄砲の弾丸になる。

四角形髄（しかくけいずい，quadrangle pith）：四つの角をもつものであり，冬芽が対生する樹種に多くみられる。これの変形が**菱形髄**（ひしがたずい，rhombic pith）であるし，さらにニシキギの**十字形髄**（じゅうじけいずい，cross pith）：はこれの特殊形である。また，ガマズミのように，枝の断面が六角形なら，髄も六角形となる。

三角形髄（さんかくけいずい，triangular pith）：冬芽が1/3のらせん生樹種にみられる。ハンノキ属がこの好例である。

五角形髄（ごかくけいずい，pentagonal pith）：冬芽が2/5のらせん生樹種に多くみられる。ドロノキ，サクラ類などがこれである。

星形髄（ほしがたずい，star-shaped pith）：五角形髄の変形とみられ，2/5のらせん生樹種のうち，コナラ属がこの好例である。

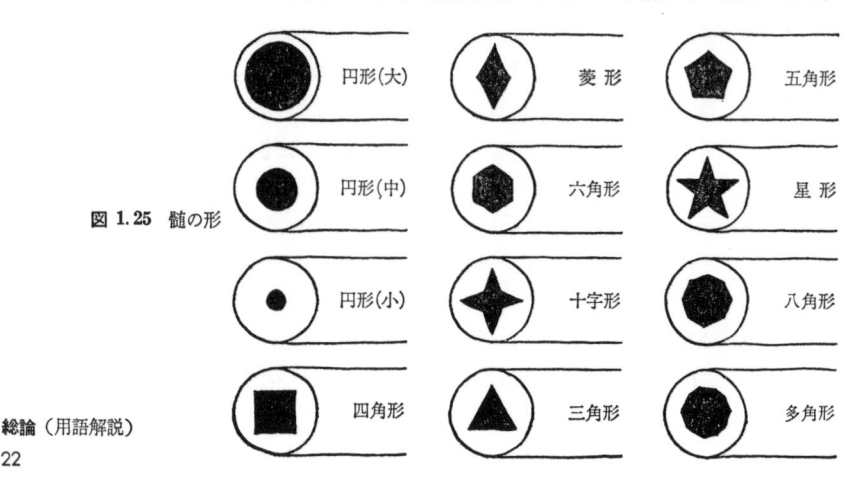

図 1.25 髄の形

多角形髄（たかくけいずい，polygonal pith）：冬芽が 3/8，5/13 およびそれ以上のらせん生樹種にみられる。本来は多角形でも，髄が細いと円形らしくなる（図 1.25）。

髄の形は，枝の太さ，勢い，節からの距離などとも関係するが，一般的には，太い枝，勢いよい枝，とくに萌芽幹，一年生幹などで明確になる。

構造，形，大きさ，色などの特徴を知るならば，属内の種の判定は，髄だけでもかなり可能性が高い。

8 葉　　痕

秋が深まると，北国の広葉樹のほとんどが紅，黄，橙あるいは褐葉になり，やがて落葉する。気温の低下にともない，古くなって不要となった葉を落とし，樹木は越冬態勢にはいる。

葉は枝と葉柄の接点から脱離するが，ふつう，脱離の 2～3 週間前になると，その接点（葉柄基部）には，組織に変化が生じて，特殊な細胞層ができる。これを**離層**（りそう，absciss layer）という（図 1.26）。

離層の形成がスムーズな落葉をうながすわけであるが，コナラ属のように，離層のできにくい樹種では，落葉が遅れたり，枯れ葉が一冬中ついていたり，葉柄が折れたりすることもある。また，複葉の場合には，まず子葉が散り，しばらく葉柄が残ることもある。

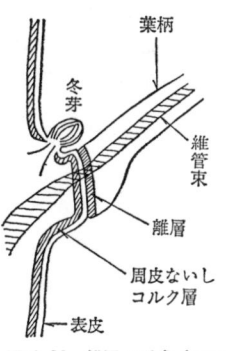

図 1.26　離層の形成（山田ほか，1960 から変写）

葉の落ちた跡は，一年生枝に明白に残る。この痕跡を**葉痕**（ようこん，葉印，葉跡，leaf-scar）という。

葉痕の部分にはコルク層が発達して，枝の内部を保護する。ここは枝よりいくらか隆起していることがふつうであり，淡色の場合が多く，無毛である。葉痕内には，**維管束痕**（いかんそくこん，bundle-scar）がみられる。これは，葉・枝・幹および根をつらぬいて走る組織であり，水や同化物などの体内物質の通路である。

葉は葉身・葉柄および托葉の 3 部分からなっている。それで，托葉が脱離すると，葉痕の両側に**托葉痕**（たくようこん，stipule-scars）が残る。ただし，これは托葉のない樹種，托葉が離層より上につく樹種ではみられないし，微小で判明しにくい場合もある（図 1.27）。

葉痕の形は多様であって，大きくて特徴ある樹種もあれば，小さくて特徴の乏しい樹種もある。その形には，円形・平円形・だ円形

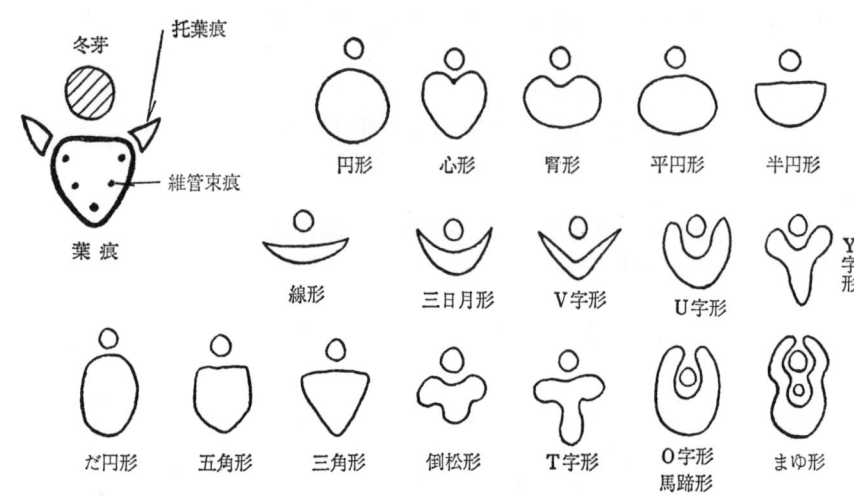

図 1.27 葉痕の形 のような単純な類から，半円形・三角形・五角形の類，心形（心臓形，倒心形）・腎形の類，線形・三日月形・V字形・U字形の類，Y字形・T字形・倒松形のような三片形の類，そして馬蹄形・O字形・まゆ形のように冬芽を取り囲む類まである。

最後のグループでは，葉柄基部は冬芽の形成期には，冬芽をすっぽりとつつんでいる。こうした冬芽を**葉柄内芽**（ようへいないが，

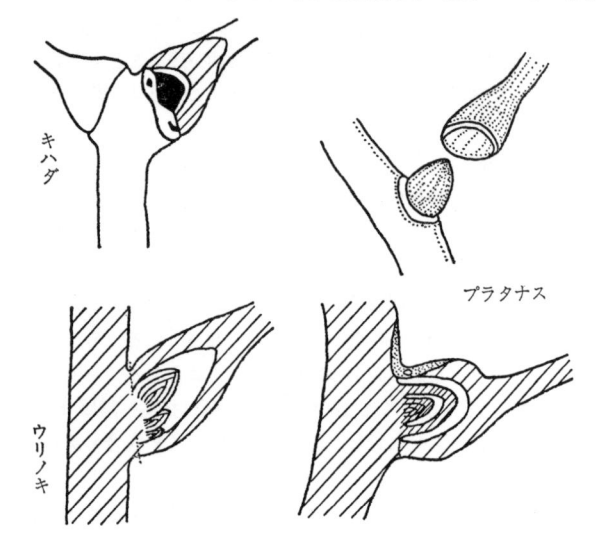

図 1.28 葉柄内芽

総論（用語解説）

intrapetiolar bud）といい，キハダ，ウリノキ，ハクウンボク，プラタナスなどに知られている（図1.28）。また，V字形やU字形をした葉柄も，冬芽をかなり取り囲んでいて，着葉期には冬芽がみえにくい。

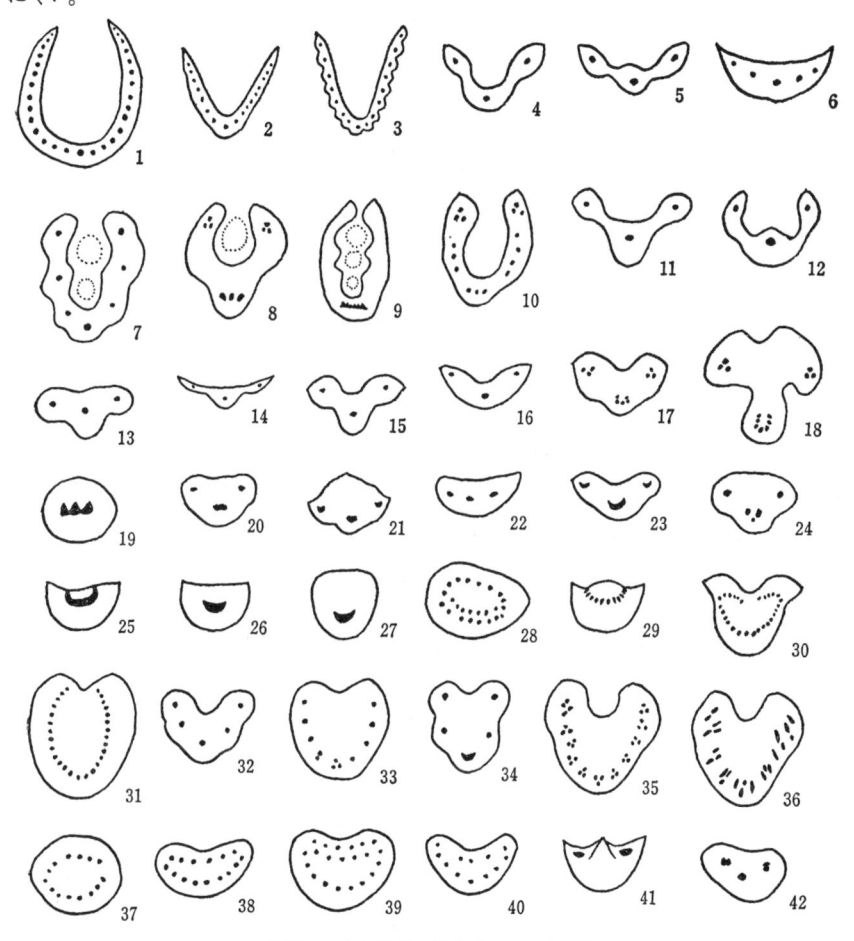

図 1.29 おもな樹種の葉痕（サイズは不同）

1. タラノキ, 2. コシアブラ, 3. ハリギリ, 4. イタヤカエデ, 5. ノリウツギ, 6. ナナカマド, 7. ウリノキ, 8. キハダ, 9. ハクウンボク, 10. ヌルデ, 11. カンボク, 12. オオバヤナギ, 13. ドロノキ, 14. ツルアジサイ, 15 イワガラミ, 16. カツラ, 17. サワグルミ, 18. オニグルミ, 19. チョウセンゴミシ, 20. ハルニレ, 21. ハウチワカエデ, 22. サワシバ, 23. ウダイカンバ, 24. ケヤマハンノキ, 25. マユミ, 26. ツルウメモドキ, 27. サルナシ, 28. ヤマグワ, 29. ハシドイ, 30. ヤチダモ, 31. キリ, 32. エゾニワトコ, 33. トチノキ, 34. ニガキ, 35. シンジュ, 36. ヤマウルシ, 37. ツタ, 38. シナノキ, 39. ホオノキ, 40. ミズナラ, 41. イヌエンジュ, 42. ミツバウツギ

葉痕の形は，樹種の判別に重要な目安となるが，似た形の場合には，維管束痕が決め手となることもある。その数は，1，3，5，7個のように，奇数に増加する。また，3個ずつぐらいのグループに集まる樹種もあるし，その配置もいくらか参考になる。

ただし，葉痕の形・大きさおよび維管束痕の数・配置は，同じ樹種であっても，同一個体であっても，枝の勢い，枝につく位置などの影響を受け，かなり異なることがある。ふつうは，枝の中位の，大きめな葉痕を標準形とみなせばよいであろう。

北国のおもな樹種の葉痕は，図1.29のようである。

9 と げ

樹木には，枝にとげ（刺針，spiny organs）のあるものがある。とげは樹種の判別に有効であり，起原によって，次のような種類に区分される（図1.30）。

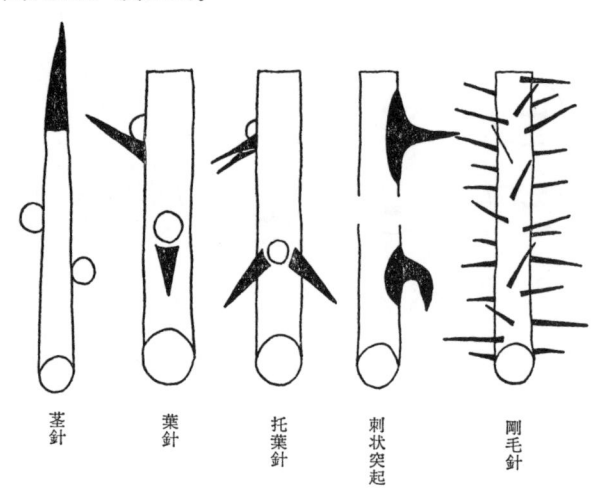

図 1.30 とげの種類

茎針　葉針　托葉針　刺状突起　剛毛針

茎針（けいしん，thorn）：枝の先端部や短枝が針状に変態したものをいう。
葉針（ようしん，leaf-spine）：葉が針に変態したものをいい，それぞれが冬芽と対応する。サボテンの針は葉の変態の典型として知られている。また，葉のつけね（葉枕）が針に変態したものを**葉枕針**（ようちんしん，pulvinar-spine）という。
托葉針（たくようしん，stipular-spines）：托葉が針に変態した

ものをいい，冬芽に対応し，2個ずつつく．

刺状突起（しじょうとっき，prickles）：前三者が規則的に枝につくのとちがって，これは不規則に，しかも多数ないし無数が枝

表 1.5 とげの種類とおもな樹種

種類	樹 種
茎針	クロウメモドキ，スモモ，ズミ，ボケ，サンザシ類，ナツグミ
葉針	メギ，ヒロハノヘビノボラズ
托葉針	ニセアカシア，サンショウ
刺状突起	ハリギリ，タラノキ，ノイバラ
剛毛針	キイチゴ類，ハマナス，ハリブキ

図 1.31 とげの典型的なもの

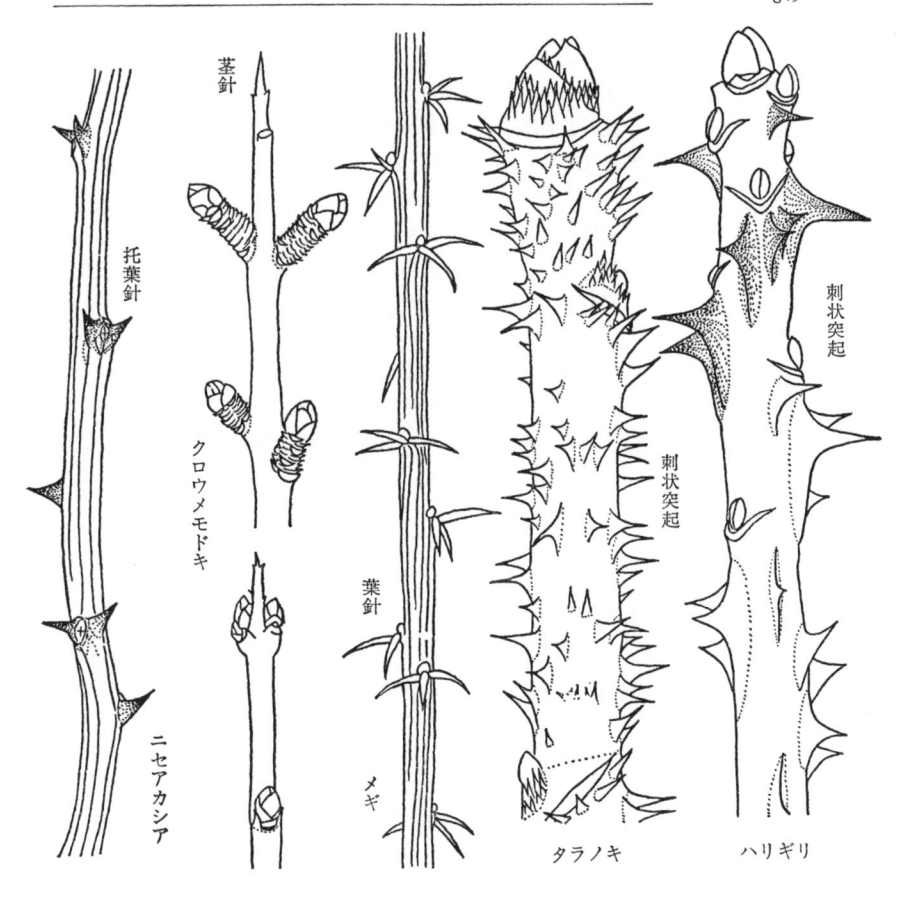

の表層につく。針は通直，斜上，わん曲などいろいろな形状であって，ふつう，太く，短く，基部が枝上に盛り上がっている。
剛毛針（ごうもうしん，針毛，bristles）：枝にはえた毛が針に変態したものをいう。これも不規則に生じ，しかも密生することが多い。

これらのとげをもつおもな樹種は表 1.5 のようであり，典型的なものは図 1.31 に示される。

10　枝のその他の付属物

図 1.2 ほかのように，小枝には，上述した以外にも，いくつかの付属物ないし器官がある。これらについても概説してみよう。

枝の表面には，小アザのような形をしたものが多数あり，これを**皮目**（ひもく，lenticel）という。皮目は，葉裏の気孔と同じく，枝の呼吸孔である。これはやや隆起し，ふつう，枝より淡色ないしやや暗色であり，ときには白色や橙色のように目立つ場合もある。

皮目の形は，円形・だ円形・長だ円形・線形・割れ目形・菱形などである。一年生枝では縦長が一般的であり，枝が太くなると横長の形となる。そのサイズは，長さ1～4mm，幅 0.5～1mm くらいであるが，より小さいものもある。

その分布は，密生・散生・疎生と表現され，冬芽付近に多く集まる。皮目のない，ないし不明の場合には**無皮目の**（むひもくの，non-lenticellate）といい，ある場合には**有皮目の**（lenticellate）という（図 1.32）。

つる性木本の中には，他物に巻きつくため，ないし，まといつくための器官（**よじのぼり器官**，climbing organ）をもつものもある。これには，次のようなものがある。

巻きひげ（tendril）：ブドウ類はこれで他物に巻きついてゆく。
吸盤（きゅうばん，sucker, or sucking disc）：ツタは巻きひげの先端が吸盤になっていて，これで樹幹や岩壁にまといつく。
気根（きこん，aerial root）：地上の茎・幹から空気中に出る根であって，これで樹皮の裂け目や岩の割れ目に足がかりをつけてよじ登る（図 1.33）。

小枝には，既述の痕跡のほかに，さらに，次のようなものがみられる。

果柄痕（かへいこん，**花柄痕**，peduncle-scar）：果柄ないし花

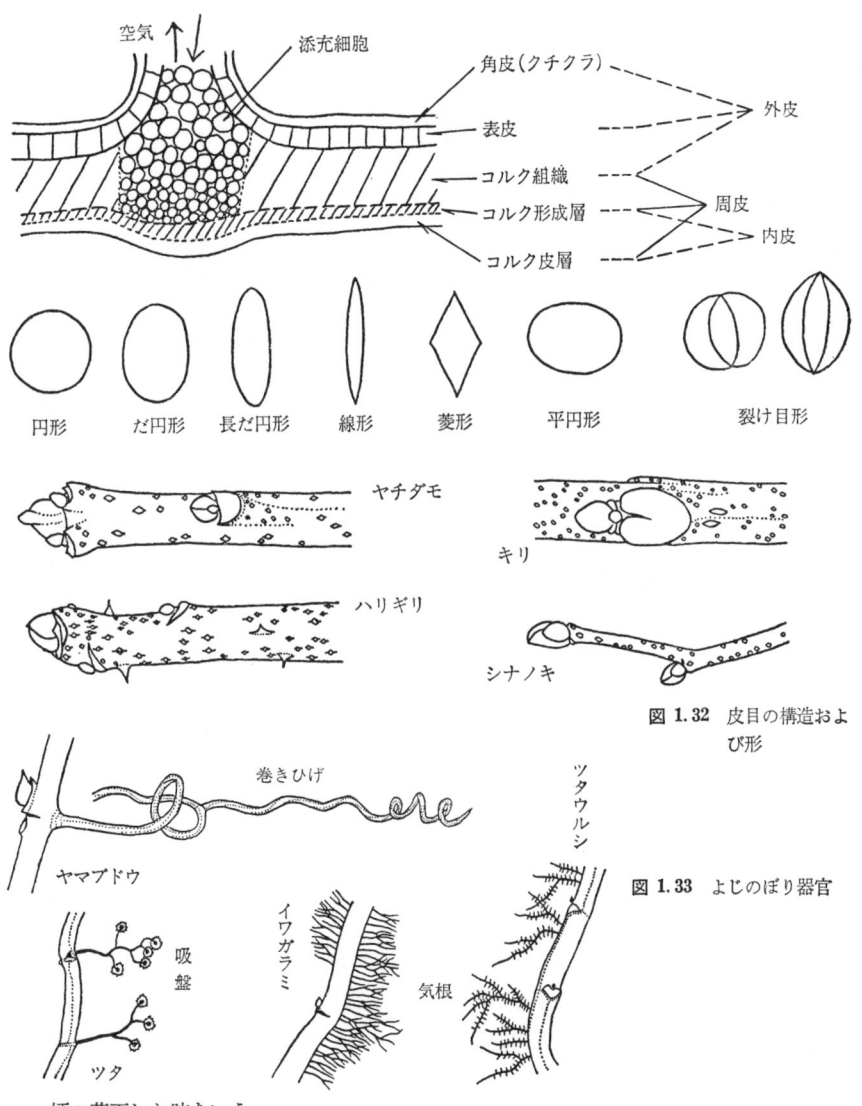

空気 ↑↓　添充細胞　　角皮(クチクラ)
表皮　　　　　　外皮
コルク組織
コルク形成層　　周皮
コルク皮層　　　内皮

円形　だ円形　長だ円形　線形　菱形　平円形　裂け目形

ヤチダモ　　　　　　　　キリ

ハリギリ　　　　　　　　シナノキ

図 1.32　皮目の構造および形

巻きひげ　　　　　　ツタウルシ

ヤマブドウ

図 1.33　よじのぼり器官

吸盤　イワガラミ　気根
ツタ

柄の落下した跡をいう。
　果軸痕（かじくこん，**花軸痕**，inflorescence-scar）：果軸ないし花軸（花序軸）の落下した跡をいう。これは落枝痕の一種とみなされる。
　落枝痕（らくしこん，scar of twig-abscission）：日陰の一年

枝のその他の付属物

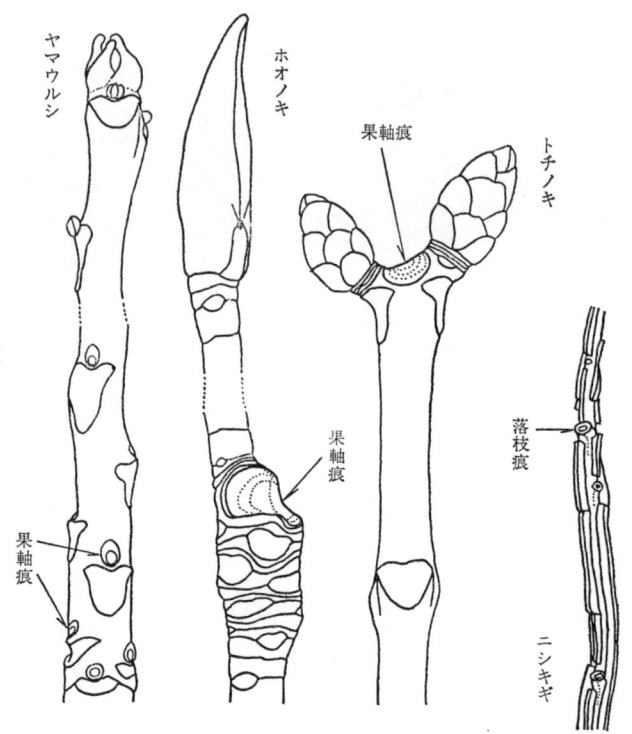

図 1.34 果軸痕および落枝痕

（図中ラベル：ヤマウルシ、ホオノキ、果軸痕、トチノキ、果軸痕、落枝痕、果軸痕、ニシキギ）

　生枝が短枝化しないで，枯れ枝となって基部から離脱するときに生じる痕跡をいう（図1.34）。
　有毛度のほかに，枝の**平滑度**（へいかつど，smoothness）も，一つの目安となる。皮目，葉痕などを除いて，一年生枝では，**平滑な**（へいかつな，smooth），**粗造な**（そぞうな，rough）という程度に区別する。
　また，樹皮の離脱の目立つ樹種もあり，ハクウンボク，ヤマブドウでは明らかである（図1.35）。
　コルク質の翼をもつものもあって，ニシキギ，コブニレがその例である。
　一年生枝の色は，褐色および暗褐色がもっとも一般的であるが，赤褐色，紫褐色，黄褐色，灰褐色，黒褐色も割合に多いし，紅色，赤紫色，暗緑色もある。また，帯赤，帯紫，帯緑褐色という表現を用いることもある。さらに，毛，皮目，枝の陽陰・乾湿，ちり・苔の付着などの影響もある。

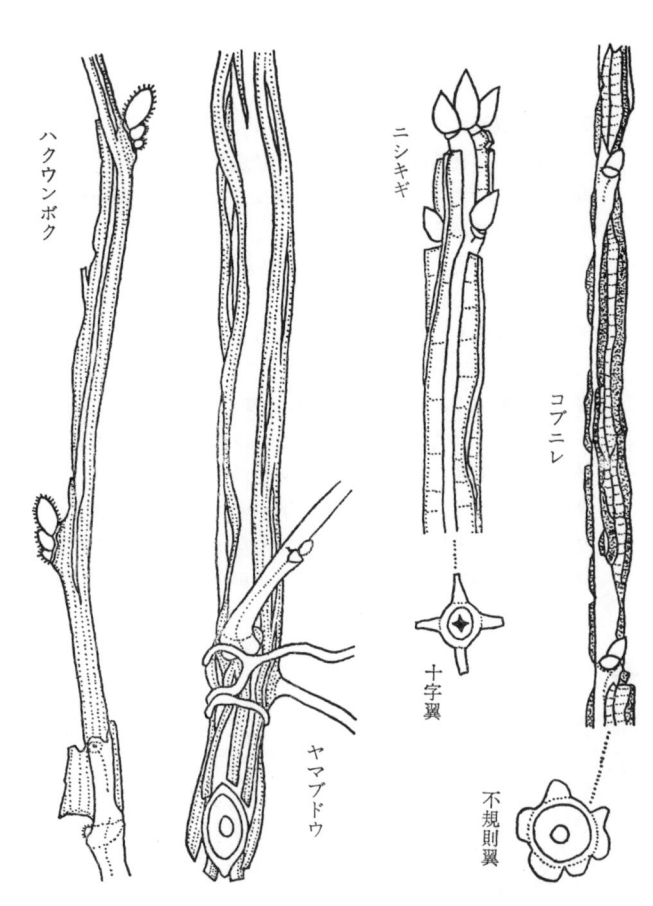

図 1.35 樹皮の離脱およびコルク質の翼

（図中ラベル：ハクウンボク、ニシキギ、コブニレ、十字翼、ヤマブドウ、不規則翼）

　これまで述べてきた，冬の樹種の判別基準は，樹種によっては多くの特徴の総合が必要な場合もあり，ただ一つの特徴だけで十分な樹種もある。
　この総論で冬の樹木学序説を理解し，用語に通じたならば，次の各論において樹種ごとの特徴を知っていただきたい。

11　開　葉

　冬越ししてきた冬芽は，春になると，芽吹き，開葉し，伸長してゆく。花が先の樹種もあれば，葉と同時の，あるいは葉より後の樹種もある。約半年の落葉期間を経て，いっせいに開葉する樹々の躍動は，北国の春ならではの光景である。
　芽吹き，開葉と類似の用語ないし言葉がいくつかある。

芽ぐむ：詩歌にうたわれる言葉であり，厳冬の間は固かった冬芽が，目にみえるほどにふくらんだ状態をさすようである。

芽木：俳句でよく用いられ，芽吹きはじめた木，芽吹いた木の意味のようである。

開舒（かいじょ）：開葉とほぼ同じ用語であって，針葉樹に対してよく用いられる。

芽立つ：芽吹く，新条がのびるというような意味であり，詩歌に多い。

芽吹く（めぶく，bud-bursting）：冬芽がふくらんで，芽鱗がゆるみ，先に緑色のふつう葉が現われはじめた状態をさす。有鱗芽ないし隠芽の場合に，芽吹くの感がつよい。

開葉（かいよう，unfolding of leaves）：冬芽の中に小さくたたまれていたふつう葉が開き，大きくなってゆく状態をさす。昆虫の羽化にもとえられる。裸芽の場合には，まさに開葉するのである。

図 1.36 開葉（サイズは不同）

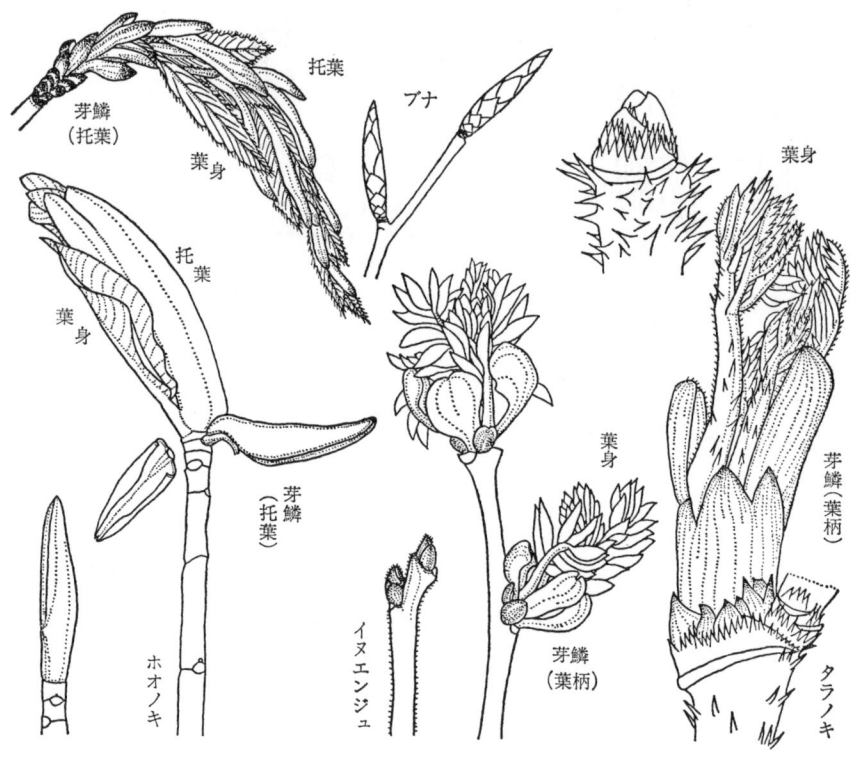

展葉（てんよう）：開いた葉が，**新条の伸長**（shoot elongation）
にともなって，次々にそれぞれの位置を占めてゆく状態である。
開葉してゆく様子をみると，既述のように（図1.20～1.22参照），
芽鱗（鱗片化した葉）と**ふつう葉**（普通葉，光合成をする葉，とく
に葉身＋葉柄，foliage leaf）との関係がよくわかる（図1.36）。

北国の樹木――落葉広葉樹――は冬芽をつくることによって，毎
年のきびしい冬を，そして長く続いた氷河期を乗りこえてきた。枝
先につつましくつく冬芽は，単なる樹種判別の基準ではなくて，樹
木の歴史そのものの現われなのである。

おもな参考文献

1）テキスト
WARD, H.M. (1904) : Trees. I. Buds and twigs. 271pp., Cambridge.
SHIRASAWA, H.(1895) : Die japanischen Laubholzer im Winterzustande
――Bestimmungstabellen. *Bul. Agr. Col. Imp. Univ*, **2** : 229-283.
宮部金吾，工藤祐舜，須崎忠助（1920-31）：北海道主要樹木図譜，I～III，
258pp.，北海道庁.

2）用語辞典
山田，前川，江上，八杉編（1960）：生物学辞典，1278pp.，岩波書店.
太田，長野編（1976）：生物学小辞典，550pp.，共立出版.
Encyclopaedia Britannica (1970) : Commemorative edition for Expo
'70.
ブリタニカ国際大百科辞典（1975）

3）その他
岡本省吾(1974)：原色日本樹木図鑑，306pp.，保育社.
大井次三郎（1961）：日本植物誌，1383pp.，至文堂.
林　弥栄（1969）：有用樹木図説，472pp.，誠文堂新光社.
矢頭献一，岩田利治（1966）：図説樹木学――落葉広葉樹編，216pp.，朝倉書
店.
小倉　謙（1962）：植物解剖および形態学，223pp.，養賢堂.
HARLOW, W.M. and HARRAR, E.S. (1958) : Textbook of Dendro-
logy. 561pp., McGraw-Hill, New York.
斎藤新一郎，菊沢喜八郎（1976）：頂芽タイプと新条の伸長，北方林業，**28** :
242-244.
KOZLOWSKI, T.T. and CLAUSEN, J.J. (1966) : Shoot growth charac-
teristics of heterophyllous woody plants. *Can. J. Botany*, **44** :
827-843.
KOZLOWSKI, T.T. (1971) : Growth and development of trees. Vol.
1, 443pp., Academic Press, New York and London.
斎藤新一郎，小原義昭（1976）：ミズナラの根切り育苗について，北海道林務
部報＜林＞，**291** : 1-6, **292** : 1-6.

志方守一（1972）：成長，対数ラセン，自由群．生物科学，**24**：157-168.
北海道林務部監修（菊沢喜八郎・村野紀雄・村田修身・斎藤新一郎・鈴木隆編著）（1976）：北海道の森林植物図鑑，樹木編，331pp.，北海道国土緑化推進委員会，札幌．
上原敬二（1959-69）：樹木大図説，I～III，3779pp.，有明書房．
TRELEASE, W. (1918): Winter botany. 396pp., Dover, New York.
菊沢喜八郎，斎藤新一郎（1978）：広葉樹の二次伸長，北方林業，**30**：241-244.
斎藤新一郎（1977-78）：冬の樹木学，北海道林務部報＜林＞，**308-317**.
斎藤新一郎（2001）：ヤナギ類－その見分け方と使い方，144pp.，北海道治山協会．

2 各論

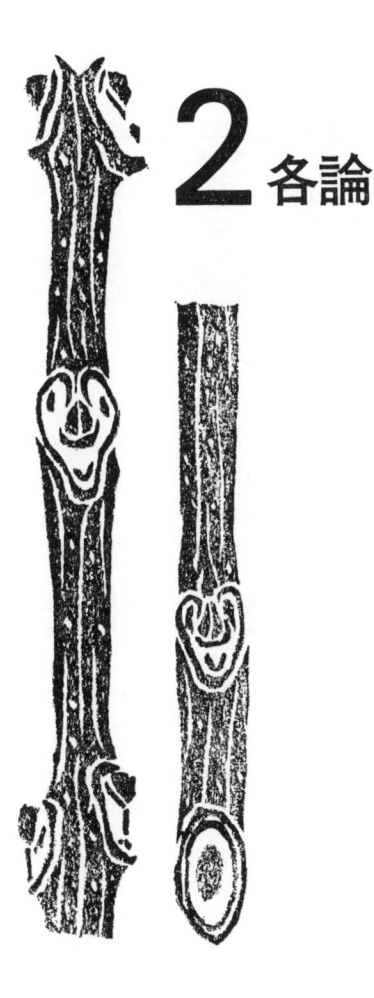

1 ヤナギ科
Salicaceae

高木，小高木，低木ないし小低木。雌雄異株である。冬芽は互生し，まれに対生する。芽鱗は1枚（葉身起原）ないし多数（托葉起原）である。葉痕はV字形・三日月形ないし倒松形で，3個の維管束痕をもつ。ふつう，托葉痕がある。

属	冬芽	芽鱗	一年生枝	托葉痕
ポプルス	卵形〜長卵形	多数，覆瓦状	無毛ないし有毛	ある
ケショウヤナギ	紡錘形	1枚，腹面で癒合しない	無毛，帯紫紅色，白粉をおびる	ない
オオバヤナギ	卵状円錐形	1枚，腹面で癒合しない	無毛，赤褐色	ある
ヤナギ	卵形〜紡錘形	1枚，腹面で癒合する	無毛ないし有毛	ある

ポプルス属 *Populus* LINN.

高木。冬芽は2/5のらせん生につき，托葉起原の多数の芽鱗に覆瓦状につつまれ，頂芽は大きい。一年生枝は無毛ないし有毛で，髄は五角形ないし星形であり，葉痕はV字形・倒松形ないし三日月形をし，3個の維管束痕をもつ。托葉痕がある。

種	一年生枝	冬芽（側芽）	芽鱗（側芽）
ドロノキ（自生）	無毛，径 4〜8mm	紡錘形，長さ 15〜20mm	3〜4枚，樹脂をかぶる
ヤマナラシ（自生）	無毛，径 2〜5mm	長卵形，長さ 6〜10mm	10〜13枚，やや樹脂をかぶる
クロポプラ（植栽）	無毛，径 2〜8mm	紡錘形，長さ 5〜8mm	2〜3枚，やや樹脂をかぶる
ギンドロ（植栽）	密軟毛，径 2〜6mm	卵形〜長卵形，長さ 3〜5mm	5〜6枚，軟毛

［凡 例］

高木：高さ10m以上，小高木：5〜10m，低木：5m以下，小低木：地をはうもの，つる：木本性つる。
高さ：ふつう環境下におけるいちおうの樹高で，諸文献と筆者の観察による。
径：地上高1.3mにおける直径（胸高直径）である。
樹皮：諸文献と筆者の観察による。
色：日向側（濃色）と日陰側（淡色，帯緑色）のちがいが大きいが，枝の勢い，毛の色，採取期などでも変異があり，観察者の主観も大きく加わる。

長さ，幅，径：採取枝から測定されたいちおうの目安で，絶対的なものではない。枝の勢いの良否に大きく左右される。
枝の太さ：属内の種の比較のために，便宜的に用いている。それでもきわめて太い：径10mm以上，太い：5〜10mm，やや太い：3〜7mm，やや細い：2〜4mm，細い：1〜3mm，きわめて細い：1〜2mmのつもりである。
スケール：原図は実物のほぼ0.7倍である。拡大は実物のほぼ1.5倍である。

●ドロノキ（ドロヤナギ）*Populus maximowiczii* HENRY, Doro-no-ki（Doro-yanagi, Japanese poplar）

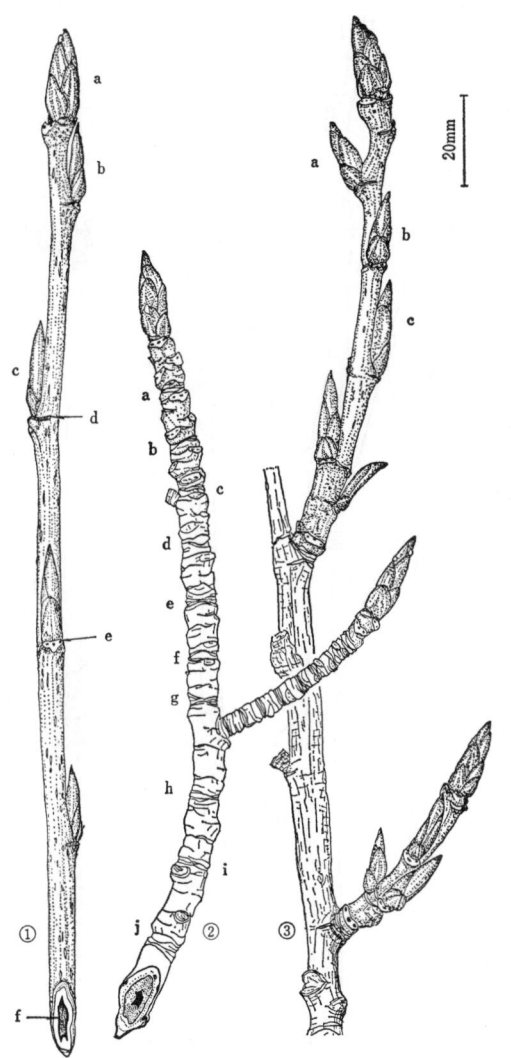

高木。高さ 30m，径 150cm になる。樹皮は，若木では帯緑青白色をし，平滑であるが，老樹では暗灰色をし，長く縦裂する。河畔林の超高木となる。

小枝は，灰褐色ないし灰色である。一年生枝は太く，径 4〜8mm あり，平滑・無毛で，灰緑色・帯赤褐色ないし帯緑灰褐色をし，つやがある。日陰では，短枝化しやすい。皮目は円形・だ円形ないし長だ円形をし，大きく，長さ 1〜3mm あり，散在する。葉痕は隆起し，三日月形・腎形ないし倒松形であり，維管束痕は 3 個ある。托葉痕は明らかで，新月形である。髄は太く，暗褐色をし，五角形である。

冬芽は，2/5 のらせん生であり，大きく，褐色をし，無毛で，樹脂をかぶる。頂芽は長卵状円錐形ないし卵状紡錘形で，大きく，長さ 15〜20mm あり，先がとがり，6〜10 枚の芽鱗に覆瓦状につつまれる。側芽はやや細く，紡錘形をし，3〜4 枚の鱗片につつまれる。花芽は太く，いくらか開出する。

図 2.1 ドロノキ
①：一年生枝，a：頂芽，b〜c：側芽，d：托葉痕，e：葉痕，f：髄，②：短枝化した小枝，11年生，a〜j：芽鱗痕，③：老樹の小枝，a〜c：花芽。（北海道雨竜郡幌加内町蕗の台，北大雨竜地方演習林，1967.2.23）

ヤナギ科

● ヤマナラシ（ハコヤナギ）*Populus sieboldii* Miq., Yama-narashi (Hako-yanagi, Japanese aspen)

高木。高さ20m, 径80cmになる。樹皮ははじめ灰青色でなめらかであるが，のち縦裂する。根萌芽更新する。

小枝は，帯褐灰色ないし暗灰色である。短枝が発達する。一年生枝は，やや細く，径2～5mmあり，赤褐色ないし明褐色をし，無毛である。皮目は小さく，やや突出し，多数ある。葉痕は隆起し，倒松形ないし浅いV字形で，3個の維管束痕をもつ。托葉痕は線形である。髄は五角形ないし星形で，淡褐色をし，細い。

冬芽は，2/5のらせん生である。頂芽はやや大きく，三角錐状卵形ないし長卵形で，先がとがり，長さ8～12mmある。側芽は紡錘形ないし長卵形で，先が鋭くとがり，長さ6～10mmあり，わずかに開出する。芽鱗は托葉起原で，赤褐色ないし濃褐色をし，縁は淡褐色で，いくらか軟毛が残り，やや樹脂をかぶって，10～13枚が覆瓦状に重なる。短枝化した枝では，頂芽だけしか発達しない。

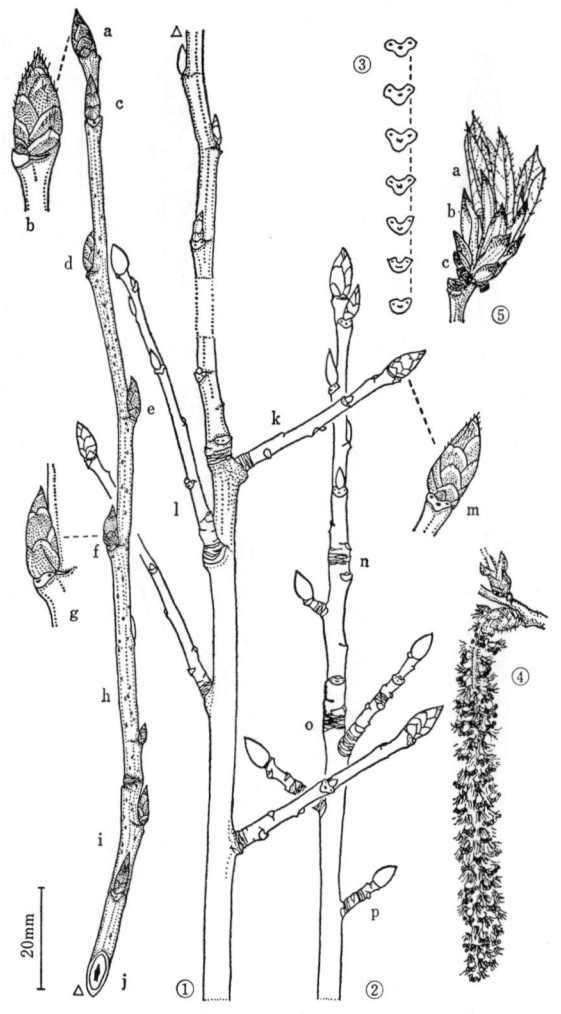

図2.2 ヤマナラシ

①：小枝，2年生，a：頂芽，b：同（拡大），c～f：側芽，g：同（拡大），h：二次伸長部分，i：頂生一年生枝，j：枝の断面，k～l：側生枝，m：頂芽（拡大），②：短枝化した小枝，3年生，n～o：芽鱗痕，p：短枝，③：葉痕（拡大），④：雄花穂，⑤：開葉，a：ふつう葉，b：内側の芽鱗（托葉），c：外側の芽鱗。（盛岡市下厨川，林試東北支場内，1978.2.1）

各 論
38

●ギンドロ（ウラジロハコヤナギ，ハクヨウ）*Populus alba* Linn., Gin-doro (Urajiro-hakoyanagi, Hakuyō, White poplar)

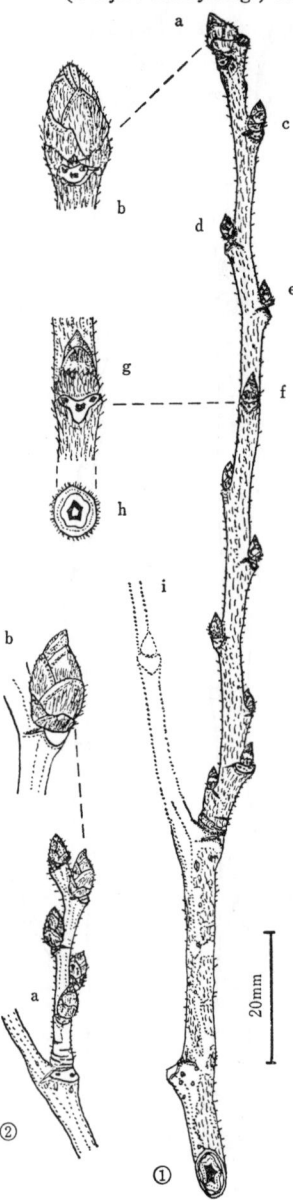

高木。中央アジアからヨーロッパにかけての原産といわれ，高さ 25m，径 50cm になる。樹皮は灰白色をし，はじめ平滑で，のちに縦裂する。公園や生垣に植栽される。

小枝は，帯緑褐色ないし帯紫褐色をし，灰白色の軟毛がはえるが，年とともに無毛となる。一年生枝は，やや太く，径 2〜6mm あり，帯緑色をしているが，灰白色ないし白色の軟毛が密にはえている。皮目は散在するが，密毛のために明らかでない。葉痕は隆起し，三日月形・三角形ないし倒松形で，幅 2〜3mm あり，褐色をし，3個ないし3グループの維管束痕をもつ。托葉痕は狭く，密毛のためにやや明らかでない。材は帯黄緑色をし，髄は五角形ないし星形で，淡褐色をし，やや太い。

冬芽は，2/5 のらせん生であり，濃褐色をし，軟毛がはえ，5〜6枚の芽鱗に覆瓦状につつまれる。頂芽は大きく，広卵形ないし球形で，先がややとがり，長さ 5〜8mm ある。側芽は小さく，卵形ないし長卵形で，先がとがり，長さ 3〜5mm あり，やや開出する。花芽は短枝化した枝につき，卵形で，先がややとがり，長さ 6〜8mm あって，やや開出する。

図 2.3　ギンドロ

①：小枝，a：頂芽，b：同（拡大），c〜f：側芽，g：同（拡大），h：枝の横断面，i：枯れた枝，②：小枝，a：短枝化した一年生枝，b：花芽（拡大）。(北海道中川郡中川町誉，北海道 立林試道北支場内，1976.1.2)

ヤナギ科
39

●クロポプラ *Populus nigra* LINN., Kuro-popura (Black poplar)

高木。高さ30m，径 100 cm になる。樹皮は黒褐色で，深く縦裂し，板根が発達する。ヨーロッパ原産で，樹幹は通直であり，枝は上方に伸びて，樹形はほうき状となる。並木として広く植栽される。

小枝は，灰色ないし帯褐灰色で，平滑である。一年生枝は，太く，径 2～8mm あり，淡黄褐色をし，無毛で，つやがある。皮目は灰白色をし，だ円形ないし長だ円形で，多数ある。葉痕は隆起し，三角形ないし半円形で，3個の維管束痕をもつ。托葉痕は明らかで，三日月形である。髄は五角形をし，褐色で，やや細い。

冬芽（側芽）は，2/5 のらせん生で，伏生し，紡錘形で，やや偏平し，先がとがり，長さ 5～8mm ある。芽鱗は赤褐色をし，無毛で，つやがあり，2～3 枚がみえ，いくらか樹脂をかぶる。頂芽は卵形で，長さ 5～10mm あり，5稜をもち，6～8 枚の芽鱗に覆瓦状につつまれる。短枝では，枝先に1個の頂芽がつき，側芽は発達しない。

図 2.4 クロポプラ

①：一年生枝，a：頂芽，b：同（拡大），c～e：側芽，f：同，背面，g：同，側面，h：枝の断面（f～h 拡大），i：芽鱗痕，j：樹脂，②：小枝，2 年生，a～b：短化した側生枝。（北海道中川郡中川町誉，北海道立林試道北支場内，1977.4.10）

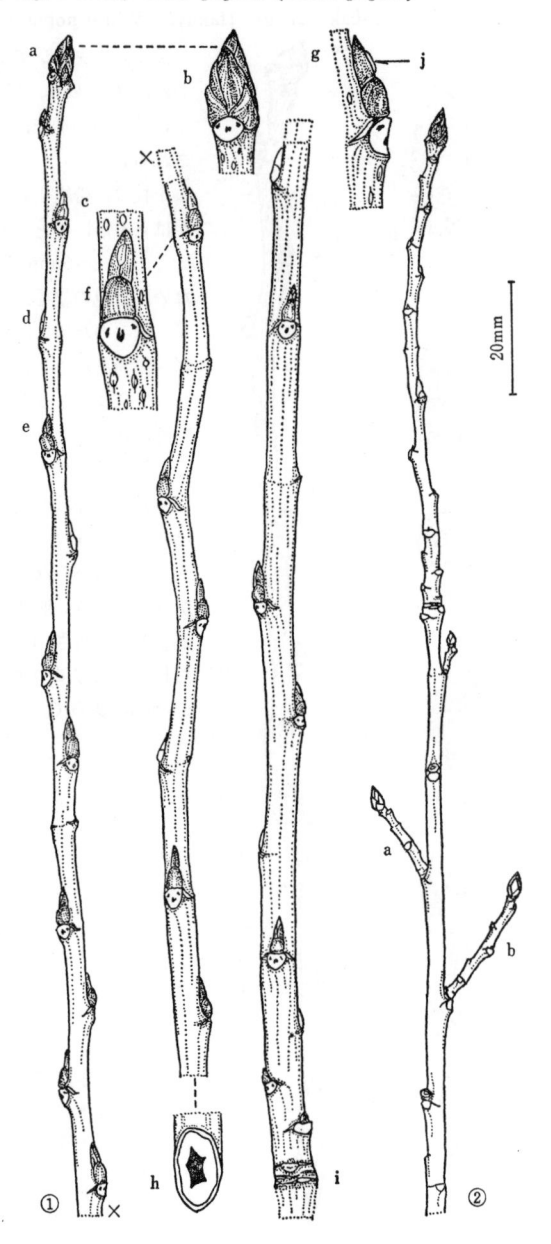

ケショウヤナギ属 *Chosenia* NAKAI

● ケショウヤナギ *C. arbutifolia* A. SKVORTZ., Keshō-yanagi

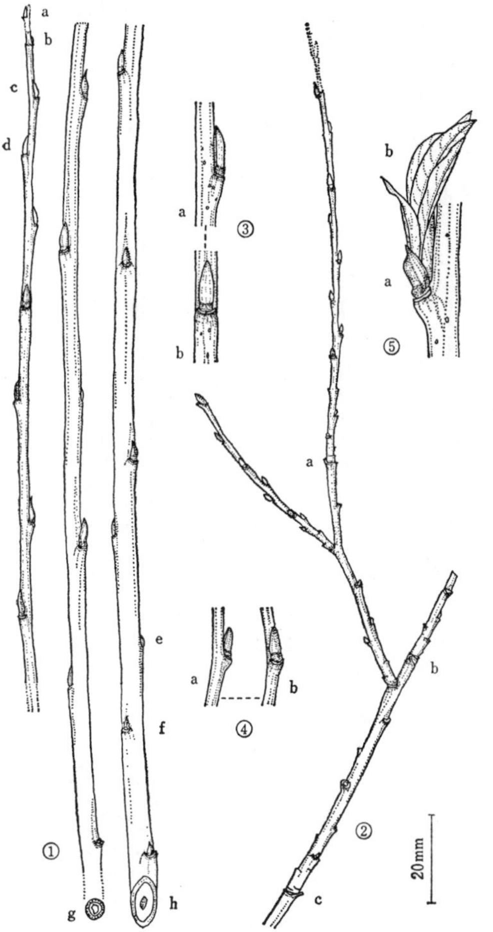

高木。高さ20m,径60cmになる。樹皮は暗褐色をし,不規則に縦裂する。

小枝は,帯赤褐色ないし黄褐色をし,細い。一年生枝は,細く,径1~3(~5)mm あり,平滑・無毛で,帯紫紅色ないし赤褐色をし,つやがあり,白粉をかぶるが,ときには紫褐色の斑点も散在する。短枝化したものには,白粉がほとんどない。ややジグザグに屈折する。皮目は小さく,あまり目立たず,少数ある。葉痕は三日月形で,小さく,3個の維管束痕をもつ。托葉痕はない。髄は黄白色をし,ほぼ五角形で,やや太い。材は淡黄色である。

冬芽は2/5のらせん生で,紡錘形をし,偏平で,長さ2~7mm あり,帯紫褐色ないし帯赤褐色をし,つやがあって,無毛である。鱗片は1枚で,腹面で癒合しない。短枝化した枝の冬芽は短く,長さ1~3mm あり,長だ円形ないし長卵形である。

図2.5 ケショウヤナギ

①:勢いよい一年生枝, a:枯れた枝先, b:仮頂芽, c~d:上位の側芽, e~f:下位の側芽, g~h:枝の断面, ②:短枝化した小枝,4年生, a~c:枝痕と芽鱗痕, ③:勢いよい枝の中位の側芽(拡大), a:側面, b:背面, ④:弱い枝の冬芽(拡大), a:側面, b:背面, ⑤:芽吹き(拡大), a:芽鱗, b:ふつう葉。(帯広市,札内川河畔, 1977.2.23)

ヤナギ科

オオバヤナギ属 *Toisusu* KIMURA

● オオバヤナギ *T. urbaniana* KIMURA, Ooba-yanagi

高木。高さ30m,径60cmになる。樹皮は帯褐灰色をし,深く縦裂し,鱗片状にはがれる。枝が垂れる。

小枝は,帯緑灰色ないし帯緑褐色をし,平滑で,折れやすい。一年生枝は,やや太く,径2～6mmあり,赤褐色・帯紫紅色ないし帯緑褐色をし,無毛で,つやがある。ときに白粉をかぶり,いくらかジグザグに屈折する。皮目は小さく,多数ある。葉痕はやや隆起し,U字形ないしV字形で,冬芽を囲み,3個の維管束痕と,だ円形の大きい托葉痕とをもつ。髄は五角形で,太い。

冬芽は,2/5のらせん生で,卵状円錐形ないし長だ円状円錐形をし,先がとがり,中央部がいくらか凹み,偏平で,長さ5～8mmあり,伏生する。鱗片は1枚で,つやがあり,無毛で,赤褐色ないし黄褐色をし,腹面で癒合しない。仮頂芽はやや小さく,上位数個の側芽が発達する。花芽は大きく,長卵形ないし卵状紡錘形で,長さ10～13mmあり,帯黄褐色ないし暗褐色をし,白粉をかぶり,いくらか開出する。

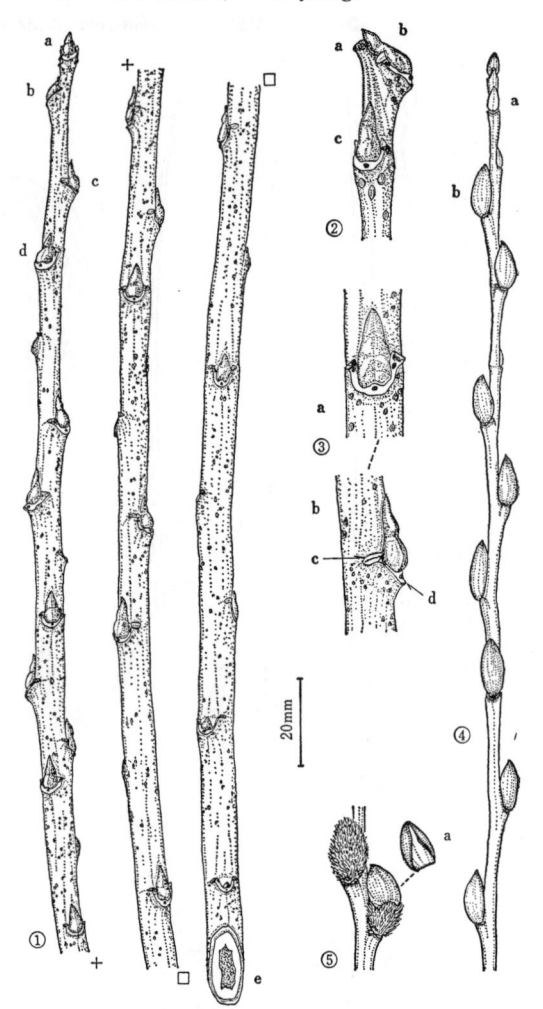

図 2.6 オオバヤナギ
①:勢いよい一年生枝, a:仮頂芽, b～d:側芽, e:枝の断面, ②:枝先(拡大), a:枝痕, b:仮頂芽, c:側芽, ③:側芽(拡大), a:背面, b:側面, c:托葉痕, d:葉痕, ④:一年生枝, a:葉痕, b:花芽, ⑤:開花, a:芽鱗。(北海道雨竜郡幌加内町蕗の台, 北大雨竜地方演習林, 1967.2.21; 帯広市, 札内川河畔, 1977.2.23)

各 論

ヤナギ属 *Salix* LINN.

　高木〜小低木。冬芽はらせん生ないし対生である。仮頂芽型であるが，仮頂芽はあまり発達しないで，上位の側芽と同じ大きさか，ときにはより小さい。芽鱗はただ1枚であり，葉身起原で，腹面（枝側）で癒合し，深い帽子状となる。花芽は大きく，太い。一年生枝は細めで，葉痕はV字形ないし三日月形がふつうで，3個の維管束痕をもつ。托葉痕がある。

　ヤナギ属はきわめて多数の種をもつが，冬芽の形態から，対生ヤナギ類，丸芽ヤナギ類，長芽ヤナギ類（有毛）および長芽ヤナギ類（無毛）に大きく区分される。丸芽は広葉ヤナギ類（sallows）に，長芽は細葉ヤナギ類（willows）にほぼ対応する。

種		一年生枝	冬芽
イヌコリヤナギ	小高木	細い，無毛	対生，長卵形，無毛
コリヤナギ	低木，植栽	細い，無毛	対生，紡錘形，無毛
バッコヤナギ	高木，南方系	やや太い，無毛	らせん生，長卵形，無毛
エゾノバッコヤナギ	高木，北方系	やや太い，無毛	らせん生，卵形，無毛
キツネヤナギ	低木	やや細い，無毛	らせん生，卵形，無毛
ネコヤナギ	低木	やや細い，有毛	らせん生，円錐形，絹毛
エゾノキヌヤナギ	高木	やや太い，有毛	らせん生，長だ円形，絹毛
タチヤナギ	高木	やや細い，無毛	らせん生，長だ円形，無毛
ナガバヤナギ	高木	やや太い，無毛	らせん生，長だ円形，ほぼ無毛
エゾノカワヤナギ	高木	やや細い，無毛	らせん生，紡錘形，無毛

　細葉ヤナギ類は，枝さし増殖できる。
　広葉ヤナギ類は，枝さし増殖できないが，根ざし増殖の可能性をもつ。

図 2.7 イヌコリヤナギ

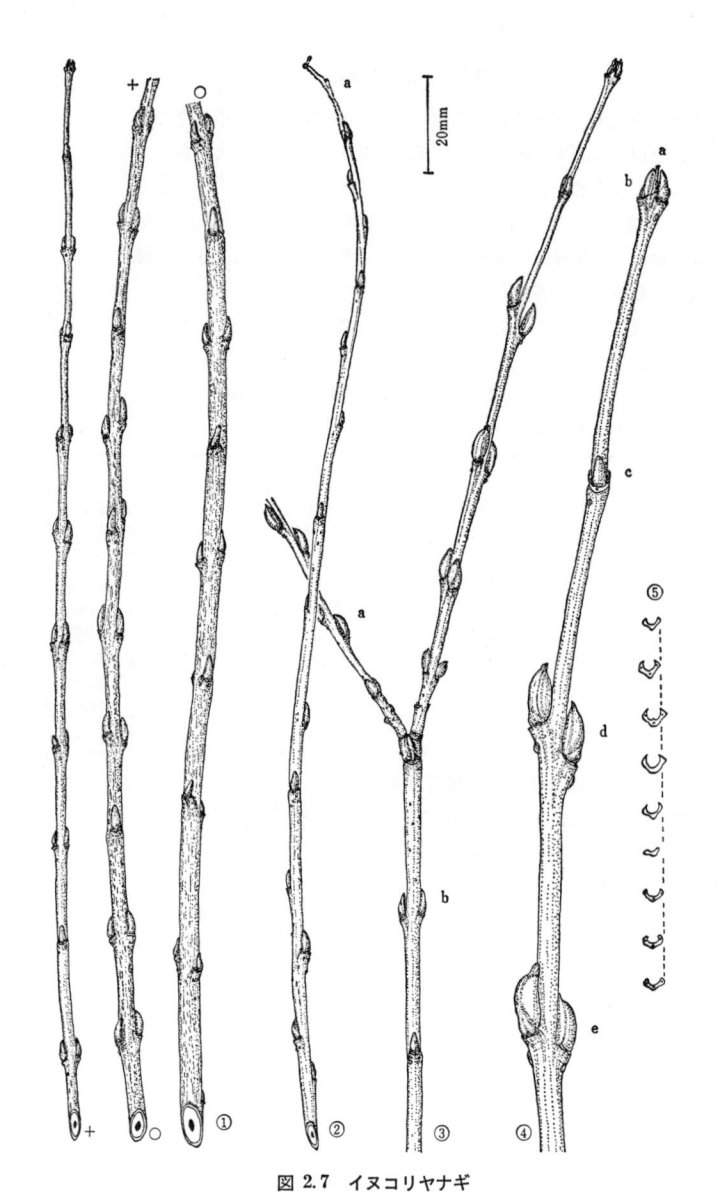

①：勢いよい一年生枝，②：一年生枝，冬芽はらせん生，a：枯れた新条端，③：二股分岐の小枝，a：亜対生の冬芽，b：開葉しなかった前年の冬芽，④：一年生枝（拡大），a：枝痕，b：仮頂芽，c：側芽（葉芽），d〜e：花芽，⑤：葉痕（拡大）。（札幌市，北大苗畑，1967.3.22）

←●イヌコリヤナギ Salix integra THUNB.,
　　　Inu-koriyanagi

小高木。ふつうは5mくらいの多幹性であるが，ときに高さ10mにもなる。小枝は，帯緑褐色ないし黄褐色をし，無毛で，しばしば二股分岐する。一年生枝は，細く，径1～4mmあり，長くのび，無毛で，紫褐色ないし緑褐色をし，つやがある。皮目はだ円形ないし円形で，少数ある。葉痕は隆起し，V字形ないし三日月形で，3個の維管束痕をもつ。髄は小さく，褐色をし，やや菱形である。

冬芽は，対生する。ときに亜対生や互生もみられる。仮頂芽は2個つく。冬芽は小さく，長さ3～5mmあり，長卵形で，いくらか偏平し，先がとがり，伏生する。花芽は大きく，長さ6～8mmあり，長卵形で，先がとがる。芽鱗は1枚で，帯紅紫色ないし紫褐色をし，無毛である。

→●コリヤナギ Salix koriyanagi KIMURA,
　　　Kori-yanagi

低木。高さ1～3mになる。根元近くから多数の幹を出す。行李，バスケット材料として植栽されてきた。

一年生枝は，細く，径1～4mmあり，黄褐色ないし淡褐色をし，無毛で，長くのびる。皮目はやや突出し，円形ないしだ円形で，散在する。葉痕は隆起し，三日月形で，小さい。髄は細く，ほぼ白色をし，ほぼ円い。

冬芽は，対生して，黄褐色ないし帯赤褐色をし，長さ3～5mmある。花芽は大きく，長さ6～8mmあり，円味ある紡錘形である。

図2.8　コリヤナギ
①：小枝，a：枝痕，b～d：花芽，e：芽鱗，f：葉芽。(札幌市，北大構内，1969.11.6)

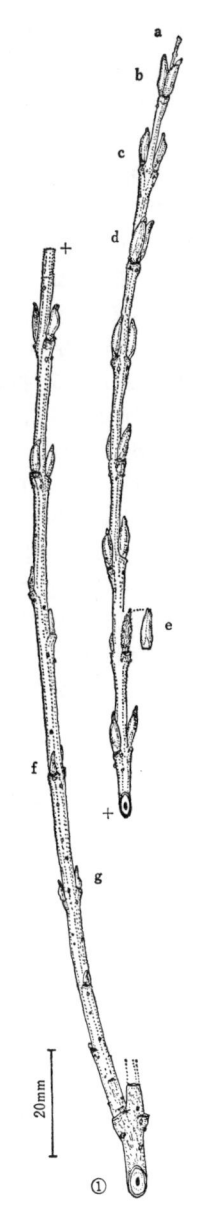

ヤナギ科

●バッコヤナギ（ヤマネコヤナギ）*Salix bakko* Kimura, Bakko-yanagi (Yama-nekoyanagi)

高木。高さ15m，径60cm になる。樹皮は暗灰黒色をし，若木では平滑で，老樹では縦裂する。

小枝は，灰褐色ないし帯緑灰褐色をし，褐色の皮目が目立つ。一年生枝はやや太く，径2〜8mm あり，灰褐色・帯緑褐色ないし帯灰褐色をし，無毛である。皮をはぐと，縦の隆起線条がある。皮目はやや大きく，多数ある。葉痕は隆起し，ほぼV字形で，幅4〜7mm あり，3個の維管束痕がある。托葉痕は小さい。髄は褐色をし，ほぼ五角形で，やや太い。枝を切ると，臭気がある。

冬芽は，2/5 のらせん生で，橙褐色ないし赤褐色をし，無毛で，1枚の芽鱗につつまれる。側芽（葉芽）は長卵形で，先がとがり，やや偏平し，ほぼ伏生して，長さ6〜10mm ある。仮頂芽は上位の側芽とほぼ同じ大きさである。下位の側芽は小さい。花芽は大きく，卵形ないし長卵形で，先がややとがり，長さ8〜13mm ある。

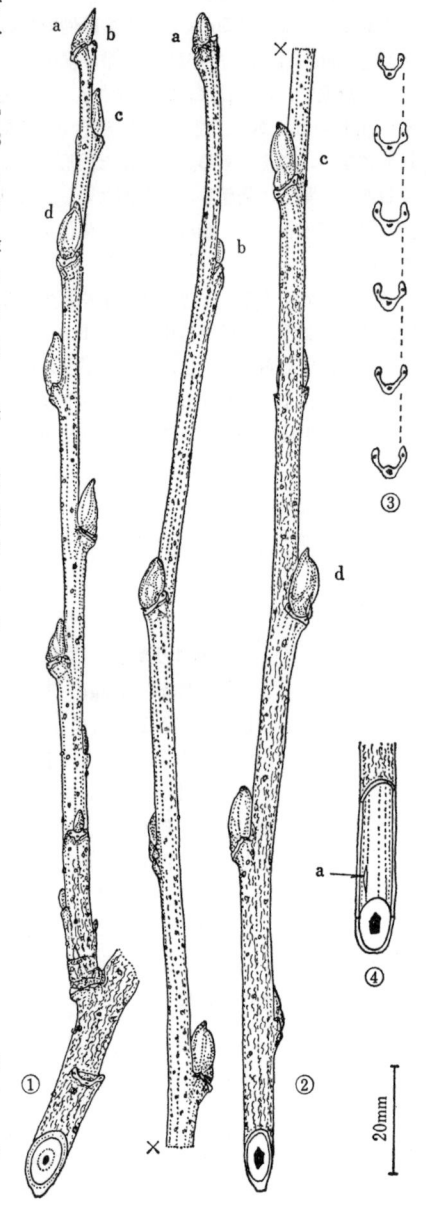

図 2.9 バッコヤナギ
①：小枝，a：仮頂芽，b：枝痕，c〜d：側芽，②：勢いよい一年生枝，a〜b葉芽，c〜d：花芽，③：葉痕，④：枝の皮むき，a：隆起線条。(札幌市，北大構内，1969. 12. 13)

● エゾノバッコヤナギ（エゾノヤマネコヤナギ）*Salix hultenii* var. *angustifolia* KIMURA,
Yezono-bakkoyanagi (Yezono-yamanekoyanagi)

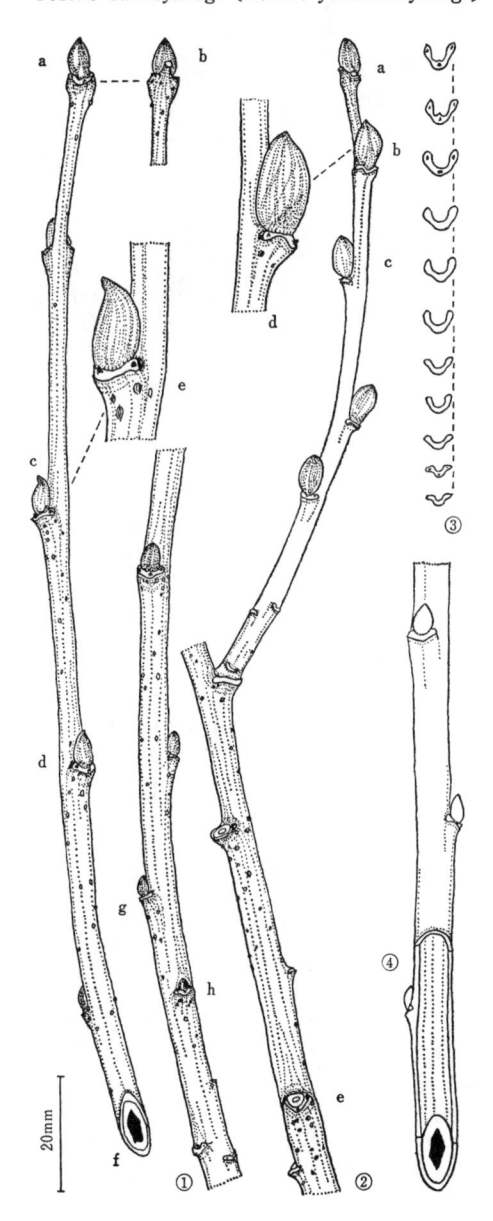

高木。高さ 15m，径 60cm になる。樹皮は帯灰黒色をし，年とともに縦裂する。バッコヤナギより北方系である。

小枝は帯緑灰褐色をし，やや多数の褐色の皮目がある。一年生枝は，やや太く，径 2〜7mm あり，赤褐色，帯緑褐色ないし栗褐色をし，無毛である。皮をはいでも，隆起線条はほとんどない。皮目はだ円形で，灰褐色をし，やや多数ある。葉痕は隆起し，V字形ないし狭い三片形で，幅 4〜6mm あり，3個のやや突出した維管束痕をもつ。托葉痕は小さい。髄は淡褐色をし，ほぼ五角形で，太い。枝を切ると，強い臭気がある。

冬芽は，2/5 のらせん生であり，赤褐色ないし紫栗色をし，無毛で，1枚の芽鱗につつまれる。葉芽は卵形で，先がとがり，長さ 5〜8mm ある。仮頂芽は上位の側芽とほぼ同じ大きさである。下位の側芽は小さい。花芽は太く，卵形ないし広卵形で，先がいくらかとがり，長さ 7〜10mm ある。

図 2.10 エゾノバッコヤナギ

①：勢いよい一年生枝，a：仮頂芽，背面，b：同，腹面，c〜d：上位の側芽，e：同（拡大），f：枝の断面，g〜h：下位の側芽，②：小枝，a：葉芽，b〜c：花芽，d：同（拡大），e：花軸痕，③：葉痕，④：枝の皮むき。（北海道中川郡中川町中川，北大中川地方演習林，1978.3.12）

ヤナギ科

●キツネヤナギ *Salix vulpina* ANDERS., Kitsune-yanagi

低木。高さ4mになる。

小枝は，暗灰褐色をし，細かいチリメン模様がある。一年生枝は，やや細く，径2〜4mmあり，帯赤黄褐色ないし帯緑黄褐色をし，無毛である。皮目は小さく，多数ある。葉痕は隆起し，V字形・三片形ないし三日月形で，3個の維管束痕をもち，托葉痕は小さい。髄はやや五角形で，明褐色をし，やや細い。

冬芽は，2/5のらせん生であり，卵形で，先がとがり，長さ3〜4mmあって，赤褐色をし，無毛で，ほぼ伏生する。仮頂芽は上位の側芽とほぼ同じ大きさである。花芽はやや大きく，長さ4〜6mmある。

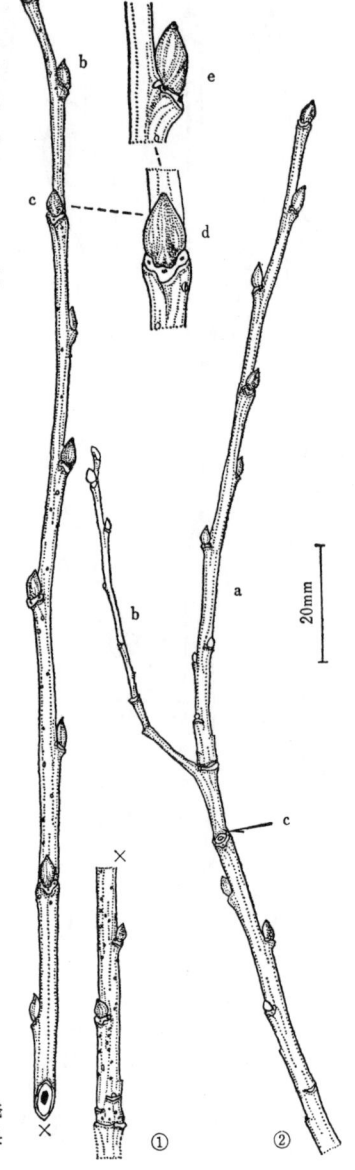

図 2.11 キツネヤナギ

①：一年生枝，a：仮頂芽，b〜c：側芽（花芽），d：同，背面，e：同，側面（d〜e 拡大），②：小枝，a：発達した側生枝，b：弱い頂生枝，c：果軸痕。（盛岡市厨川，1978.2.22）

●ネコヤナギ *Salix gracilistyla* Miq., Neko-yanagi

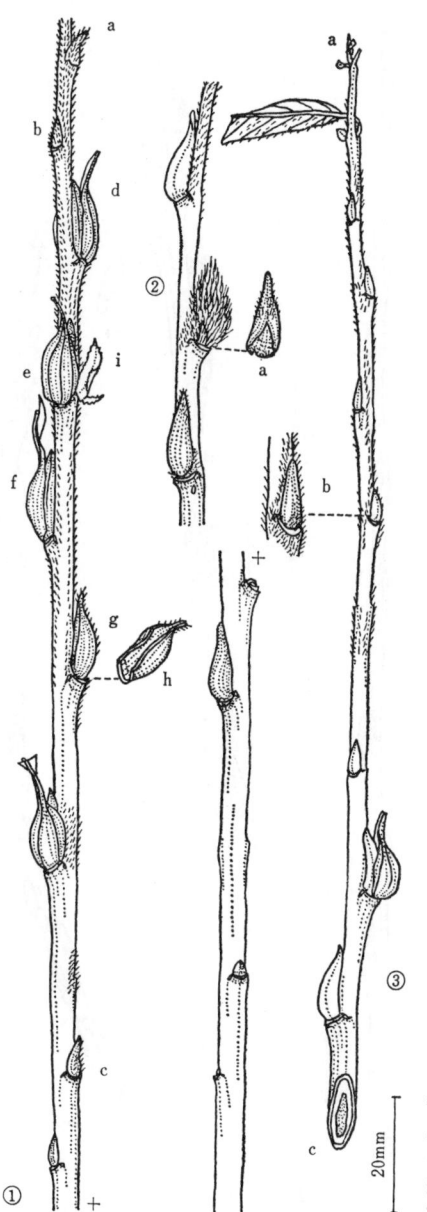

低木。高さ3mになる。

小枝は，帯紫褐色ないし帯緑褐色をし，ほぼ無毛である。一年生枝は，やや細く，径2〜5mmあり，濃紫色・紫褐色ないし帯緑褐色をし，上部には灰白色の絹毛が密生し，中部では冬芽付近に密にはえ，下部ではほとんど無毛である。皮目はやや大きく，数少ない。葉痕は隆起し，V字形で，3個の維管束痕をともなう。托葉痕は明らかである。髄は五角形で，淡褐色をし，太い。

冬芽は，2/5のらせん生である。葉芽は小さく，長さ4〜6mmあり，円錐形で，紫褐色ないし褐色をし，灰白色の絹毛につつまれ，伏生する。花芽は大きく，紡錘状卵形で，長さ11〜17mmあり，伏生するが，先はとがり，やや開出ないし外曲する。花芽は1枚の帯赤褐色ないし明褐色の鱗片につつまれるが，さらに，肥大して芽鱗化した，赤褐色の葉柄にも保護される。花芽は一年生枝の中央部につき，葉芽は上部と下部につく。

図 2.12 ネコヤナギ

①：勢いよい一年生枝，a〜c：葉芽，d〜g：花芽，h：芽鱗化した葉柄，i：托葉，②：花枝，a：芽鱗，腹面，③：一年生枝，a：枝痕，b：葉芽（拡大），c：枝の断面。（北海道上川郡新得町，新得山，1976. 2. 23）

ヤナギ科

49

●エゾノキヌヤナギ Salix pet-susu KIMURA, Yezono-kinu-yanagi

　高木。高さ20m，径30cmになる。樹皮は帯赤褐色をし，不規則に縦裂する。

　小枝は，帯褐淡緑色ないし帯緑褐色をし，ほぼ無毛である。一年生枝は，やや太く，径2～8mmあり，長くのび，帯緑褐色・赤褐色ないし帯褐黄緑色をし，白色の短軟毛ないし絹毛がはえるが，下部は疎生である。全体に疎毛の個体もあり，冬芽付近だけに毛が密生する。皮目は大きく，長さ1～2mmあり，長だ円形ないし円形で，灰褐色をし，少数ある。葉痕は隆起し，淡褐色をして，V字形ないし三日月形で，3個の維管束痕をもつ。托葉痕は明らかである。髄は太く，淡褐色をし，ほぼ五角形である。

　冬芽は，2/5のらせん生である。葉芽は伏生し，小さく，長さ4～7mmあり，長だ円形で，偏平し，アヒルの口ばし状で，帯紫褐色ないし帯褐緑色をし，灰白色の絹毛につつまれる。花芽は大きく，長さ6～15mmあり，円筒状紡錘形で，明褐色ないし帯黄褐色をし，基部を除いてほぼ無毛であり，先がいくらか内曲する。

図 2.13　エゾノキヌヤナギ
①：一年生枝，a：枝痕，b：葉芽，c：同，側面，d：同，背面，(c～d 拡大)，e：花芽，f：枝の断面，②：開花，a：芽鱗，③：小枝。
(北海道 中川郡中川町誉，北海道立林試道北支場内，1977.3.6)

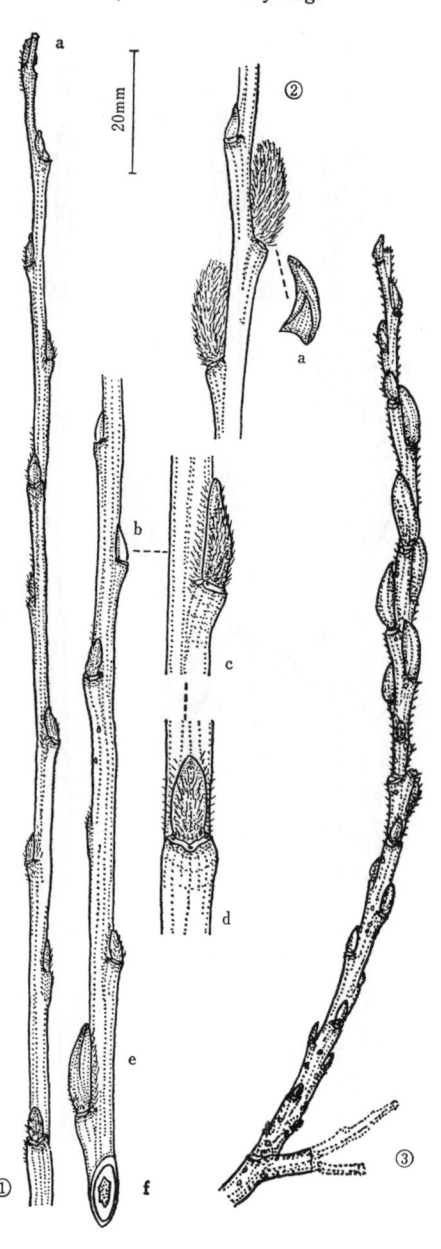

●タチヤナギ　*Salix subfragilis* ANDERS., Tachi-yanagi

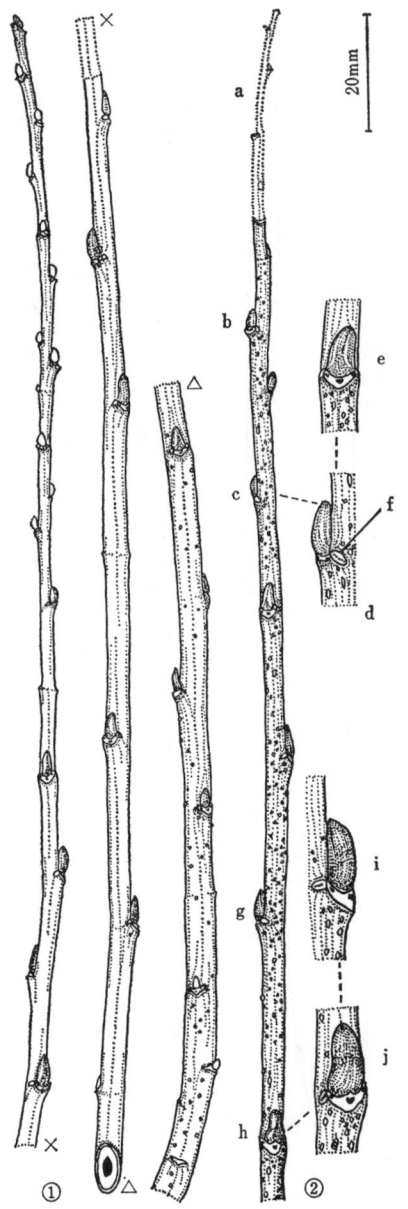

高木。高さ15m，径30cm になる。

一年生枝は，やや細く，径2～6mm あり，帯赤褐色ないし栗褐色をし，ろう質物をかぶり，無毛で，長くのびる。皮目は褐色をし，ほぼ円形で，多数ある。葉痕は隆起し，浅いV字形ないし倒松形で，3個の維管束痕をもつ。托葉痕はだ円形で，大きい。髄は淡褐色をし，やや細い。

冬芽は，3/8 のらせん生であり，長だ円形で，先が細く，やや偏平し，長さ3～5mm あり，暗紫色ないし赤褐色をし，無毛で，1枚の芽鱗につつまれ，伏生する。仮頂芽は小さい。花芽はやや大きく，長さ5～6mm ある。

図 2.14　タチヤナギ
①：一年生枝，②：一年生枝，a：枯れた枝先，b～c：側芽（葉芽），d：同，側面，e：同，背面（d～e 拡大），f：托葉痕，g～h：花芽，i：同，側面，j：同，背面（i～j 拡大）。（北海道中川郡中川町中川，天塩川河畔，1975.3.10）

ヤナギ科

●ナガバヤナギ（オノエヤナギ）*Salix sachalinensis* Fr. Schm., Nagaba-yanagi （Onoe-yanagi）

高木。高さ20m，径40cmになる。樹皮は黒灰色をし，縦裂する。

小枝は，帯黄褐色ないし帯赤褐色をし，弱い側生枝は短枝化しないで，枯れ落ちる。一年生枝はやや太く，径2～9mmあり，長くのび，帯褐黄緑色ないし帯赤黄褐色をし，無毛である。皮目は灰色をし，小さく，やや多い。葉痕は隆起し，浅いV字形ないし三日月形で，3個の維管束痕をもつ。托葉痕は小さい。髄は淡褐色をし，ほぼ円く，やや太い。

冬芽は，ほぼ2/5のらせん生であり，伏生して，長だ円形をし，偏平で，長さ3～6mmある。仮頂芽は小さい。芽鱗は1枚で，帯黄褐色ないし帯赤褐色をし，ほぼ無毛ないしいくらか短軟毛がはえる。花芽は大きく，円筒形で，やや偏平し，長さ5～8mmあり，枝の中位につく。

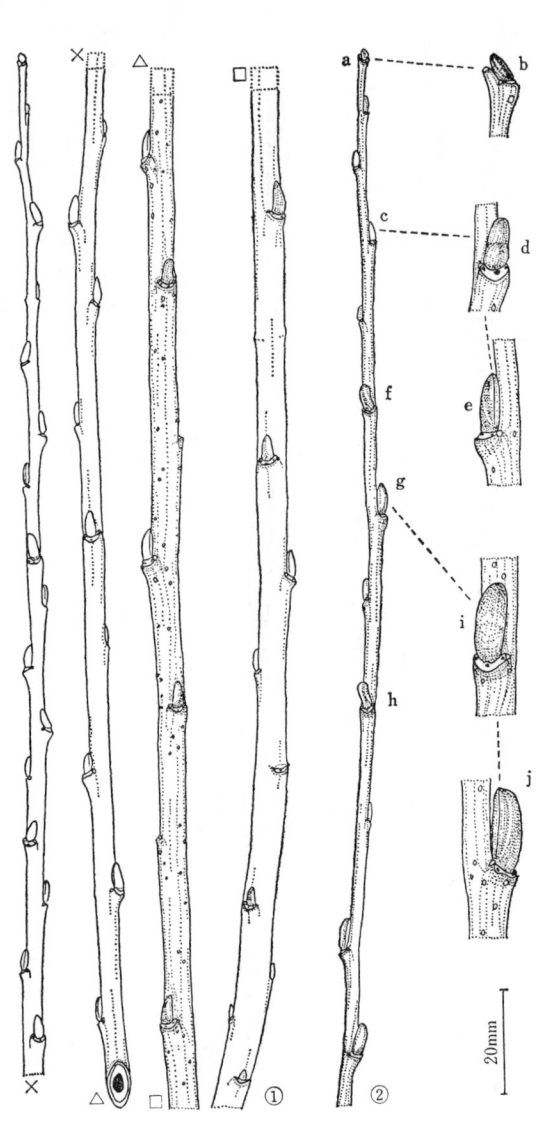

図2.15　ナガバヤナギ

①：勢いよい一年生枝，②：一年生枝，a：仮頂芽，b：同（拡大），c：側芽（葉芽），d：同，背面，e：同，側面（d～e拡大），f～h：花芽，i：同，背面，j：同，側面（i～j拡大）。（北海道中川郡中川町誉，北海道立林試道北支場内，1975.4.1）

各論

●エゾノカワヤナギ *Salix miyabeana* SEEMEN, Yezono-kawa-yanagi

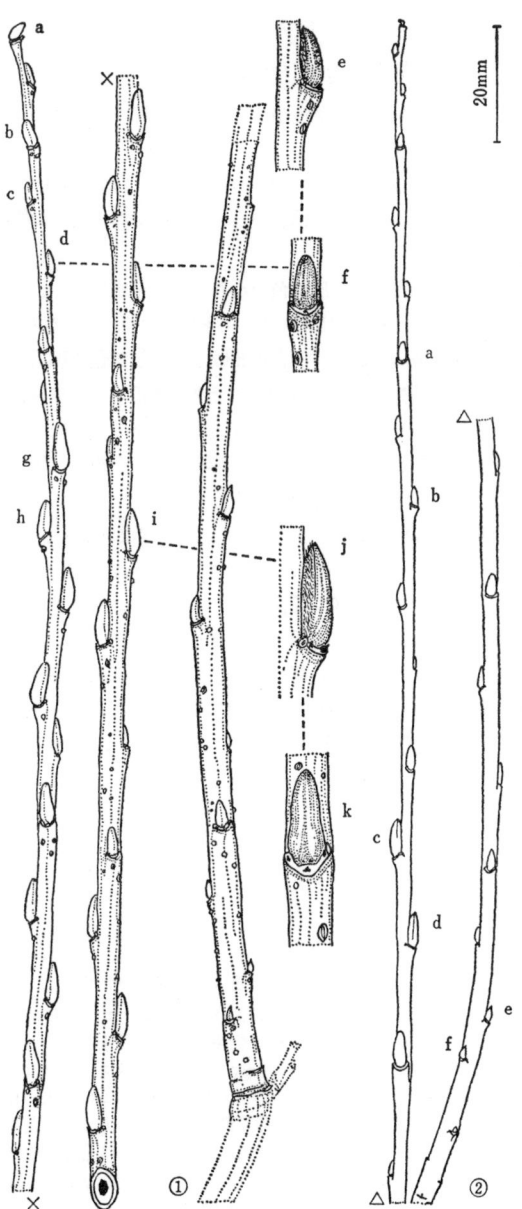

　一年生枝は，やや細く，径1〜5mm あり，赤紫色ないし帯紫褐色をし，無毛である。皮目はやや大きく，だ円形で，やや多数ある。葉痕は隆起し，V字形で，3個のやや突出した維管束痕をもつ。托葉痕は小さい。髄は多角形で，淡褐色をし，やや細い。

　冬芽は，3/8のらせん生で，伏生し，円筒状紡錘形で，ほとんど偏平せず，先がややとがり，長さ3〜5mm ある。仮頂芽は小さく，下位の側芽（葉芽）も小さい。芽鱗は1枚で，腹部で癒合し，赤紫色をし，腹面に灰色の軟毛がはえる。花芽は枝の中位につき，大きく，先細りの円筒形で，長さ7〜9mm ある。

図 2.16　エゾノカワヤナギ
　①：勢いよい頂生の一年生枝，a：仮頂芽と枝痕，b〜d：側芽（葉芽），e：同，側面，f：同，背面，g〜i：花芽，j：同，側面，k：同，背面（e〜f，j〜k 拡大），②：側生の一年生枝，a〜b：上位の葉芽，c〜d：花芽，e〜f：下位の葉芽。（北海道中川郡中川町中川，天塩川河畔，1975.4.15）

ヤナギ科

2　ヤマモモ科
Myricaceae
ヤマモモ属 *Myrica* Linn.

冬芽はらせん生であり，托葉痕がなく，雌雄異株で，花穂は芽鱗につつまれ，枝に芳香がある。

●ヤチヤナギ　*M. gale* var. *tomentosa* C. DC, Yachi-yanagi

小低木。高さ50cmになり，根元からよく枝分かれする。湿原に生育する。

小枝は，細く，赤褐色で，灰褐色の小さい皮目が密につく。日陰の枝はきわめて細く，短枝化しないで，枯死してゆく。一年生枝は，細く，径1～3mmあり，円く，灰色の長軟毛および黄色の腺毛が上部ほど密にはえ，枝先は枯れ，ややジグザグに屈折する。皮目は灰色をし，平円形ないし円形で，小さいが，幅0.5mmくらいのものもある。葉痕は隆起し，小さく，三日月形ないし三角形で，幅1～1.5mmある。髄は黄緑色をし，細い。

冬芽は，2/5のらせん生であり，開出し，きわめて小さく，卵形で，先がややとがり，長さ1～2mmあって，褐色ないし栗褐色をし，無毛で，10～15枚の芽鱗に覆瓦状につつまれる。雄花穂は枝先に穂状につき，長卵形ないし卵形で，大きく，長さ5～10mmあり，鈍い5稜をもち，暗褐色をし，縁が淡褐色の，30～50枚の芽鱗につつまれる。雌花穂は枝先につき，きわめて小さく，卵形で，長さ1.5mmくらいで，帯赤褐色をし，葉芽に似ているが，25～30枚の芽鱗につつまれる。

図 2.17　ヤチヤナギ

①：勢いよい一年生枝，a：冬芽のない枝先，b～c：側芽，d：同（拡大），②：小枝，3年生，a～c：弱い一年生枝，d～e：芽鱗痕，f～g：枯れ枝，③～④：雄花穂をつけた枝，a：雄花穂，b：同（拡大），c：葉芽，⑤：雌花穂をつけた枝，a：雌花穂（拡大）。（北海道中川郡中川町誉，北海道立林試道北支場内，1977.12.16）

ヤマモモ科

3　クルミ科
Juglandaceae

高木。冬芽はらせん生（2/5 ないし 3/8）であり，裸出ないし有鱗である。一年生枝は太く，髄は有室ないし充実である。托葉痕はない。

属	一年生枝	冬芽	葉痕	髄
ノグルミ	やや太い	有鱗，有柄，卵形	心形	充実
サワグルミ	やや太い	裸出，有柄，紡錘形	心形	有室
オニグルミ	きわめて太い	裸出ないし有鱗，卵球形	T字形，V字形	有室
ペカン	太い	有鱗，卵形	心形	充実

ノグルミ属 Platycarya SIEB. et ZUCC.

●ノグルミ（ノブノキ）P. strobilacea SIEB. et ZUCC., No-gurumi (Nobuno-ki)

高木。高さ 20m，径 60cm になる。樹皮は黄褐色をし，浅裂する。

小枝は，灰褐色ないし黄褐色をし，無毛である。一年生枝は，やや太く，径 3～8mm あり，黄褐色・帯緑灰褐色ないし淡褐色をし，枝先に軟毛が残る。皮目はだ円形ないし線形で，淡褐色をし，大きく，やや突出し，きわめて多数ある。葉痕はやや隆起し，心形・だ円形ないし腎形で，中央が凹み，ほぼ 3 グループに集まった 10 数個の維管束痕をもつ。髄は充実し，淡緑色で，ほぼ星形である。

冬芽は，2/5 のらせん生であり，長い芽柄をもち，卵形で，長さ 5～10mm あり，予備芽をもつ。芽鱗は約 20 枚みえ，短軟毛がはえ，基部のものは暗褐色，上部は黄褐色である。下位の側芽は無柄で，小さい。頂芽は大きく，広卵形で，先がややとがり，長さ 7～10mm ある。

枝先にはしばしば果穂が残存する。

図 2.18　ノグルミ
①：一年生枝，a：頂芽，b～d：側芽，e：枝の断面，②：一年生枝，a～d：芽柄をもつ側芽，e～g：発達しなかった側芽，h：芽柄，i～j：予備芽，k：枝の断面，l：芽鱗痕，③：一年生枝，a：果穂，b：果実（翼果，拡大），c：雄花穂痕，④：葉痕（拡大）。（京都市，京大植物園，1978.1.27）

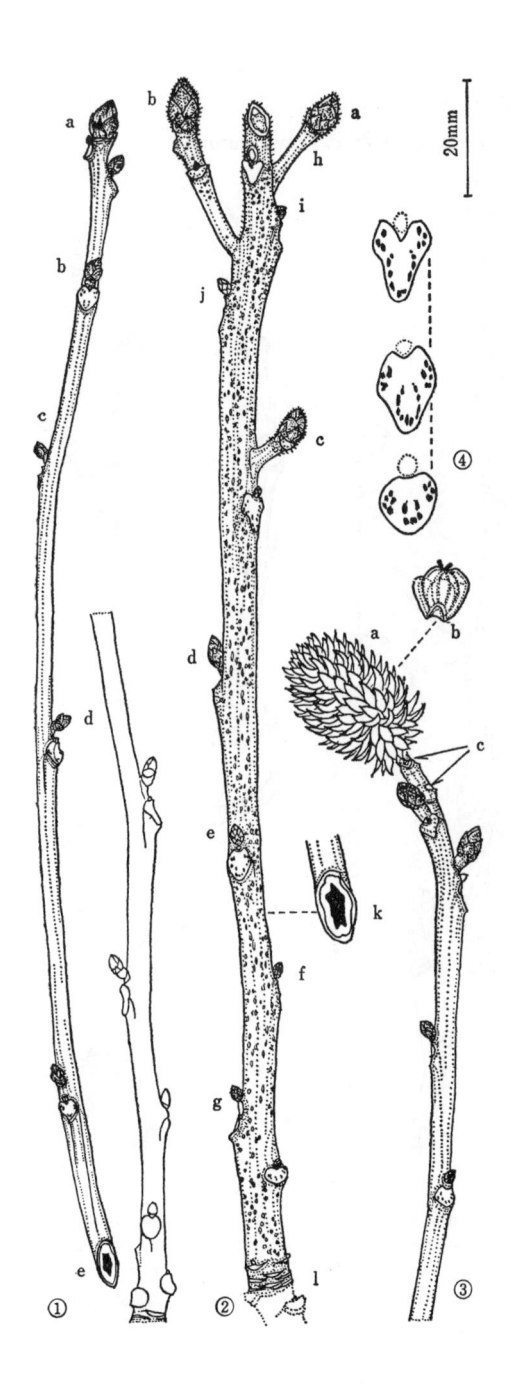

クルミ科
57

サワグルミ属 Pterocarya KUNTH.

● サワグルミ P. rhoifolia SIEB. et ZUCC., Sawa-gurumi

高木。高さ18m，径60cmになる。樹皮は帯紫暗褐色をし，老樹では縦に裂ける。

小枝は，暗灰褐色をし，平滑である。一年生枝は，やや太く，径3〜6mm あり，帯緑灰褐色をし，無毛で，つやがある。皮目は小さく，灰色をし，円形ないしだ円形で，多数ある。葉痕はやや隆起し，大きく，心形・腎形ないし三角形であり，枝の基部に多く集まる。維管束痕は微小で，3グループに集まる。髄は有室で，暗褐色をし，やや太く，五角形である。

冬芽は，2/5のらせん生であり，紡錘形ないし長だ円状円錐形で，鈍い稜があって，淡い灰褐色をし，短軟毛につつまれる。落葉時には薄い芽鱗につつまれているが，冬には裸出する。頂芽は大きく，長さ10〜25mm ある。側芽は小さく，長さ5〜15mm あり，開出して，長さ3〜10mm の芽柄をもち，その基部に微小な予備芽をもつ。

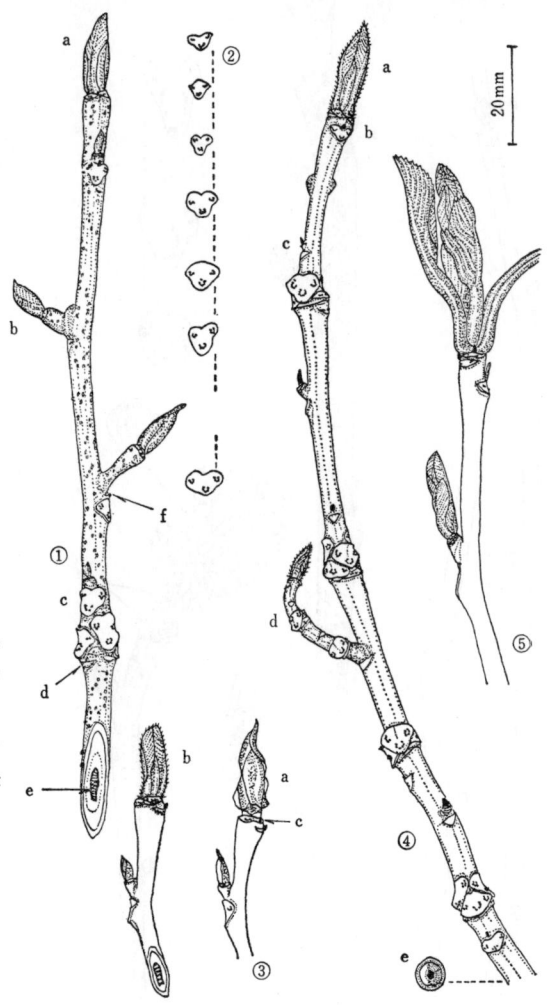

図 2.19 サワグルミ

①：小枝，a：頂芽，b：側芽，c：葉痕，d：芽鱗痕，e：有室髄，f：予備芽，②：葉痕，③：枝先，a：芽鱗，b：裸芽，c：芽鱗痕，④：やや短化した小枝，5年生，a：頂芽，b〜c：発達しない側芽，d：短枝，e：枝の断面，⑤：開葉。（札幌市，北大植物園，1966.11.22）

オニグルミ属 *Juglans* LINN.

　高木。一年生枝は太く，有室髄をもつ。冬芽はらせん生（2/5 ないし 3/8）で，ほぼ卵球形をし，頂芽が大きく，裸出ないし有鱗である。葉痕は隆起し，大きく，T字形・V字形・心形ないし倒松形で，3グループの維管束痕をもつ。

種		一年生枝	冬芽	葉痕
オニグルミ	自生	きわめて太い，短軟毛，腺毛	裸出，卵形	T字形，猿面形
テウチグルミ	植栽	太い，無毛	有鱗，球形	倒松形，V字形
クログルミ	植栽	太い，無毛	有鱗，球形	V字形，心形

●オニグルミ *Juglans ailanthifolia* CARR., Oni-gurumi

　高木。高さ25m，径90cm になる。樹皮は暗灰色ないし灰褐色をし，深く縦裂する。

　小枝は，黄褐色ないし淡褐色をし，短軟毛がしばしば残る。一年生枝はきわめて太く，径7～15mm あり，褐色ないし暗褐色をし，短軟毛および腺毛がはえる。皮目は大きく，長さ1～2mm あり，灰色をし，多数ある。葉痕は隆起し，きわめて大きく，長さ7～20mm，幅8～15mm あり，淡色で，特徴あるT字形ないし猿面形である。これは太い数年生枝にも明らかに残る。維管束痕は突出し，3グループに集まり，それぞれがU字ないしO字状となる。髄は有室で，チョコレート色ないし黒褐色をし，多角形である。

　冬芽は，2/5 ないし 3/8 のらせん生で，裸出し，黄褐色をして，軟細毛が密生する。最外側の1対の未開葉は芽鱗の役目をして，春に開かずに脱落することもある。頂芽はきわめて大きく，円錐状卵形ないしピラミッド形で，長さ16mm，幅13mm にもなる。側芽は小さく，卵形ないし球形で，長さ3～6mm あり，開出して，予備芽をしばしばともなう。雄花穂は予備芽としてつき，長卵形で，長さ6～9mm あり，基部を除いて裸出する。(⇒次頁)

図 2.20　オニグルミ
　①：勢いよい一年生枝，a：頂芽，b：主芽，c：予備芽，d：有室髄，②：葉痕，③：一年生枝，a：雄花穂，④：開葉，a：ふつう葉，b：芽鱗化した最外側の葉，⑤：一年生枝，a：未発達で枯れた葉，b：枝の断面。(札幌市，北大苗畑，1966.11.23)

クルミ科

20mm

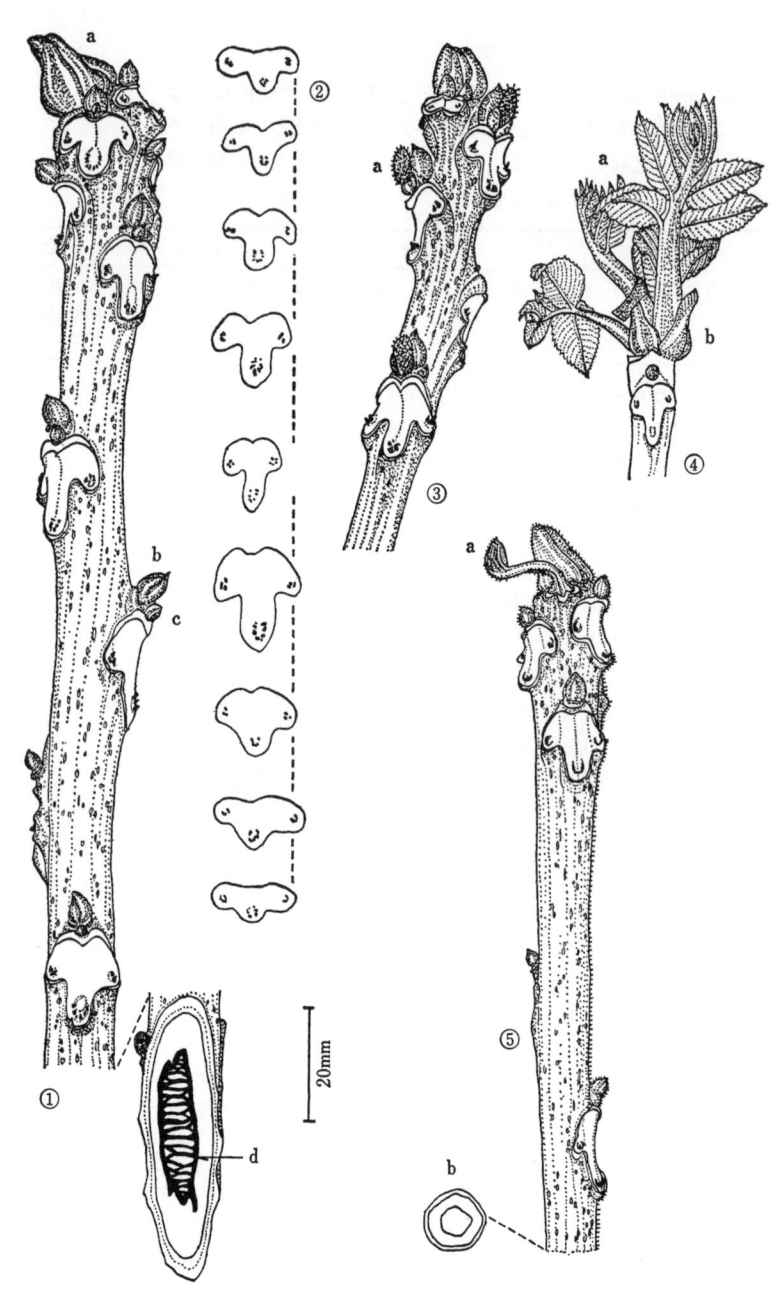

各 論
60

→●テウチグルミ（カシグルミ）*Juglans regia* var. *orientis* KITAMURA, Teuchi-gurumi (Kashi-gurumi)

ペルシャグルミの栽培変種である．高木．高さ15m，径50cmになる．樹皮は灰白色である．

一年生枝は，太く，径5～10mmあり，灰褐色・帯紫褐色ないし帯緑褐色をし，無毛で，つやがある．皮目はだ円形で，多数ある．葉痕は隆起し，倒松形ないしV字形で，3グループの維管束痕をもつ．髄は有室で，淡褐色をし，ほぼ五角形である．

冬芽は，2/5のらせん生であり，暗褐色をし，短毛がはえ，2～3枚の芽鱗につつまれる．頂芽は大きく，球状円錐形で，長さ7～10mmある．側芽は球形で，小さく，長さ3～6mmある．雄花穂は予備芽としてつき，長だ円状卵形で，上部が裸出する．

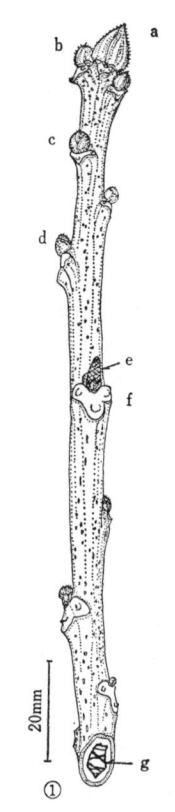

←●クログルミ *Juglans nigra* LINN., Kuro-gurumi (Black walnut)

北アメリカ東部～中部に分布する．高さ30m，径90cmになる．樹皮は暗褐色ないし帯灰黒色をし，深く狭く縦裂する．

一年生枝は，太く，径5～10mmあり，明褐色ないし黄褐色をし，無毛で，つやがある．皮目は淡色で，多数ある．葉痕は隆起し，大きく，広いV字形ないし心形で，3グループの維管束痕をもつ．髄は有室で，黄褐色ないしチョコレート色をし，多角形である．

冬芽は，ほぼ3/8のらせん生であり，淡褐色をし，短軟毛がはえ，2～3枚の芽鱗につつまれる．頂芽は大きく，球状円錐形で，やや短く，側芽は球形で，小さく，予備芽をしばしばもつ．

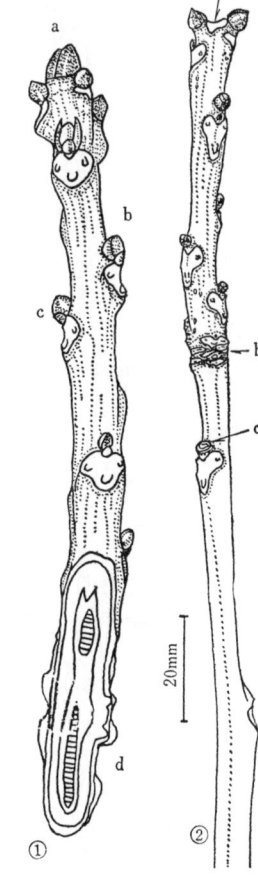

図2.22 クログルミ

①：一年生枝（HARLOWほか，1958から変写），a：頂芽，b～c：側芽，d：枝の斜断面，②：小枝，a：果軸痕，b：芽鱗痕，c：花軸痕（雄花）．（札幌市，北大植物園，1975. 11. 6）

図2.21 テウチグルミ

①：一年生枝，a：頂芽，b～d：側芽，e：雄花穂，f：葉痕，g：有室髄，（札幌市，北大苗畑，1969. 10. 19)

クルミ科

ペカン属 Carya NUTT.

高木。北アメリカ東部から中部に分布する。冬芽は2/5のらせん生で、数枚の芽鱗で覆瓦状につつまれ、髄は充実する。スキー材・核果用に植栽もされる。

種	一年生枝	冬芽
アラハダヒッコリー	太い，有毛	広卵形，有毛
アカヒッコリー	太い，無毛	卵形，ほぼ無毛

●アラハダヒッコリー（シャグバークヒッコリー）
Carya ovata K. KOCH, Arahada-hikkorii (Shagbark hickory)

高木。高さ24m，径60cmになる。樹皮は年を経ると，けば立ったように縦に裂け，薄片となってはがれる。

一年生枝は，太く，径4～8mmあり，灰褐色ないし帯赤褐色をし，短毛がはえ，ややジグザグに屈折する。皮目は大きくだ円形ないし，長だ円形で，長さ1mmくらいあり，多数ある。葉痕はやや隆起し，浅い心形ないし腎形で，多数の維管束痕をもち，托葉痕はない。髄は充実し，黄褐色をして，五角形である。

冬芽は，2/5のらせん生であり，4～7枚の芽鱗にややゆるくつつまれる。芽鱗は短軟毛がはえ，外側のものは暗紫色で，下部だけつつみ，内側のものは黄褐色である。頂芽は大きく，広卵形で，長さ10～15mmある。側芽は小さく，広卵形ないし卵形で，長さ5～8mmあり，開出する。

図 2.23 アラハダヒッコリー

①：小枝，a：頂芽，b～c：側芽，d：髄，e：頂生枝，f：側生枝，②：短枝化した小枝，3年生，a：果柄痕，b：花軸痕（雄花），c～d：芽鱗痕。（札幌市，北大植物園，1975.11.6）

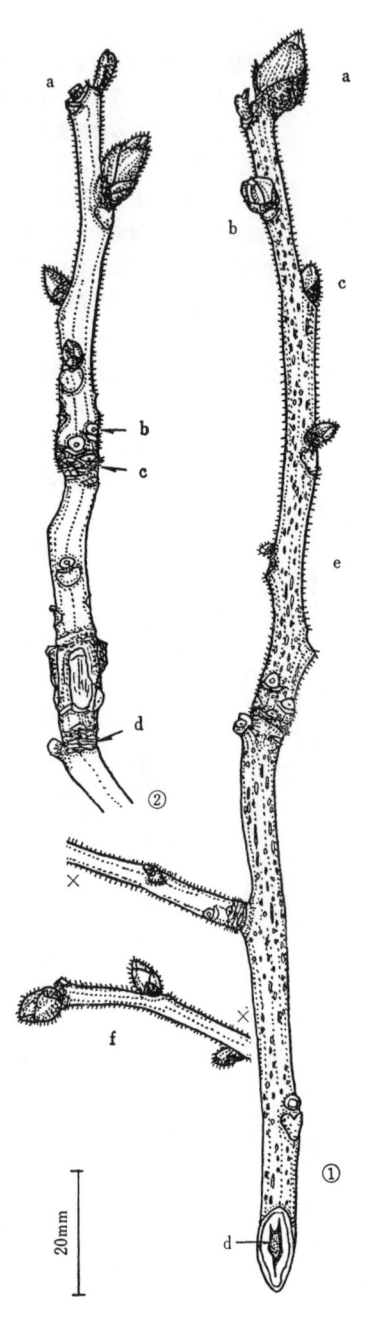

●アカヒッコリー Carya ovalis SARG., Aka-hikkorii (Red hickory)

高木。高さ18m, 径60cmになる。樹皮は深く縦に裂ける。

一年生枝は, 太く, 径3～7mmあり, 無毛で, 赤褐色をし, つやがある。皮目は淡い灰褐色をし, だ円形ないし線形で, 長さ1～3mmあり, 多数散在する。葉痕はやや隆起し, 心形, 腎形ないし三角形で, ほぼ3グループの多数の維管束痕をもつ。髄は充実し, 褐色をして, 五角形ないし星形で, 太い。

冬芽は, 2/5のらせん生であり, 卵形ないし長卵形で, 帯赤暗褐色をし, ほぼ無毛で, 3～4枚の芽鱗にややゆるくつつまれる。頂芽は大きく, 長さ12～18mmあり, 外側に多数の芽鱗から葉柄への移行態がつく。側芽は小さく, 長さ5～10mmあり, 開出し, 下位のものは発達しない。

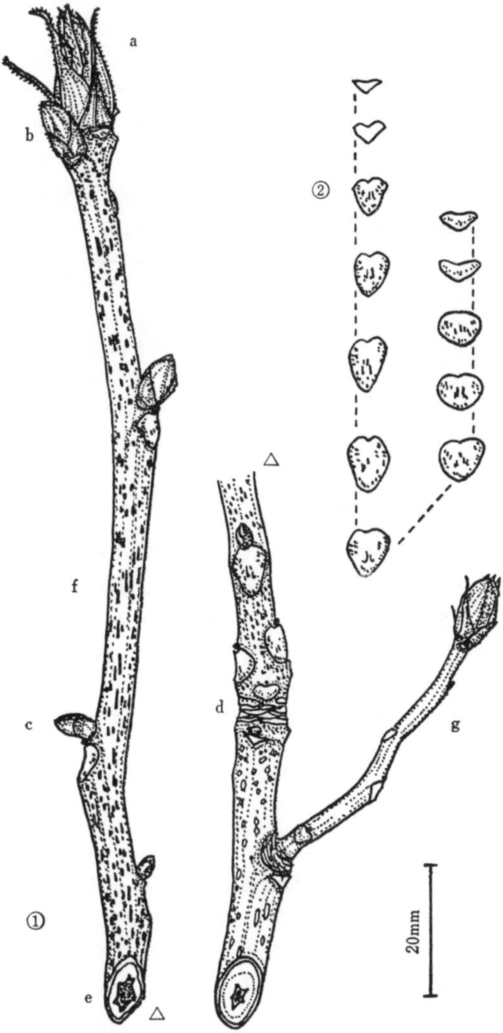

図 2.24 アカヒッコリー
①:小枝, a:頂芽, b～c:側芽, d:芽鱗痕, e:枝の断面, f:頂生枝, g:側生枝, ②:葉痕。(北海道美唄市光珠内, 北海道立林試内, 1972.3.6)

クルミ科

4　カバノキ科
Betulaceae

高木ないし低木。一年生枝は細長く，多少ともジグザグに屈折する。冬芽は二列互生が多く，ときにらせん生であり，ほぼ仮頂芽型である。芽鱗は托葉起原で，数対が重なる。托葉痕がある。葉痕は隆起し，三角形，半円形ないし三日月形で，ほぼ3個の維管束痕をもつ。雄花穂は裸出ないし有鱗で，冬芽より大きい。

属		冬芽のつき方	芽鱗数	雄花穂	一年生枝
クマシデ	高木～小高木	二列互生	7～12対	有鱗	無毛ないし軟毛
アサダ	高木	二列互生	3～5対	裸出	有毛，腺毛
ハシバミ	低木	二列互生	2～5対	裸出	有毛，腺毛
シラカンバ	高木～低木	二列互生	2～3対	裸出	ほぼ無毛，油脂腺点
ハンノキ	高木～低木	らせん生(1/3)ないし二列互生	1～2対	裸出	無毛ないし粗毛

クマシデ属　*Carpinus* LINN.

高木ないし小高木。冬芽は二列互生し，多数（7～12対）の芽鱗につつまれ，紡錘形ないし卵形で，先がとがる。仮頂芽は側芽よりやや大きい。雄花穂は芽鱗をもつ。一年生枝はきわめて細いかやや細く，無毛ないし軟毛がはえ，ジグザグに屈折する。髄はやや四角形で，細い。

種	一年生枝	冬芽	芽鱗数
サワシバ	無毛，やや細い	紡錘形，長さ8～14mm，有毛	ほぼ12対
アカシデ	無毛，きわめて細い	卵形，長さ3～4mm，無毛	8～12対
クマシデ	やや有毛，きわめて細い	紡錘形，長さ6～10mm，無毛	7～8対

●サワシバ　*Carpinus cordata* BLUME, Sawa-shiba

高木。高さ15m，径50cmになる。樹皮は淡黄褐色ないし淡緑褐色をし，若木は平滑で，老樹は菱形ないし不規則に裂ける。

小枝は，帯赤褐色ないし褐色をし，平滑であり，短枝が発達しやすい。一年生枝は，やや細く，径1.5～3mmあり，淡褐色をし，ほとんど無毛で，ジグザグに屈折する。皮目は小さく，淡色をし，散在する。葉痕は隆起し，小さく，三日月形ないし半円形で，幅1～2mmある。維管束痕は微小であり，托葉痕は小さい。髄はやや四角形で，暗黄緑色をし，細い。

冬芽は，二列互生し，大きく，紡錘形ないし長卵形で，4稜をも

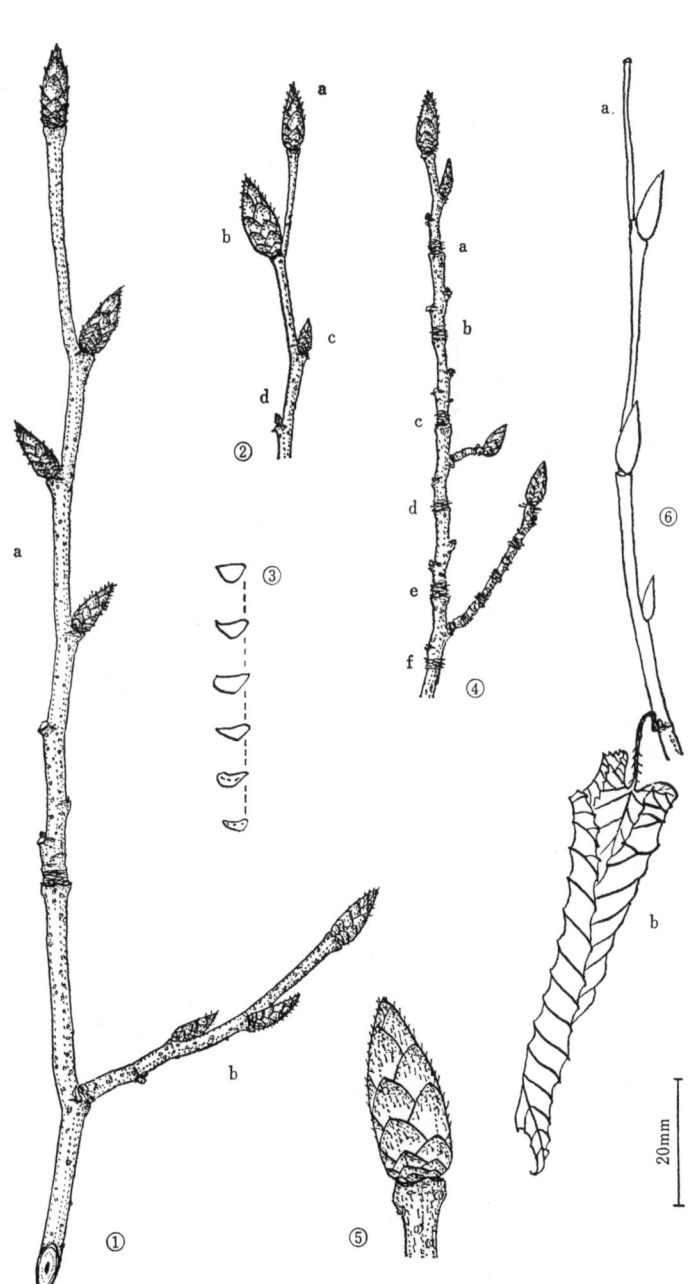

ち，先がとがり，長さ8〜14mmあって，開出する。芽鱗は褐色ないし暗褐色をし，短毛がはえ，縁には長軟毛がはえて，ほぼ12対が覆瓦状に重なる。仮頂芽は側芽よりやや大きい。花芽（雄花穂）は太く，長卵形で，長さ12〜16mmある。

枯れ葉が残ることもある。

図2.25 サワシバ

①：小枝，a：頂生枝，b：側生枝，②：枝先，a：仮頂芽，b：花芽（雄花穂），c：側芽，d：発達しなかった側芽，③：葉痕（拡大），④：短枝化した小枝，7年生，a〜f：芽鱗痕，⑤：冬芽（拡大），⑥：一年生枝，a：枯れた枝先，b：枯れた葉の残存。（北海道美唄市光珠内，北海道立林試裏山，1971.2.17）

●アカシデ *Carpinus laxiflora* BLUME, Aka-shide

高木。高さ15m, 径40cmになる。樹皮は暗灰白色をし, 多数の隆起した皮目をもち, 平滑である。

小枝は, 細く, 帯紫褐色ないし帯紫栗褐色をし, 平滑である。一年生枝は, きわめて細く, 径1〜1.5mmあり, 褐色をし, 無毛で, ジグザグに屈折する。皮目はやや突出し, 小さく, 灰色をして, だ円形で, 多数ある。葉痕は隆起し, 小さく, 半円形ないし腎形で, 数個の微小な維管束痕をもつ。髄はやや四角形で, 緑色をし, 細い。

冬芽は, 二列互生し, 小さく, 卵形ないしだ円形で, 長さ3〜4mmあり, 暗栗褐色をし, 無毛で, いくらか開出して, 8〜12対の芽鱗に覆瓦状につつまれる。仮頂芽は側芽よりいくらか大きい。雄花穂は長く, 紡錘形で, 長さ6〜8mmあり, 15〜18対の芽鱗につつまれる。

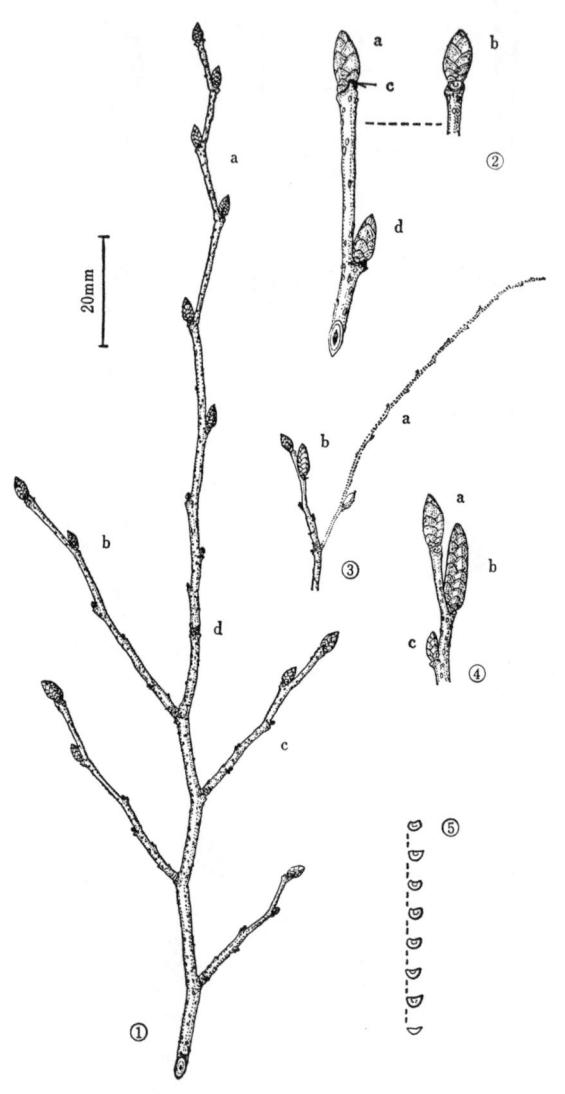

図 2.26 アカシデ
①:小枝, a:頂生枝, b〜c:側生枝, d:芽鱗痕, ②:枝先, a:仮頂芽, 腹面, b:同, 背面, c:枝痕, d:側芽, ③:短枝化した小枝, a:果軸, b:雄花穂, ④:枝先, a, c:葉痕, b:花芽(雄花穂), ⑤:葉痕(②, ④〜⑤拡大)。(札幌市, 北大植物園, 1969.10.18)

各 論

● クマシデ *Carpinus japonica* BLUME, Kuma-shide

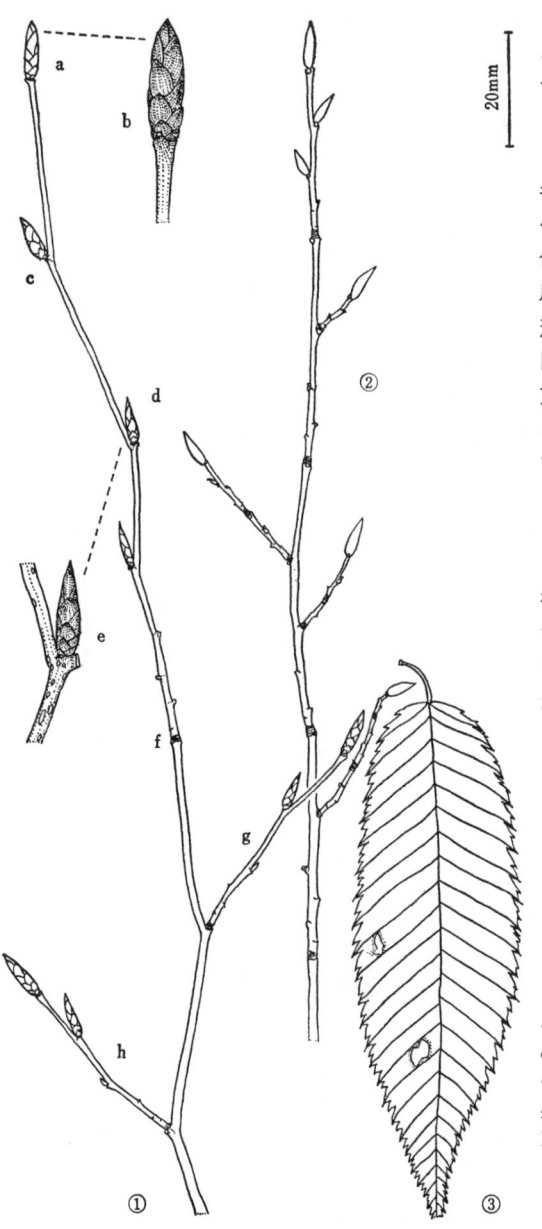

高木。高さ15m，径30cmになる。樹皮は若木では平滑で，老樹では帯黒赤褐色をし，縦裂する。

小枝は，細く，暗灰褐色であり，側生枝は短枝化しやすい。一年生枝は，きわめて細く，径0.5〜1.5mmあり，栗褐色ないし褐色をし，軟毛が残り，ジグザグに屈折する。皮目は灰色をし，だ円形で，多数ある。葉痕は隆起し，円形ないし菱形で，小さく，維管束痕は微小で，托葉痕も微小である。髄はきわめて細く，暗黄緑色である。

冬芽は，二列互生し，やや開出して，紡錘形で，先が鋭くとがり，長さ6〜10mmあって，帯紫褐色ないし帯緑褐色をし，無毛で，7〜8対の芽鱗に覆瓦状につつまれる。基部の2〜3個は発達しない。仮頂芽はやや大きい。

図2.27 クマシデ

①：小枝，2年生，日向側，a：仮頂芽，b：同（拡大），c〜d：側芽，e：同（拡大），f：芽鱗痕，g〜h：側生枝，②：短枝化した小枝，5年生，日陰側，③：枯れ葉。（京都市，京大植物園，1978.1.27）

カバノキ科

アサダ属 Ostrya Scop.

●アサダ O. japonica Sarg., Asada

高木。高さ20m, 径60cmになる。樹皮は暗褐色をし, 浅く縦裂し, 鱗片状にはげる。

小枝は, 灰褐色ないし帯紫褐色をし, 無毛で, 多数の皮目が目立つ。一年生枝は, 細く, 径1〜3mm あり, 紫褐色ないし褐色をし, 軟細毛および腺毛がはえ, ジグザグに屈折する。皮目は長だ円形ないし円形で, 灰色をし, 散在する。葉痕は隆起し, 小さく, 幅1〜2mm あり, 半円形ないし腎形である。髄は淡黄色をし, 細い。

冬芽は, 二列互生し, 開出して, だ円形ないし卵形で, 先は鈍く, 長さ2〜5mm あり, 暗褐色ないし赤褐色をし, ほぼ無毛で, 3〜5対の芽鱗に覆瓦状につつまれる。弱い側生枝では, 仮頂芽が1個だけつき, 側芽は発達しない。

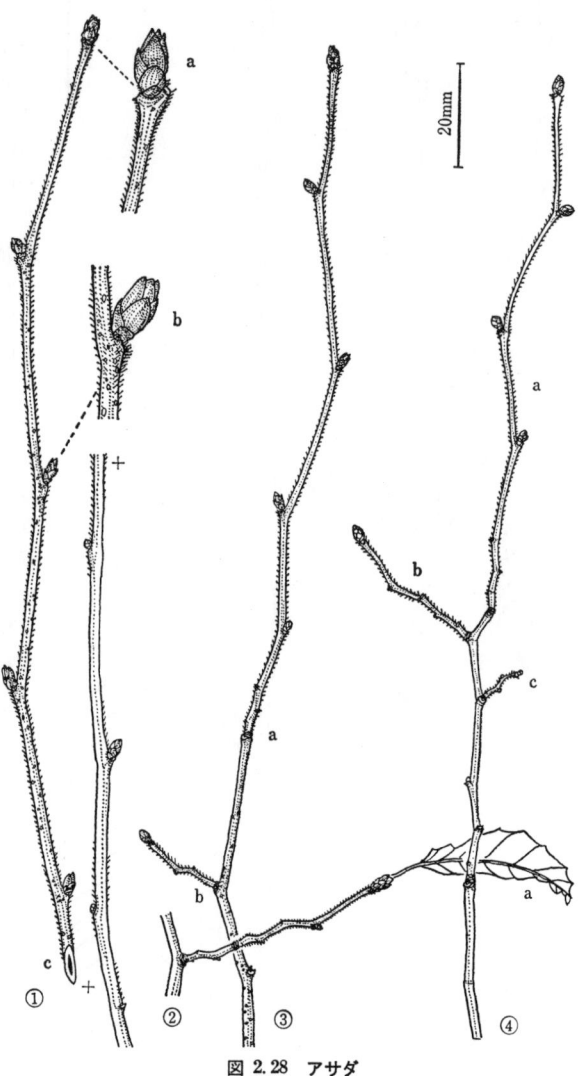

図 2.28 アサダ

①：勢いよい一年生枝, 日向側, a：仮頂芽（拡大）, b：側芽（拡大）, c：枝の断面。②：小枝, 3年生, a：枯れ葉。③：小枝, 日陰側, a〜b：芽鱗痕。④：弱い小枝, 3年生, a：頂生枝, b〜c：側生枝。（北海道上川郡新得町, 新得山, 1977.2.23）

ハシバミ属 *Corylus* Linn.

　低木ないし小高木。冬芽は二列互生し，仮頂芽をもち，やや開出し，卵形で，先が円く，托葉起原の2～5対の芽鱗につつまれる。一年生枝は，細く，軟毛，粗毛ないし腺毛がはえ，ジグザグに屈折する。葉痕は半円形をし，5～9個の維管束痕をもつ。托葉痕は三日月形で，目立つ。

種		冬芽	芽鱗数	一年生枝
ハシバミ	自生，低木	卵形，長さ3～5mm	4～5対	細い，いくらか腺毛
ツノハシバミ	自生，低木	卵形，長さ5～8mm	2～3対	やや細い，いくらか粗毛
セイヨウハシバミ	植栽，低木	広卵形，長さ5～8mm	ほぼ5対	やや細い，密軟毛・腺毛

　ナッツ食の動物にタネ散布される。
　萌芽更新や伏条更新もする。

カバノキ科

●ハシバミ *Corylus heterophylla* var. *thunbergii* BLUME, Hashibami

低木。高さ5m, 径9cmになる。

小枝は，灰褐色ないし帯紫褐色をし，無毛で，淡褐色の皮目が目立つ。一年生枝は，細く，径1.5～4mmあり，灰褐色ないし暗灰褐色をし，腺毛が残る。皮目は長だ円形で，多数ある。葉痕は隆起し，半円形ないし三角形で，5～7個の維管束痕をもつ。托葉痕は明らかで，やや隆起し，三日月形である。髄は淡褐色をし，ほぼ円形で，細い。

冬芽は，二列互生し，やや開出して，卵形で，やや偏平し，先は円く，長さ3～5mmある。仮頂芽は上位の側芽とほぼ同じ大きさであり，下位の側芽は小さいか，発達しない。芽鱗は帯赤褐色をし，ほぼ無毛であるが，縁は暗褐色で，灰白色の縁毛がはえ，4～5対が覆瓦状に重なる。

雄花穂は1軸に数個がつき，無柄で，灰褐色をし，長さ18～25mm, 径3～4mmある。

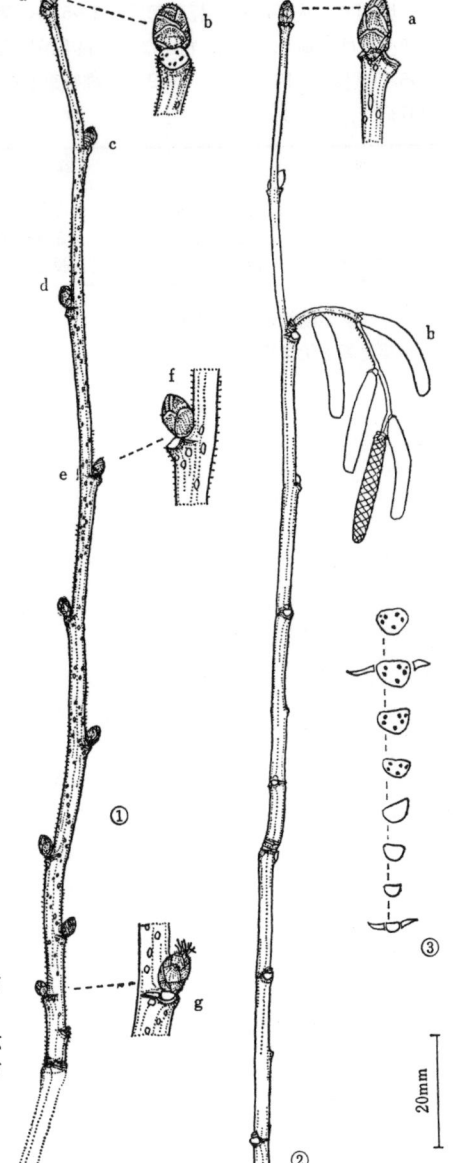

図2.29 ハシバミ

①：一年生枝，a：仮頂芽，b：同，背面（拡大），c～e：側芽，f：同，側面（拡大），g：雌花（拡大），②：小枝，a：仮頂芽（拡大），b：雄花穂，③：葉痕（拡大）。(盛岡市下厨川，林試東北支場，1978.2.1)

●ツノハシバミ *Corylus sieboldiana* BLUME, Tsuno-hashibami

低木。根元近くから多くの幹が出て，高さ 3m，径 10cm になる。

小枝は，黒褐色をし，浅く縦裂し，裂け目は淡褐色である。一年生枝は，やや細く，径 2〜5mm あり，褐色・暗褐色ないし灰褐色をし，全体に粗毛および軟毛が薄くはえ，ジグザグに屈折する。皮目は大きく，灰褐色をし，円形・長だ円形ないし割れ目形である。葉痕は隆起し，半円形ないし三角形で，いくらか日陰側に片寄り，ほぼ 9 個の維管束痕をもつ。托葉痕は三日月形である。髄は褐色をし，細い。

冬芽は，二列互生して，倒卵形で，長さ 5〜8mm あり，やや開出する。芽鱗は托葉起原で，赤紫色をし，上部と縁に短軟毛がはえ，4〜5 枚がみえる。雄花穂は裸出して，柄がほとんどなく，円筒状で，長さ 15〜30mm，径 3〜5mm あり，赤褐色ないし褐色をし，側生するが，短枝では頂生し，短い花軸に 1〜2 個つく。

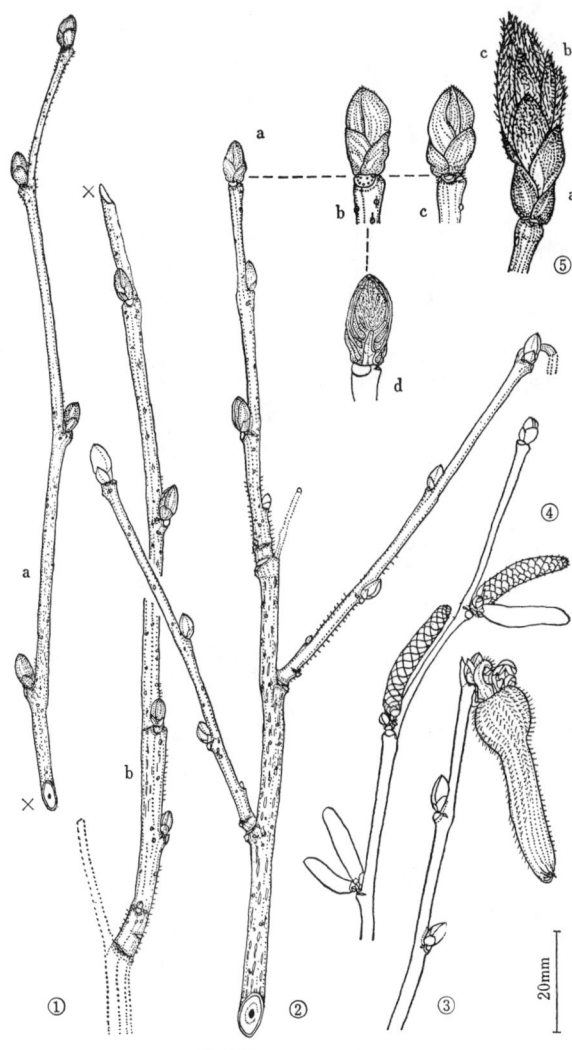

図 2.30 ツノハシバミ

①：勢いよい一年生枝，a：日向側，b：日陰側．②：小枝，a：仮頂芽，b：同，背面，c：同，腹面，d：同，縦断面（b〜d 拡大）．③：果実をつけた一年生枝．④：雄花穂をつけた一年生枝．⑤：開葉（拡大），a：芽鱗，b：托葉，c：ふつう葉．（北海道中川郡音威子府村，北大中川地方演習林，1977.12.4）

カバノキ科

●セイヨウハシバミ *Corylus avellana* LINN., Seiyō-hashibami (European hazel)

低木。高さ5mくらいになる。ヨーロッパ原産で，果実生産のため植栽される。

小枝は，帯灰褐色ないし帯紫褐色をし，ほぼ無毛で，浅い裂け目ができる。一年生枝は，やや細く，径2～5mm あり，灰褐色ないし黄褐色をし，灰色の軟毛が密にはえ，さらに暗褐色の腺毛がやや疎にはえる。皮目は灰色をし，やや多数あるが，枝の上部では密軟毛に隠れる。葉痕は隆起し，三角形で，幅2mmくらいあり，暗褐色をして，5～7個の維管束痕をもつ。托葉痕は線形ないし三日月形で，小さい。髄は褐色をし，細い。

冬芽は，二列互生し，卵形ないし広卵形で，やや偏平する。側芽は長さ5～8mm あり，やや開出し，下位のものは発達しない。仮頂芽はやや大きく，長さ7～10mm ある。芽鱗は明褐色ないし赤褐色をし，少し白軟毛がはえ，縁に短白毛があり，ほぼ5対がみえる。雄花穂は頂生ないし腋生で，裸出し，柄をもち，帯赤褐色をして，長さ20～30mm，径4～5mm あり，1花軸に1～3個がたれ下がる。

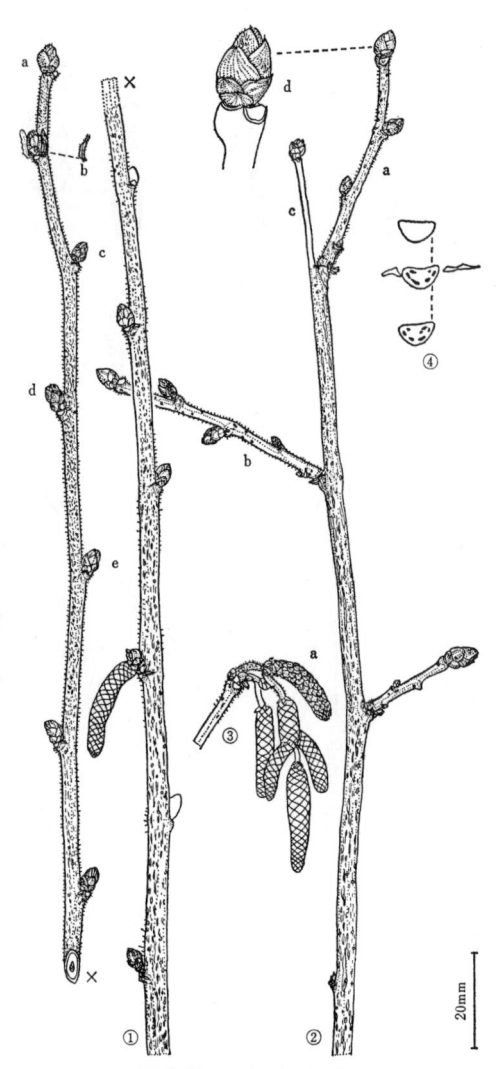

図 2.31 セイヨウハシバミ
①：勢いよい一年生枝，a：仮頂芽，b：托葉，c～e：側芽，②：小枝，a～b：短枝化した一年生枝，c：発達しなかった枝，d：仮頂芽（拡大），③：花枝，a：雄花穂，④：葉痕と托葉痕（拡大）。（北海道美唄市光珠内，北海道立林試場内，1978.3.2）

各 論

シラカンバ属 *Betula* LINN.

　高木ないし低木。樹皮は平滑の傾向があり，小枝の皮目は横長で目立つ。一年生枝は細目で，多数の皮目があり，ときに油脂腺点をもち，ジグザグに屈折する。冬芽は，二列互生し，仮頂芽型で，長卵形〜長だ円形が多く，やや開出し，2〜3対の托葉起原の芽鱗につつまれる。葉痕は三角形・三日月形ないし半円形で，3個の維管束痕をもつ。托葉痕は線形である。

種	樹皮	一年生枝	冬芽
ウダイカンバ	灰色	径2〜5mm，黄褐色	長だ円状卵形，長さ8〜12mm
ダケカンバ	帯褐白色	径1〜4mm，暗褐色，油脂腺点	紡錘形，長さ8〜12mm
シラカンバ	白色	径1〜4mm，明褐色，油脂腺点	長だ円形，長さ5〜10mm

●ウダイカンバ（マカンバ）*Betula maximowicziana* REGEL, Udai-kamba (Ma-kamba)

　高木。高さ30m，径90cmになる。樹皮は平滑で，厚く，灰色・灰白色ないし帯橙灰色をし，横にはがれる。

　小枝は，太く，暗褐色ないし栗褐色をし，つやがある。短枝がよく発達し，やや幼虫形で，1年に2個の葉痕を残す。一年生枝は，やや太く，径2〜5mmあり，黄褐色ないし赤褐色をし，無毛で，ジグザグに屈折する。勢いよい一年生枝では，有毛のものもある。皮目はほぼ円形で，灰白色をし，多数ある。葉痕は隆起し，三角形・三日月形ないし半円形で，3個の維管束痕をもつ。托葉痕は狭い。髄は細く，円く，やや偏平である。

　冬芽は，二列互生し，長だ円状卵形で，先がややとがり，長さ8〜12mmと大きく，やや開出する。芽鱗は托葉起原で，2対がみえ，栗褐色ないし帯赤褐色をし，縁は濃色で，つやがあり，毛がなく，やや樹脂をかぶる。仮頂芽は上位の側芽とほぼ同じ大きさである。短枝では，冬芽が1個頂生し，長卵形で，やや大きい。雄花穂は大きく，長さ30〜45mm，径5〜6mmあり，暗黄褐色をし，枝先に数個つく。（⇒次頁）

図 2.32 ウダイカンバ

①:小枝, 3年生, a:仮頂芽, b〜c:側芽, d:枝の断面, e:枯れた頂生枝, f〜g:芽鱗痕, h:短枝, ②:葉痕（拡大）, ③:小枝, 5年生, a:短枝, b:同, 背面, ④:小枝, 2年生, a:頂生枝, b:側生枝。（江別市西野幌, 道立野幌森林公園, 1972.3.1）

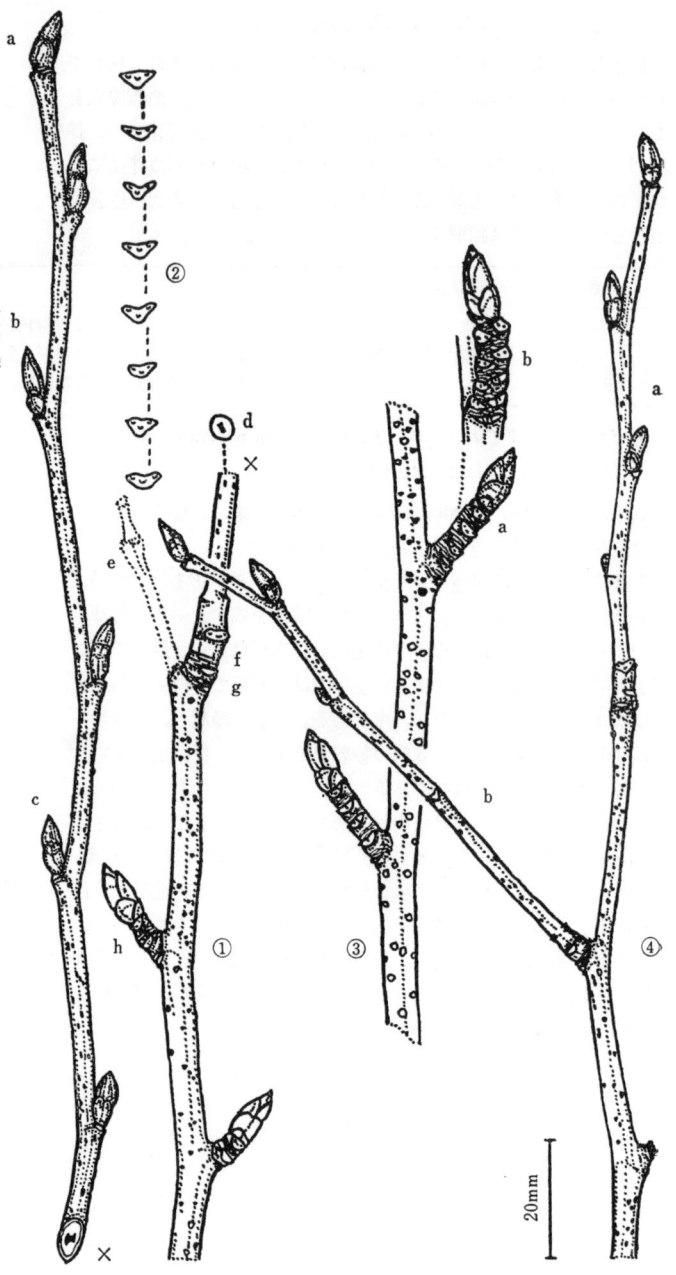

各 論
74

● ダケカンバ *Betula ermani* CHAM., Dake-kamba

高木。高さ20m, 径50cmになる。ただし, 亜高山帯から樹木限界にかけては, 低木状となる。樹皮は帯褐白色ないし灰白色でいくらか赤味があり, 平滑で, 横に薄くはがれるが, 老樹では縦裂し, 弁片は背反する。

小枝は, 暗褐色ないし黄褐色をし, 平滑で, つやがあり, ほぼ白色の皮目が明らかである。2〜3年生の枝で, 1年目の腺点付き表皮がはがれる。一年生枝は, やや細く, 径1〜4mmあり, 帯赤褐色ないし栗褐色をし, 無毛で, 白色および赤褐色の油脂腺点がきわめて多数あり, ジグザグに屈折する。皮目は白色で, 円く, 多数ある。葉痕は隆起し, 半円形ないし三角形で, 3個の維管束痕をもつ。托葉痕は線形である。髄は暗黄色で, 細く, やや偏平する。

冬芽は, 二列互生し, 紡錘形で, 先が鋭くとがり, 長さ8〜12mmあり, やや伏生する。仮頂芽は上位の側芽と大きさがちがわず, 基部の2個だけが欠如ないし微小である。芽鱗は帯栗褐色ないし紫褐色をし, 無毛で, 2対がみえる。雄花穂は裸出し, 長さ20〜30mm, 径4〜6mmあり, 暗褐色をして, 枝先に2〜3個つく。

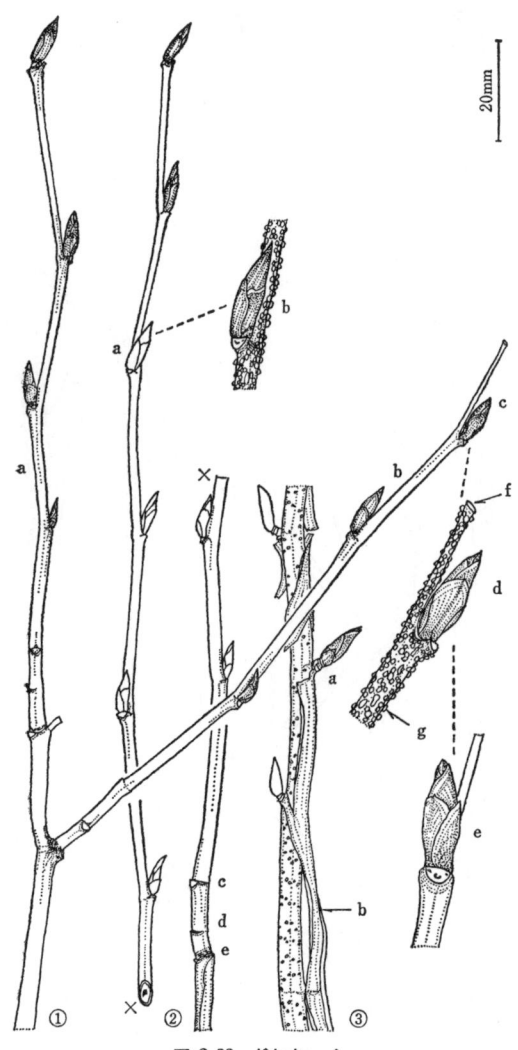

図 2.33 ダケカンバ

①:小枝, a:頂生枝, b:側生枝, c:仮頂芽, d:同, 側面, e:同, 背面, f:枝痕, g:油脂腺点 (d〜g 拡大), ②:小枝, a:側芽, b:同(拡大), c〜d:冬芽をもたない節, e:芽鱗痕, ③:小枝, 2年生, a:短枝, b:はく皮。(北海道中川郡中川町誉, 北海道立林試道北支場内, 1976.4.9)

カバノキ科

●シラカンバ *Betula platyphylla* var. *japonica* HARA, Shira-kamba

高木。高さ 20m, 径 40cm になる。樹皮は白色をし, 平滑で, 横に薄紙状にはがれる。

小枝は, 明褐色をし, つやがあり, 灰白色の皮目が目立つ。一年生枝は, やや細く, 径 1〜4mm あり, 明褐色をし, 無毛で, ろう質物をいくらかかぶり, 灰白色の油脂腺点をもち, ジグザグに屈折する。皮目は灰白色で, ほとんど突出せず, 多数ある。葉痕は隆起し, 半円形ないし三角形で, 3個の維管束痕をもち, 線形の托葉痕をともなう。髄は黄緑色をし, 偏平である。

冬芽は, 二列互生し, いくらか開出し, 長だ円形ないし長卵形で, 先がややとがり, 長さ 5〜10mm ある。仮頂芽は上位の側芽とほぼ同じか, やや大きい。花芽は混芽で, 側芽につくか, 短枝に頂生する。芽鱗は赤褐色ないし栗褐色をし, 無毛で, いくらか樹脂をつけ, ほぼ2対が重なるが, 短枝の頂生芽ではほぼ3対ある。

雄花穂は枝先につき, 裸出して, 赤褐色をし, 長さ 25〜35mm, 径 4mm くらいある。

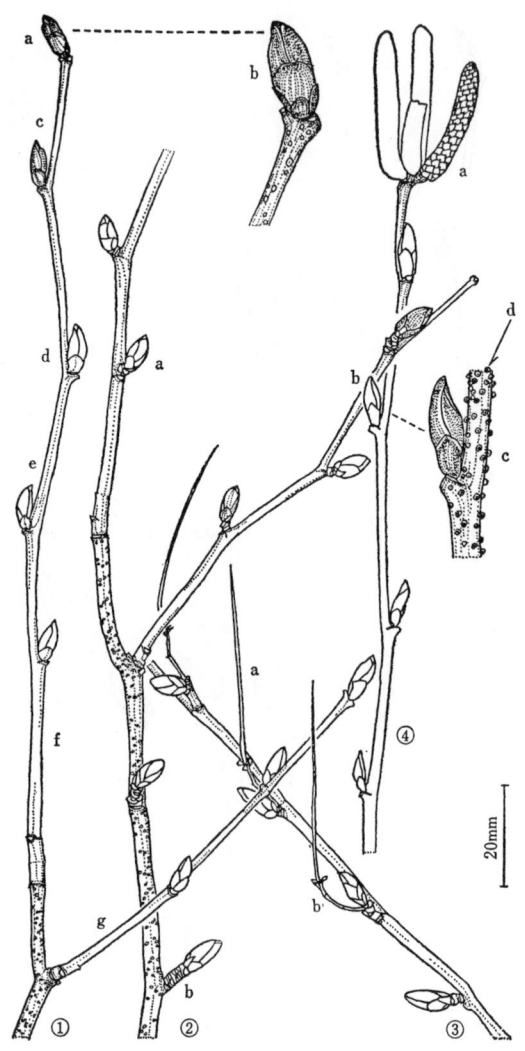

図 2.34 シラカンバ

①:小枝, a:仮頂芽, b:同(拡大), c〜e:側芽, f:頂生枝, g:側生枝, ②:小枝, 3年生, a:短枝, 1年生, b:同, 2年生, ③:小枝, a:果穂の中心軸, b:果軸, ④:一年生枝, a:雄花穂, b:側芽, c:同(拡大), d:油脂腺点。(北海道中川郡中川町誉, 北海道立林試道北支場内, 1977.4.15)

ハンノキ属 *Alnus* MILL.

高木ないし低木。冬芽はらせん生 (1/3) ないし二列互生し, 有柄ないし無柄で, 托葉起原の 2～4 枚の芽鱗につつまれる。明らかな托葉痕がある。一年生枝は細めで, 有毛ないし無毛であり, 葉痕は隆起し, 三角形ないし半円形で, 3 個ないし 3 グループの維管束痕をもつ。髄は三角形ないし円形である。

種		一年生枝		冬芽
ヒメヤシャブシ	低木	無毛,	ほぼ円柱	二列互生, 無柄, 紡錘形, 長さ 7～11mm
ミヤマハンノキ	小高木	無毛,	やや偏平な三角柱	らせん生, 無柄, 紡錘形, 長さ 10～15mm
ケヤマハンノキ	高木	有毛,	ほぼ三角柱	らせん生, 有柄, だ円状卵形, 長さ 6～8mm, 柄は有毛
ハンノキ	高木	無毛,	ほぼ三角柱	らせん生, 有柄, 長だ円状卵形, 長さ 5～8mm, 柄は無毛

● **ヒメヤシャブシ**（ハゲシバリ）*Alnus pendula* MATSUM., Hime-yashabushi (Hage-shibari)

低木。多数の幹が出て, 高さ 5m になる。樹皮は黒褐色をし, 平滑である。小枝は, 細く, 帯褐紫色ないし暗褐色である。果穂は残り, 垂下して, 長さ 10mm くらいある。一年生枝は, やや細く, ほぼ円く, 径 1～3mm あり, 紫褐色ないし明褐色をし, 無毛で, ジグザグに屈折する。皮目はやや突出して, 大きく, 灰白色をし, 多数ある。葉痕は隆起し, 三角形で, 小さく, 幅 1～3mm あり, 3 個の維管束痕をもつ。托葉痕は小さく, 狭い。髄はやや偏平ないしほぼ円形で, 細い。枯れ葉がしばしば残る。

図 3.35 ヒメヤシャブシ

①：勢いよい一年生枝, a：頂芽, b：予備芽, c～d：側芽, e：ミノガの蓑, f：枝の断面, ②：小枝, a：雄花穂, b：枝痕, ③：小枝, a：果穂, b：枯れ葉, ④～⑤：一年生枝の枝先, ⑥：一年生枝, a：頂芽, b：予備芽, c：托葉, ⑦：葉痕（拡大）, ⑧：冬芽の縦断面（拡大）.（北海道美唄市光珠内, 北海道立林試場内, 1976.3.3）

冬芽は，二列互生して，無柄であり，紡錘形で，先がとがり，長さ 6〜12mm あって，ほぼ伏生し，無毛で，紫褐色ないし栗褐色をし，樹脂質をかぶり，3〜4枚の芽鱗につつまれる。 頂芽はやや太く，長卵形で，予備芽をともなう。雄花穂は枝先につき，無柄で，紫褐色ないし黄褐色をし，長さ 20〜30mm ある。

●ミヤマハンノキ *Alnus maximowiczii* CALLIER, Miyama-han'noki
　小高木。高山では多幹型で，高さ 4m，径 15cm ほどであるが，低山では直立し，高さ 10m，径 30cm になる。樹皮はやや薄く，暗灰色をし，粗面である。
　小枝は，よく枝分かれし，灰色ないし灰褐色である。一年生枝は，やや太く，径 3〜7mm あり，やや偏平で，3稜をもち，無毛で，帯赤褐色ないし紫褐色をし，つやがあり，ジグザグに屈折する。皮目は長だ円形ないし円形で，多数あり，やや突出する。葉痕は隆起し，小さく，三角形ないし腎形で，長さ 2〜4mm あり，3個の維管束痕および明らかな托葉痕をもつ。髄は偏平な三角形で，黄緑色である。
　冬芽は，1/3 のらせん生であり，先のとがった紡錘形で，長さ 10〜15mm あってほぼ無柄で，帯黒紫色をし，無毛で，つやがあり，樹脂質をかぶって，2枚の芽鱗につつまれる。 頂芽はほぼ同じ大きさの予備芽をともなう場合が多く，この2個が開葉すると二股分岐の枝ぶりとなる。側芽は開出し，開葉しても短枝化しやすい。短枝化すると，冬芽は1個だけつき，頂生する。雄花穂は頂生し，無柄で，裸出して，円筒形で，長さ 15〜25mm，径 3〜5mm ある。
　　　　　　　　　　　　　　　　　　　　　　　　（⇒次頁）

図 3.36　ミヤマハンノキ
　①：勢いよい一年生枝，a：頂芽，b：予備芽（ないし最上位の側芽），c〜d：側芽，e：稜，f：三角髄，②，⑤：葉痕，③：枝の横断面，④：小枝，3年生，a〜b：頂生芽，c：短枝，⑥：一年生枝，⑦：開葉，a〜b：芽鱗，c〜e：托葉，f：ふつう葉，⑧：雄花穂。（札幌市，北大植物園，1966.11.29）

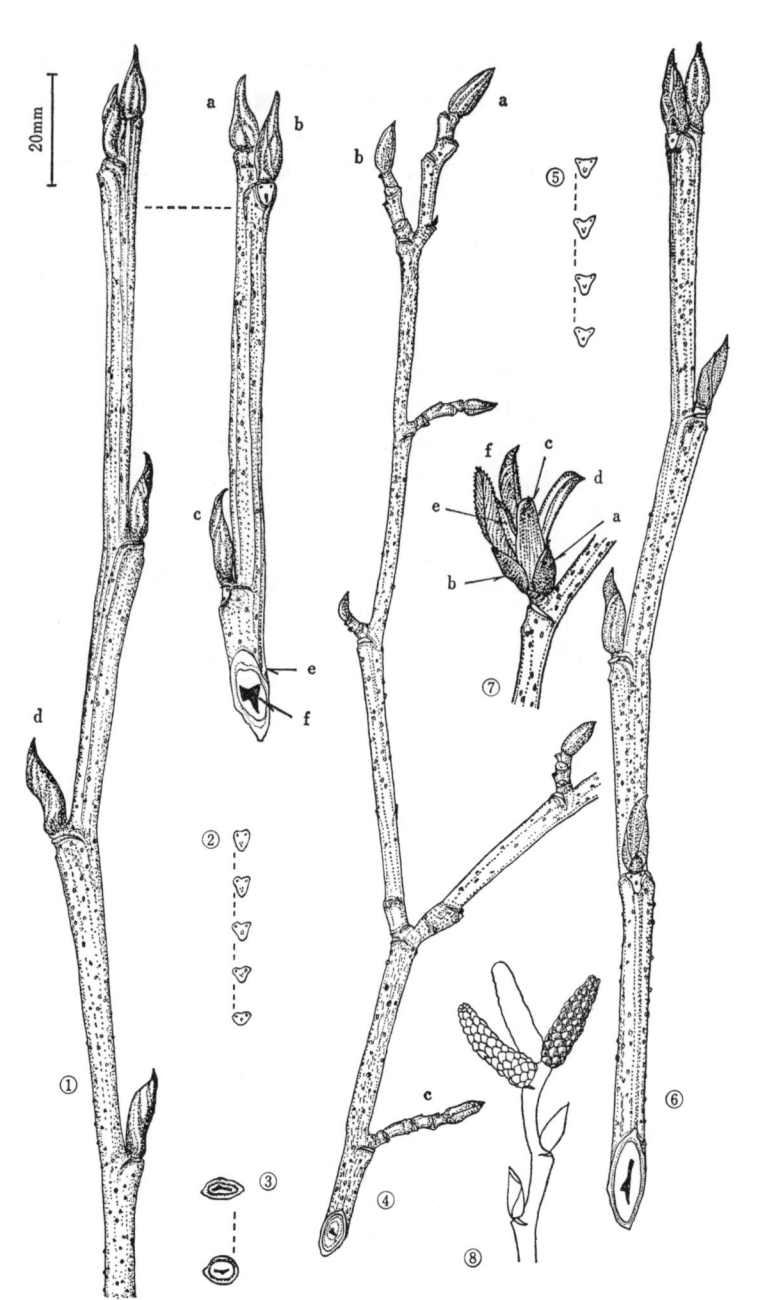

カバノキ科

●ケヤマハンノキ *Alnus hirsuta* Turcz., Keyama-han'noki

高木。高さ25m，径90cmになる。樹皮は帯紫灰褐色ないし黒褐色をし，平滑で，薄く，灰色の皮目がある。

小枝は，紫褐色をし，無毛で，皮目が明らかである。一年生枝は，やや太く，径3〜6mmあり，暗褐色ないし紫褐色をし，三角柱状で，灰色の粗毛ないし密軟毛がはえ，ややジグザグに屈折する。皮目は円形ないしだ円形で，灰色をし，長さ0.5〜1mmあり，多数ある。葉痕は隆起し，幅2〜5mmあり，平円形ないし三角形で，3グループないし5個の維管束痕をもつ。托葉痕は明らかで，三日月形である。髄は褐色をし，三角形である。

冬芽は，1/3のらせん生であり，ほとんど開出せず，だ円状卵形で，先が円く，長さ6〜10mmあり，毛がはえ，帯赤紫色ないし暗紫色をし，太くて長さ2〜5mmある柄をもつ。頂芽はやや太く，予備芽をともなう。短枝では，1個の冬芽が頂生し，2〜4個の葉痕がある。芽鱗は托葉起原で，外側の1対と内側の1枚がみえ，ろう質ないし樹脂質でおおわれる。雄花穂は枝先に数個が散房状に垂下し，柄をもち，紫色をして，円筒状で，長さ30〜45mm，径5〜7mmある。雌花穂も裸出し，雄花穂より下位に数個が短い散房状につき，赤紫色をし，長卵形で，長さ3〜5mmある。

図3.37 ケヤマハンノキ
①〜②：勢いよい一年生枝，a：頂芽，b：予備芽，c〜e：側芽，f：枝の断面，③〜④：枝先，a：頂芽，b：予備芽，c：側芽，⑤：側芽，a：背面，b：芽柄，c：葉痕，d：側面（③〜⑤拡大），⑥：枝の一部，a：托葉，b：托葉痕，⑦：小枝，⑧：開葉，a〜c：芽鱗，d〜e：托葉，f〜g：ふつう葉，h：予備芽，⑨：雄花穂，⑩：雌花穂。(札幌市，円山公園，1967.2.26)

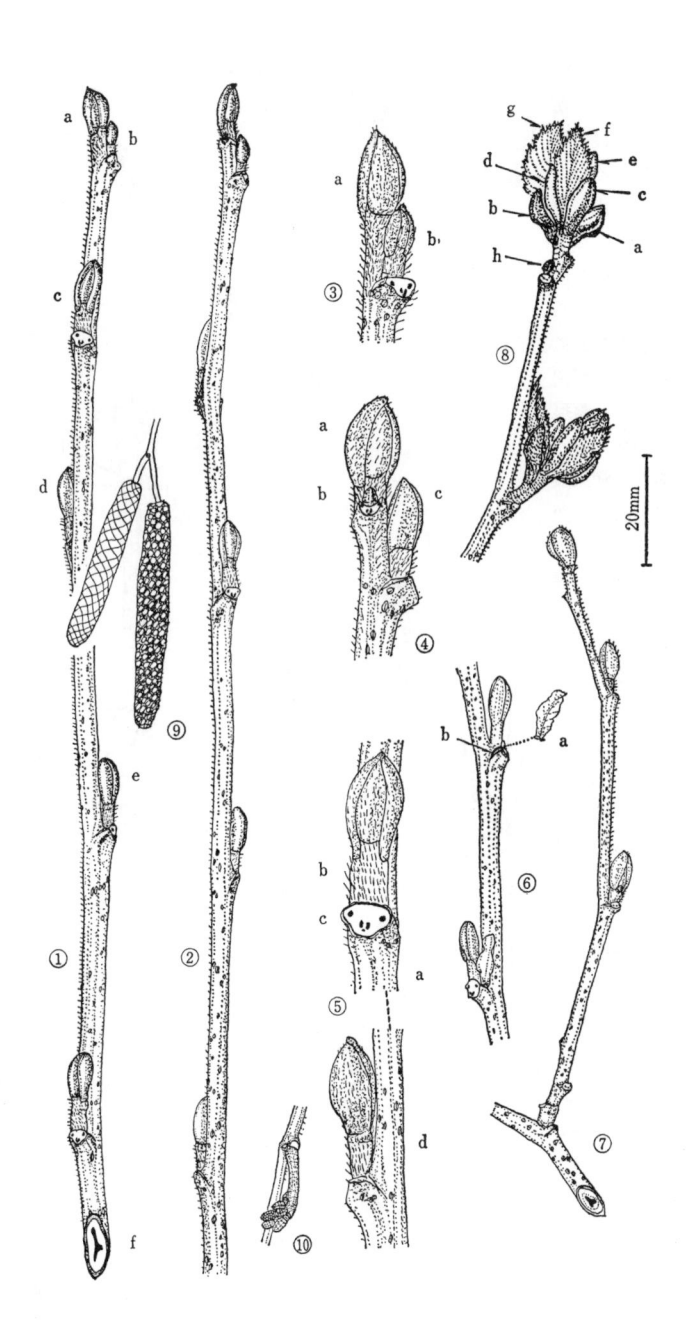

カバノキ科
81

●ハンノキ *Alnus japonica* Sieb. et Zucc., Han-no-ki

高木。高さ20m，径90cmになる。樹皮は帯紫黒色をし，後に灰褐色となり，不規則に裂ける。

小枝は，灰色ないし帯紫褐色である。一年生枝はやや細く，径2～4mmあり，帯黄褐色ないし灰褐色をし，無毛で，断面がいくらか三角形であり，ややジグザグに屈折する。皮目は小さく，長だ円形ないし円形で，多数ある。葉痕は隆起し，半円形で，幅1.5～2mmあり，3グループの維管束痕をもち，托葉痕は狭い。髄は三角形で，暗黄色をし，大きい。

冬芽は1/3のらせん生であり，長だ円状卵形で長さ5～8mmあり，淡灰褐色ないし帯紫褐色をし，ほぼ無毛で，長さ4～6mmある芽柄をもつ。芽鱗は托葉起原，3枚みえ，3枚の鱗片化した葉(葉柄)とともに，ろう質物でつつまれる。頂芽はやや太く，長卵形で，毛がはえ，しばしば予備芽をもつ。雄花穂は枝先に散房状に3～5個つき，柄をもち，暗赤紫色をし，長さ30～45mm，径4～6mmある。雌花穂も裸出して，黒紫色をし，長さ3～4mmあり，数個が短い散房状につく。

図2.38 ハンノキ

①：小枝，②：一年生枝，③：勢いよい一年生枝，④：枝先，a：頂芽，b：予備芽，c：側芽，d：枝痕，⑤：側芽，側面，a：葉柄(起原の鱗片)，b：托葉起原の鱗片，c：芽柄，⑥：側芽，背面，⑦：葉痕，⑧：枝の横断面(④～⑧拡大)，⑨：雄花穂，⑩：雌花穂。(札幌市，北大構内，1967.2.27)

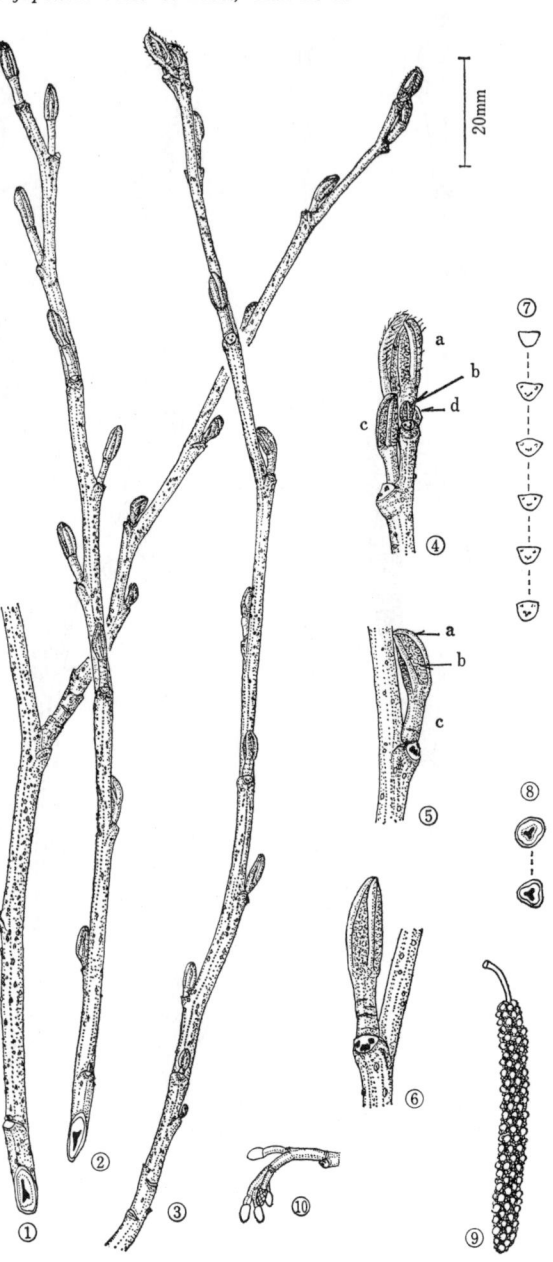

5 ブナ科
Fagaceae

　高木。冬芽は二列互生ないしらせん生 (2/5) で，多数の托葉起原の芽鱗に覆瓦状につつまれる。葉痕は隆起し，ほぼ半円形で，托葉痕をともなう。

属	一年生枝	冬芽	頂芽	芽鱗	髄
ブナ	無毛，細い，ジグザグに屈折	二列互生，皮針形，先が鋭くとがる	頂芽は側芽とほぼ同大	20～30枚	ほぼ円形
コナラ	無毛ないし有毛，細い～太い	らせん生 (2/5)，卵形～長卵形，先がとがる	頂芽は大きく，頂生側芽をもつ	20～35枚	星形
クリ	無毛，やや細い，ジグザグに屈折	二列互生，卵形～広卵形，先はややとがる	仮頂芽は側芽よりやや大きい	4～6枚	菱形

ブナ属 *Fagus* LINN.

　高木。樹皮は裂けず，ほぼ平滑である。一年生枝は細く，径1～3mm あり，褐色で，無毛であり，ややジグザグに屈折する。冬芽は二列互生し，開出して，皮針形ないし長い紡錘形で，長さ25mm，幅4mm くらいあり，短柄をもち，20枚くらいの托葉起原の芽鱗に覆瓦状につつまれる。頂芽は上位の側芽とほぼ同じ大きさである。冬にも，枯れ葉が残りやすい。

種	樹皮	冬芽	芽鱗数	枯れ葉
ブナ	灰白色，平滑	長さ 15～30mm，幅 3～4mm	18～26	菱状卵形，側脈7～11対
イヌブナ	暗灰色，いぼ状突起	長さ 17～27mm，幅 3～3.5mm	16～22	卵状だ円形，側脈9～14対

●ブナ *Fagus crenata* BLUME, Buna

　高木。高さ30m，径150cmになる。樹皮は灰白色ないし帯緑灰色をし，平滑である。小枝は，細く，暗紫褐色をし，隆起した多数の皮目が散在する。日陰では，短枝化しやすい。一年生枝は，細く，径1～3mm あり，栗褐色・赤褐色ないし明褐色をし，無毛で，ややジグザグに屈折する。皮目はやや隆起し，灰色ないし灰褐色をして，円形ないし長だ円形で，多数ある。葉痕は隆起し，半円形で，小さく，幅1～1.5mm ある。托葉痕は線形である。髄は黄緑色をし，細い。

　冬芽は，二列互生し，皮針形で，先がとがり，長さ 15～30mm，幅 3～4mm あって，勢いよい枝では長さ 1～5mm の短柄をもつが，弱い枝ではほぼ無柄である。芽鱗は托葉起原で，明褐色ないし栗褐色をし，つやがあり，縁毛がはえ，上部の芽鱗の先端には灰白色の

図 2.39 **ブナ**

①：一年生枝, a：頂芽, b〜e：側芽, ②：一年生枝, 日陰側, a：側芽, b：芽柄, c：葉痕, d：托葉痕（a〜d 拡大）, ③：小枝, a：枝痕, b：芽鱗痕, ④：小枝, a：枯れた新条端, ⑤：短枝, 7年生, ⑥：短枝の長枝化, 7年生, a：短枝部, b：長枝, ⑦：葉痕（拡大）。（札幌市, 北大植物園, 1977.11.15）

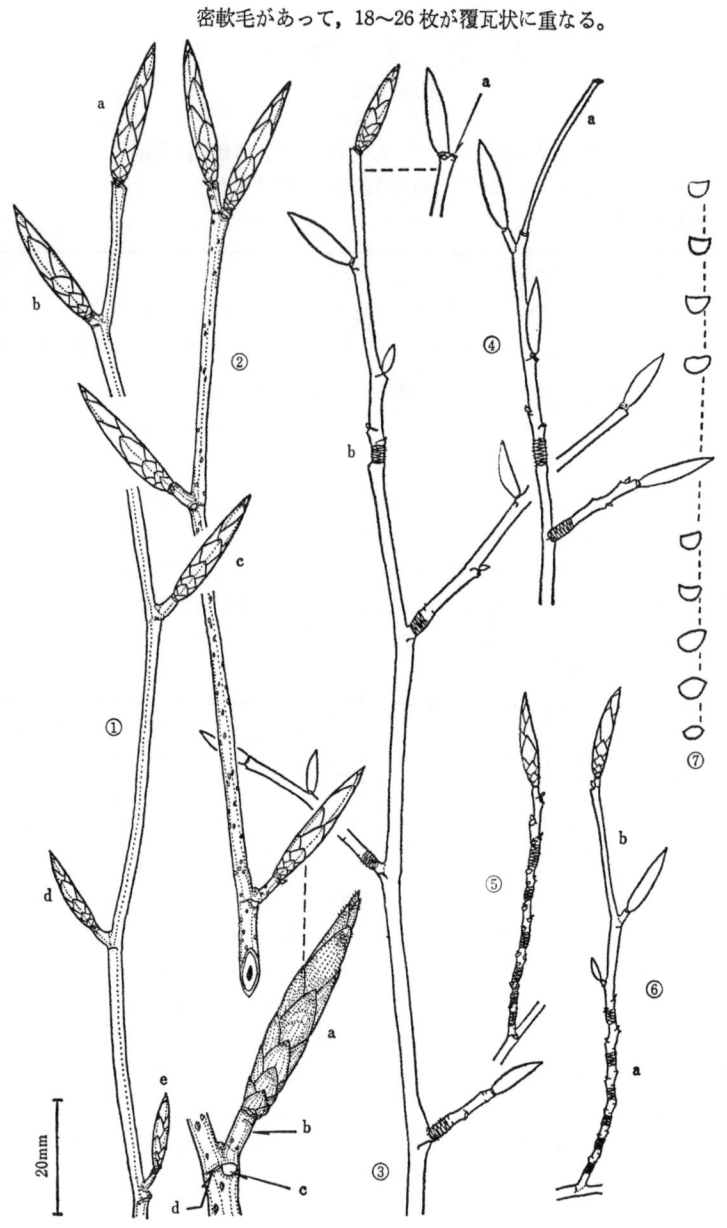

密軟毛があって, 18〜26 枚が覆瓦状に重なる。

各論

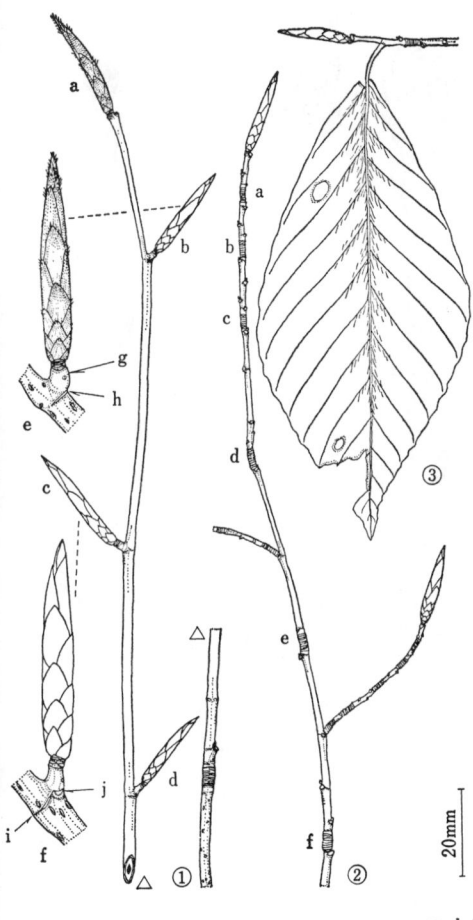

●イヌブナ *Fagus japonica* MAXIM., Inubuna

高木。高さ20m，径50cmになる。樹皮は暗灰色をし，ほぼ平滑であるが，いぼ状突起がある。

小枝は，細く，帯紫灰褐色ないし暗褐色をし，日陰枝は短枝化しやすい。一年生枝は，細く，径1～2.5mmあり，明褐色ないし栗褐色をし，無毛で，ややジグザグに屈折する。皮目は淡褐色をし，長だ円形で，多数ある。葉痕はやや隆起し，半円形で，幅1mmくらいあり，日陰側に片寄る。托葉痕は線形で，枝をほとんど1周する。髄は淡い黄緑色をし，細い。

冬芽は，二列互生し，皮針形で，先がとがり，長さ17～27mm，幅3～3.5mmあって，短柄をもち，開出する。芽鱗は褐色をし，つやがあり，各先端には灰白色の軟毛がはえ，16～22枚が覆瓦状に重なる。

図2.40 **イヌブナ**

①：小枝，a：頂芽，b～d：側芽，e：同，日向側，f：同，日陰側，g：芽柄，h～i：托葉痕，j：葉痕（e～j 拡大），②：短枝化した小枝，7年生，a～f：芽鱗痕，③：残っている枯れ葉。（仙台市川内，東北大植物園，1978.1.31）

コナラ属 *Quercus* LINN.

高木。冬芽は2/5のらせん生であり，卵形ないし長卵形で，5稜をもち，先がとがり，多数の芽鱗に覆瓦状につつまれる。一年生枝はやや太目で，ときに有毛であり，星形の髄をもつ。葉痕は半円形ないし三角形で，多数の微小な維管束痕と小さい托葉痕をもつ。

種	一年生枝	頂芽（長さ）	側芽（長さ）	芽鱗
ミズナラ	無毛，径3～6mm	卵形，6～10mm	長卵形，3～8mm	縁に短毛，栗色，25～35枚
コナラ	無毛，径2～5mm	広卵形，4～7mm	卵形，3～6mm	わずかに縁毛，明褐色，ほぼ20枚
カシワ	有毛，径4～15mm	広卵形，7～10mm	卵形，4～9mm	密軟細毛，褐色，20～25枚
クヌギ	有毛，径2～4mm	卵形，4～8mm	長卵形，4～8mm	有毛，栗色，20～30枚
アベマキ	無毛，径3～6mm	長卵形，8～12mm	長卵形，7～11mm	有毛，灰褐色，25～30枚

●ミズナラ　*Quercus mongolica* var. *grosseserrata* REHD. et WILS., Mizu-nara

　高木。高さ25m，径150cmになる。樹皮は厚く，暗褐色をし，不規則に深裂する。

　小枝は，太く，開出し，淡褐色ないし暗褐色をし，平滑である。一年生枝は，やや太く，径3〜6mmあり，灰褐色・褐色ないし帯紫褐色をし，無毛で，つやがある。皮目はやや隆起し，帯黄灰色のだ円形ないし円形で，多数ある。葉痕はやや隆起し，半円形ないし腎形で，多数の微小な維管束痕をもつ。髄は星形で，褐色をし，太い。

　冬芽は，2/5のらせん生であり，平滑で，つやがある。頂芽は大きく，卵形ないし五角錐形で，長さ6〜10mmある。側芽はやや小さく，先がとがり，長卵形で，長さ3〜8mmあり，開出し，上位ほど大きい。頂芽の周囲には，輪生状に数個の頂生側芽がつく。芽鱗は托葉起原で，栗色ないし赤褐色をし，縁には短毛がはえ，25〜35枚あり，5列に並び，覆瓦状に重なる。

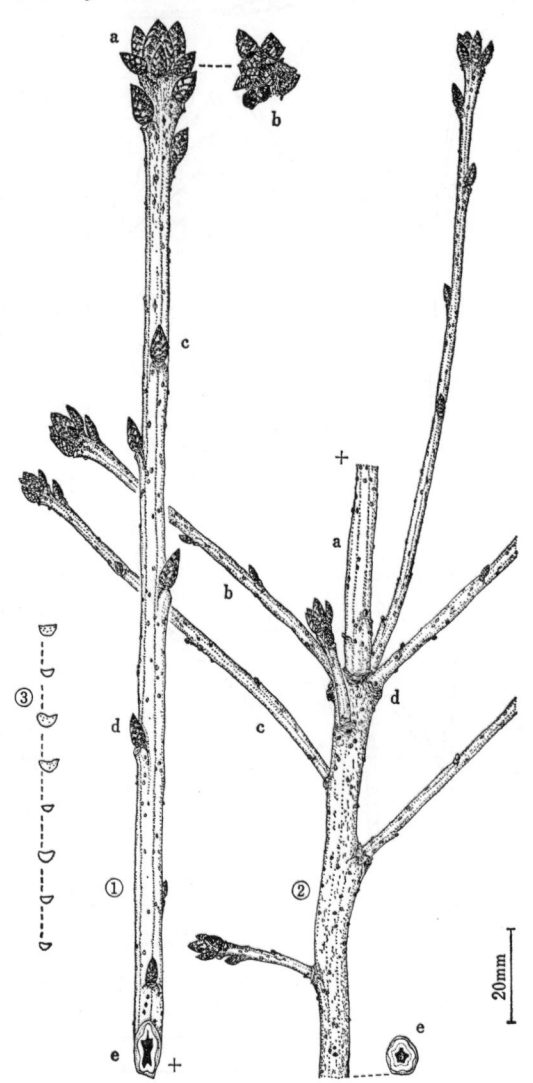

図 2.41　ミズナラ
①：一年生枝，a：頂芽と頂生側芽，b：同,平面，c〜d：側芽，e：枝の断面，②：小枝，a：頂生枝，b〜c：側生枝，d：芽鱗痕，e：小枝の断面，③：葉痕。（札幌市，北大植物園，1969.12.5）

各　論

●コナラ *Quercus serrata* THUNB., Ko-nara

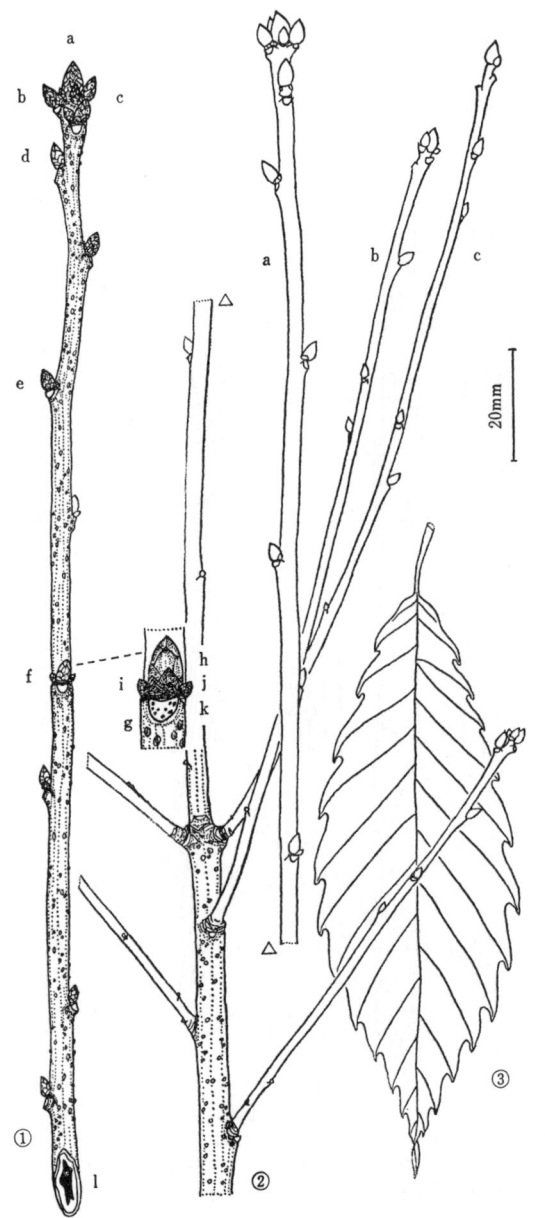

高木。高さ 20m, 径 60cm になる。樹皮は帯灰黒褐色をし, 若木では浅く縦裂し, 老樹では深く裂ける。

小枝は, 灰褐色ないし帯褐灰色である。一年生枝は, やや細く, 径 2〜5mm あり, 灰褐色ないし淡褐色をし, 無毛である。皮目は大きく, だ円形で, 長さ 0.5〜1.5 mm あり, やや突出し, 多数ある。葉痕は隆起し, 半円形ないし三角形で, 7〜10 個の微小な維管束痕をもつ。托葉痕は小さい。髄は星形をし, 淡い黄緑色で, やや太い。

冬芽は, 2/5 のらせん生であり, 卵形ないし長卵形で, 先がとがり, 長さ 3〜6mm あり, 5稜をもち, やや開出し, しばしば平行予備芽をともなう。頂芽は太く, 広卵形で, 多数の頂生側芽をともなう。芽鱗は明褐色ないし帯赤褐色をし, つやがあり, 無毛で, しかし, いくらか縁毛があって, ほぼ 20 枚が覆瓦状に重なる。枯れ葉が冬になってもいくらか残存する。

図 2.42 コナラ
①：一年生枝, a：頂芽, b〜c：頂生側芽, d〜f：側芽, g：同（拡大), h：主芽, i〜j：平行予備芽, k：葉痕, l：枝の断面, ②：小枝, 2年生, a：頂生枝, b〜c：側生枝, ③：枯れ葉。（盛岡市下厨川, 林試東北支場内, 1978.2.1)

ブナ科

●カシワ *Quercus dentata* Thunb., Kashiwa

高木。高さ20m，径40cmになる。樹皮は黒褐色をし，厚く，深く縦に裂ける。冬になっても枯れ葉を落としにくいから，よく目立つ。

小枝は，太く，灰褐色をし，やや無毛で，皮目は大きく，径1～2mmある。一年生枝は，太く，径4～10mmあり，褐色ないし黄褐色をし，5稜をもち，暗灰色の密軟細毛につつまれる。皮目は灰白色をし，長さ1mmあり，多数ある。葉痕は隆起し，腎形・半円形ないし三角形で，幅3～5mmある。離層ができにくく，葉ないし葉柄がしばしば残る。維管束痕は小さく，多数あり，不規則に並ぶ。托葉痕は線形である。髄は太く，淡白緑色をし，星形である。

冬芽は，2/5のらせん生であり，卵形ないし長卵形で，先がとがり，長さ4～9mmある。芽鱗は褐色ないし赤褐色をし，密軟細毛がはえ，20～25枚が覆瓦状に重なる。頂芽は大きく，長さ7～10mmあり，広卵形ないし五角錐形で，周囲に数個の頂生側芽をともなう。

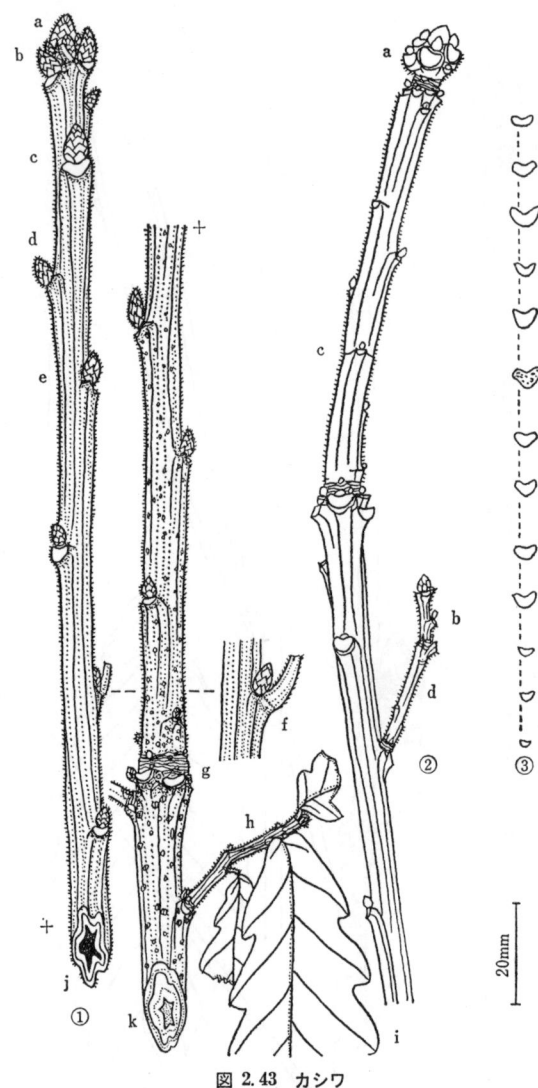

図 2.43　カシワ
①：小枝，a：頂芽，b：頂生側芽，c～e：側芽，f：残存する葉柄，g：芽鱗痕，h：側生枝，i：枯れ葉，j～k：枝の断面，②：小枝，a～b：二次伸長枝，c：頂生枝，d：側生枝，③：葉痕。(北海道帯広市幸福町，防風林，1977. 2. 24)

各　論

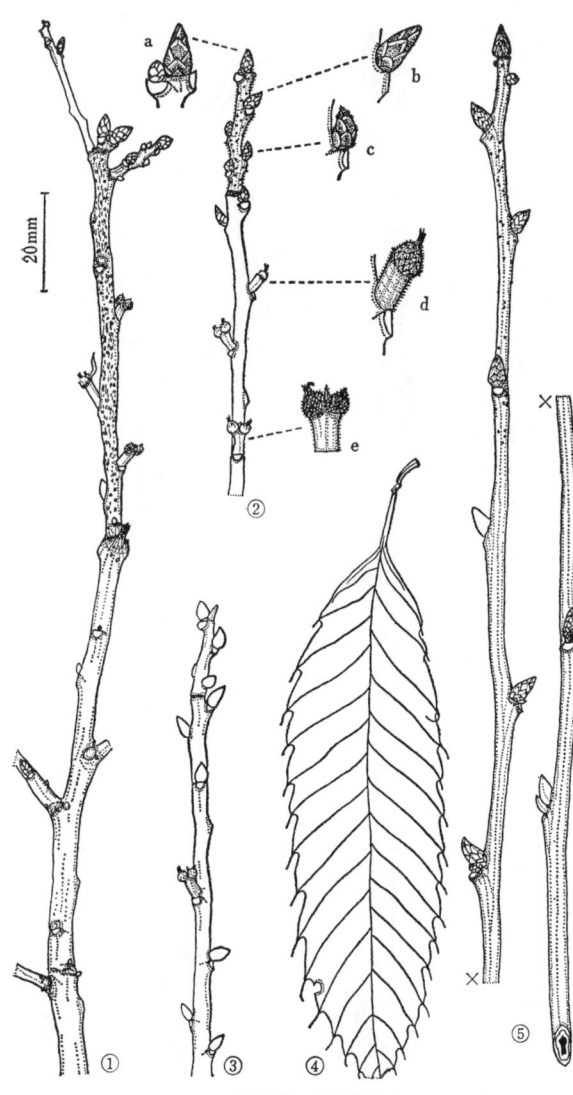

● クヌギ *Quercus acutissima* Carr., Kunugi

高木。高さ 15m，径 40cm になる。樹皮は堅く，灰黒色をし，不規則に深く縦裂する。

小枝は，暗褐色をし，ほぼ無毛で，粗面で浅く裂ける。一年生枝は，やや細く，径 2～4mm あり，淡褐色ないし褐色をし，灰色の軟毛がいくらかはえる。皮目は灰色で，多数ある。葉痕は隆起し，半円形で，小さく，幅ほぼ 2mm ある。維管束痕は 7～10 個ほどである。托葉痕は小さい。髄は星形をし，淡黄緑色である。

冬芽は，2/5 のらせん生であり，長卵形ないし五角錐形で，長さ 4～8mm あり，開出する。ときに，予備芽をもつ。芽鱗は栗褐色をし，縁は灰色をし，やや有毛で，20～30 枚が覆瓦状に重なる。頂芽はやや太い。花芽は卵形で，枝の下位につく。二年生枝に，1 年目の果実が側生し，果軸は長さ 4～5mm あり，太く，有毛である。

冬になっても，かなりの枯れ葉が残存する。

図 2.44 クヌギ
①：小枝，4 年生，②～③：短枝化した小枝，2 年生，a：頂芽，b：側芽（葉芽），c：同（花芽），d～e：1 年目の果実（a～e 拡大），④：枯れ葉，⑤：萌芽一年生枝。（盛岡市，林試東北支場内，1978. 2. 1）

ブナ科

●アベマキ *Quercus variabilis* BLUME, Abemaki

　高木。高さ15m，径40cmになる。樹皮は灰黒色をし，縦裂して，厚く，コルク層がよく発達する。

　小枝は，ほぼ円く，帯褐灰色をし，つやがあり，横長の皮目がきわめて多数ある。一年生枝は，やや太く，径3～6mmあり，帯灰褐色ないし淡褐色をし，無毛で，ほぼ五角柱である。皮目は灰色をし，円形で，きわめて多数あり，やや突出する。葉痕は隆起し，半円形で，幅2～3mmあり，多数の微小な維管束痕をもつ。托葉痕は小さい。髄は星形で，淡黄色をし，太い。

　冬芽は，2/5のらせん生であり，長卵形で，先がとがり，5稜をもち，長さ7～11mmあって，開出する。頂芽はやや大きく，長さ8～12mmある。芽鱗は灰褐色をし，短軟毛がはえ，20～30枚が覆瓦状に重なる。1年目の果実は側生し，果軸は無毛で太く，長さ5mmくらいある。

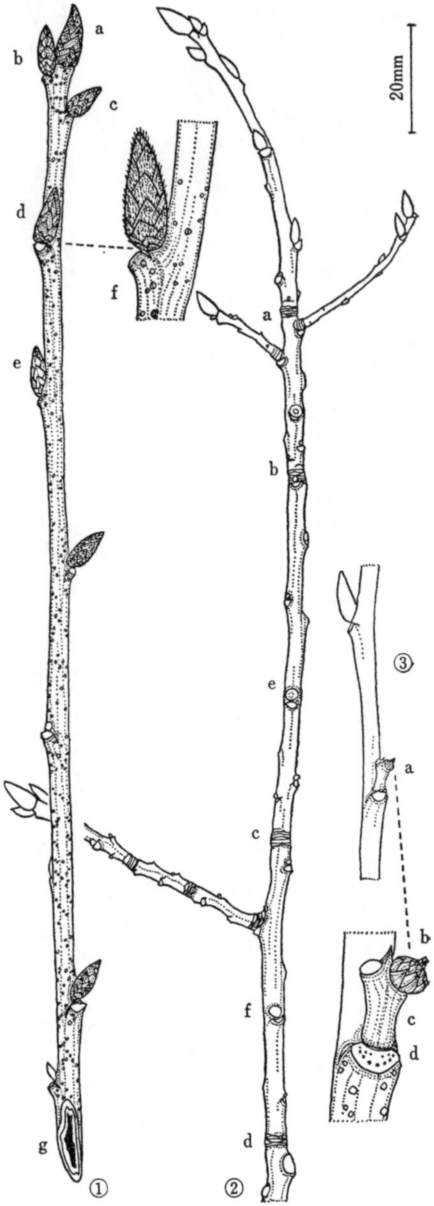

　　図 2.45　アベマキ

　①：一年生枝, a：頂芽, b：頂生側芽, c～e：側芽, f：同（拡大）, g：枝の断面, ②：短枝化した小枝，5年生，a～d：芽鱗痕, e～f：果軸痕, ③：一年生枝, a：1年生の果実, b：同, c：果軸, d：葉痕（b～d 拡大）。
（山形県寒河江市，山形県林試場内，1978. 3. 6）

各　論

クリ属 Castanea Mild.

● クリ（ヤマグリ）C. crenata Sieb. et Zucc., Kuri (Yama-guri)

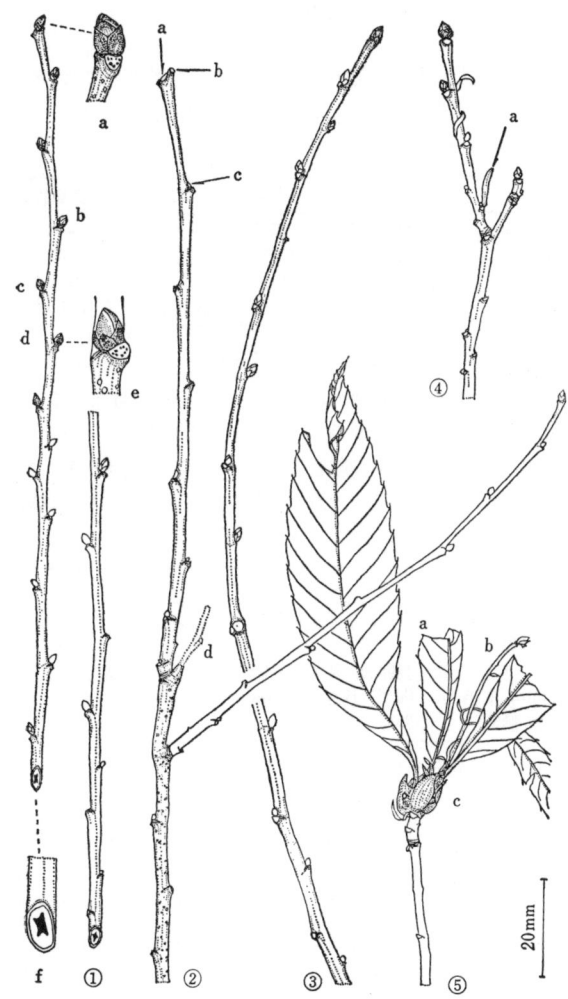

高木。高さ20m，径40cmになる。樹皮は帯褐黒色をし，はじめ平滑で，のちに縦裂する。クリは山野に自生するが，食用にするのは栽培品種である。

小枝は，暗栗褐色をし，灰色の皮目が多数ある。一年生枝は，細く，径1〜3mmあり，赤褐色をし，無毛で，ややジグザグに屈折する。皮目は灰白色をし，だ円形ないし円形で，多数散生する。葉痕は隆起し，半円形ないし三角形で，微小な維管束痕が多数ある。髄は菱形ないしX字形で，黄緑色をし，細い。

冬芽は，二列互生し，やや開出する。側芽は卵形ないし広卵形で，先がややとがり，やや偏平し，長さ3〜4mmある。芽鱗は帯赤黒色ないし赤栗色をし，ほぼ無毛で，4〜6枚が覆瓦状に重なる。仮頂芽は側芽よりやや大きい。

枝には，クリタマバチの寄生によるゴールがしばしばみられる。

図 2.46 クリ
①：一年生枝，a：仮頂芽（拡大），b〜d：側芽，e：同（拡大），f：枝の断面（拡大），②：小枝，a：果軸痕，b：枝痕，c：花軸痕，d：枯れた枝先，③：一年生枝，④：小枝，a：托葉，⑤：小枝，a：枯れ葉，b：枯れた一年生枝，c：ゴール。（盛岡市下厨川，林試東北支場内，1978.2.1）

ブナ科

6 ニレ科
Ulmaceae

高木。一年生枝は細く，無毛ないし有毛で，ジグザグに屈折する。冬芽は二列互生し，仮頂芽型であり，托葉起原の2～5対の芽鱗に覆瓦状につつまれる。托葉痕がある。

属	一年生枝	冬芽	芽鱗数
ニレ	やや細い～きわめて細い，有毛ないし無毛	卵形～長卵形，偏平，伏生～やや開出	2～4対
エノキ	やや細い，有毛ないしほぼ無毛	広卵形～長卵形，偏平，ほぼ伏生	2～3対
ケヤキ	細い，無毛	卵形，偏平しない，開出	4～5対
ムクノキ	細い，無毛	紡錘形～長卵形，偏平，ほぼ伏生	4～5対

ニレ属 *Ulmus* LINN.

高木。樹皮は強く，縦に割れ目を生じるか片状にはげ落ちる。一年生枝は細く，有毛ないし無毛で，ジグザグに屈折する。葉痕は半円形ないし三角形で，3個の維管束痕をもつ。冬芽は卵形で，やや偏平し，やや開出して，ほぼ3対の芽鱗につつまれる。花芽は球状で，大きい。

種	一年生枝	冬芽	樹皮
ハルニレ	径2～4mm，有毛	卵形，長さ3～5mm	縦裂
コブニレ	有毛，不規則な翼		
オヒョウ	径2～4mm，無毛	長卵形，長さ3～6mm	浅く縦裂
アキニレ	径0.5～1.5mm，有毛	卵形，長さ1～2mm	片状はくり
ノニレ	径1～2mm，無毛	卵形，長さ1～2mm	縦裂

●ハルニレ（アカダモ）*Ulmus davidiana* var. *japonica* NAKAI, Haru-nire (Aka-damo)

高木。高さ30m，径120cmになる。樹皮は灰色ないし暗灰色をし，不規則に縦裂する。

小枝は，暗褐色ないし帯赤褐色をし，ほぼ無毛である。一年生枝は，ジグザグに屈折し，やや細く，径2～4mmあり，淡褐色ないし灰褐色をし，細い軟毛がはえる。皮目は円形ないしだ円形で，散在し，淡色である。葉痕はやや隆起し，半円形ないし三角形で，幅2～3mmあり，3個の維管束痕をもち，線形の托葉痕をともなう。

冬芽は，二列互生して，卵形ないし卵状円錐形で，やや偏平し，先がとがり，長さ3～5mmある。芽鱗は托葉起原で，3対がみえ，覆瓦状に重なり，栗褐色ないし暗褐色をし，短毛がはえ，とくに縁は濃褐色をし，やや長い毛がはえる。仮頂芽と上位の側芽との大き

さはほとんどちがわないが，下位の側芽は小さい。花芽は大きく，球形ないし広卵形で，長さ4〜6mm，幅3〜5mm あり，3〜4対の芽鱗につつまれ，側生する。冬芽はいくらか日向側に片寄る。

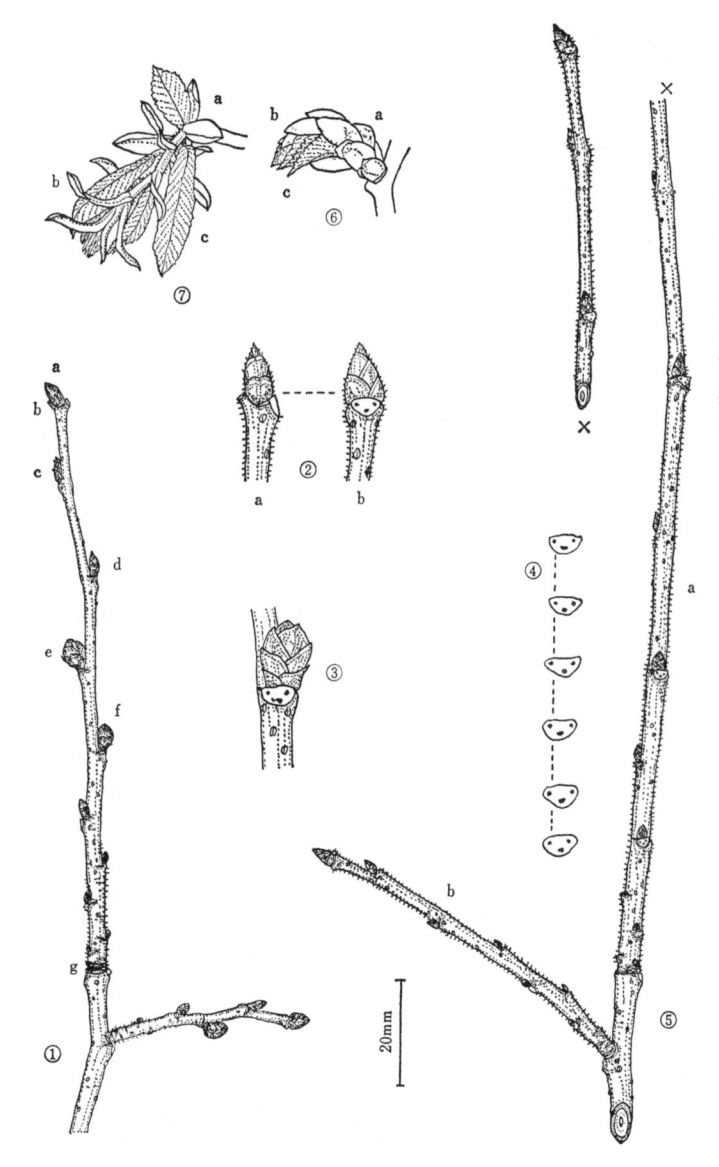

図2.47 ハルニレ
①：小枝，a：仮頂芽，b：枝痕，c〜d：側芽（葉芽），e〜f：花芽，g：芽鱗痕，②：仮頂芽，a：側面，b：背面，③：花芽，④：葉痕（②〜④拡大），⑤：勢いよい小枝，a：頂生枝，b：側生枝，⑥〜⑦：開葉 a：芽鱗，b：托葉，c：ふつう葉。（札幌市，北大構内，1969.11.4）

ニレ科

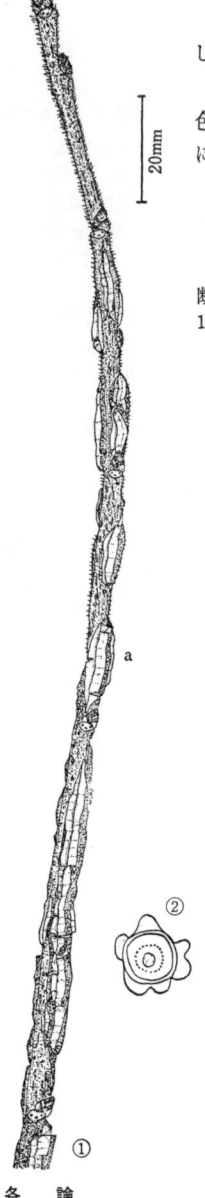

←●コブニレ forma *suberosa* NAKAI, Kobu-nire

ハルニレのうち，枝にコルク質の翼ないし隆起の発達したものをいう。

一年生枝は，やや太く，径 2〜5mm あり，暗褐色，褐色ないし灰褐色をし，剛毛がはえる。翼は厚く，不規則に隆起し，縦に 1〜5 列できる。

冬芽は，卵形ないし広卵形で，やや偏平である。

図 2.48　コブニレ
①：一年生枝，a：翼，②：枝の横断面（拡大）。（札幌市，北大構内，1969.11.14）

→●オヒョウ（アツシ）*Ulmus laciniata* MAYR, O'hyō (Atsushi)

高木。高さ25m，径75cm になる。樹皮は灰色をし，薄く，浅く縦裂する。この繊維は強くて，アイヌ人は織物（アツシ）に用いた。

小枝は，淡褐色ないし淡紫褐色をし，しなやかである。一年生枝は，やや細く，径 2〜4mm あり，灰色ないし淡褐色をし，無毛で，ジグザグに屈折する。皮目はだ円形ないし円形で，散在する。葉痕はやや隆起し，半円形ないし三角形で，幅 2〜4mm あり，3個の維管束痕をもち，左右に狭い托葉痕をもつ。髄はほぼ円く，細い。

冬芽は，二列互生であり，かなり開出し，長卵形で，先がとがり，長さ 3〜6mm ある。芽鱗は暗栗褐色ないし黒褐色をし，短軟毛が疎にはえ，3対がみえて，覆瓦状に重なる。仮頂芽はやや大きく，長さ 5〜7mm ある。下位の側芽は小さい。オヒョウは葉脚不斉がとくに明らかで，冬芽が葉痕の真上になくて，日向側に寄っている。

図 2.49　オヒョウ
①：勢いよい一年生枝，a：仮頂芽，b：枝痕，c〜d：側芽，②：仮頂芽（拡大），a：側面，b：背面，③：葉痕（拡大），④：小枝，a〜b：芽鱗痕，⑤：葉脚不斉，a：葉表，b：葉裏，c：葉柄，d：冬芽。（北海道雨竜郡幌加内町母子里，北大雨竜地方演習林，1967.2.20）

ニレ科
95

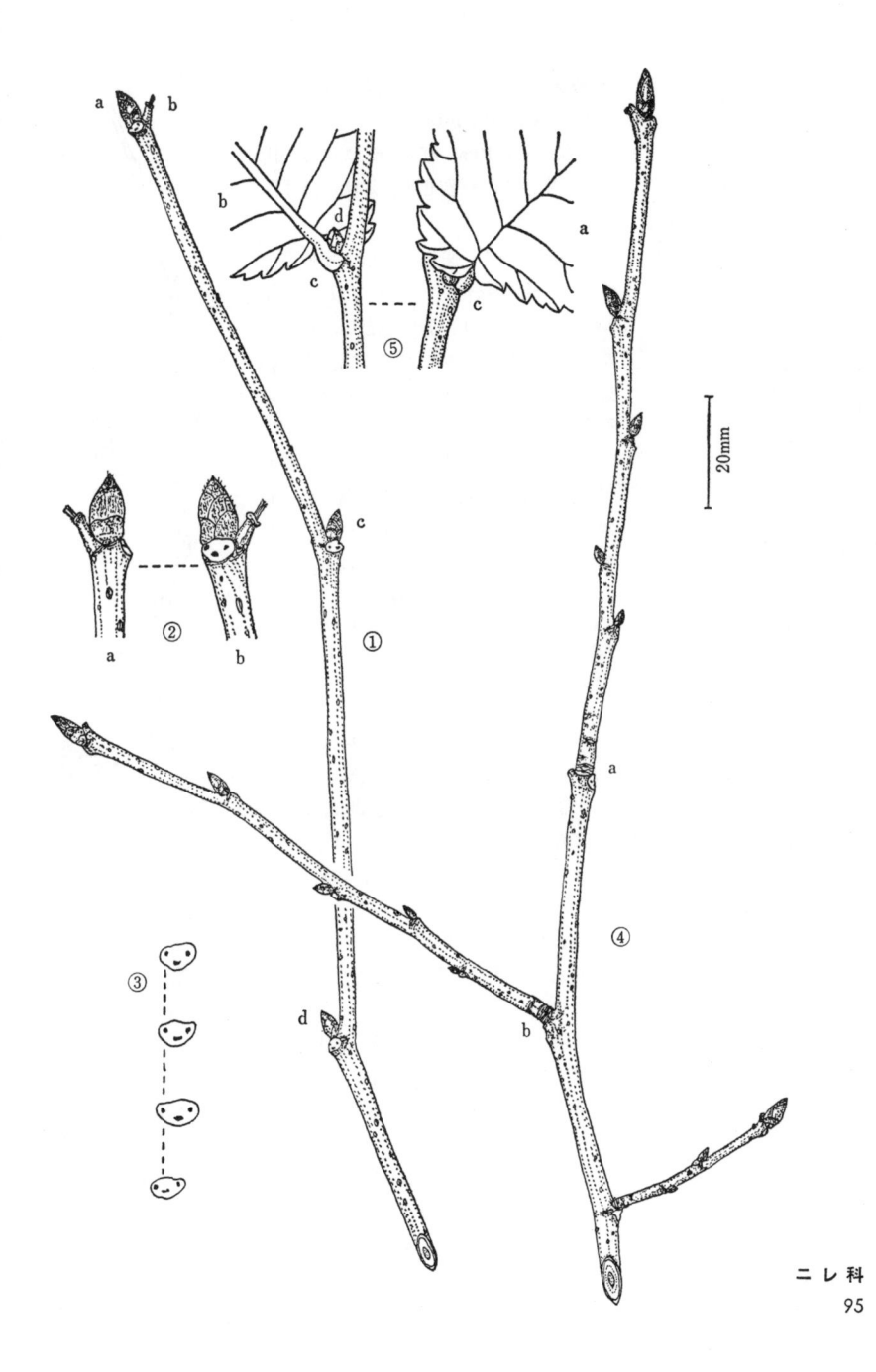

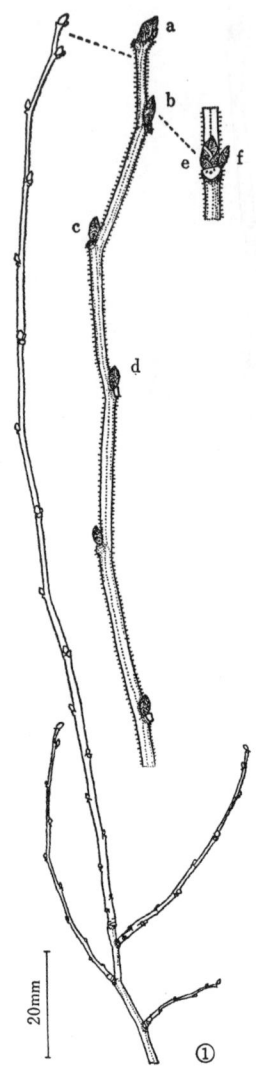

←●アキニレ *Ulmus parvifolia* JACQ., Aki-nire

高木。高さ10m, 径40cmになる。樹皮は灰褐色で, 縦裂せず, 片状にはげ落ちる。

小枝は, 細く, 暗褐色をし, 短軟毛が残る。一年生枝は, きわめて細く, 径0.5～1.5mmあり, 赤褐色をし, 黒灰色の短軟毛がはえ, ジグザグに屈折する。葉痕は隆起し, 半円形で, 3個の維管束痕をもつ。托葉痕は微小である。

冬芽は, 二列互生し, しばしば1個の平行予備芽をもち, 卵形で, 偏平し, 長さ1～2mmあり, 赤褐色をして, ほぼ無毛で, 4～5枚の芽鱗につつまれる。

図 2.50 アキニレ
①:小枝, 2年生, a:仮頂芽, b～d:側芽, e:同, 背面, f:予備芽 (a～f 拡大)。(京都市, 京大植物園, 1978.3.5)

→●ノニレ(マンシュウニレ)*Ulmus pumila* LINN., No-nire (Manshū-nire)

高木。中国産で, 高さ20m, 径100cmになる。枝は細く, 密につき, やや下垂する。樹皮は灰褐色をし, 縦裂する。

小枝は, 細く, よく分岐する。一年生枝はきわめて細く, 径1～2mmあり, 灰色ないし灰褐色をし, 無毛で, ジグザグに屈折する。

冬芽は, 二列互生して, きわめて小さく, 卵形で, 長さ1～2mmあり, 暗褐色をし, 短毛がはえ, 2～3対の芽鱗につつまれる。花芽は大きく, 球形で, 径3mmあり, 赤褐色をし, 3～4対の芽鱗につつまれる。

図 2.51 ノニレ
①:小枝, a:花芽, b:葉芽 (a～b 拡大)。(札幌市, 北大構内, 1969.11.13)

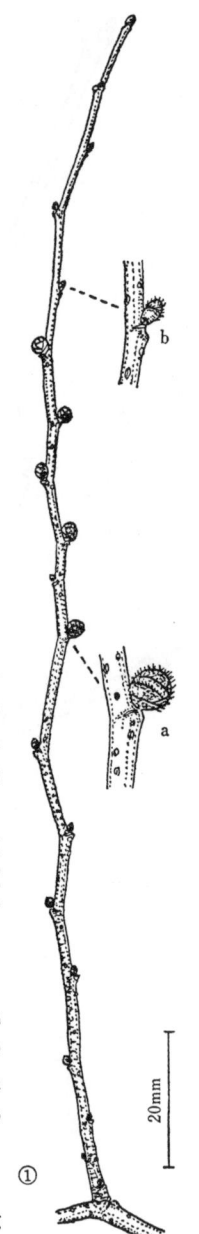

エノキ属 Celtis LINN.

高木。樹皮は縦裂も片状はく落もしない。一年生枝は有毛ないしほぼ無毛で，やや細い。

種	樹皮	一年生枝	冬芽	芽鱗数
エノキ	帯黒灰褐色，粗い	短軟毛	三角形〜広卵形，黒褐色，軟毛	2対
エゾエノキ	灰白色，平滑	ほぼ無毛	長卵形〜円錐形，赤褐色，ほぼ無毛	3対

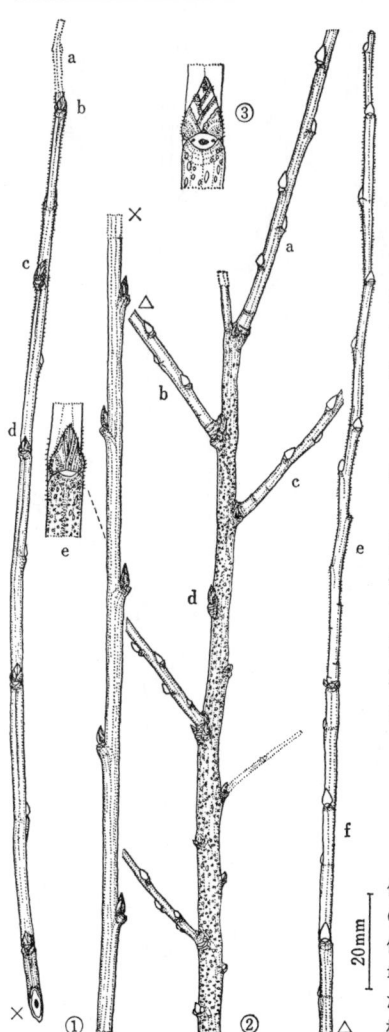

●**エノキ** *Celtis sinensis* var. *japonica* NAKAI, Enoki

高木。高さ20m，径60cmになる。樹皮は厚く，帯黒灰褐色をし，斑点があり，裂けないが，肌は粗い。災厄を避ける屋敷樹（たたえのき，祟の木）として植栽される。

小枝は，帯紫灰褐色をし，ほぼ無毛で，円形・だ円形ないし平円形の皮目が多数ある。一年生枝は，稜をもち，細く，径1.5〜4mm あり，帯赤灰褐色ないし帯紫灰褐色をし，短軟毛が残り，ジグザグに屈折する。皮目はだ円形ないし長だ円形で，やや突出し，灰褐色をし，きわめて多数ある。葉痕は隆起し，三角形ないし半円形で，小さく，3個の維管束痕をもつ。髄は細い。

冬芽は，二列互生する。側芽はほぼ伏生し，三角形ないし広卵形で，偏平し，先がとがり，長さ3〜5mm ある。仮頂芽は上位の側芽とほぼ同じ大きさである。芽鱗は暗赤褐色ないし黒褐色をし，軟毛がはえ，ほぼ2対が覆瓦状に重なる。冬芽の基部の左右には，予備芽が隠れている。芽鱗は最外側の1対が予備芽をつつんで，しばしば残存する。

図 2.52 エノキ
①：一年生枝，a：枯れた枝先，b：仮頂芽，c〜d：側芽，e：同（拡大），②：小枝，2年生，a：頂生枝，b〜c：側生枝，d：休眠芽，e：二次伸長枝，f：本来の一年生枝，③：少し開きかけた冬芽（拡大）。（神奈川県伊勢原市串橋，斎藤氏，1976.3.15）

ニレ科

●エゾエノキ Celtis jessoensis KOIDZ., Yezo-enoki

　高木。高さ20m，径50cmになる。樹皮は灰白色をし，平滑である。

　小枝は，帯紫灰褐色ないし暗灰褐色をし，灰色の皮目がきわめて多数あり，無毛である。一年生枝は，やや細く，径1.5〜4mmあり，栗褐色ないし灰褐色をし，垢状毛がいくらか残り，ジグザグに屈折する。皮目は灰色ないし淡褐色をし，割に大きく，きわめて多数あり，やや突出する。葉痕は隆起し，小さく，半円形ないし三角形で，1個の維管束痕をもつ。托葉痕は微小ないし線形である。髄はほぼ白色で，細い。

　冬芽は，二列互生する。側芽は長卵形ないし円錐形で，先がとがり，偏平し，長さ3〜7mmあって，しばしば平行予備芽をもつ。仮頂芽は上位の側芽と同じ大きさである。芽鱗は赤褐色をし，ほぼ無毛で，5〜6枚が重なる。花芽は側生して，卵形で，やや偏平し，長さ4〜5mmあり，明褐色である。

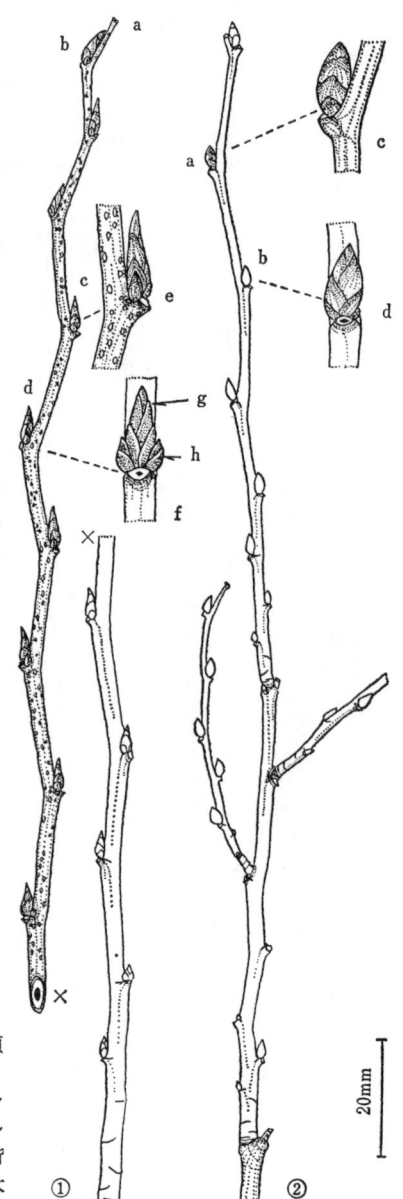

図 2.53　エゾエノキ
　①：一年生枝，a：枝痕，b：仮頂芽，c〜d：側芽，e：同，側面，f：同，背面，g：主芽，h：予備芽（e〜h 拡大），②：小枝，3年生，a〜b：花芽，c：同，側面，d：同，背面（c〜d 拡大）。（盛岡市，岩手大植物園，1978.2.22）

ケヤキ属 Zelkova Spach
● ケヤキ *Z. serrata* Makino, Keyaki

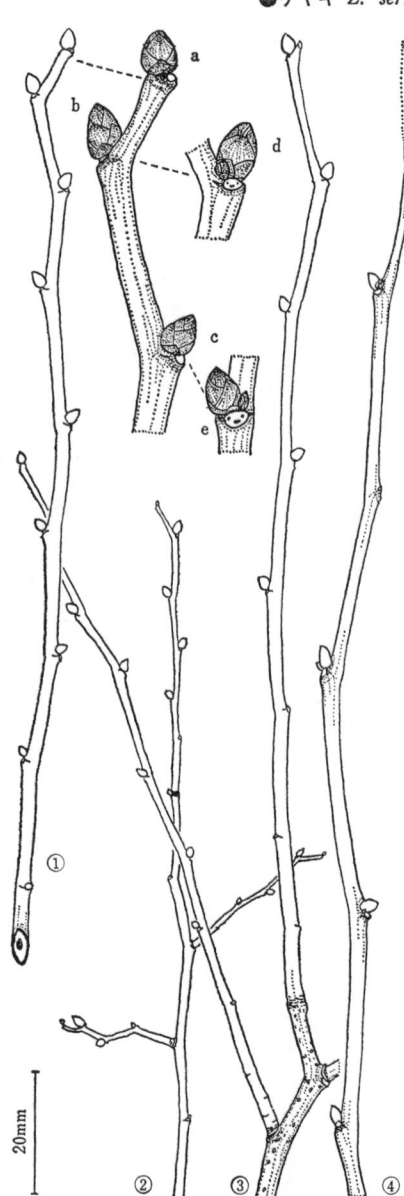

高木。高さ25m，径70cmになる。樹皮は灰褐色をし，肌が粗く，老樹では大形の鱗片となってはげ落ちる。寺社，公園，屋敷林などに植栽される。

小枝は，細く，栗褐色ないし灰褐色であり，側生枝は短枝化しやすい。一年生枝は，細く，径1〜3mmあり，栗褐色，帯赤褐色ないし褐色をし，無毛で，ジグザグに屈折する。皮目は小さく，やや少ない。葉痕は隆起し，半円形で，3個の維管束痕をもつ。托葉痕は微小である。髄はほぼ白色で，細い。

冬芽は，二列互生し，卵形ないし円錐状卵形で，長さ2〜3.5mmあり，偏平せず，日陰側に1個の平行予備芽をもち，開出する。仮頂芽は上位の側芽とほぼ同じ大きさであり，下位の側芽は小さく，基部では3個ぐらい欠如する。花芽は混芽で，葉芽と区別しにくい。芽鱗は托葉起原で，暗紫色ないし暗栗色をし，無毛で，4〜5対が覆瓦状に重なる。

図2.54 ケヤキ

①：一年生枝，a：仮頂芽，b〜c：側芽，d：同，側面，日陰側，e：同，背面（a〜e 拡大），②：弱い小枝，2年生，③：小枝，④勢いよい一年生枝。（神奈川県伊勢原市串橋，栗原川河畔，1976.1.29）

ニレ科

ムクノキ属 Aphananthe PLANCH.

●ムクノキ A. aspera PLANCH., Muku-no-ki

高木。高さ 20m，径 60cm になる。樹皮は暗褐色をし，灰色の斑紋や皺紋を生じ，いくらか片状にはげ落ちる。板根がある。神社や公園に植栽される。

小枝は，紫灰色ないし帯紫灰褐色をし，灰褐色で横長の皮目がきわめて多数ある。一年生枝は，細く，径 1.5～5mm あり，帯赤灰褐色をし，無毛で，ろう質物をかぶり，ややジグザグに屈折する。皮目はやや突出し，褐色をし，小さく，多数ある。葉痕は隆起し，三角形ないし三日月形で，小さく，3個の維管束痕をもつ。托葉痕は小さい。皮目は灰白色で，細い。

冬芽は，二列互生であり，紡錘形ないし長卵形で，偏平し，先がとがり，ほぼ伏生して，長さ 4～6mm あり，日向側に1個の平行予備芽をもつ。仮頂芽もほぼ同じ大きさである。芽鱗は托葉起原で，褐色ないし帯紫褐色をし，灰色の短軟毛がはえ，4～5対が覆瓦状に重なる。

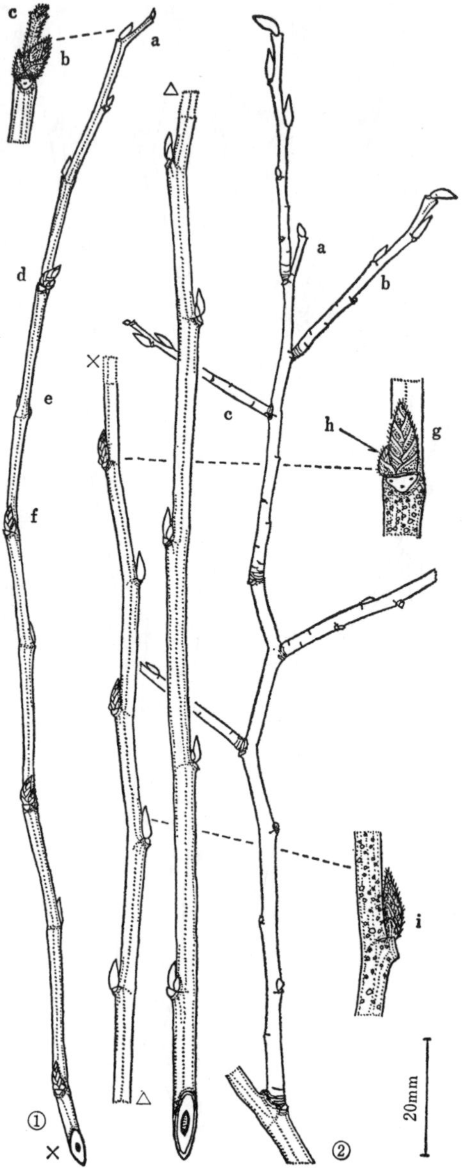

図 2.55 ムクノキ
①：一年生枝，a：仮頂芽，b：同（拡大），c：枯れた枝先，d～f：側芽，g：同，背面，h：予備芽，i：側芽，側面，日陰側（g～i 拡大），②：小枝，4年生，a：枯れた前年の枝先，b～c：短枝化した小枝。（神奈川県伊勢原市串橘，八幡神社，1976.3.20）

7 ク ワ 科
Moraceae

高木ないし低木。枝は乳管をもち，切れば多少とも乳液が出る。冬芽は二列互生ないしらせん生である。芽鱗は托葉起原で，2～4枚がみえる。托葉痕は明らかである。葉痕は半円形ないし円形で，多数の微小な，環状に並ぶ維管束痕をもつ。

属		一年生枝	冬芽
クワ	高木	やや細い，ジグザグ	二列互生
コウゾ	低木	やや細い，ジグザグ	二列互生
イチジク	大低木	太い，通直	らせん生(2/5)

クワ属 Morus LINN.

●ヤマグワ *M. bombycis* KOIDZ., Yama-guwa

高木。高さ 12m，径 60cm になる。樹皮はやや薄く，暗灰褐色をし，不規則に浅裂する。

小枝は，灰褐色をし，細かい割れ目があり，しばしば二股分岐の枝ぶりをつくる。一年生枝は，やや細く，径 1.5～4mm あり，暗灰褐色ないし暗紫褐色をし，ほぼ無毛である。皮目はだ円形で，多数ある。葉痕は隆起し，半円形ないし平円形で，中央が凹み，微小で環状に並んだ多数の維管束痕をもつ。托葉痕は新月形である。髄は白色をし，やや太い。

冬芽は，二列互生し，卵形ないし卵状だ円形で，やや偏平し，先がとがり，長さ 3～6mm ある。仮頂芽は上位の側芽とほぼ同じ大きさである。芽鱗は托葉起原で，栗褐色ないし褐色をし，縁は淡色であり，無毛で，4枚が覆瓦状に重なる。(⇒次頁)

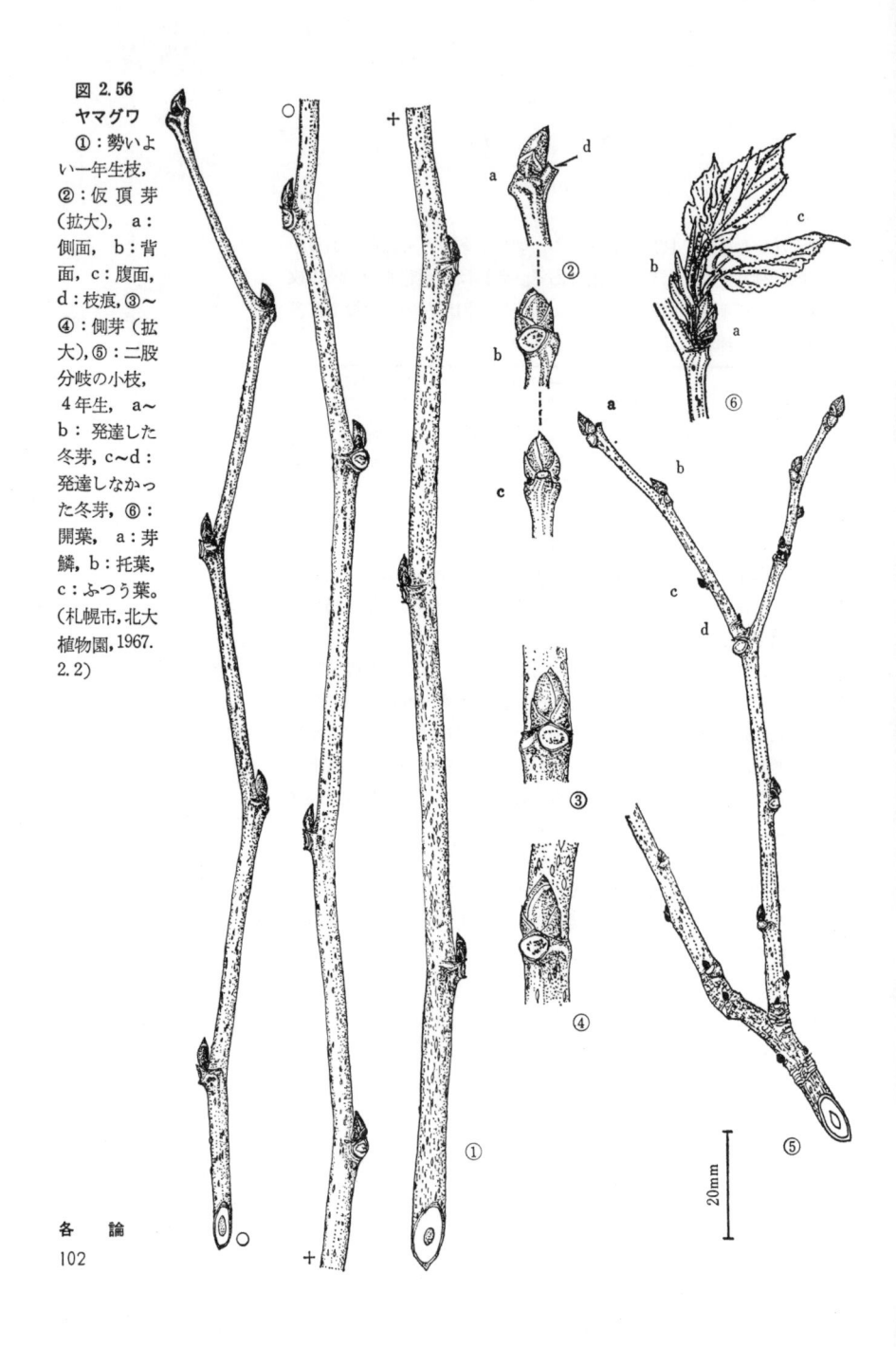

図 2.56
ヤマグワ
①：勢いよい一年生枝,②：仮頂芽(拡大),a：側面,b：背面,c：腹面,d：枝痕,③〜④：側芽(拡大),⑤：二股分岐の小枝,4年生,a〜b：発達した冬芽,c〜d：発達しなかった冬芽,⑥：開葉,a：芽鱗,b：托葉,c：ふつう葉。(札幌市,北大植物園,1967.2.2)

各　論
102

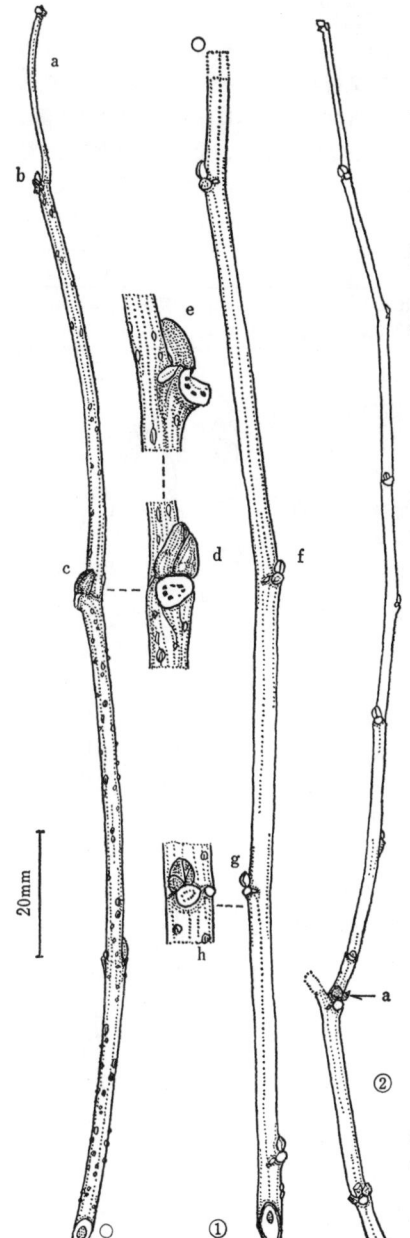

コウゾ属 *Broussonetia* VENT.

●コウゾ *B. kazinoki* SIEB., Kōzo

低木。高さ2〜5m ある。樹皮は褐色で，強く，和紙に用いられ，多数の栽培品種がある。

小枝は，暗褐色である。一年生枝は，細く，径1〜4mm あり，長くのび，帯緑褐色をし，無毛で，ややジグザグに屈折する。皮目は突出し，赤褐色で，大きく，やや多数ある。葉痕は隆起し，日陰側に片寄り，ほぼ平円形で，多数の微小で環状に並んだ維管束痕をもつ。托葉痕は大きく，だ円形で，やや突出する。髄はほぼ白色で，やや太い。

冬芽は，二列互生し，広卵形で，長さ2〜5mm あり，偏平し，暗褐色をし，無毛で，2〜4枚の芽鱗につつまれる。芽鱗は開葉後も，外側の2枚が残る。

図 2.57 コウゾ
①：一年生枝，a：枯れた枝先，b：発達しない仮頂芽，c：側芽，d：同，背面，e：同，側面 (d〜e 拡大)，f〜g：下位の側芽，h：同 (拡大)，②：小枝，a：宿存する芽鱗。(仙台市川内，東北大植物園，1978.1.31)

クワ科

イチジク属 *Ficus* Linn.

　大形の低木であり，枝を切ると，乳液が出る。冬芽は2/5のらせん生であり，托葉起原の1～2対の芽鱗につつまれ，頂芽が大きく，円錐形で，先がとがり，側芽は小さく，ほぼ球形で，ときに1個の平行予備芽をもつ。一年生枝は緑色をおび，太口で，葉痕はやや隆起し，ほぼ円形で，多数の微小な維管束痕が環状に並ぶ。托葉痕は枝を1周する。髄は五角形で，白色をし，太い。ときに果実が残る。

種		一年生枝	頂芽	側芽	果軸
イヌビワ	自生	やや太い，無毛	長さ10～15mm	長さ1～2mm	長さ10～20mm
イチジク	植栽	きわめて太い，短毛	長さ7～12mm	長さ2～6mm	長さ4～8mm

●**イヌビワ** *Ficus erecta* Thunb., Inu-biwa

　大低木。高さ4mになる。樹皮は平滑で，枝は灰白色である。

　小枝は，灰褐色である。一年生枝は，やや太く，径3～6mmあり，帯灰黄緑色をし，無毛である。皮目は小さく，多数ある。葉痕はやや隆起し，ほぼ円形で，多数の微小な維管束痕が環状に並ぶ。托葉痕は線形で，枝を1周する。髄は五角形で，白く，太い。

　冬芽は，2/5のらせん生であり，緑色である。頂芽は大きく，円錐形で，長さ7～12mmあり，1対の芽鱗につつまれる。側芽は小さく，ときに1個の平行予備芽をもち，ほぼ球形で，長さ1～2mmあり，1～2対の芽鱗につつまれる。しばしば，果実が冬にも枝に残り，紫色になり，ほぼ球形で，径9～12mm，長さ10～14mmあり，長さ10～20mmの果軸をもつ。

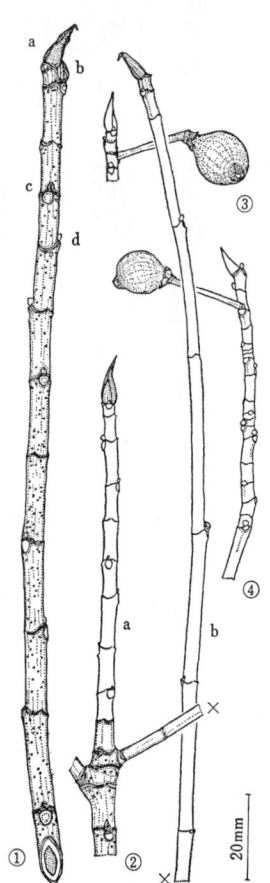

図2.58　イヌビワ

①：一年生枝，a：頂芽，b～d：側芽，②：小枝，2年生，a：頂生枝，b：側生枝，③：果実，④：果枝，3年生。(京都市，京大植物園，1978.1.27)

●**イチジク** *Ficus carica* var. *johannis* Boiss., Ichijiku

大低木。西アジア原産で，高さ4m，径30cmになる。果実生産のため，古くから植栽されてきた。

　一年生枝はきわめて太く，径13mmにもなり，紫褐色・暗褐色ないし緑褐色をし，灰色の短毛がはえ，ややジグザグに屈折する。皮目は大きく，だ円形で，赤褐色をし，冬芽付近にやや多い。葉痕はやや隆起し，ほぼ円形で，大きい。維管束痕は微小で多数あり，環状に並ぶ。托葉痕は明らかで，線形をし，枝を1周する。髄は五角形で，白色をし，太い。枝を切ると，乳液が出る。

　頂芽は大きく，円錐形で，先がとがり，長さ15mmにもなり，暗黄緑色をし，無毛で，1対の芽鱗につつまれる。側芽は2/5のらせん生であり，小さく，ほぼ球形で，長さ2〜6mmあって，栗褐色をし，平行芽をもつ。

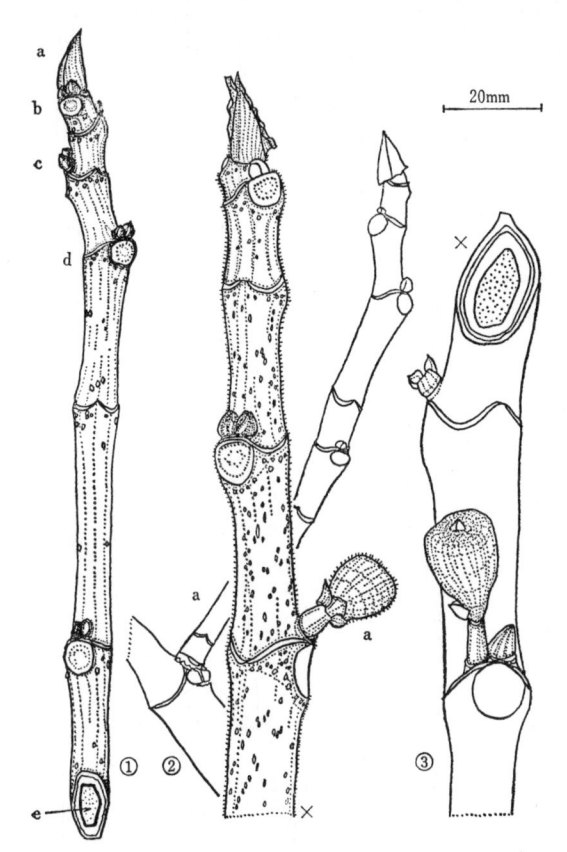

図 2.59 イチジク
①：一年生枝，a：頂芽，b：葉痕，c：側芽，d：托葉痕，e：髄，②：小枝，a：側生芽，③：きわめて太い一年生枝，a：果実。(神奈川県伊勢原市串橋，斎藤氏，1972.2.3)

クワ科

8 フサザクラ科
Eupteleaceae

フサザクラ属 *Euptelea* Sieb. et Zucc.

●フサザクラ *E. polyandra* Sieb. et Zucc., Fusa-zakura

　高木。高さ10m，径20cmになる。樹皮は暗緑褐色をし，粗く，横長の皮目がある。

　小枝は，赤褐色をし，褐色の皮目が目立つ。一年生枝は，細く，径1〜3mmあり，栗褐色ないし灰褐色をし，無毛である。皮目は褐色をし，だ円形で，長さ1mmくらいあり，やや突出し，やや多数ある。葉痕はY字形ないし三角形で，7個の維管束痕をもつ。托葉痕はない。髄は黄緑色で，やや細い。

　冬芽は，二列互生し，長卵形で，先がとがり，長さ4〜5mmあって，ほぼ伏生する。芽鱗は暗紫色をし，無毛で，9〜12枚が覆瓦状に重なる。花芽は卵形で，大きく，先がややとがり，長さ7〜8mmある。

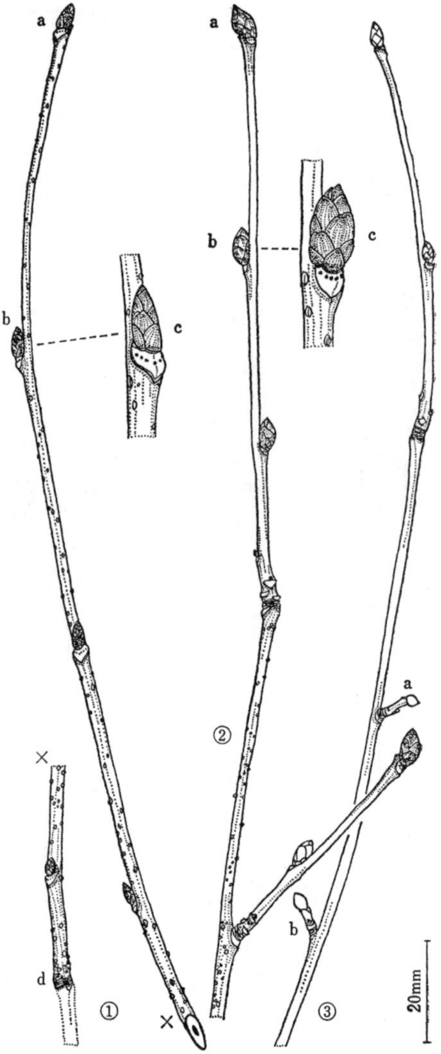

図2.60 フサザクラ

①：一年生枝，a：仮頂芽，b：側芽(葉芽)，c：同(拡大)，d：芽鱗痕。②：小枝，2年生，a：仮頂芽(花芽)，b：側芽(花芽)，c：同(拡大)。③：小枝，2年生，a〜b：短枝。(京都市，京大植物園，1978.1.27)

9 カツラ科
Cercidiphyllaceae

高木。1科1属である。冬芽は対生し，仮頂芽が2個つき，二股分岐の枝ぶりに特徴がある。托葉痕はない。

カツラ属 *Cercidiphyllum* SIEB. et ZUCC.

●カツラ *C. japonicum* SIEB. et ZUCC., Katsura

高木。高さ30m，径150cmになる。幹は通直で，数本の幹が叢生して根元が癒着し，巨大な株をつくることがある。樹皮は帯灰褐色をし，ねじれるように深く縦裂する。

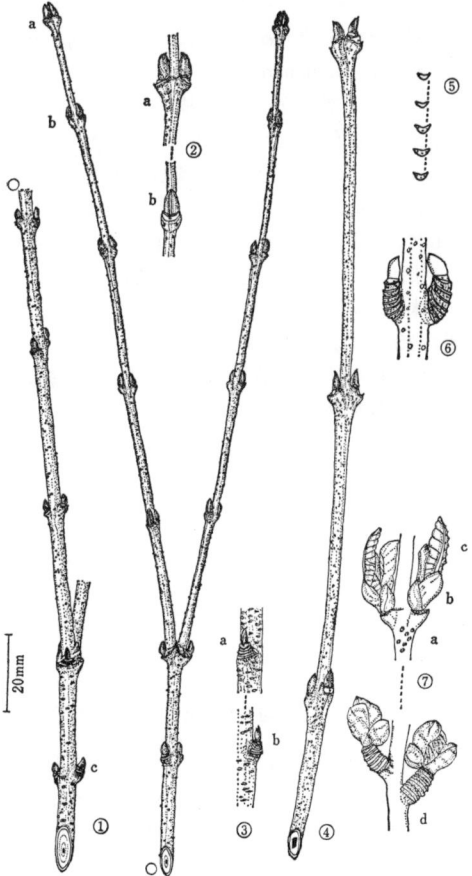

小枝は，細長く，円く，二股分岐し，暗褐色ないし帯赤褐色をし，幼虫形の短枝をつける。一年生枝は，細く，径1～3mmあり，長くのび，赤褐色ないし褐色をし，日陰側は帯黄褐色をして，無毛で，つやがある。皮目は円形で，多数ある。葉痕は隆起し，三日月形で，3個の維管束痕をもつ。髄は細く，帯黄緑色をし，ほぼ円形であるが，勢いよい枝では四角形となる。

冬芽は，対生して，三角錐形ないし円錐形で，長さ3～4mmある。仮頂芽は2個つき，側芽とほぼ同じ大きさである。芽鱗は無毛で，赤紫色ないし赤褐色をし，2枚あって，外の1枚が背面で割れ目をみせる。短枝では，1個の頂生芽がつく。

図 2.61 カツラ
①：小枝，3年生，a：仮頂芽，b：側芽，c：短枝，②：側芽（拡大），a：側面，b：背面，③：短枝，5年生，a：背面，b：側面，④：萌芽一年生枝，⑤：葉痕，⑥：短枝，7年生，⑦：開葉，a：長枝，b：芽鱗，c：ふつう葉，d：短枝（⑤～⑦拡大）。（北海道美唄市光珠内，北海道立林試裏山，1972.2.30）

10 メギ科
Berberidaceae

メギ属 *Berberis* LINN.

低木。特徴あるとげ(葉針)は1, 3ないし5本に分岐する。冬芽はらせん生につき, とげの腋から出た短枝そのものであり, 芽鱗は葉柄起点である。材は黄色をし, 堅い。

種	一年生枝	葉針
ヒロハノヘビノボラズ	稜角がある, 灰褐色	3ないし5本, 長さ8～20mm
メギ	いちじるしい縦溝がある, 赤褐色	1ないし3本, 長さ7～10mm

●ヒロハノヘビノボラズ *Berberis amurensis* var. *japonica* REHD., Hirohano-hebinoborazu

低木。高さ1～3m あり, 幹は立って, 分枝がいちじるしい。
小枝は, 細く, 無毛で, 灰色をし, つやがない。一年生枝は細く, 径1～4mm あり, 灰褐色ないし帯赤灰黄色をし, 無毛で, 明らかな稜角ないし縦溝がある。葉針は3本, ときに5本に分岐し, 鋭く, 開出・反曲して, 長さ8～20mm ある。皮目は明らかでない。葉痕は微小で, 半円形をし, 冬芽の基部に2～4個がみえる。髄は淡黄色をし, やや太い。材は黄褐色をし, 堅い。

冬芽は, 葉針の腋につき, 2/5ないし5/13のらせん生であり, 褐色をし, だ円形ないし卵形で, 長さ2～4mm ある。仮頂芽は小さい。芽鱗は数枚あり, 覆瓦状に重なる。

図 2.62 ヒロハノヘビノボラズ
①:小枝, a:仮頂芽, b～d:側芽, e:前年の芽鱗, f:枯れた短枝, ②:勢いよい一年生枝, a:側芽, 側面, b:葉針, c:背面(a～c 拡大), d:枝の断面. ③:果実. (札幌市, 北大植物園, 1970. 1.16)

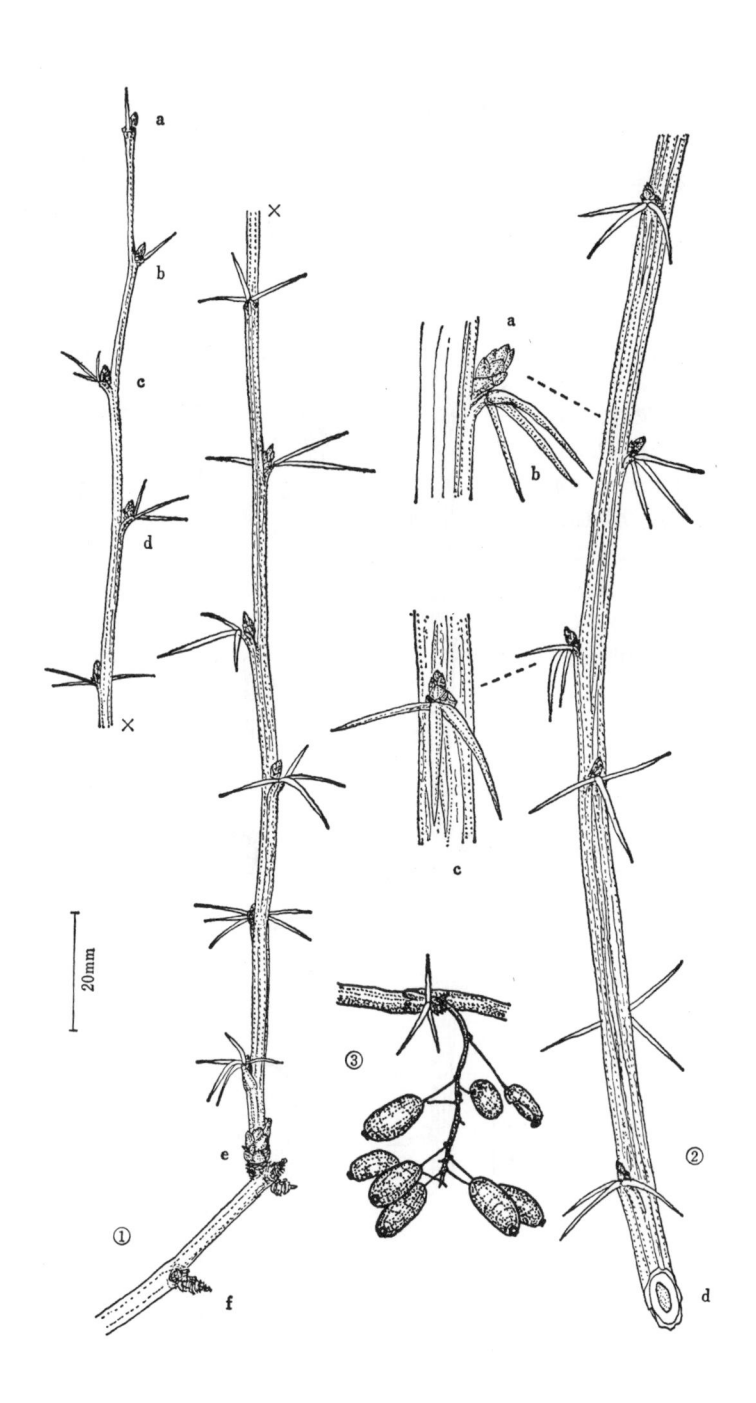

メギ科
109

●メギ *Berberis thunbergii* DC., Megi

低木。高さ2mになり，多幹型で，密に枝がはえる。生垣に植栽される。

小枝は，暗赤褐色ないし帯赤褐色をし，無毛で，稜があり，皮目状の裂け目をもつ。側生枝は密につき，葉針が宿存する。一年生枝は，細く，径2〜4mmあり，赤褐色をし，無毛で，長くのび，いちじるしく目立つ数条の縦溝ないし稜がある。葉針は1本ないし3本に分岐し，鋭く，長さ7〜10mmある。皮目は明らかでない。葉痕は微小で，冬芽の基部に数個つく。髄は明黄色をし，やや太く，ほぼ円い。木部には放射状の線が目立つ。

冬芽は，2/5ないし3/8のらせん生であり，小さく，球形で，長さ2mmくらいであって，葉針の腋につく。芽鱗は数枚あり，開葉後も宿存する。

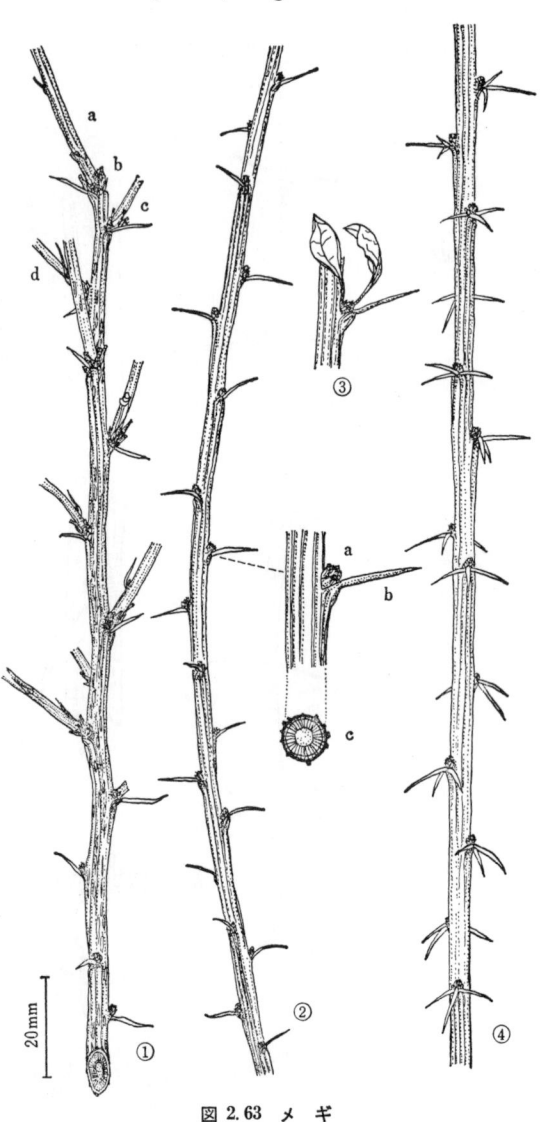

図 2.63 メ ギ

①：小枝, a：頂生枝, b：宿存する芽鱗, c〜d：側生枝, ②：一年生枝, a：側芽, 側面, b：葉針, c：枝の横断面 (a〜c 拡大), ③：葉針の腋に叢生する葉（短枝，拡大), ④：勢いよい一年生枝。(札幌市，北大構内，1970.1.17)

11　モクレン科
Magnoliaceae

高木，低木ないしつる。冬芽は二列互生ないしらせん生である。

属		冬芽	芽鱗	托葉痕
モクレン	高木ないし低木，自生ないし植栽	二列互生ないしらせん生	革質ないし有毛，2枚，接合状	ある，枝を1周する
ユリノキ	高木，植栽	らせん生	膜質，無毛，2枚，接合状	ある，枝を1周する
マツブサ	つる，自生	らせん生	多数，覆瓦状	ない

モクレン属 *Magnolia* LINN.

高木ないし低木。冬芽は二列互生ないしらせん生し，頂芽が大きく，有毛ないし革質の，托葉起原の2枚の芽鱗に接合状につつまれる。葉痕はV字形・三日月形ないし心形で，多数の微小な維管束痕をもつ。托葉痕は線形で，枝を1周する。コブシ・モクレン類はきわめてよく似ていて，一年生枝と冬芽での区別はかなりむずかしい。同属ながら，ホオノキはこれらと全く形態が異なる。

種		一年生枝	冬芽	芽鱗	葉痕
ホオノキ	自生	きわめて太い	らせん生 (2/5)	革質	心形
オオヤマレンゲ	自生	やや太い	二列互生	軟毛	V字形
キタコブシ	自生	やや細い	二列互生	長軟密毛	三日月形
モクレン	植栽	やや細い	二列互生	長軟密毛	V字形
ハクモクレン	植栽	やや太い	二列互生	長軟密毛	V字形

●**ホオノキ** *Magnolia obovata* THUNBERG, Hoo-no-ki

高木。高さ30m，径90cmになる。樹皮は灰色をし，平滑であるが，老樹では短く縦裂する。

小枝は，太く，帯灰褐色ないし暗褐色である。日陰では，短枝化しやすく，葉痕の集中する齢ごとの枝の基部が太くなる。一年生枝は，きわめて太く，径6～10mmあり，平滑で，緑褐色ないし帯紫褐色をし，無毛である。皮目は円形ないし裂け目形で，大きく，散在する。葉痕はやや隆起し，大きく，幅4～8mmあり，心形ないし腎形である。維管束痕は微小で，きわめて多数あり，列状ないし環状に並ぶ。托葉痕は狭く，枝を1周する。髄は太く，白色をし，海綿状に軟らかい。

冬芽は，3/8のらせん生であり，暗紫褐色をし，無毛で，托葉起原の，2枚の革質の芽鱗につつまれる。頂芽はきわめて大きく，円筒形をし，先がとがり，長さ40mm，径10mmに，花芽は紡錘形

で，径15mm にもなる。側芽はきわめて小さく，球形で，長さ2～4mm あり，ほとんど開葉しない。

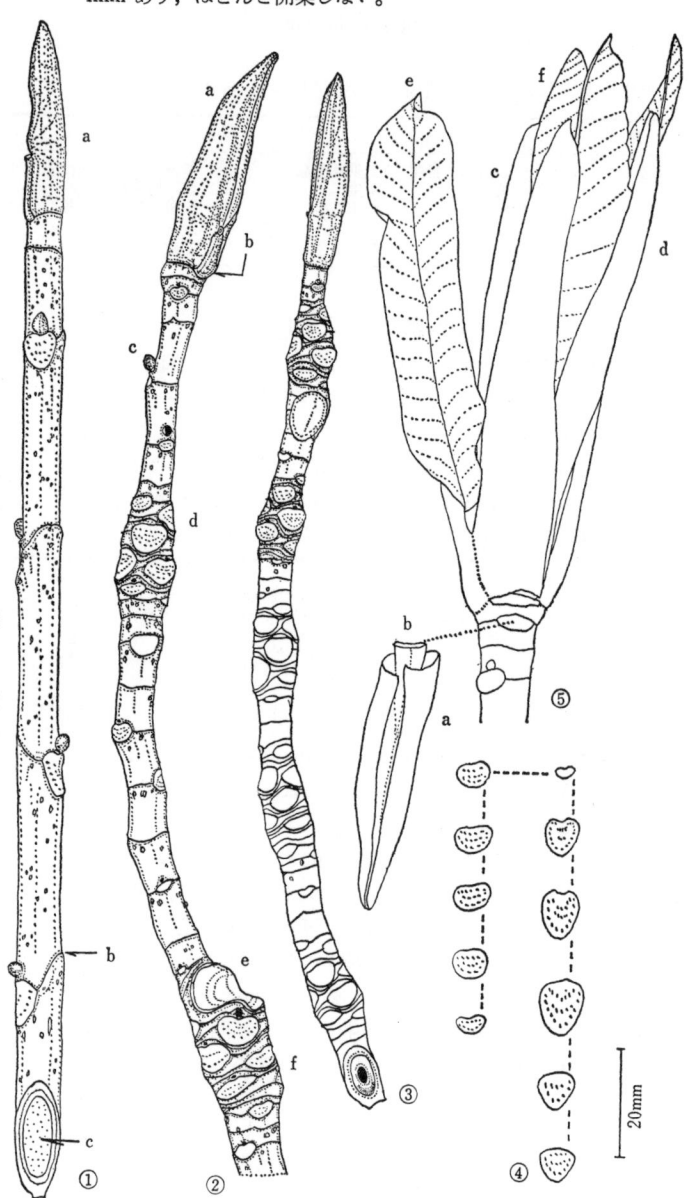

図 2.64 ホオノキ
①：勢いよい一年生枝，a：頂芽，b：托葉痕，c：髄，②：小枝，3年生，a：花芽（混芽），b：葉柄基部，c：側芽，d：枝の基部に集中した葉痕，e：果柄痕，f：芽鱗痕，③：短枝化した小枝，6年生，④：葉痕，⑤：開葉，a：芽鱗，b：葉柄基部，c～d：托葉，e～f：葉身。（北海道天塩郡幌延町間寒別，北大天塩地方演習林，1969. 5. 29；札幌市，北大植物園，1969. 10. 30）

各論
112

●オオヤマレンゲ *Magnolia sieboldii* K. Koch, Ooyama-renge

低木。高さ4mになる。花木として植栽される。

　小枝は，帯紫淡褐色ないし灰褐色をし，無毛である。側生枝は短枝化しやすい。一年生枝は，やや太く，径3〜6mmあり，濃褐色をし，頂部に軟毛がはえる。皮目は灰色をし，大きく，数少ない。葉痕はV字形で，7〜9個の維管束痕をもつ。托葉痕は枝を1周する。髄はやや太く，白色で，ほぼ円い。

　冬芽は，二列互生し，帯灰紫色で，やや革質の芽鱗につつまれ，軟毛がはえる。葉柄基部は灰褐色である。頂芽は大きく，紡錘形で，長さ5〜25mmあり，側芽は皮針形で，長さ10〜15mmあるが，ふつうは小さい。花芽は卵形で，長さ17mmくらいあり，頂生する。

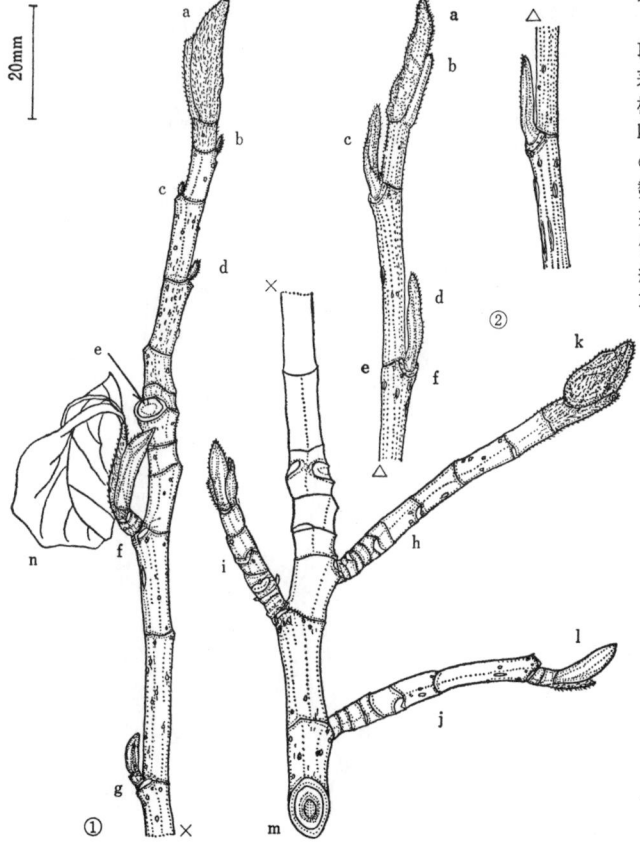

図2.65　オオヤマレンゲ
　①：小枝，3年生，a：頂芽，b〜d：発達しない側芽，e：果柄痕，f〜g：短枝，h〜j：側生枝，2年生，k：花芽，l：葉芽，m：枝の断面，n：枯れ葉，②：勢いよい一年生枝，a：頂芽，b：葉柄基部，c〜d：側芽，e：托葉痕，f：葉痕。(札幌市，北大植物園，1969.10.30)

モクレン科

● キタコブシ *Magnolia kobus* var. *borealis* SARG., Kita-kobushi

　高木。高さ15m，径30cmになる。樹皮は灰色をし，平滑である。母種コブシよりやや大形で，北方系である。

　小枝は，紫褐色ないし灰褐色をし，無毛で，皮目がやや突出し，短枝化しやすく，表皮に浅い裂け目がある。一年生枝は，やや細く，径2〜4mmあり，紫色ないし黄緑色をし，無毛で，ややジグザグに屈折する。皮目は灰色をし，やや大きく，少数あり，やや突出する。葉痕はやや隆起し，浅いV字形ないし三日月形で，微小な維管束痕を8〜12個もつ。托葉痕は枝を1周する。髄は白色をし，ほぼ円く，太い。枝を切ると，芳香がある。

　冬芽は，二列互生し，1対の芽鱗は緑色で，黄土色ないし灰色の長い絹毛に密につつまれる。頂芽は紡錘形で，大きく，長さ7〜14mmある。側芽は長卵形で，小さく，長さ4〜6mmあり，ほぼ伏生する。短枝では，1個の冬芽が頂生する。花芽は頂生し，大きく，長卵形で，先がとがり，長さ20〜27mm，幅10〜13mmある。

図2.66　キタコブシ
　①：小枝，5年生，a：頂芽，b〜c：側芽，d：枝の断面，e：頂生枝，f〜i：側生枝（短枝），j〜m：芽鱗痕，②：一年生枝，a：花芽。（北海道美唄市光珠内，北海道立林試裏山，1978.3.3）

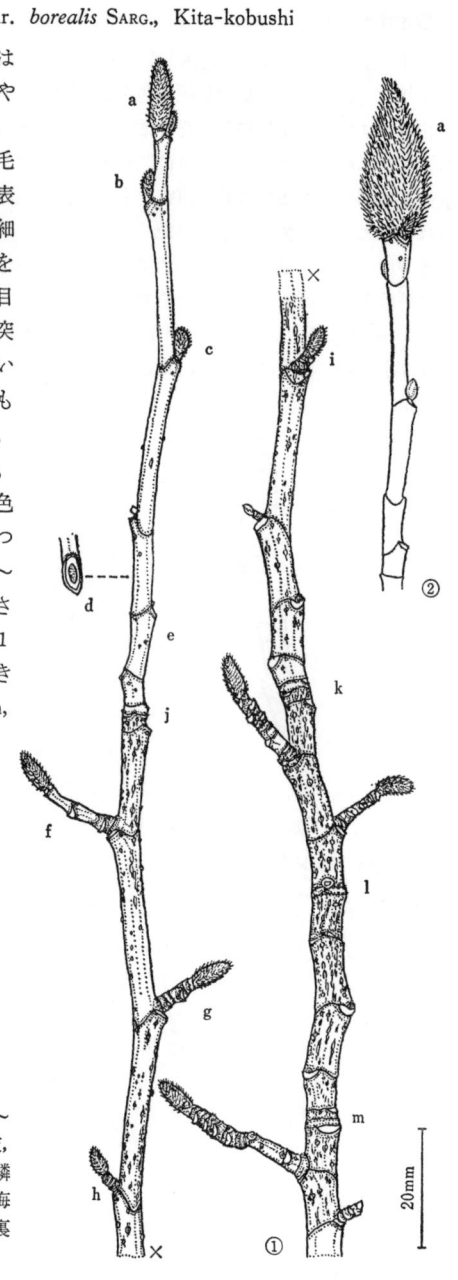

各論
114

●モクレン（シモクレン）*Magnolia liliflora* DESR., Mokuren (Shi-mokuren)

　小高木。高さ5mくらいになる。中国産で，古くから植栽されている。

　小枝は，紫褐色ないし灰褐色をし，無毛である。鞍形の果柄痕が目立ち，二股分岐し，短枝化しやすい。一年生枝は，やや細く，径3〜4mmあり，濃紫色ないし暗緑色をし，つやがあり，冬芽付近に軟毛が残って，ジグザグに屈折する。果柄痕の下部はいちじるしく肥大する。皮目は小さく，褐色で，やや突出し，多数ある。葉痕は浅いV字形ないし三日月形で，維管束痕は微小で，7〜9個ある。托葉痕は枝を1周する。髄は帯緑黄色ないし飴色をし，太く，ほぼ円い。

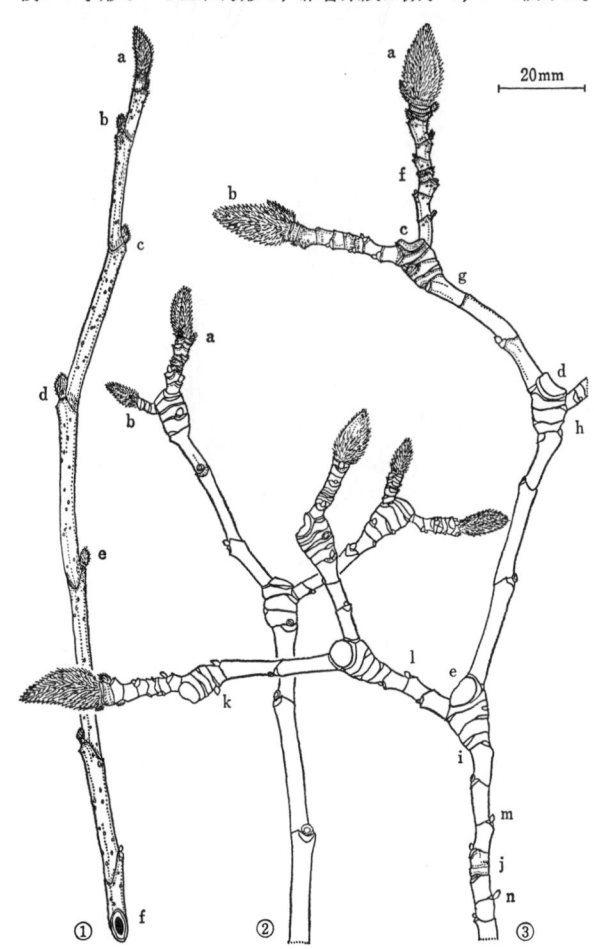

　冬芽は，二列互生し，灰緑色をし，灰色の長軟毛に密につつまれる。頂芽は大きく，紡錘形ないし円筒形で，いくらか曲がり，長さ7〜13mmある。側芽は小さく，長卵形で，長さ3〜6mmある。花芽は頂生し，大きく，長卵形で，やや先がとがり，灰緑色ないし淡褐色をし，長さ15〜25mmある。

　図2.67　モクレン
　①：一年生枝，a：頂芽，b〜e：側芽，f：枝の断面，②：短枝化した小枝，4年生，日陰側，a〜b：短枝と頂生芽，③：短枝化した小枝，6年生，a〜b：花芽，c〜e：果柄痕，f〜j：芽鱗痕，k〜n：休眠芽。(京都市，京大植物園，1978.1.27)

モクレン科

●ハクモクレン *Magnolia denudata* DESR., Haku-mokuren

高木。高さ10mになる。中国産で，古くから植栽されていて，耐寒性も大きい。

一年生枝は，やや太く，径3〜7mm あり，紫褐色ないし黄褐色をし，つやがあり，枝先を除くと無毛で，いくらかジグザグに屈折する。皮目は大きく，やや突出し，だ円形ないし円形で，灰色をし，多数ある。葉痕はやや隆起し，V字形ないし三日月形であり，多数の維管束痕をもつ。托葉痕は枝を1周する。髄は太い。枝を切ると，芳香がある。

冬芽は，二列互生し，大きく，紡錘形ないし長だ円形で，長さ 7〜13mm あり，銀色の密軟長毛につつまれる。側芽はやや開出する。花芽は大きく，卵形ないし長卵形である。芽鱗は托葉起原で，厚い。

図 2.68 ハクモクレン
①：勢いよい一年生枝，a：頂芽，b：頂芽（葉芽）の縦断（拡大），c：第1側芽ないし予備芽，d〜e：側芽，f：髄，②：小枝，a：花芽，b：花芽の縦断（拡大），c：果柄痕，d：枯れ葉，③：一年生枝，a：花芽，b：芽鱗，c：葉柄。（札幌市，北大植物園，1975.12.20）

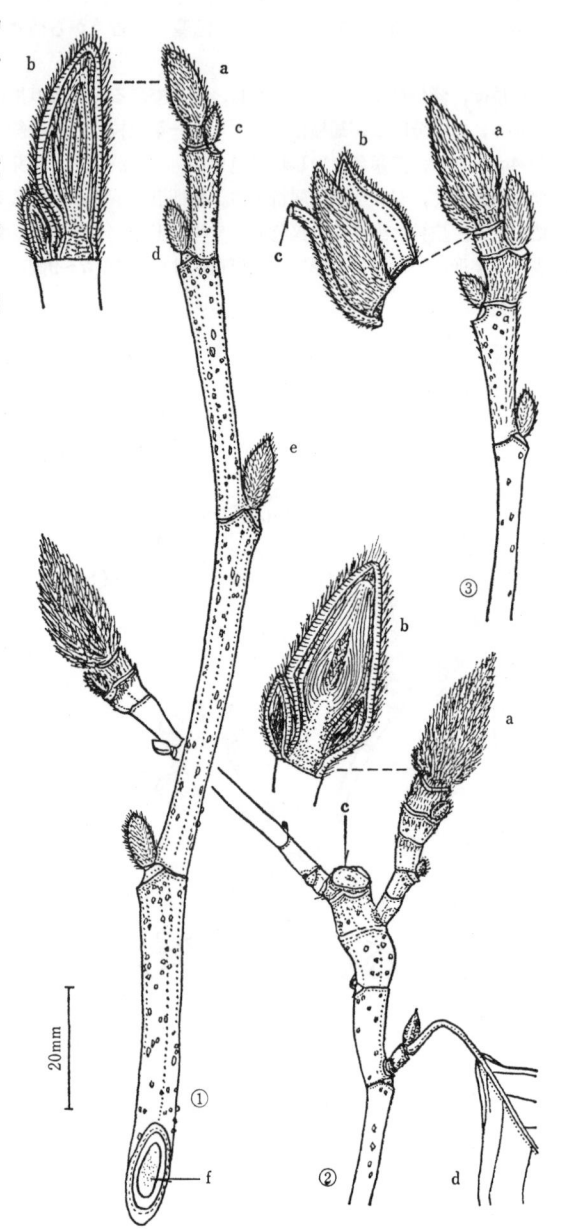

ユリノキ属 *Liriodendron* LINN.

●ユリノキ（ハンテンボク）*L. tulipifera* LINN., Yurino-ki (Hanten-boku, Tulip tree)

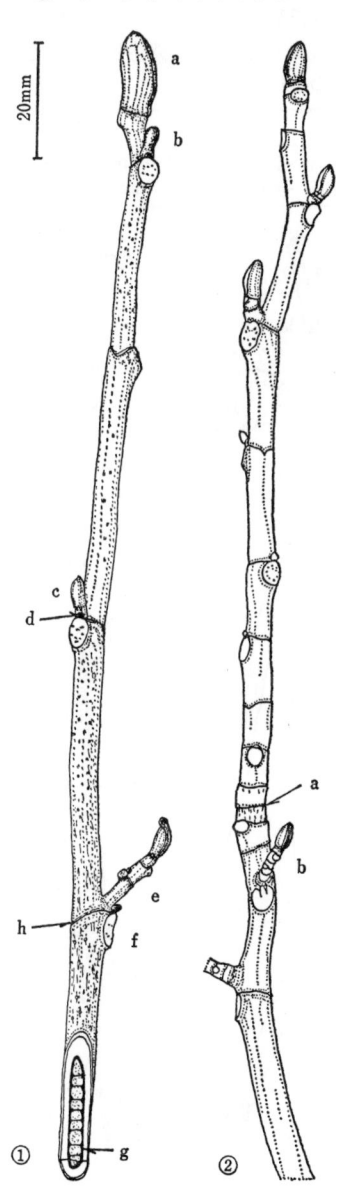

高木。北アメリカ東部原産で，高さ30m，径120cmになる。樹皮ははじめ平滑で，暗緑色をし，白斑があり，のちに灰褐色となり，不規則に裂ける。街路樹として植栽される。

一年生枝は，やや太く，径3～5mmあり，帯赤褐色ないし帯黄褐色をし，無毛である。皮目は小さく，円形で，散在する。葉痕は隆起し，円形ないしだ円形で，多数の微小な維管束痕をもつ。托葉痕は明らかで，枝を1周する。髄は太く，充実し，しかも薄膜によって仕切られる。内皮は芳香があり，かじると苦い。

冬芽は，2/5のらせん生であり，紫色をし，だ円形ないし長だ円形で，偏平し，芽柄をもち，無毛で，托葉そのものの1対の芽鱗につつまれる。頂芽は大きく，長さ10～15mmあり，烏帽子状ないしアヒルの口ばし状である。側芽は小さく，長さ4～8mmあり，開出し，短柄上ないし二次伸長枝上にある。芽柄ないし二次伸長枝の基部に，微小な予備芽がある。

図 2.69 ユリノキ
①：一年生枝，a：頂芽，b～c：側芽，d：予備芽，e：側芽からの二次伸長枝，f：葉痕，g：薄膜髄，h：托葉痕，②：小枝，2年生，a：枝齢の境，b：短枝。
（札幌市，北大苗畑，1969.10.31）

モクレン科

マツブサ属 Schisandra MICHX.

つる。茎自体で，他物に右巻きにからみついて，よじのぼる。茎にコルク質がいくらか発達する。托葉痕はない。冬芽は，らせん生して，長卵形で，開出し，しばしば1個の平行予備芽をもち，葉柄起原の数枚の芽鱗に覆瓦状につつまれる。

種	一年生枝	コルク質	冬芽	葉痕
マツブサ	やや太い，径3〜5mm	発達する	長卵形〜紡錘形，長さ4〜6mm	低い腎形
チョウセンゴミシ	細い，径1.5〜3mm	発達しない	長卵形〜卵形，長さ3〜5mm	ほぼ円形

●マツブサ（ウシブドウ）*Schisandra nigra* MAXIM., Matsu-busa (Ushi-budō)

つる。茎は長くのび，まばらに分枝し，コルク質の発達がみられる。

小枝は，太く，コルク質が発達して，いくらかごつごつし，大きい皮目が割れ目状に突出し，栗褐色である。側生枝は短枝化しやすい。一年生枝は，やや太く，径3〜5mmあり，コルク質がやや発達し，ほぼ5稜をもち，帯赤褐色ないし明褐色をし，無毛で，右巻きに他物にからみつく。皮目はコルク質につつまれ，目立たない。葉痕はいちじるしく隆起し，枝にほぼ垂直に向き，低い腎形ないしいちじるしい平円形で，幅2〜4mmあり，3個の維管束痕をもつ。短枝につく葉痕は，ほぼ円形である。髄は太く，やや五角形で，帯緑白色をし，空気にさらされるとすぐに褐変して，やや繊維状につまる。枝を切ると，やや芳香がある。

冬芽は，ほぼ2/5のらせん生であり，長卵形ないし紡錘形で，先がとがり，長さ4〜6mmあり，しばしば1個の平行予備芽をもつ。芽鱗は濃褐色をし，無毛で，7〜10枚が覆瓦状に重なり，開葉後も残る。

図 2.70 マツブサ

①：一年生枝，a：枯れた枝先，b：仮頂芽，c：同（拡大），d：側芽，e：枝の断面，f：残存する芽鱗，g：葉痕（拡大），②：一年生枝，③：小枝，2年生，a〜b：短枝。（仙台市川内，東北大植物園，1978.2.20）

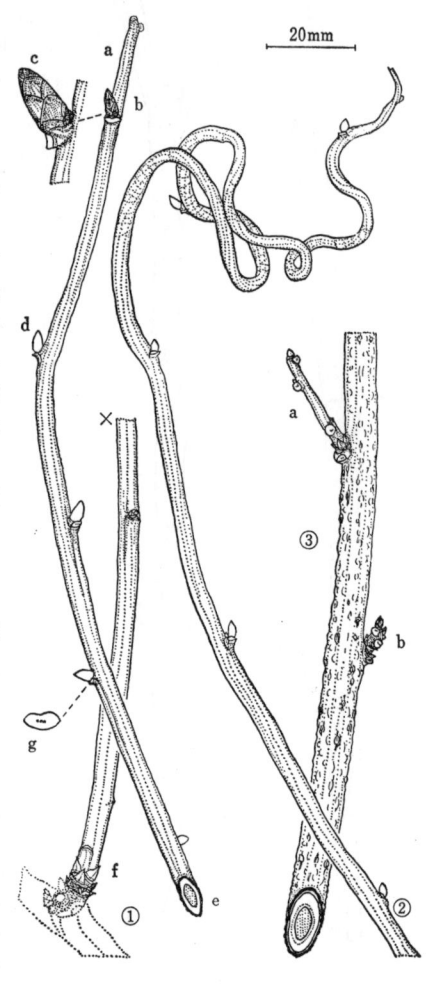

●チョウセンゴミシ *Schisandra chinensis* BAILL., Chōsen-gomishi

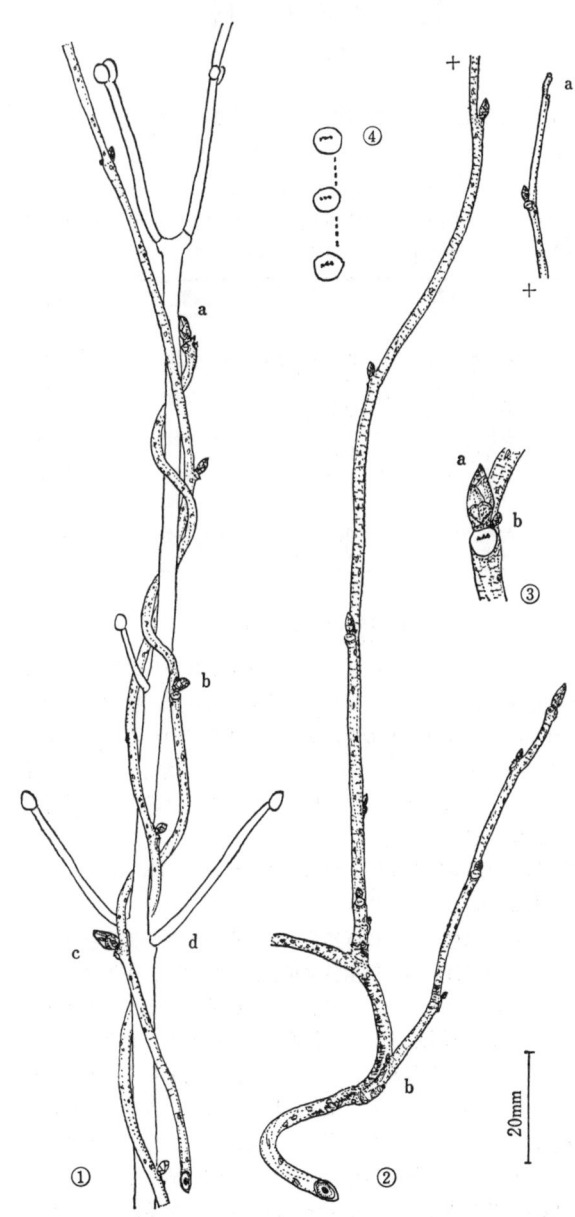

　つる。気根，巻きひげをもたず，茎自身を巻きつけて樹木によじ登る。

　小枝は，細く，暗褐色をし，樹皮に芳香がある。一年生枝は，細く，径1.5～3mm あり，右巻きで，長くのび，帯灰赤褐色をし，無毛である。皮目は大きく，長さ1mm くらいあり，散在する。葉痕は隆起し，ほぼ円形ないし平円形で，幅1～2mm あり，3個の維管束痕をもつ。托葉痕はない。髄はやや太く，円い。

　冬芽は，ほぼ1/3のらせん生であり，長卵形ないし卵形で，開出し，先がややとがり，長さ3～5mm ある。芽鱗は葉柄起原であり，赤褐色をし，無毛で，4～6枚がみえ，覆瓦状に重なる。仮頂芽はやや大きい。下位の側芽は発達しない。1個の平行予備芽がみられることもある。

図 2.71　チョウセンゴミシ
①：一年生枝，a：仮頂芽，b～c：側芽，d：アオダモ，②：小枝，2年生，a：枯れた枝先，b：下位の発達しなかった側芽，③：側芽（拡大），a：主芽，b：平行予備芽，④：葉痕（拡大）。（北海道苫小牧市高丘，北大苫小牧地方演習林，1969.11.11）

モクレン科

12 クスノキ科
Lauraceae

　高木ないし低木。多くは常緑性であり、落葉性のものはクロモジおよびシロモジの両属に限られ、低木が多い。冬芽は互生し、紡錘形で、いくらか芽柄があり、ときに予備芽をもち、頂芽が大きく、数枚の葉身起原の芽鱗につつまれる。托葉痕はない。一年生枝は細く、つやがあり、精油を含み、切ると芳香がある。

属　種		一年生枝	冬芽	頂芽	芽鱗数	花芽の柄
クロモジ						
ダンコウバイ	低木	有毛，暗緑色	極短柄，ほぼ無毛，二列互生	仮頂芽，長さ 8～12mm	4～5枚	きわめて短い
カナクギノキ	高木	無毛，帯黄褐色	極短柄，無毛，らせん生(2/5)	長さ 6～10mm	5～8枚	長さ 4～7mm
クロモジ	低木	無毛，帯赤黄緑色	長柄，有毛，らせん生(2/5)	長さ 10～15mm	ほぼ4枚	長さ 3～6mm
オオバクロモジ	低木	基部は有毛，黄緑色	長柄，有毛，らせん生(2/5)	長さ 13～17mm	3～4枚	長さ 5～7mm
シロモジ						
アブラチャン	低木	無毛，帯紫灰色	短柄，無毛，二列互生	仮頂芽，長さ 3～6mm	6～7枚	長さ 2～4mm

クロモジ属 Lindera Thunb.

　低木ないし高木。冬芽はほぼ2/5のらせん生ないし二列互生であり、紡錘形をし、多くは芽柄をもち、頂芽が大きく、数枚の芽鱗につつまれる。花芽はほぼ球形で、平行予備芽的につくことが多く、柄をもつ。一年生枝は細く、切ると芳香がある。葉痕はいくらか隆起し、半円形・だ円形ないし平円形で、小さく、ほぼ1個の維管束痕をもつ。雌雄異株である。

　●ダンコウバイ Lindera obtusiloba Blume, Dankōbai
　低木。高さ4mくらいになる。
　小枝は、暗黄緑色をし、ほぼ無毛で、つやがあり、黄褐色の皮目およびろう質物が目立つ。側生枝は短枝化しやすい。一年生枝は、やや細く、径2～4mmあり、暗緑色をし、軟毛がはえ、ジグザグに屈折する。皮目は灰褐色をし、だ円形ないし線形で、大きく、多数ある。葉痕はいくらか隆起し、半円形で、淡褐色をして、3個の維管束痕をもつ。髄は白色をし、太い。枝を切ると、芳香がある。
　冬芽は、二列互生し、長だ円形ないし紡錘形で、先がとがり、長さ6～10mmあって、無柄に近い、きわめて短い柄をもち、開出する。仮頂芽はやや大きく、長さ8～12mmある。芽鱗は葉身起原

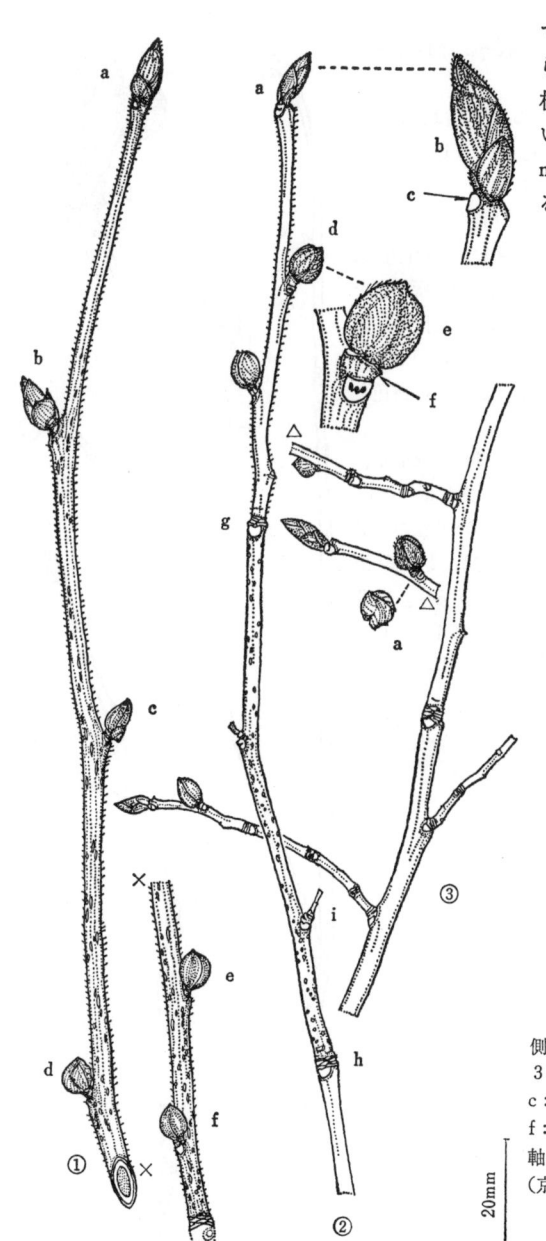

で，帯紫黄褐色をし，短軟毛がいくらかはえ，4～5枚が重なる。花芽は枝の中～下位に側生し，きわめて短い柄をもち，ほぼ球形で，径4～6mmあり，2～3枚の芽鱗につつまれる。

図 2.72 ダンコウバイ
①：一年生枝，a：仮頂芽，b～c：側芽（葉芽），d～f：花芽，②：小枝，3年生，a：仮頂芽，b：同（拡大），c：枝痕，d：花芽，e：同（拡大），f：短い芽柄，g～h：芽鱗痕，i：花軸，③：小枝，5年生，a：芽鱗。
(京都市，京大植物園，1978.1.27)

クスノキ科

●カナクギノキ　Lindera erythocarpa Makino,
　　Kanakugino-ki

　高木。高さ 15m，径 40cm にもなる。樹皮は黄白色をし，老樹ではだ円形の斑状にはげる。鹿の子斑で，カノコギノキがカナクギノキとなったらしい。

　小枝は，灰褐色をし，浅く細かい裂け目を生じ，皮目がやや突出する。側生枝は短枝化しやすい。一年生枝は，細く，径 1〜2.5mm あり，帯黄褐色ないし灰褐色をし，無毛である。皮目は大きく，円く，やや突出し，数少ない。葉痕はいくらか隆起し，円形ないしだ円形で，小さく，維管束痕は 1 個で弧状となる。髄はほぼ白色をし，太い。枝を切ると，芳香がある。

　冬芽は，ほぼ 2/5 のらせん生であり，芽柄がないか，きわめて短い。頂芽は紡錘形で，大きく，長さ 6〜10mm あり，褐色ないし暗赤褐色をし，無毛で，5〜8 枚の芽鱗につつまれる。側芽は小さく，紡錘形ないし長だ円形で，長さ 3〜6mm あるが，発達しないことが多い。花芽は球形ないし平球形で，径 3〜5mm あり，無毛で，長さ 4〜7mm の柄をもち，頂芽のまわりに 1〜3 個つく。

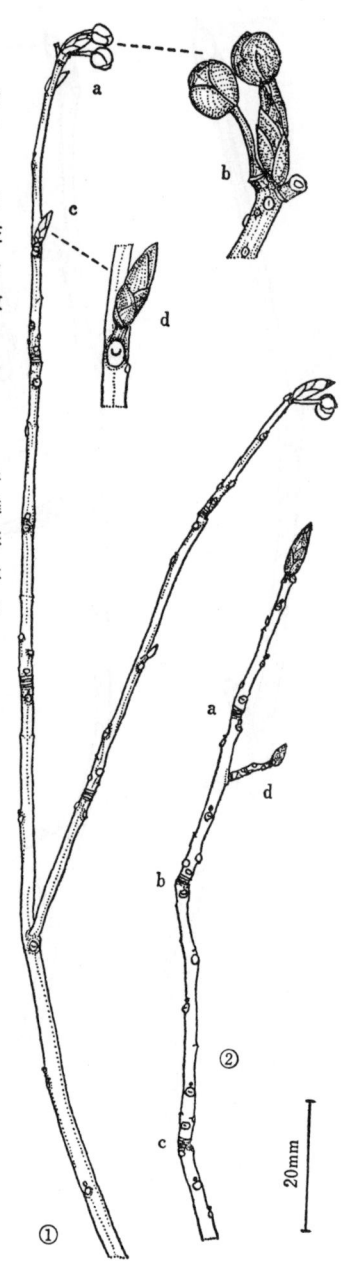

図 2.73　カナクギノキ
　①：小枝，3 年生，a：頂芽（葉芽）と花芽，b：同（拡大），c：側芽，d：同（拡大）。②：短枝化した小枝，4 年生，a〜c：芽鱗痕，d：短枝。（京都市，京大植物園，1978. 3. 5）

●クロモジ Lindera umbellata Thunb., Kuromoji

低木。高さ5mくらいになる。枝は暗緑色をし，黒色の斑点がある。枝に芳香があるので，つまようじがつくられる。

小枝は，細く，帯褐緑色で，黒斑（黒文字）がつく。一年生枝は，細く，径1～3mmあり，帯赤黄緑色をし無毛で，つやがある。芽柄ないし側生の二次伸長枝が発達する。皮目は微小で，明らかでない。葉痕は隆起し，ほぼ半円形で，小さく，1個の維管束痕をもつ。髄は白く，太い。枝を切ると，芳香がある。

冬芽は，2/5のらせん生であるが，下部を除くと，二列互生状となる。頂芽は紡錘形で，先がとがり，長さ10～15mmある。側芽はやや小さく，長い芽柄ないし二次伸長枝をもち，芽柄の基部に微小な予備芽をもつ。芽鱗はほぼ4枚がみえ，帯赤黄褐色をし，短軟毛がはえる。花芽はほぼ球形で，先がややとがり，長さ3～5mmあって，やや短軟毛がはえ，赤褐色ないし黄褐色をし，有毛の長さ3～6mmの柄をもつ。

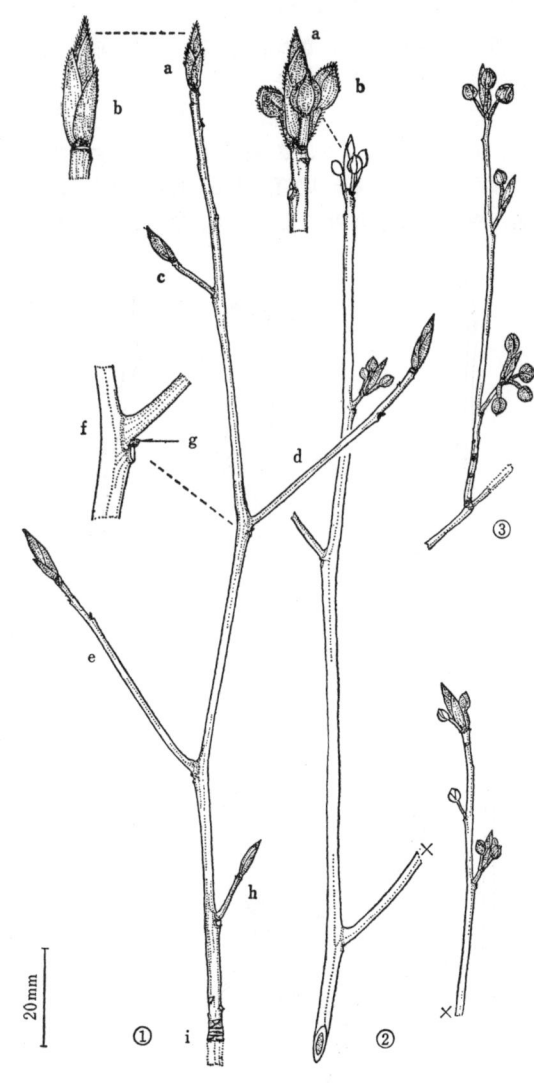

図2.74 クロモジ

①：一年生枝，a：頂芽，b：同（拡大），cおよびh：長柄をもつ側芽，d～e：側生の二次伸長枝，f：二次枝の基部（拡大），g：予備芽，i：芽鱗痕，②：一年生枝，a：頂芽（葉芽），b：花芽（a～b拡大），③：小枝，3年生。（京都市，京大植物園，1978.1.27）

クスノキ科

●オオバクロモジ Lindera umbellata var. *membranacea* Momiyama, Ooba-kuromoji

低木。高さ2〜4mになり，幹は直立する。樹皮は平滑で，緑色であるが，黒い斑点のために黒色となる。

　小枝は，細く，帯黒緑色ないし黒色をし，無毛である。一年生枝は，細く，径1.5〜3mmあり，黄緑色をし，日向側に赤味があって，ほぼ無毛であるが，基部は有毛である。皮目は微小で，少数ある。葉痕はやや隆起し，半円形で，小さく，維管束痕は1個で，小さい。髄はほぼ白色で，太く，円い。枝を切ると，芳香がある。

　冬芽は，ほぼ2/5のらせん生につき，長い紡錘形で，長さ7〜12mmあり，長い芽柄をもつ。芽柄は長さ5〜10mmくらいであるが，下位のものほど長く，長さ10cm以上になる場合もあり，むしろ，側芽からの二次伸長枝である。予備芽は芽柄ないし二次伸長枝の基部にあり，微小である。頂芽はやや大きく，長さ13〜17mmある。芽鱗は帯赤黄色ないし帯黄褐色で，軟毛がはえ，3〜4枚がみえる。花芽は球形で，径3〜5mmあり，葉芽のまわりに2〜3個つき，反曲した長さ5〜7mmの柄をもつ。

図2.75 オオバクロモジ
　①：一年生枝，②：小枝，2年生，a：花芽，b：葉芽，c：芽柄，d：芽鱗痕，③：勢いよい一年生枝（ないし一年生幹），a〜b：側芽からの二次伸長枝。（札幌市，北大植物園，1969.4.4）

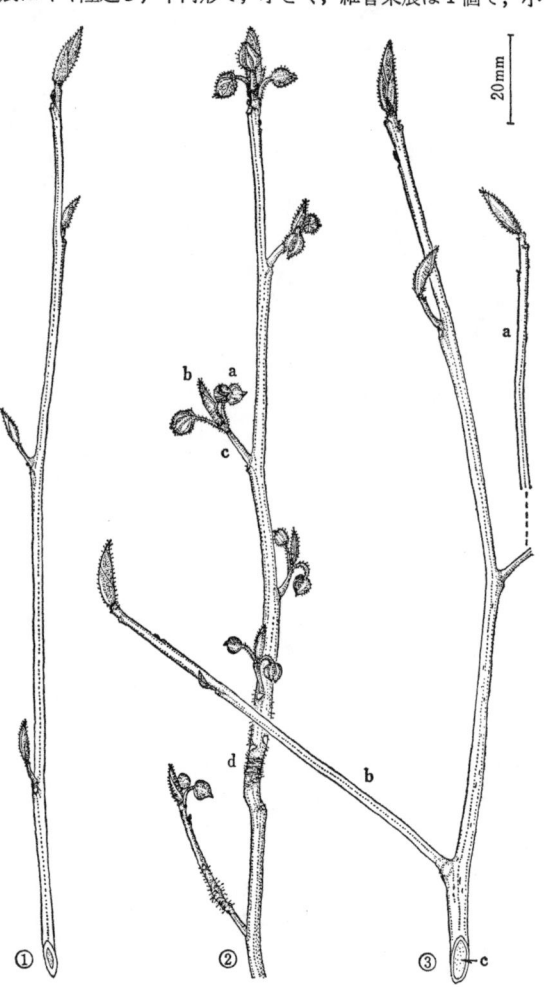

シロモジ属 Parabenzoin NAKAI

● アブラチャン P. *praecox* NAKAI, Abura-chan

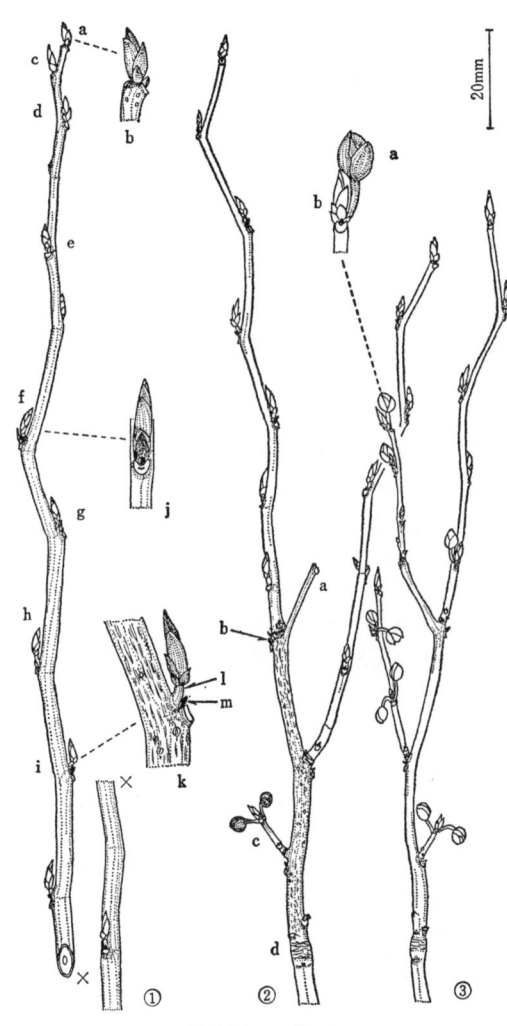

低木。高さ4mになる。樹皮は灰褐色である。

小枝は、暗灰褐色をし、浅く縦裂する。一年生枝は、細く、径1〜4mmあり、帯紫灰色をし、無毛で、つやがあって、ジグザグに屈折する。皮目は灰色をし、円い。葉痕はやや隆起し、心形ないし半円形で、小さく、幅1〜1.5mmあり、ほぼ3個の並んだ、微小な維管束痕をもつ。髄は白く、細い。枝を切ると、芳香がある。

冬芽は、ほぼ二列互生し、紡錘形で、先がとがり、長さ2〜6mmあって、紫色をし、無毛で、6〜7枚の芽鱗につつまれ、長さ1〜2mmの短柄をもち、小さな予備芽を1〜2個ともなう。仮頂芽はやや小さい。花芽は球形で、径3〜4mmあり、明褐色をし、無毛で、3〜4枚の芽鱗につつまれ、長さ2〜4mmの柄をもち、短枝ないし短枝化した枝の冬芽に並んで1〜2個つく。

図 2.76 アブラチャン
①：勢いよい一年生枝、a：仮頂芽、b：同(拡大)、c〜e：上位の側芽、f〜i：中位の側芽、j：同、背面、k：同、側面、l：芽柄、m：予備芽(j〜m 拡大)、②：小枝、3年生、a：枯れた枝先、b：前年の予備芽、c：短枝、d：芽鱗痕、③：小枝、3年生、a：花芽、b：葉芽(a〜b 拡大)。(京都市、京大植物園、1978.1.27)

クスノキ科

13 ユキノシタ科
Saxifragaceae

低木ないしつる。冬芽は対生し，頂芽ないし仮頂芽をつけ，1～3対の葉柄起原の芽鱗につつまれる。一年生枝は無毛，ときに有毛であり，葉痕は三日月形ないし倒松形で，3個の維管束痕をもち，托葉痕はない。

属　種		一年生枝	冬芽	葉痕	髄
イワガラミ	つる	やや太い	卵形	倒松形	充実
アジサイ					
ツルアジサイ	つる	やや細い	長卵形	三日月形	充実
アジサイ類	低木	太い	球形～卵形	倒松形	充実
ウツギ	低木	細い	卵形	三日月形	中空

イワガラミ属 *Schizophragma* SIEB. et ZUCC.

●イワガラミ *S. hydrangeoides* SIEB. et ZUCC., Iwa-garami

つる。高さ 10m 以上，径 8cm になる。樹皮はきわめて厚く，気根によって樹木や岩壁にしがみついてのぼる。

小枝は，灰色をし，小さい割れ目がある。気根は密にはえ，短枝が発達する。一年生枝は，やや太く，径 3～5mm あり，淡褐色をし，無毛である。皮目は大きく，だ円形ないし円形で，少ない。葉痕は隆起し，大きく，三角形ないし倒松形で，幅 4～6mm あり，3個の維管束痕をもつ。托葉痕はない。枝の基部に明らかな芽鱗痕がある。髄はほぼ円く，太い。

冬芽は，対生して，卵形ないし円筒形で，先は鈍く，長さ 3～4mm あり，褐色をし，無毛で，1～2対の芽鱗にゆるくつつまれる。頂芽はやや大きく，側芽はやや開出し，下位のものは発達しない。短枝では，側芽は微小であり，頂生芽の1個だけが発達する。短枝はしばしば長枝化する。なお，同じユキノシタ科のツルアジサイとの区別は次のようである。

種	一年生枝	冬芽	葉痕
イワガラミ	やや太い，淡褐色	卵形，長さ 3～4mm	倒松形
ツルアジサイ	やや細い，赤褐色	紡錘形，長さ 5～15mm	三日月

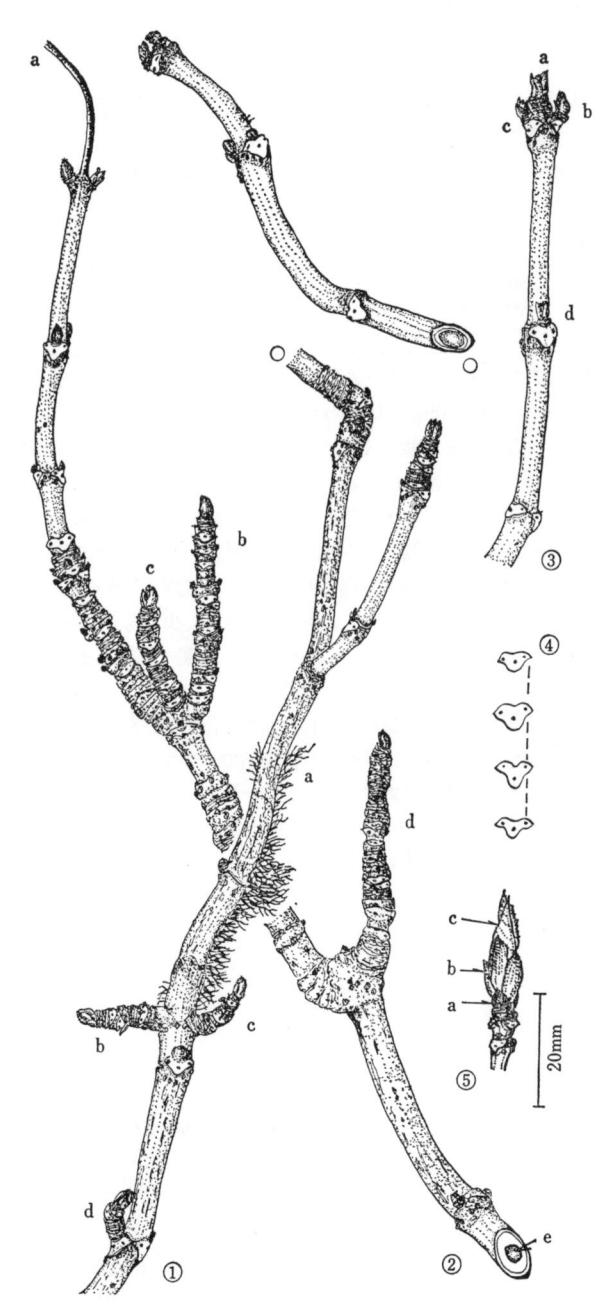

図 2.77 イワガラミ
①:小枝, 3年生, a:気根, b～d:短枝, ②:小枝, 8年生, a:花軸, b～d:短枝, e:髄, ③:一年生枝, a:頂芽, b～c:頂生側芽, d:側芽, ④:葉痕, ⑤:開葉, a:芽鱗, b:内側の芽鱗(葉柄), c:ふつう葉。(北海道雨竜郡幌加内町母子里, 北大雨竜地方演習林, 1967.2.20)

ユキノシタ科

アジサイ属 *Hydrangea* Linn.

低木ないしつる。冬芽は対生し，頂芽が大きく，葉柄起原の2～3対の芽鱗につつまれる。一年生枝はやや太めで，節間がやや長い。葉痕は大きく，3個の維管束痕をもち，托葉痕はない。髄は太く，やや六角形である。冬芽も一年生枝も無毛である。

種		一年生枝	冬芽
ツルアジサイ	つる	円い，やや細い，気根	赤褐色，長卵形～紡錘形
ノリウツギ	低木	やや六角形，太い	栗褐色，やや球形
アジサイ	小低木，植栽	やや六角形，太い	帯紫緑色，卵形

●ツルアジサイ（ゴトウヅル） *Hydrangea petiolaris* Sieb. et Zucc., Tsuru-ajisai (Gotō-zuru)

つる。気根によって樹木や岩にのぼり，長さ15mにもなる。樹皮は褐色をし，縦に薄くはげる。

小枝は，暗褐色ないし灰褐色をし，樹皮が紙のようにはがれる。気根は接触側に縦に1列に生じる。一年生枝は，長く，やや細く，径2～4mm あり，褐色ないし帯赤褐色をし，無毛で，基部に気根がある場合もある。皮目は小さく，明らかでなく，少数ある。葉痕はやや隆起し，三日月形で，幅2～5mm あり，3個の維管束痕をもつ。髄はやや太く，緑色を帯び，円い。

冬芽は，対生して，紡錘形ないし長卵形で，先がとがり，短柄をもち，暗褐色ないし淡い赤紫色をし，無毛で，4枚の葉柄起原の芽鱗につつまれる。頂芽は大きく，長さ10～15mm あり，外側の1対がいくらか開く。側芽は小さく，長さ5～8mm あり，やや開出し，開葉しても短枝化しやすい。

図 2.78　ツルアジサイ
①：小枝，3年生，a：芽柄，b：気根，c：芽鱗痕，d：はく皮，e～f：短枝，②：三股分岐の小枝，③：頂生枝，a：頂芽，b～c：側芽，d：枝の断面，④：葉痕(拡大)，⑤：開葉，a：芽鱗(化した葉)，b：ふつう葉．
(札幌市，北大植物園，1967.1.25)

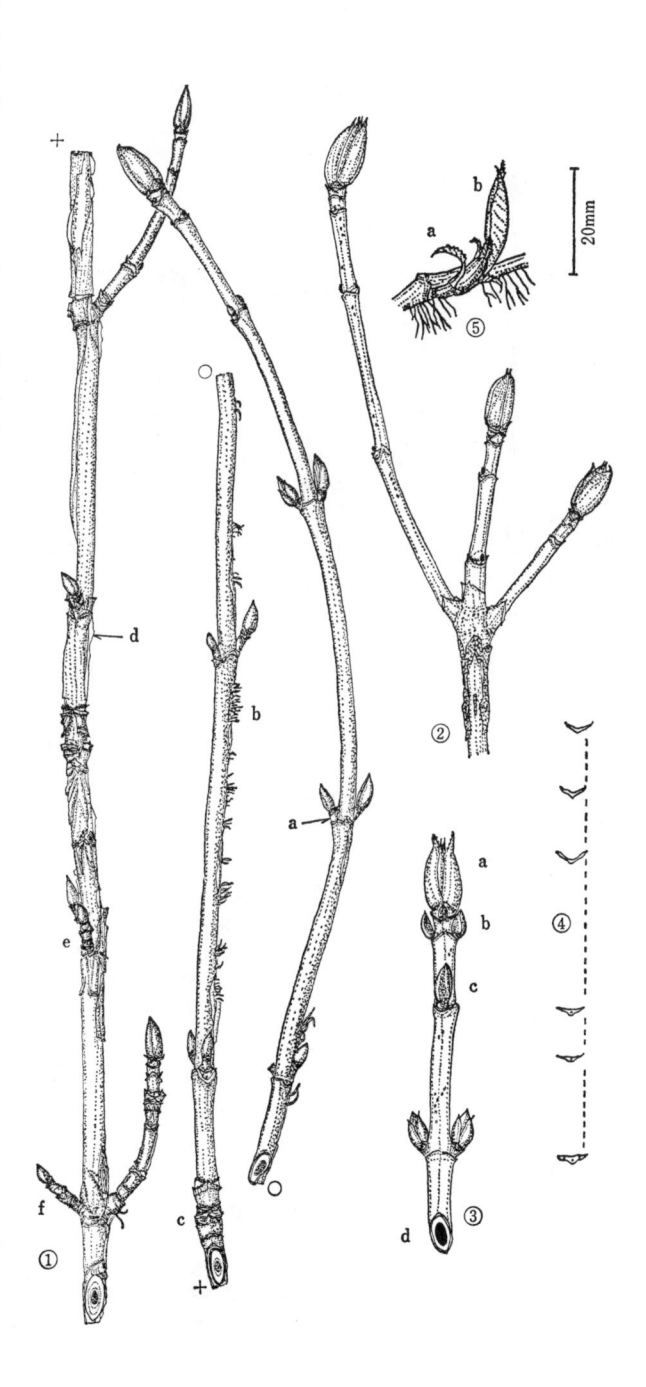

ユキノシタ科
129

●ノリウツギ（ノリノキ，サビタ）*Hydragea paniculata* Siebold, Nori-utsugi
(Norino-ki, Sabita)

低木。高さ5m，径12cmになる。樹皮は帯褐灰色をし，浅裂する。内皮は粘液に富み，和紙すき用の糊をとる。

小枝は，帯褐灰色をし，側生枝は短枝化しやすい。一年生枝は，太く，径3～8mmあり，やや六角柱で，灰褐色ないし栗褐色をし，無毛で，つやがある。皮目は大きく，長だ円形ないし割れ目形で，長さ1～2mmあり，多数ある。葉痕はやや隆起し，大きく，倒松形・三片形ないし浅いV字形で，幅3～10mmある。維管束痕は3個あり，突出する。内皮は緑色をし，粘液に富み，臭気がある。髄は太く，六角形で，白色をし，軟らかい。

冬芽は，対生であるが，ときに三輪生して，暗褐色ないし栗褐色をし，無毛で，2～3対の芽鱗につつまれる。頂芽は1個で，やや大きく，円錐状球形ないし卵状球形で，長さ3～4mmあり，頂端に集中する数対の，やや小さい側芽をともなう。本来の側芽はやや球形で，偏平し，長さ2～3mmある。

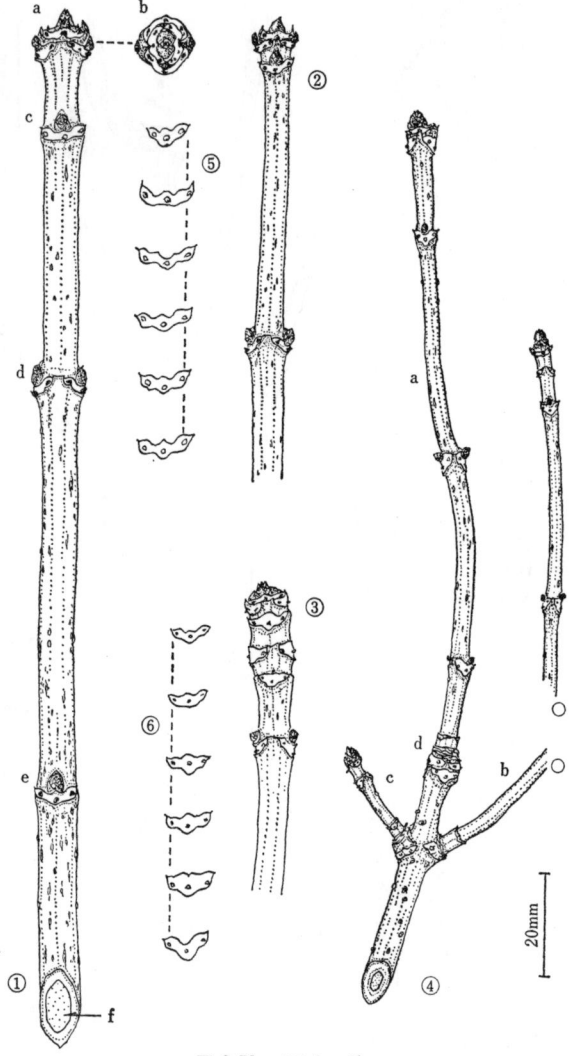

図 2.79 ノリウツギ
①：勢いよい一年生枝，a：頂芽，b：同，平面，c～e：側芽，f：六角髄，②～③：一年生枝，④：小枝，a：頂生枝，b～c：側生枝，d：芽鱗痕および葉痕，⑤～⑥：葉痕（北海道桧山郡上ノ国町，北大桧山地方演習林，1969.3.25)

●アジサイ Hydrangea macrophylla var. macrophylla forma otaksa WILS., Ajisai

低木。ガクの栽培品種であり，高さ1mくらいになる。

一年生枝は，太く，径4～8mmあり，帯褐灰色ないし灰色をし，無毛で，木質化が弱く，断面はやや六角形である。寒い地方では，枝の上部は冬に枯死し，春に基部から新条が出る。皮目は明らかでない。葉痕は大きく，倒松形ないし腎形で，幅4～10mmあり，3個の維管束痕をもつ。髄は六角形で，太く，軟らかで，白色である。

冬芽は，対生して，帯紫緑色をし，無毛で，1～2対の芽鱗につつまれる。側芽は卵形ないし長卵形で，長さ3～13mmあり，下位ほど大きい。頂芽は裸出して，きわめて大きく，卵形で，先がとがり，長さ10～20mmある。

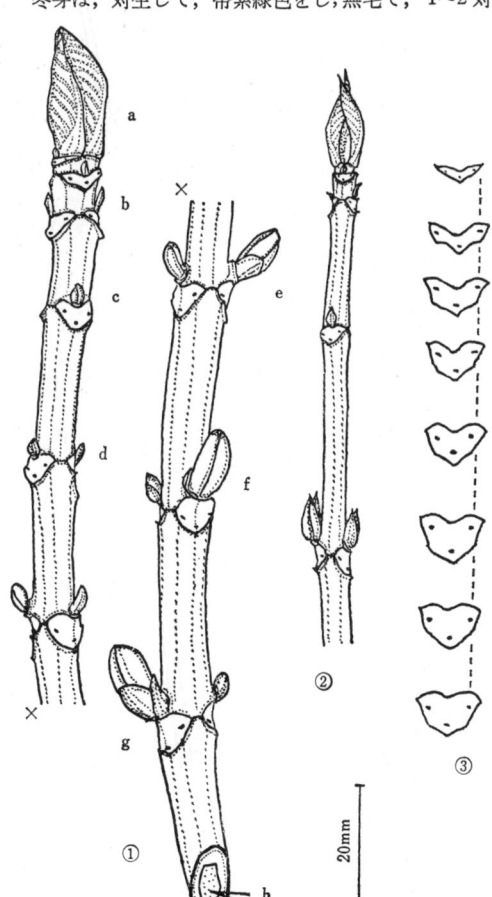

図 2.80 アジサイ
①：勢いよい一年生枝，a：頂芽，b～d：発達しない上位の側芽，e～g：発達した下位の側芽，h：六角髄，②：細い一年生枝，③：葉痕。(神奈川県伊勢原市，小田柿氏，1972.1.28)

ユキノシタ科

ウツギ属 *Deutzia* Thunb.

●ウツギ *D. crenata* Sieb. et Zucc., Utsugi

　低木。高さ 2 m くらいになる。樹皮は次々とはげる。

　小枝は，暗褐色である。一年生枝は，細く，径 1〜4mm あり，赤褐色をし，星状毛ないし垢状毛が残る。萌芽枝（幹）は長く，太く，径 8mm にもなる。表皮は片状にはがれる。皮目は明らかでない。葉痕はやや隆起し，三日月形・浅い V 字形ないし三片形で，3 個の維管束痕をもつ。托葉痕はない。髄は中空で（空木），太い。

　冬芽は，対生する。仮頂芽が 2 個つくが，ときに 1 個だけ大きい。側芽は卵形ないし長卵形で，先がとがり，長さ 3〜6mm あって，しばしば平行予備芽をもち，黄褐色ないし褐色をし，有毛で，4〜5 対の芽鱗につつまれる。果実（さく果）は冬にも残っている。

図 2.81　ウツギ
①：萌芽一年生枝（ないし幹），a：はく皮，b：中空髄，②：一年生枝，a：2 個の仮頂芽，③：小枝，2 年生，a：仮頂芽，b：側芽，c：同（拡大），d：枯れた前年の枝先，e：予備芽からの側生枝，f：枯れた，主芽から二次伸長した側生枝，④：果枝。（神奈川県伊勢原市串橋，栗原川河畔，1976.1.27）

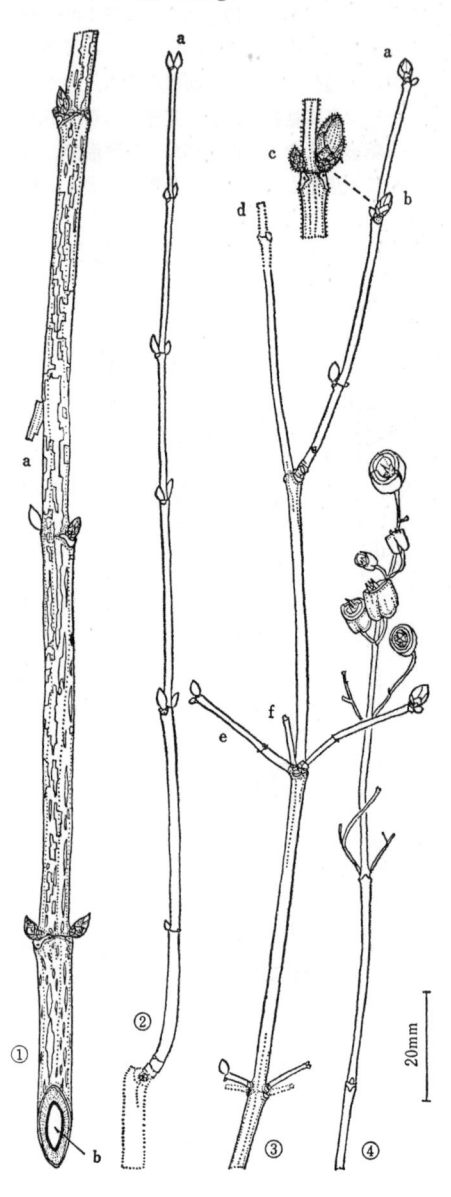

14 マンサク科
Hamamelidaceae

低木，小高木ないし高木。一年生枝は細めで，ほぼジグザグに屈折する。冬芽は二列互生ないしらせん生で，柄をもつことがあり，ときに予備芽をもつ。葉痕は半円形ないし三角形で，3個の維管束痕をもつ。

種		一年生枝	冬芽	芽鱗数
マンサク	小高木	垢状毛	二列互生，灰褐色，垢状毛，長柄，紡錘形，偏平	2枚
マルバノキ	低木	無毛	二列互生，紅色，無毛，無柄，卵形，偏平	6～8枚
トサミズキ	低木	いくらか短毛	二列互生，帯栗褐色，無毛，短柄，だ円形	2枚
フウ	高木，植栽	軟毛	らせん生 (2/5)，黒褐色，短軟毛，わずかに短柄，卵形	15～18枚

マンサク属 Hamamelis LINN.

●マンサク H. japonica SIEB. et ZUCC., Mansaku

小高木。高さ 6m，径 10cm になる。樹皮は暗褐色である。

小枝は，暗灰褐色をし，ほぼ無毛である。一年生枝は，細く，径 2～3mm あり，灰褐色をし，暗灰色の垢状毛がはえ，ジグザグに屈折する。皮目はやや突出し，だ円形ないし割れ目形で，やや大きく，多数ある。葉痕はやや隆起し，半円形ないし三角形で，3個の維管束痕をもつ。托葉痕は明らかで，大きく，枝をほぼ半周する。髄は暗黄色をし，細い。

冬芽は，二列互生し，芽柄をもち，紡錘形ないし長だ円形で，先がややとがり，偏平し，長さ 5～8mm ある。芽柄は長さ 1～7mm あり，ときには二次伸長枝的でもあり，基部に予備芽をともなう。芽鱗は紙質で，灰褐色をし，垢状毛がはえ，2枚が接合状におおい，柄より上ではがれ，冬芽はしばしば裸出する。芽鱗痕は残らない。花芽は卵状球形で，長さ 3mm ほどあり，短枝ないし短枝化した枝につき，長さ 4～9mm の花軸の先に2～4個つく。(⇒次頁)

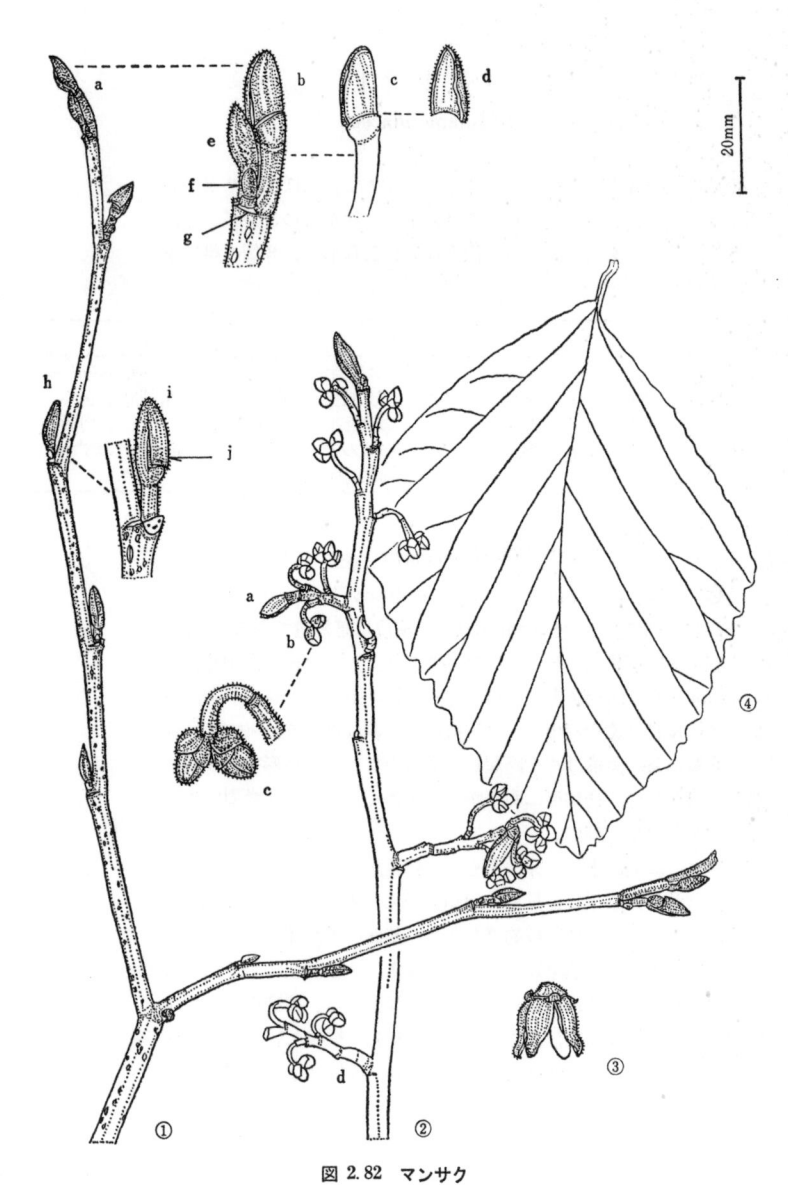

図 2.82 マンサク
①：小枝，2年生，a：頂芽，b：同，c：同，d：芽鱗，e：頂生側芽，f：予備芽，g：托葉痕(b〜g 拡大)，h：側芽，i：同(拡大)，j：はがれそうな芽鱗，②：小枝，2年生，a：頂生芽(葉芽)，b：花芽，c：同(拡大)，③：さく果，④：枯れ葉。(札幌市，北大植物園，1975.3.1)

マルバノキ属 *Disanthus* Maxim.

● マルバノキ（ベニマンサク）*D. cercidifolius* Maxim., Marubano-ki (Beni-mansaku)

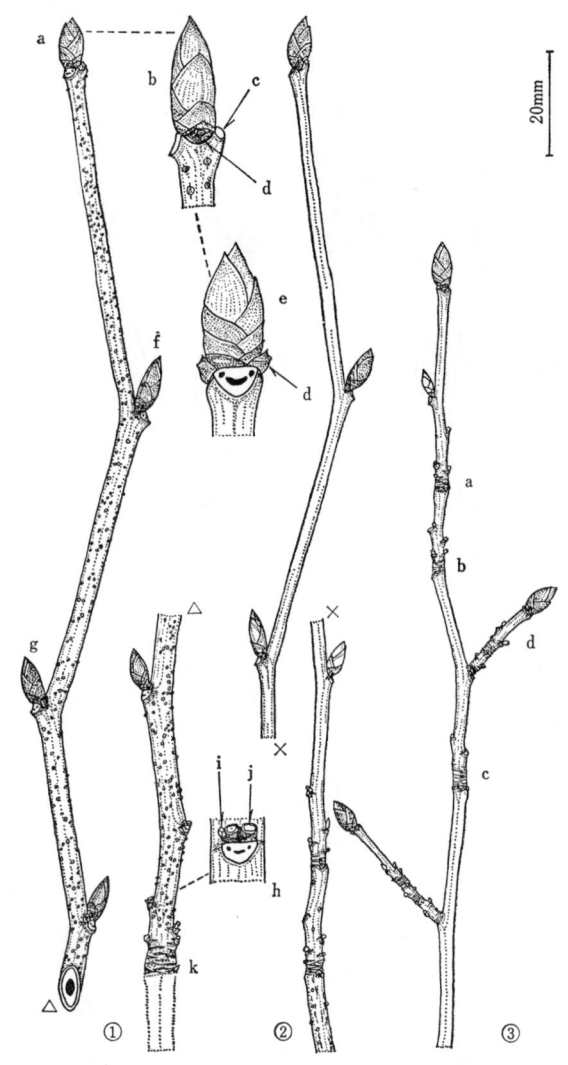

低木。高さ3mになる。

小枝は，灰褐色をし，皮目が突出して，浅い割れ目がある。側生枝は短枝化しやすい。一年生枝は，やや細く，径2〜4mmあり，栗褐色ないし帯灰褐色をし，無毛で，ジグザグに屈折する。皮目はやや突出し，円形ないしだ円形で，灰褐色をし，とくに日陰側に多数ある。葉痕はやや隆起し，三角形ないし半円形で，3個の維管束痕をもつ。托葉痕は小さい。髄は黄緑色をし，やや細い。

冬芽は，二列互生し，枝に対して斜に偏平して，卵形で，先がとがり，長さ6〜10mmあって，やや開出する。仮頂芽はやや大きい。芽鱗は紅色をし，無毛で，つやがあり，6〜8枚が重なる。しばしば，平行予備芽の位置に，花軸痕ないし小果実がみられる。さらに，花軸痕に予備芽がつくこともある。

図 2.83 マルバノキ
①：勢いよい一年生枝，a：仮頂芽，b：同（拡大），側面，c：枝痕，d：花軸痕，e：同（拡大），背面，f〜g：側芽，h：側芽を欠く節（拡大），i：予備芽，j：花軸痕，k：芽鱗痕，②：小枝，3年生，③：短枝化した小枝，4年生，a〜c：芽鱗痕，d：短枝。（京都市，京大植物園，1978.1.27）

マンサク科

トサミズキ属 *Corylopsis* Sieb. et Zucc.

● トサミズキ *C. spicata* Sieb. et Zucc., Tosa-mizuki

低木。高さ3mになる。よく庭園に植栽される。

　小枝は，栗褐色ないし灰褐色をし，ほぼ無毛である。側生枝は短枝化しやすい。一年生枝は，やや細く，径2～4mmあり，灰褐色ないし褐色をし，いくらか短毛がはえる。皮目は微小で，きわめて多数ある。葉痕はやや隆起し，三角形ないし半円形で，幅2.5mmくらいあり，3個の維管束痕をもつ。托葉痕は明らかで，三日月形である。髄は暗黄色をし，やや細い。

　冬芽は，二列互生し，混芽の場合が多く，だ円形で，先も基部もとがり，長さ10～16mmあり，長さ1～3mmの短柄をもち，いくらか開出する。頂芽は上位の側芽と同じ大きさである。ときに，側芽は卵状球形の平行予備芽（花芽）を1個ともなう。芽鱗は帯栗褐色・褐色ないし帯緑褐色をし，無毛で，つやがあり，2枚がみえる。

　図2.84　トサミズキ
　①：一年生枝，a：頂芽，b～f：側芽（a～f混芽），②：一年生枝，a：頂芽（混芽）の縦断面（拡大），b：側芽，c：予備芽（花芽），③：小枝，2年生，a：果軸痕，b～c：短枝化した枝，d：同，背面，e：予備芽からの果軸痕，④：果軸，a：不稔花，b：さく果。（京都市，京大植物園，1978.1.27）

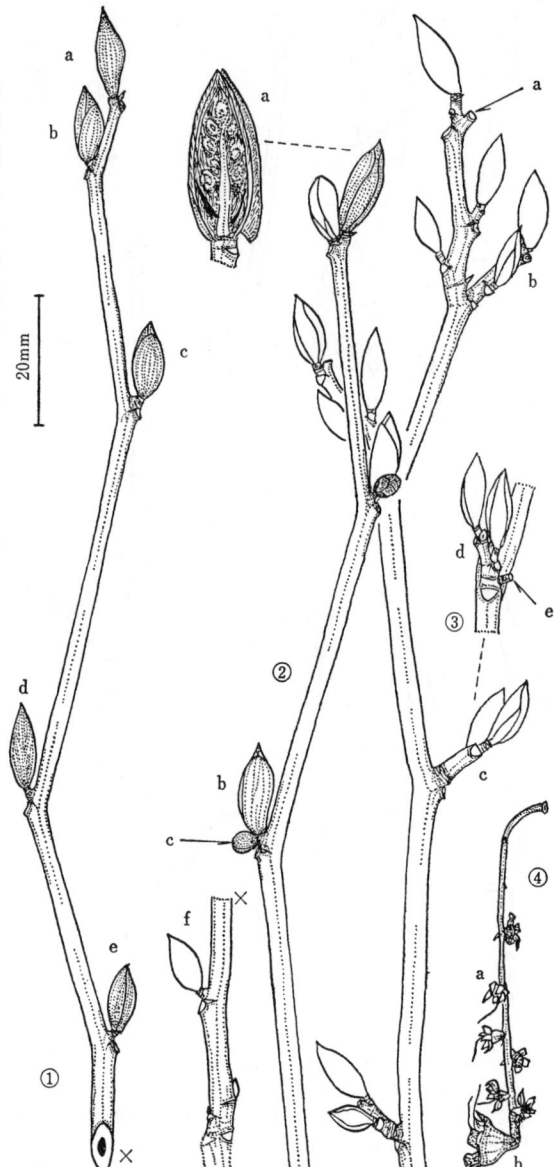

各　論

フウ属 *Liquidambar* LINN.

●フウ *L. formosana* HANCE, Fū

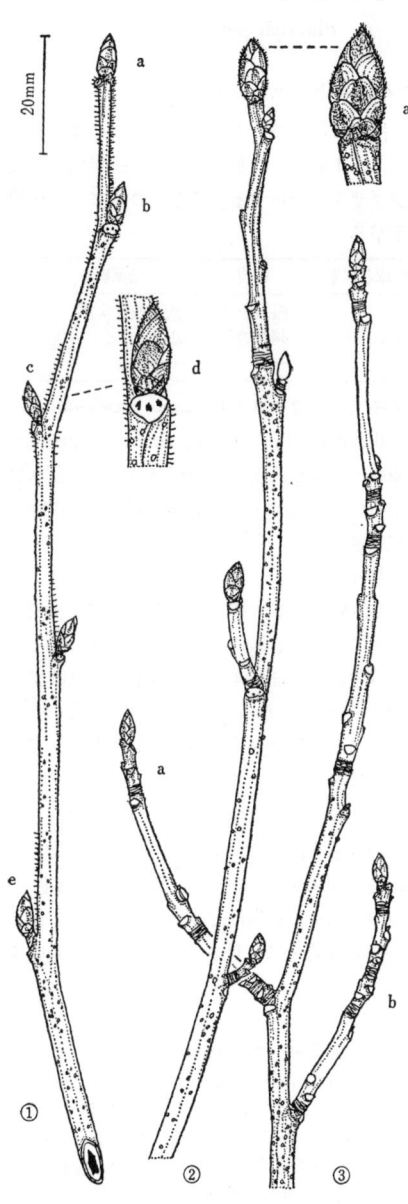

高木。高さ25m, 径80cmになる。樹皮は若木では灰褐色をし, 平滑であるが, 老樹では帯紅暗灰褐色となり, 浅く縦裂する。中国南部の原産で, 並木や公園樹として植栽される。

小枝は, 帯紫灰色ないし帯褐灰色をし, 無毛で, 皮目が突出する。側生枝は短枝化しやすい。一年生枝は, やや細く, 径2〜4mmあり, 帯緑暗灰色ないし帯栗灰色をし, 軟毛ないし粗毛がはえ, ややジグザグに屈折する。皮目は褐色をし, だ円形ないし円形で, 多数ある。葉痕は隆起し, 半円形ないし三角形で, 3個の維管束痕をもつ。髄は五角形で, 黄緑色をし, 太い。枝を切ると, やや芳香がある。

冬芽は, 2/5のらせん生で, やや開出し, わずかに短柄をもち, 卵形ないし長卵形で, 先がとがり, 長さ5〜10mmある。頂芽はやや大きい。芽鱗は黒褐色・暗褐色ないし帯緑暗褐色をし, つやがあり, 中筋部に灰色の短軟毛がはえ, 15〜18枚が覆瓦状に重なる。

図2.85 フウ

①：一年生枝, a：頂芽, b〜c：側芽, d：同（拡大）, e：短柄をもつ側芽, ②：小枝, 2年生, a：頂芽（拡大）, ③：小枝, 5年生, a〜b：短枝。(京都市, 京大植物園, 1978. 1.27)

マンサク科

15 スズカケノキ科
Platanaceae

スズカケノキ属 *Platanus* LINN.

高木。冬芽は互生し，円錐状卵形で，1枚の芽鱗につつまれる。葉痕はO字形で，冬芽をほぼ1周し，托葉痕がある。一年生枝は長くのび，無毛で，ややジグザグに屈折する。そう果の集まった球状果は，長い果軸でたれ下がる。

種	自生地	1果軸の球状果数	樹皮	托葉痕
アメリカスズカケノキ	北アメリカ	1	縦裂	大，枝を1周
スズカケノキ	西アジア	3〜4	鱗状の斑	小
モミジバスズカケ	両者の雑種	2		

●**アメリカスズカケノキ**（プラタナス）*Platanus occidentalis* LINN., Amerika-suzukakeno-ki (Puratanasu, American plane)

高木。高さ20m，径40cmになる。樹皮は暗褐色で，縦に割れ目ができ，ほとんどはげ落ちない。北アメリカ東部の原産で，街路樹や庭木として世界中に植栽される。

小枝は，灰褐色ないし帯緑灰色をし，稜が弱い。一年生枝は，太く，径3〜10mmあり，稜が発達して，帯赤褐色ないし帯黄褐色をし，無毛で，ややジグザグに屈折する。皮目は微小で，きわめて多数ある。葉痕は隆起し，O字形で，ほぼ冬芽を1周する（葉柄内芽）。維管束痕はほぼ5グループに集まる。托葉痕は線形で，枝を1周する。材は帯緑黄色であり，髄は太く，淡い黄緑色をし，多角形ないし星形であり，中央は細い白色である。

冬芽は，勢いよい枝では2/5のらせん生で，弱い枝では二列互生である。側芽は上〜中位が大きく，下位が小さく，仮頂芽がやや小さくて，円錐状卵形で，長さ5〜10mmあり，赤褐色をし，無毛で，1枚の芽鱗に帽子状につつまれる。果実はそう果で，きわめて多数が球状に集まり，径25〜40mmあって，長さ20cmくらいの果軸に1個がたれ下がる。

図 2.86 アメリカスズカケノキ

①：勢いよい一年生枝，a：仮頂芽，b：枝痕，c〜f：側芽，g：同，横断(拡大)，h：托葉痕，i：枝の断面，②：小枝，a：短枝化した側生一年生枝，③：果枝，a：果軸，b：球状果。(北海道美唄市光珠内，北海道立林試場内，1978.3.4)

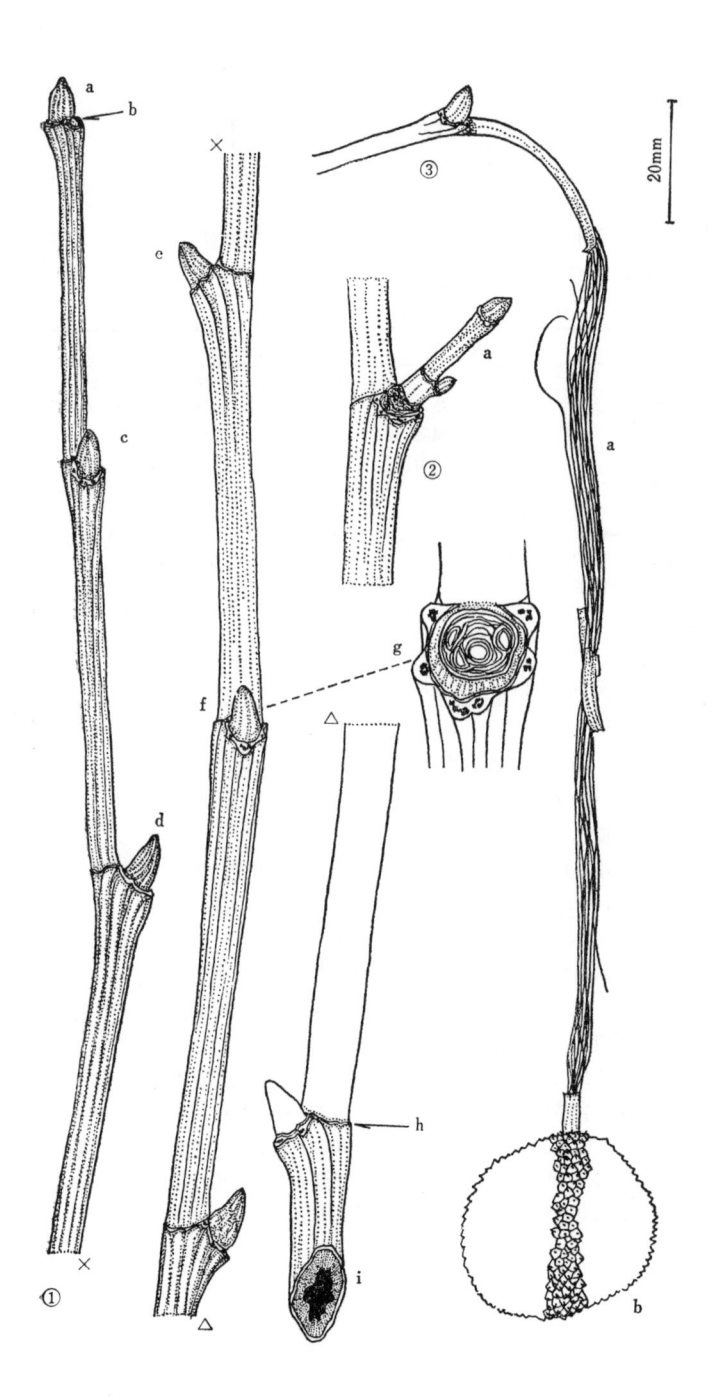

スズカケノキ科
139

16 バラ科
Rosaceae

　低木ないし高木。属も種も多く，冬芽の配置はらせん生，二列互生ないし対生であり，とげのあるものもあり，科全体としては他科のような共通点に乏しい。

属		一年生枝	とげ	冬芽
コゴメウツギ	低木	細い，無毛	ない	二列互生
ホザキナナカマド	低木	やや細い，無毛	ない	らせん生(1/3)
シロヤマブキ	低木	やや太い，無毛	ない	対生
ヤマブキ	低木	やや細い，無毛	ない	らせん生(2/5)
キイチゴ	低木	細い〜やや太い	ある	らせん生
バラ	低木	細い〜やや太い	ある	らせん生
サクラ	高木〜低木	やや細い〜やや太い	ある〜ない	らせん生(2/5)
サンザシ	高木	やや太い	ある	らせん生(2/5)
リンゴ	高木〜低木		ある〜ない	
ナシ	高木	太い，無毛	ない	らせん生(2/5)
ザイフリボク	高木	細い，無毛	ない	二列互生
カマツカ	低木	やや細い，有毛	ない	らせん生
ナナカマド	高木〜低木	細い〜やや太い	ない	らせん生

コゴメウツギ属 *Stephanandra* Sieb. et Zucc.
● コゴメウツギ *S. incisa* Zabel, Kogome-utsugi

　低木。高さ2mになる。

　小枝は，灰褐色をし，ほぼ四角形で，表皮は薄くはがれる。側生枝は短枝化しやすく，枝先は枯れる。一年生枝は，細く，径1〜3mmあり，ジグザグに曲がり，やや四角形ないしやや六角形で，帯灰褐色をし，無毛である。皮目は明らかでない。葉痕はやや隆起し，三日月形で，小さく，比較的大きい托葉痕をともなう。髄はほぼ円く，淡褐色をし，充実して，やや太い。

　冬芽は，二列互生し，開出して，しばしば予備芽をもち，卵形で，先がとがり，長さ2〜3mmある。枝先が枯れるから，頂芽はなく，仮頂芽は上位の側芽とほぼ同じ大きさか，やや小さい。芽鱗は紫褐色ないし帯赤褐色をし，ほぼ無毛で，基部のものは小さく，灰褐色であり，6〜8枚が覆瓦状に重なる。

図 2.87 コゴメウツギ
①：一年生枝，a：枯れた枝先，b：仮頂芽，c～d：側芽，e：同，側面，f：予備芽，g：側芽，背面(e～g 拡大)，②：小枝，3年生，a～b：短枝，c：はく皮，d：発達した予備芽。
(仙台市川内，東北大植物園，1978.2.20)

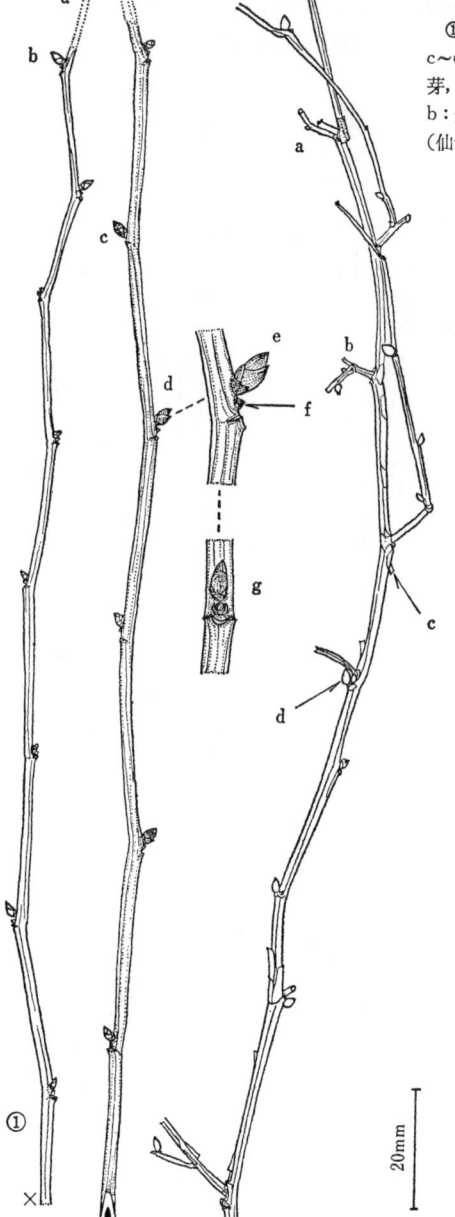

バラ科

ホザキナナカマド属 Sorbaria A. Braun

●ホザキナナカマド S. sorbifolia var. stellipila Maxim., Hozaki-nanakamado

低木。根元から多数の幹を出し，高さ3mになる。

小枝の樹皮は小片にはがれる。一年生枝は，細長く，基部はやや太く，径2～5mmあり，円く，帯褐灰色ないし灰色をし，無毛で，ややジグザグに屈折する。皮目は小さく，散在する。葉痕はやや隆起し，大きく，長さ4～7mmあり，三角形・菱形・腎形・円形などで，中央が凹む。維管束痕は3個ある。托葉が葉柄基部に癒着するから，托葉痕はない。髄は太く，褐色をし，円い。

冬芽は，1/3のらせん生であり，やや開出し，卵形で，長さ5～9mmあって，しばしば予備芽をともなう。芽鱗は無毛で，5～8枚みえ，外側のものは小さく，暗褐色をし，内側のものは大きく，帯褐黄緑色ないし帯赤黄緑色をし，ゆるく重なる。仮頂芽はやや小さく，発達しないこともある。側芽は上位で大きく，下位では発達しない。

図 2.88 ホザキナナカマド
①：小枝，②：葉痕，③：仮頂芽（拡大），a～b：平行の予備芽，c：枝痕，④：勢いよい一年生枝，a：枯れた仮頂芽，b～f：側芽，g：髄。（札幌市，北大植物園，1969.10.30）

各 論

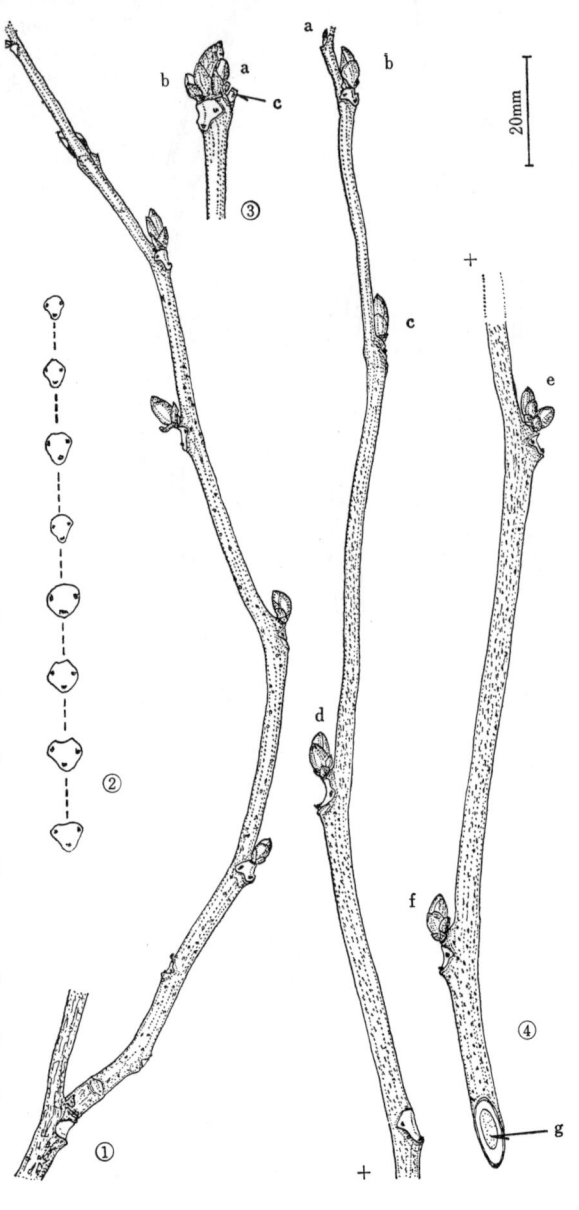

シロヤマブキ属 *Rhodotypos* SIEB. et ZUCC.

● シロヤマブキ *R. scandens* MAKINO, Shiro-yamabuki

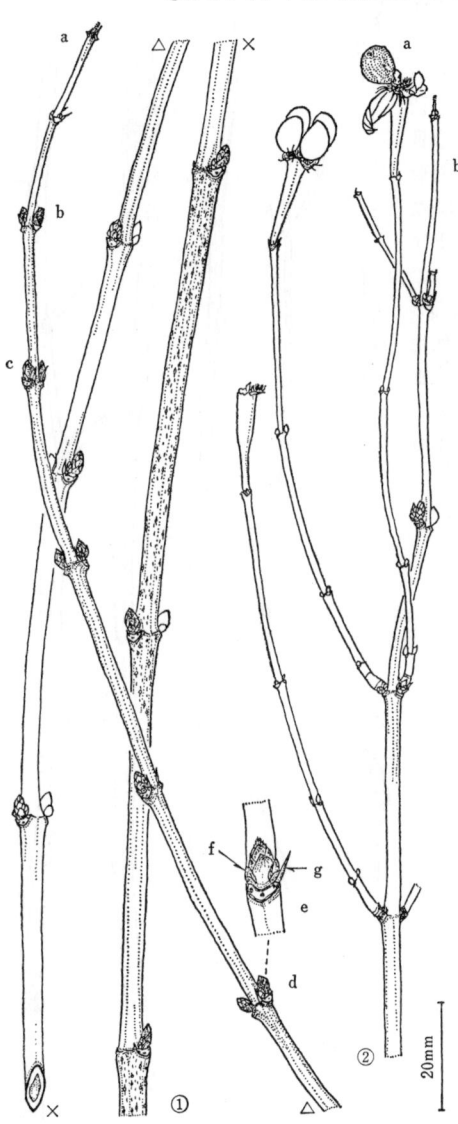

低木。高さ 2m になる。

　小枝は，赤褐色ないし帯灰褐色をし，細かい割れ目があり，側生枝は短枝化しやすい。一年生枝は，やや太く，径 2～6mm あり，赤褐色ないし褐色をし，無毛である。皮目は小さく，多数ある。葉痕はやや隆起し，三日月形ないし三角形で，3 個の維管束痕をもつ。托葉は線形で，残りやすく，その痕は小さい。髄はやや六角形で，白く，太い。

　冬芽は，対生し，卵形で，長さ 3～5mm あり，微小な平行予備芽をもち，暗褐色ないし褐色で，無毛である。芽鱗は葉柄起原で，5～6 対が重なる。仮頂芽は発達しない。

図 2.89　シロヤマブキ
　①：一年生枝，a：枯れた枝先，b～d：側芽，e：同(拡大)，f：予備芽，g：残存する托葉，②：小枝，2年生，a：果実，b：枯れた枝先。(北海道美唄市光珠内，北海道立林試場内，1978.3.4)

バラ科

ヤマブキ属 *Kerria* DC.

ヤマブキ *K. japonica* DC., Yamabuki

低木。高さ 1.5m くらいになる。花木として広く植栽されるが，むしろ八重咲き品種がふつうである。

一年生枝は，やや細く，径 1〜4mm あり，帯黄緑色ないし緑色をし，無毛で，稜線をもち，ややジグザグに屈折する。皮目は明らかでない。葉痕は隆起し，三日月形で，3 個の維管束痕をもつ。托葉痕はない。髄は白く，太くて，豆鉄砲の弾丸となる。

冬芽は，2/5 のらせん生であり，長卵形で，先がとがり，長さ 4〜7mm あり，伏生し，赤褐色をして，ほぼ無毛で，8〜12 枚の芽鱗につつまれる。仮頂芽は大き目で，平行予備芽をもち，主芽はしばしば側生の二次伸長枝となる。

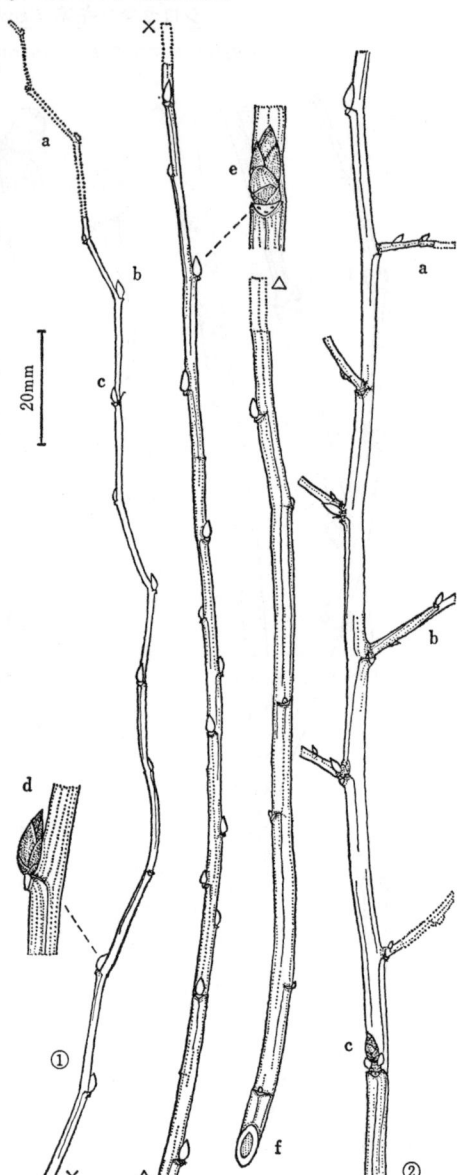

図 2.90 ヤマブキ
①：一年生枝，a：枯れた枝先，b〜c：側芽，b：同，側面，e：同，背面(d〜e 拡大)，f：枝の断面，②：一年生枝(下部)，a〜b：二次伸長枝，c：平行予備芽をもつ側芽。(神奈川県伊勢原市串橋，栗原川河畔，1978.1.29)

キイチゴ属 Rubus LINN.

低木ないし匍匐性のつる。とげ（刺状突起および剛毛針）があるものが多い。冬芽はらせん生であり，しばしば予備芽をもち，頂芽を欠く。托葉が葉柄基部に合着するから，托葉痕はない。芽鱗は葉柄起原で，数枚が重なる。きわめて多くの種があり，着葉時でも，分類は容易でない。

種	一年生枝	とげ	冬芽	芽鱗数
クマイチゴ	径2～6mm，赤紫色，無毛	少ない，長さ1～3mm	卵形，長さ3～6mm，暗赤紫色	3～5枚
モミジイチゴ	径1～2.5mm，緑色，無毛	やや少ない，長さ2～3mm	紡錘形，長さ，5～10mm，濃紫色	5～7枚
ナワシロイチゴ	径3～7mm，赤褐色，剛毛	多い，長さ2～3mm	球状卵形，長さ3～5mm，赤褐色	4～7枚

● クマイチゴ *Rubus crataegifolius* BUNGE, Kuma-ichigo

　低木。高さ1～2m になる。直立せず，細い茎はややつる状になる。

　一年生枝は，やや太く，径2～6mm あり，長くのび，ややつる状に曲がり，濃紫色・赤紫色ないし紫褐色をし，無毛で，つやがある。とげは少なく，長さ1～3mm あり，鋭い。皮目は小さく，多数ある。葉痕は隆起し，三角形ないし三日月形で，上端は膜状になって冬芽の基部をおおい，3個の突出した維管束痕をもつ。髄はほぼ五角形で，淡い黄褐色をおびた白色をし，太い。

　冬芽は，ほぼ2/5 のらせん生で，下位ほど大きく，長さ3～6mm あり，卵形であって，平行予備芽をもち，開出する。芽鱗は，暗赤紫色をし，上端に軟毛がはえ，3～5枚が重なり，開葉後も残る。

（⇨次頁）

● モミジイチゴ *Rubus palmatus* var. *coptophyllus* O. KUNTZE, Momiji-ichigo

　低木。高さ2m になる。

　一年生枝は，細く，径1～2.5mm あり，緑色をし，無毛で，ややジグザグに屈折する。とげ（刺状突起）は鋭く，長さ2～3mm あり，あまり多くない。皮目は明らかでない。葉痕は隆起し，三日月形で，3個の微小な維管束痕をもつ。髄は帯淡褐白色をし，やや太い。

　冬芽は，ほぼ二列互生し，頂芽を欠き，紡錘形で，先がとがり，長さ5～10mm あり，やや開出し，濃紫色ないし紫褐色をし，無毛で，5～7枚の芽鱗につつまれる。（⇨147頁）

図 2.91 クマイチゴ

①：一年生枝，a：仮頂芽，b〜d：側芽，e：同，f：同(e〜f 拡大)，g：とげ(拡大)，h：枝の断面。(盛岡市下厨川，林試東北支場内，1978.2.1)

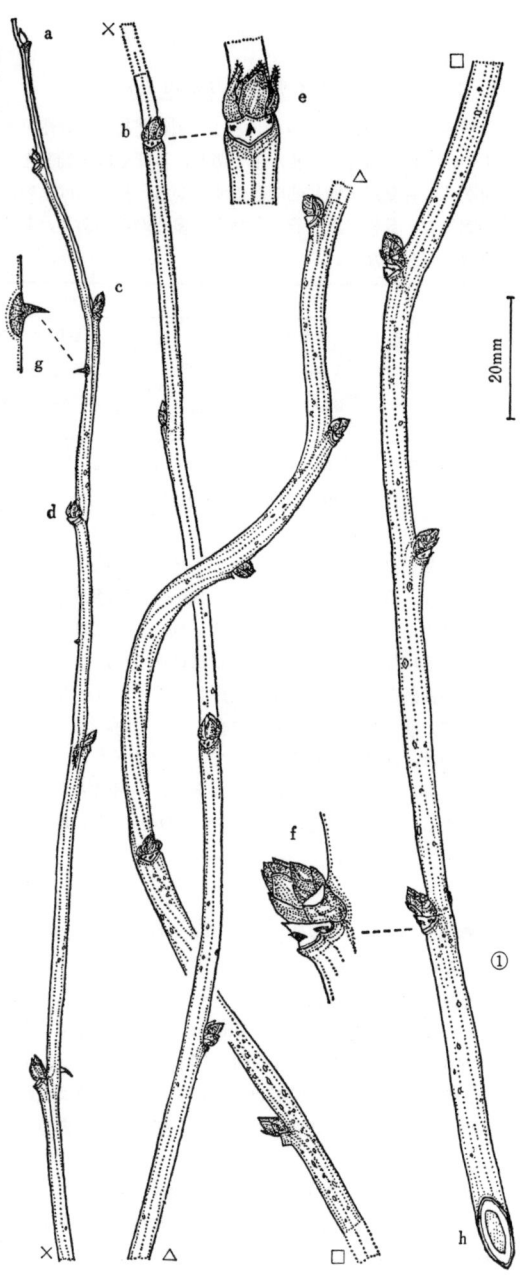

図 2.92 モミジイチゴ
①:小枝, 2年生, a~c:枝痕, d:側芽, e:同, 側面, f:同, 背面 (e~f 拡大), g:芽鱗。(仙台市川内, 東北大植物園, 1978.1.31)

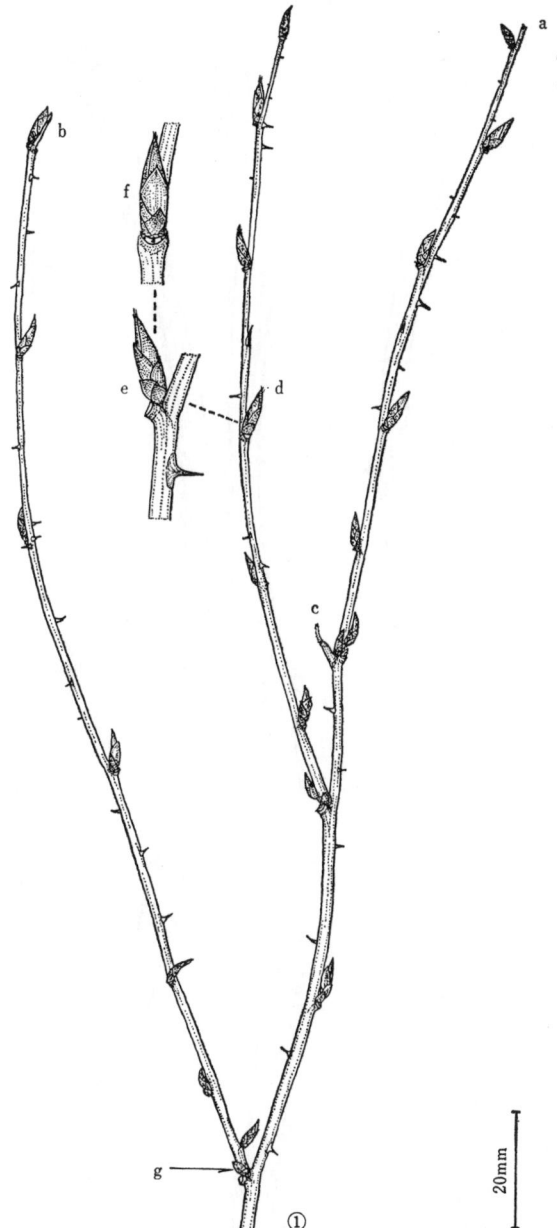

バ ラ 科

●ナワシロイチゴ *Rubus parvifolius* LINN., Nawashiro-ichigo

つる性の低木。茎は地面を長くはう。

一年生枝は，やや太く，径 3～7mm あり，長く伸長して，赤褐色・赤色ないし帯赤緑色をし，多数の短い下向きのとげ（刺状突起）および剛毛がはえる。皮目は明らかでない。葉が葉柄基部および托葉を残して脱落するから，葉痕はない。髄は帯褐白色で，太い。

冬芽は，2/5 ないし 3/8 のらせん生であり，背面を残存する葉柄基部でおおわれ，赤褐色をし，軟毛がはえ，球状卵形ないし卵形で，長さ 3～5mm ある。芽鱗は 4～7 枚がみえる。

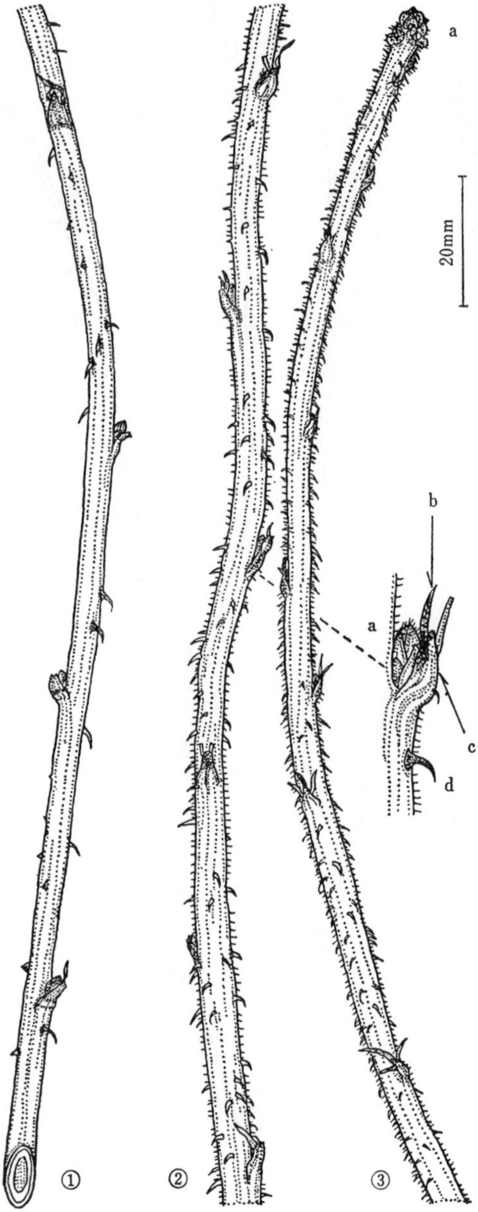

図 2.93 ナワシロイチゴ
①：一年生枝，枝の基部付近，②：同，枝の中部，a：側芽（拡大），b：托葉，c：葉柄基部，d：とげ（刺状突起），③：一年生枝，枝先，a：頂芽と頂生側芽。（北海道稚内市抜海，古砂丘，1975.11.1）

バラ属 Rosa LINN.

●サンショウバラ R. hirtula NAKAI, Sanshō-bara

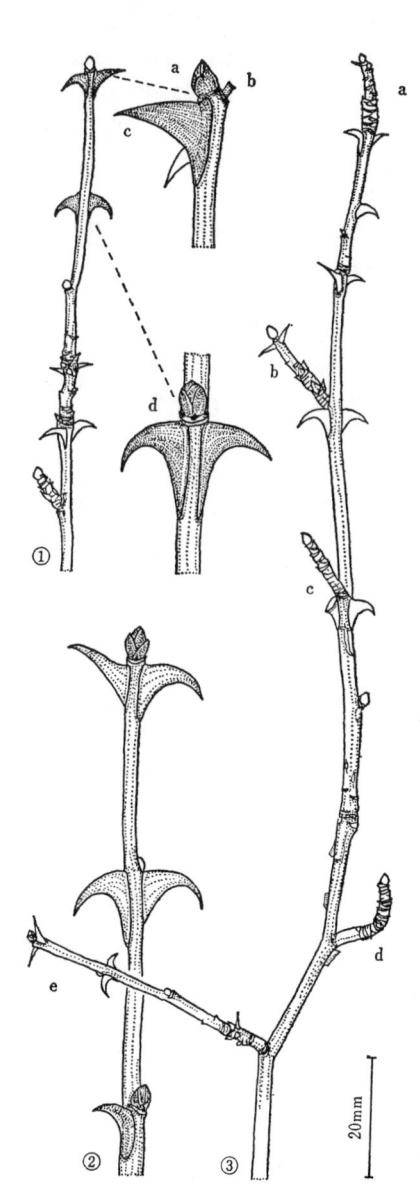

小高木。高さ 6m,径 10cm にもなる。最も大形のバラである。

小枝は,細く,灰褐色をし,表皮が鱗片状にはがれやすい。側生枝は短枝化しやすい。一年生枝は,細く,径 1〜3mm あり,帯紫褐色ないし帯緑褐色をし,無毛である。とげは太く,反曲し,偏平して,長さ 3〜6mm あり,刺状突起であるが,各節に1対ずつつくから,托葉針のようにみえる。皮目は明らかでない。葉痕は隆起し,V字形で,3個のやや突出した維管束痕をもつ。托葉痕はない。髄は帯黄白色で,やや太い。

冬芽は,ほぼ 2/5 のらせん生であり,卵形で,長さ 1〜2mm あり,開出する。仮頂芽はやや大きい。芽鱗は暗赤褐色をし,無毛で,3〜4枚が重なり,開葉後も一部が残る。

なお,これはミカン科のサンショウとはよく似ていて,両者の区別は次のようである。

種	とげ	冬芽	皮目
サンショウバラ	下曲がり,偏平	有鱗,赤褐色	明らかでない
サンショウ	やや上曲がり,やや偏平	裸出,暗褐色	明らか

図 2.94 サンショウバラ
①:小枝,3年生,a:仮頂芽,b:枝痕,c:とげ(刺状突起),d:側芽ととげ(a〜d 拡大),②:一年生枝(拡大),③:短枝化した小枝,5年生,a〜d:短枝,e:やや長枝化した側生小枝。(京都市,京大植物園,1978.1.27)

バラ科

サクラ属 *Prunus* LINN.

高木，小高木ないし低木。樹皮は，若木では平滑な桜肌のものが多いが，老樹では縦裂する。一年生枝はほぼ無毛で，栗褐色をし，つやがあるものが多い。葉痕は隆起し，ほぼ三角形で，3個の維管束痕をもち，小さい托葉痕をともなう。髄は五角形である。冬芽はほぼ2/5のらせん生であり，卵形ないし長卵形で，托葉起原の多数 (6～16枚) の芽鱗につつまれる。葉前開花するものでは，花芽が丸味をもち，葉芽と区別される。

大きな属であり，落葉性のものは次の4亜属に分類される。冬芽と一年生枝による分類がむずかしい属である。

スモモ——ウメ，アンズ，スモモ

モモ——モモ，アーモンド

サクラ——ヤマザクラ類，カスミザクラ，マメザクラ，チシマザクラ，ヒガンザクラ，ソメイヨシノ，オウトウなど

ウワミズザクラ——ウワミズザクラ，エゾノウワミズザクラ，シウリザクラ

種		一年生枝	冬芽	芽鱗数
スモモ	高木	径2～4mm，とげ，栗褐色	広卵形，暗褐色	6～8枚
チョウジザクラ	高木	径2～4mm，灰褐色	長卵形，赤褐色	10～12枚
チシマザクラ	小高木	径2～5mm，やや軟毛，褐色	長卵形，赤褐色	8～11枚
エドヒガン	高木	径1.5～4mm，灰褐色	長卵形，紅紫色	6～7枚
ソメイヨシノ	高木	径2.5～5mm，栗褐色	長だ円形，栗褐色	12～16枚
エゾヤマザクラ	高木	径2～4mm，栗色	長卵形，栗色	8～10枚
カスミザクラ	高木	径1.5～2.5mm，暗灰褐色	二列互生，長だ円形，明褐色	7～10枚
エゾノウワミズザクラ	高木	径3～5mm，褐色	卵状円錐形，褐色	7～9枚
ウワミズザクラ	高木	径2～4mm，栗色	卵形，暗栗色	6～8枚

各 論

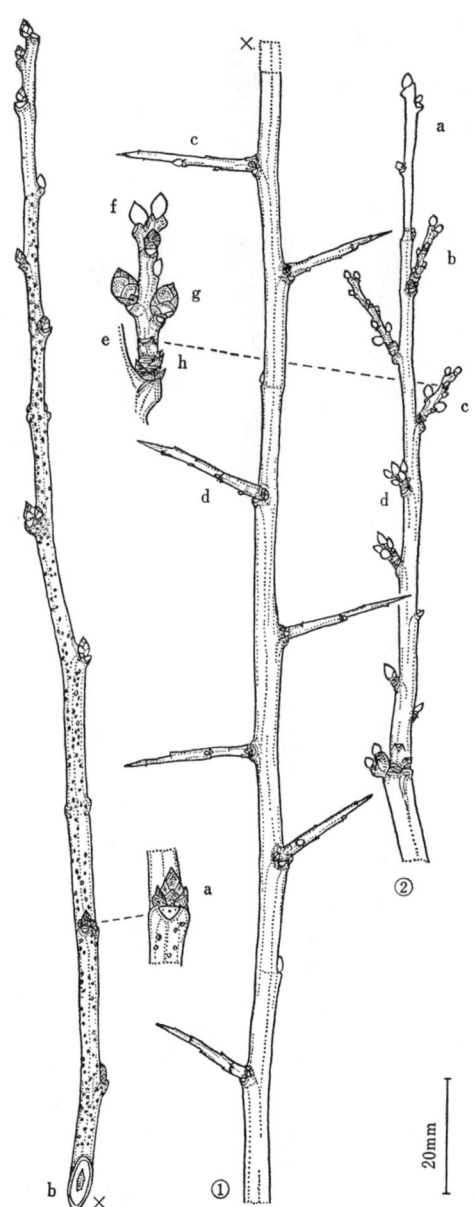

●スモモ *Prunus salicina* Lindley, Su-momo

小高木。高さ5m以上になる。中国産で，古くから植栽され，とくに北国ではウメに代って果実生産が行なわれた。

小枝は，栗褐色をし，つやがある。側生枝は短枝化しやすい。一年生枝は，やや細く，径2〜4mm あり，灰銀色のろう質物をかぶり，栗褐色をし，つやがあって，無毛である。勢いのよい枝では，中位の側芽が二次伸長して，長さ20〜30mm のとげ（茎針）となる。皮目は菱形で，多数ある。葉痕は隆起し，三角形で，小さく，ほぼ3個の維管束痕をもつ。托葉痕は明らかな三日月形である。髄は帯黄白色をし，ほぼ五角形で，やや細い。

冬芽は，2/5 のらせん生で，しばしば平行予備芽をもち，ほぼ伏生し，三角状広卵形で，長さ2〜3mm ある。芽鱗は暗褐色をし，ほぼ無毛で，6〜8枚が重なり，しばしば開葉後も残る。花芽は短枝の中位につき，ほぼ球形である。

図 2.95 スモモ

①：勢いよい一年生枝，a：側芽（拡大），b：枝の断面，c〜d：とげ（茎針），②：小枝，3年生，a：枯れた枝先，b〜d：短枝，e：同（拡大），f：葉芽，g：花芽，h：宿存する芽鱗。（北海道中川郡中川町中川，高村氏，1975.4.15）

バラ科

●チョウジザクラ *Prunus apetala* Fr. et Sav., Chōji-zakura

　小枝は，栗褐色ないし灰褐色をし，横長で褐色の皮目が多数ある。一年生枝は，やや細く，径2〜4mmあり，5稜をもち，灰褐色ないし灰色をし，ほぼ無毛である。皮目は灰褐色をし，だ円形で，やや突出し，多数ある。葉痕は隆起し，三角形ないし半円形で，3個の維管束痕をもち，小さい托葉痕をともなう。髄は五角形で，やや細い。

　冬芽は，ほぼ2/5のらせん生であり，やや開出し，長卵形で，先がとがり，長さ3〜5mmある。芽鱗は赤褐色をし，無毛で，10〜12枚が覆瓦状に重なる。

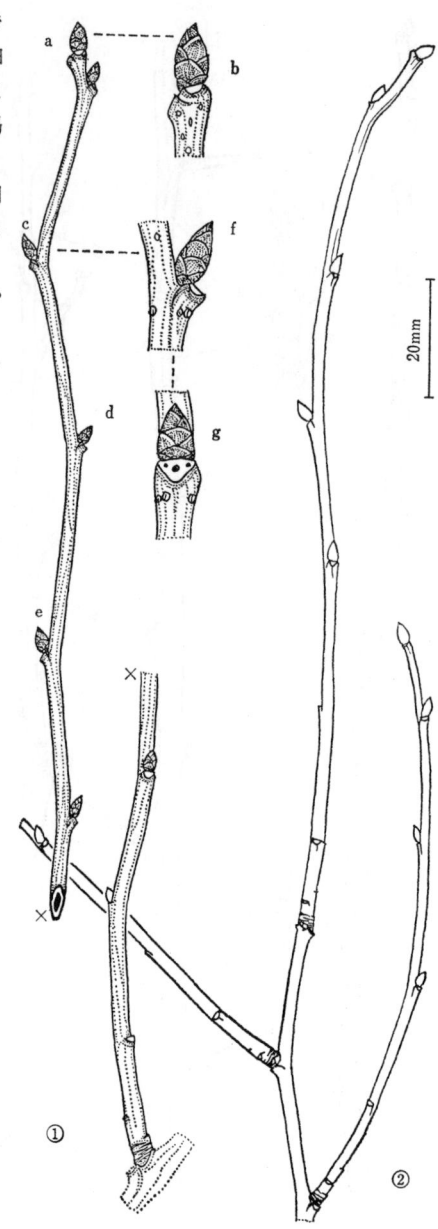

図 2.96　チョウジザクラ
　①：一年生枝，a：頂芽，b：同（拡大），c〜e：側芽，f：同，側面，g：同，背面（f〜g 拡大），②：小枝，2年生。（仙台市川内，東北大植物園，1978.2.20）

●チシマザクラ *Prunus nipponica* var. *kurilensis* WILSON, Chishima-zakura

小高木。高さ 3～6m になる。樹皮は帯紫褐色をし，皮目が横に並ぶ。よく庭木として植栽される。

小枝は，栗褐色をし，無毛で，つやがあり，横長の大きい皮目をもち，桜肌である。側生枝は短枝化しやすい。一年生枝は，やや太く，径 2～5mm あり，褐色ないし灰褐色をし，軟毛がはえる。皮目は円形・だ円形ないし菱形で，多数ある。葉痕は隆起し，半円形で，3個の維管束痕をもつ。托葉痕は微小である。髄は五角形ないし星形で，褐色をし，細い。

冬芽は，2/5 のらせん生であり，長卵形ないし紡錘状だ円形で，先はやや円く，長さ 4～6mm あり，下位ほど小さい。頂芽はやや大きく，長卵形で，5稜があり，長さ 5～7mm ある。花芽はふつう短枝に叢生してつくか，短枝化した枝の中位につき，長卵形ないし卵形で，丸味がある。ただし，短枝の頂生芽は細長く，葉芽である。芽鱗は赤褐色をし，無毛で，つやがあり，8～11 枚が覆瓦状に重なる。

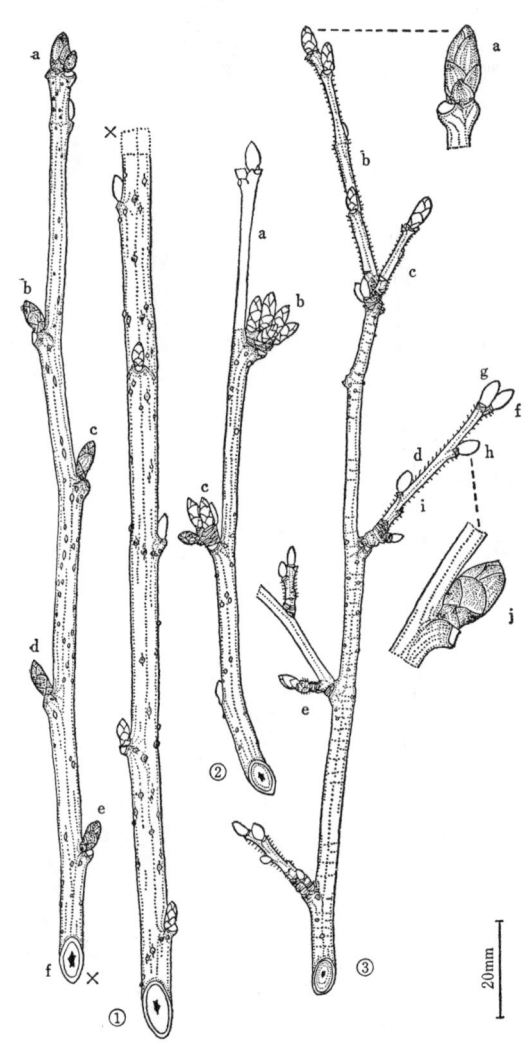

図 2.97 チシマザクラ

①：勢いよい一年生枝，a：頂芽，b～e：側芽，f：枝の断面，②：小枝，2年生，a：枯れた枝先，b～c：短枝に叢生する冬芽，③：小枝，a：頂芽(拡大)，b～d：やや短枝化した一年生枝，e：短枝，f：頂生芽(葉芽)，g～i：花芽，j：同(拡大)。（北海道中川郡中川町誉，極楽寺，1975.4.15）

バラ科

●**エドヒガン**（アズマヒガン）*Prunus subhirtella* var. *pendula* forma *ascendens* Oʜᴡɪ, Edo-higan (Azuma-higan)

高木。高さ15m, 径60cmになる。樹皮は, 若木では灰褐色をし, 老樹では縦に割れる。

一年生枝は, やや細く, 径1.5〜4mmあり, 灰褐色ないし帯赤灰褐色をし, 無毛で, いくらか稜がある。側生の二次伸長枝が出やすい。皮目は赤褐色で, 円く, 小さく, 多数ある。葉痕は隆起し, 半円形ないし三角形で, 3個の維管束痕をもつ。托葉痕は微小である。髄は五角形で, 明褐色をし, 細い。

冬芽は, 2/5のらせん生であり, ほぼ伏生し, 紡錘形ないし長卵形で, 先がとがり, 長さ3〜4mmある。頂芽はやや太く, 円錐状長卵形で, 長さ3〜4mmある。芽鱗は紅紫色をし, 灰色の軟毛がはえ, 6〜7枚が重なる。

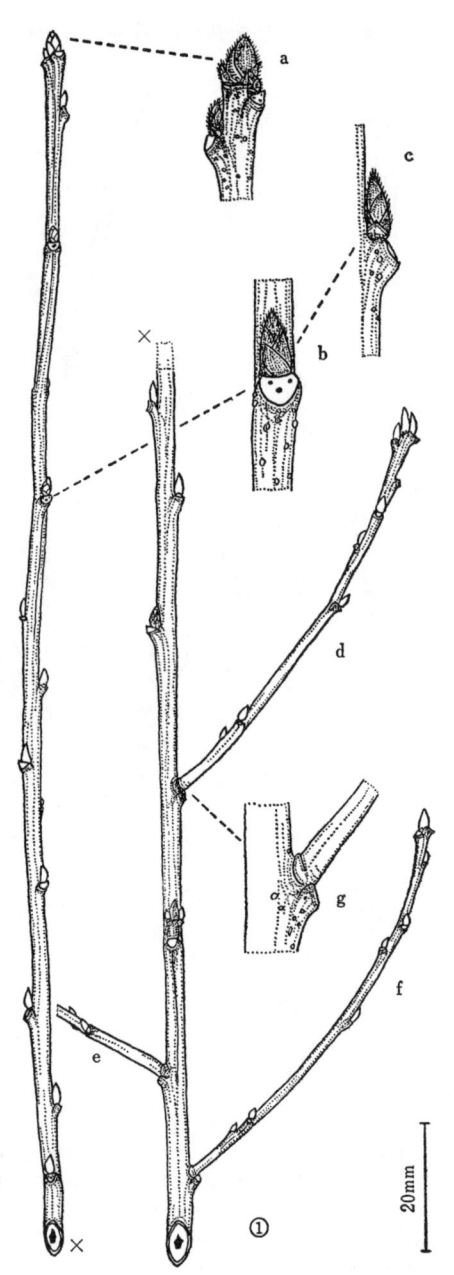

図2.98 エドヒガン
①：一年生枝, a：頂芽, b：側芽, 背面, c：同, 側面(a〜c 拡大), d〜f：側生の二次伸長枝, g：二次伸長枝の基部, 芽鱗痕がない（拡大）。(盛岡市下厨川, 林試東北支場内, 1978.2.1)

● ソメイヨシノ *Prunus yedoensis* Matsum., Somei-yoshino

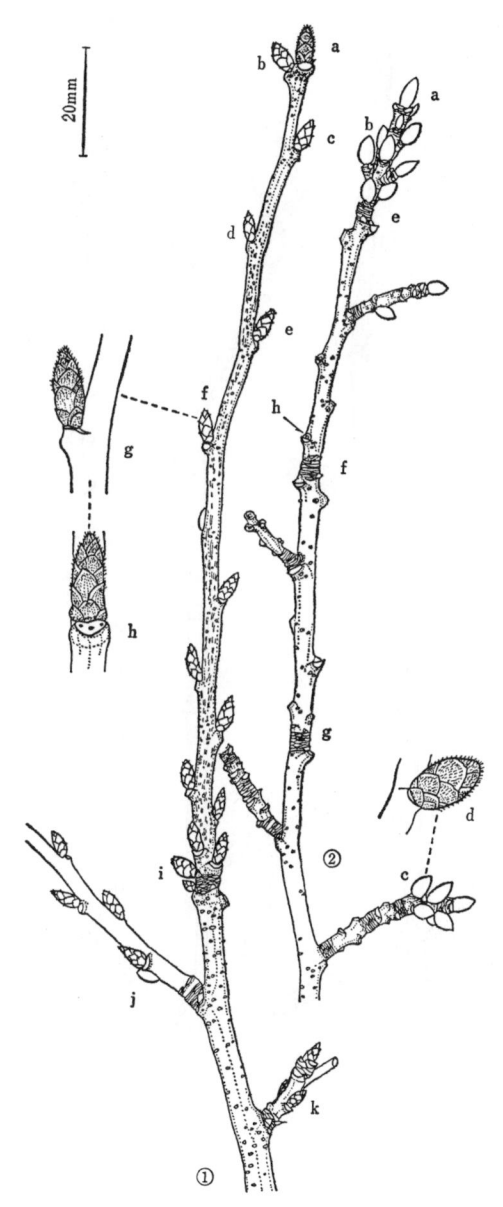

高木。高さ10m, 径50cmあまりになる。樹皮は暗褐色ないし黒褐色で, 浅く裂ける。植栽雑種といわれ, 花見の代表的なサクラであり, 広く植栽される。

小枝は, 紫褐色, 栗褐色ないし明褐色をし, 平滑で, 横長の皮目が多数あり, いわゆる桜肌である。側生枝は短枝化しやすい。芽鱗痕が明らかである。一年生枝は, やや太く, 径2.5〜5mmあり, 栗褐色, 紫褐色ないし褐色をし, 無毛で, 微細な割れ目を生じる。皮目はやや突出し, 平円形ないし円形で, 多数ある。葉痕は隆起し, 半円形ないし三角形で, 3個の維管束痕をもつ。托葉痕は小さい。髄はほぼ五角形で, 帯緑白色をし, 細い。

冬芽は, 2/5のらせん生で, やや開出する。葉芽は紡錘形ないし長だ円形で, 先がややとがり, 長さ5〜7mmある。花芽は短枝化した枝の中〜下位につき, 長卵形ないし卵形で, 長さ5〜7mmある。頂芽はやや大きく, やや太く, 長さ6〜8mmある。芽鱗は栗褐色ないし帯灰紫褐色で, 軟毛がはえ, 12〜16枚が覆瓦状に重なる。

図2.99 ソメイヨシノ
①:小枝, 2年生, a:頂芽, b〜f:側芽, g:同, 側面, h:同, 背面(g〜h拡大), i〜j:花芽, k:短枝化した側生枝。②:短枝化した小枝, 4年生, a:頂芽, b〜c:花芽, d:同(拡大), e〜g:芽鱗痕, h:花軸痕。(神奈川県伊勢原市串橋, 斎藤氏, 1978.2.29)

バラ科
155

●エゾヤマザクラ（オオヤマザクラ）*Prunus sargentii* Rehder, Yezo-yamazakura (Oo-yamazakura)

高木。高さ20m，径50cm になる。樹皮は暗栗色である。

小枝は，赤栗色・栗褐色ないし赤褐色をし，無毛で，つやがある。ただし，2年生の枝は灰色のろう質物をかぶる。側生枝は短枝化しやすい。一年生枝は，やや細く，径2〜4mm あり，帯灰赤栗色ないし栗褐色をし，無毛である。皮目は灰褐色で，やや突出し，だ円形で，やや多数ある。葉痕は隆起し，半円形・三日月形ないし三角形で，3個の維管束痕をもつ。托葉痕は小さい。芽鱗痕は明らかで，しばしば芽鱗が基部に残る。髄はいくらか褐色をおびた白色で，やや太い。

冬芽は，2/5 のらせん生であるが，弱い枝では二列互生になる。側芽（葉芽）は長卵形ないし長だ円形で，長さ5〜6mm あり，やや開出する。頂芽は長卵形ないし紡錘形で，やや大きく，長さ6〜8mm ある。芽鱗は栗褐色ないし明褐色をし，無毛で，つやがあり，8〜10枚が覆瓦状に重なる。花芽は太く，卵形ないし長卵形で，長さ 6〜8mm，径3〜4mmあり，短枝ないし短枝化した枝に側生する。

図 2.100　エゾヤマザクラ
①：小枝，3年生，a：頂芽，b：同（拡大），c〜d：花芽，e：同（拡大），f：枝の断面，g：芽鱗痕，h〜i：短枝，j：残存する前年の芽鱗，②：小枝，3年生，a：枯れた枝先，b：短枝，c：同，背面，d：葉芽，e：花芽，③：葉痕（拡大），④：発達した短枝，8年生。（北海道中川郡中川町中川，北大中川地方演習林，1975.3.7）

各　論

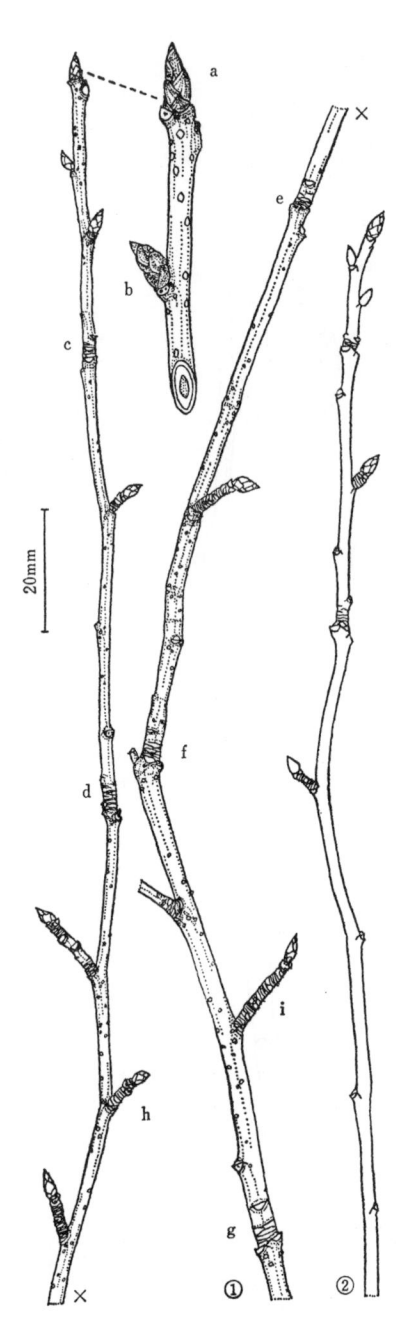

● カスミザクラ *Prunus verecunda* KOEHNE, Kasumi-zakura

高木。高さ 20m，径 50cm になる。樹皮は灰褐色をし，老樹では横に薄片となってはげる。

小枝は，帯灰栗褐色ないし灰褐色をし，褐色の皮目が目立ち，無毛で，つやがあり，桜肌である。短枝が発達する。一年生枝は，細く，径 1.5〜2.5mm あり，暗灰褐色ないし暗黄褐色をし，無毛で，ややジグザグに屈折する。皮目は淡褐色をし，小さく，やや多数ある。葉痕は隆起し，三角形ないし半円形で，小さく，3個の維管束痕をもつ。髄は細く，白い。

冬芽は，ほぼ二列互生であり，栗褐色ないし明褐色をし，無毛で，7〜10枚の芽鱗に覆瓦状につつまれ，紡錘形ないし長だ円形で，先がとがり，長さ3〜5mm あり，やや開出する。頂芽はやや大きい。短枝の頂生芽は長卵形である。

図 2.101 カスミザクラ
①：小枝，6年生，a：頂芽，b：側芽(a〜b 拡大)，c〜g：芽鱗痕，h〜i：短枝，②：短枝化した小枝，3年生。（仙台市川内，東北大植物園，1978.1.31）

バラ科

図 2.102　エゾノウワミズザクラ

①：伏条した一年生幹，②：小枝，2年生，a：頂芽，b～d：側芽（花芽），e～g：同（葉芽），h：芽鱗痕，i～k：落枝痕と予備芽，③：一年生枝，a：頂芽，b：側芽（花芽，a～b拡大）。（北海道富良野市山部町，東大北海道演習林樹木園，1980. 3, 11）

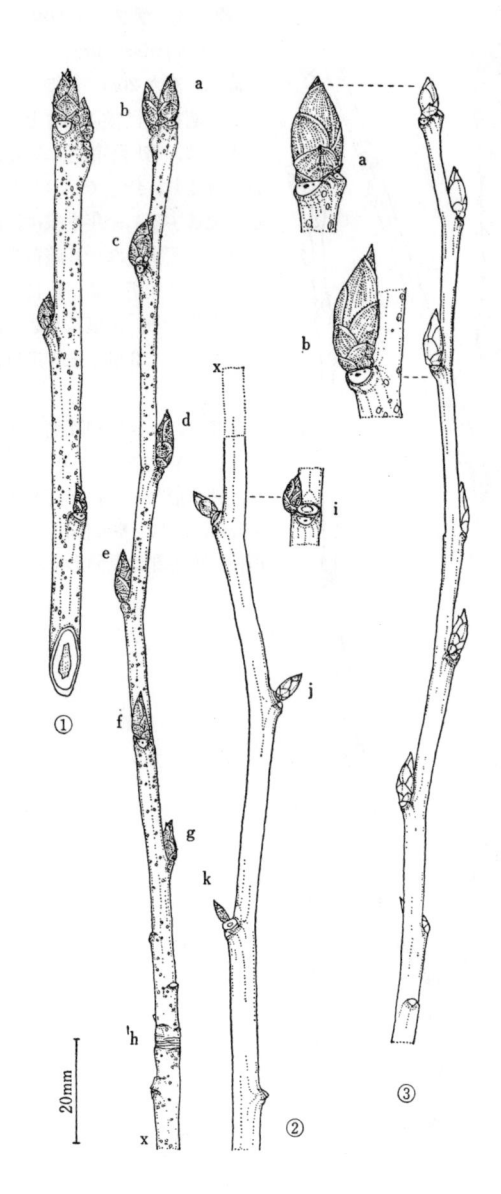

各　論

←●エゾノウワミズザクラ *Prunus padus* LINN., Yezono-uwamizuzakura (European bird cherry)

高木。高さ15m, 径30cmになる。樹皮は灰褐色をし, 深く裂ける。垂れた枝は接地すると発根し, 枝先が立上って, 伏条更新をしやすい。

小枝は, 暗褐色をし, 平円形で灰褐色の皮目が目立つ。日陰では, 短枝化する。落枝痕（果軸痕）が明らかで, その側方に予備的な冬芽がつく。一年生枝は, やや太く, 径3～5mmあり, 褐色をし, 無毛で, ややジグザグに屈折する。皮目は円形ないしだ円形で, 淡褐色をし, 多数。葉痕は隆起し, 三角形ないし三日月形で, 3個の維管束痕をもつ。托葉痕は狭い。髄は五角形で, 白色をなし, やや太い。枝を切ると, 臭気がある。冬芽は, 2/5のらせん生であり, 長卵形で, 先がとがり, 長さ8～12mmあって, いくらか開出する。頂芽はやや大きく, 卵形で, 先がとがり, 長さ10～12mmある。芽鱗は褐色ないし暗褐色をし, ほとんど無毛で, 7～9枚が覆瓦状に重なる。花芽（花序および葉をもつ混芽）はやや太く, 卵形である。

→●ウワミズザクラ *Prunus grayana* MAXIM., Uwamizu-zakura

高木。高さ15m, 径30cmになる。樹皮は黒紫色でつやがあり, 老樹では鱗片にはげる。

小枝は, 暗紫色ないし灰紫色であり, 横長の皮目が目立ち, 側生枝は短枝化するが, 落枝痕を残して落ち, その側方に冬芽（潜在予備芽？）をつけ, 節くれだった枝となる。一年生枝は, やや細く, 径2～4mmあり, 栗色ないし栗褐色をし, 無毛で, ややジグザグに屈折する。皮目は淡褐色をし, だ円形ないし円形で, 多数ある。葉痕はいちじるしく隆起し, 半円形で, 3個の維管束痕をもち, 小さい托葉痕をともなう。髄は五角形で, 汚白色をし, やや細い。

冬芽は, 2/5のらせん生であり, ほぼ伏生し, 三角状卵形で, 先がややとがり, 長さ3～4mmある。仮頂芽は上位の側芽とほぼ同じ大きさである。下位の側芽は発達しないか欠ける。芽鱗は暗栗色をし, 縁は褐色で, 無毛であり, 6～8枚が覆瓦状に重なる。

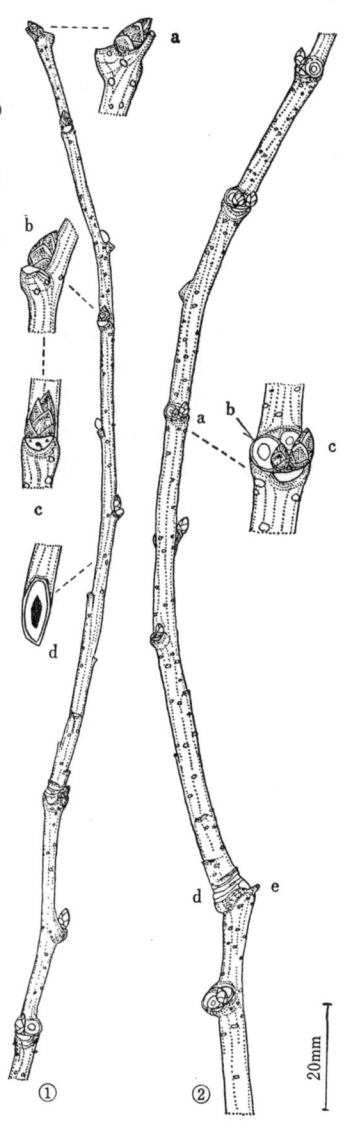

図 2.103 ウワミズザクラ
①：小枝, 2年生, a：仮頂芽, b：側芽, 側面, c：同, 背面, d：枝の経面（a～d 拡大）。②：小枝, 4年生, a：側芽, b：落枝痕, c：予備的な側芽（b～c 拡大）, d：芽鱗痕, e：枝痕。（仙台市川内, 東北大植物園, 1978.2.20）

サンザシ属 Crataegus Linn.

小高木ないし低木。枝がしばしばとげ（茎針）になる。冬芽はらせん生し、側芽は短枝化しやすい。

● **クロミサンザシ** *C. chlorosarca* Maxim., Kuromi-sanzashi

小高木。高さ6mになる。

小枝は、灰褐色をし、浅い裂け目ができる。短枝が発達する。一年生枝は、やや太く、径3～7mmあり、赤褐色ないし明褐色をし、無毛で、つやがある。ときに、とげがつく。皮目は褐色をし、だ円形で、やや突出し、多数ある。葉痕は隆起し、三日月形ないし三角形で、3個の維管束痕をもち、托葉痕はない。髄は淡褐色をし、ほぼ円く、やや細い。

冬芽は、2/5のらせん生であり、卵形ないし長卵形で、先がややとがり、赤紫色をし、無毛で、5～8枚の芽鱗にやや粗く覆瓦状につつまれる。頂芽はやや大きく、長さ7～12mmあり、球形で偏平な予備芽をしばしばもつ。側芽はやや開出し、長さ3～10mmあり、下位ほど小さい。

図 2.104 クロミサンザシ

①：勢いよい一年生枝, a：頂芽, b～f：側芽,
②：一年生枝, a：頂芽, b：予備芽, c：とげ,
③：小枝, a：短枝化した一年生枝, b～c：短枝.
④：小枝, 6年生, a：短枝, 5年生.（札幌市, 北大植物園, 1978. 2. 28）

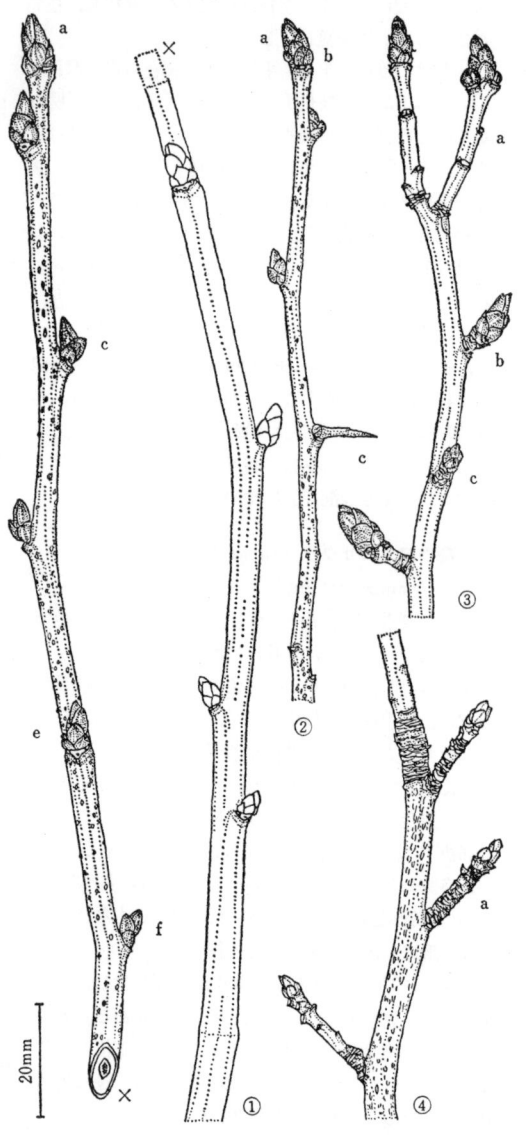

リンゴ属 Malus MILL.

高木，小高木ないし低木。一年生枝には，しばしばとげ（茎針）がつく。冬芽はほぼ 2/5 のらせん生で，卵形であり，ほぼ伏生し，数枚の芽鱗につつまれる。葉痕は隆起し，3個の維管束痕をもつ。托葉痕は小さい。

種		一年生枝	冬芽	芽鱗
カイドウ	中国産	細い，栗褐色	卵形，先がとがる	暗赤褐色，5～7 枚
エゾノコリンゴ	自生	やや太い，褐色，とげ	卵形，先が鈍い	褐色，3～4 枚

●カイドウ（ハナカイドウ）Malus halliana KOEHNE, Kaidō (Hana-kaidō)

小高木。高さ 8m になる。樹皮は灰色をし，平滑である。中国産で，花木として古くから植栽される。

小枝は，帯紫暗灰色をし，側生枝は短枝化しやすい。一年生枝は，細く，径 2～4mm あり，栗褐色ないし灰褐色をし，ほぼ無毛であるが，枝先や短枝には軟毛が残る。皮目は小さく，少ない。葉痕は隆起し，三日月形で，葉枕が黒紫色をし，ほぼ 3 個の維管束痕をもつ。髄は五角形で，暗黄色をし，やや細い。

冬芽は，2/5 のらせん生であり，伏生し，卵形で，先がとがり，偏平して，長さ 2～5mm あって，暗赤褐色をし，ほぼ無毛で，5～7枚の芽鱗につつまれる。頂芽は卵形ないし長卵形で，長さ 4～7mm ある。花芽は大きく，卵状だ円形で，先がややとがり，長さ 5～8mm あって，短枝に頂生する。

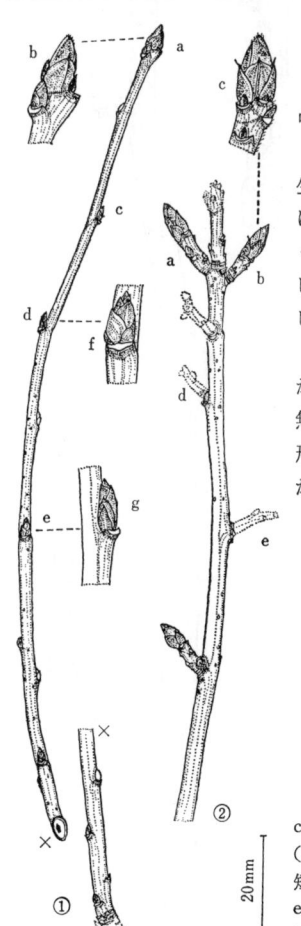

図 2.105 カイドウ
①：一年生枝, a：頂芽, b：同（拡大），c～e：側芽, f：同，背面, g：同，側面（f～g 拡大）. ②：小枝，2年生, a～b：短枝と頂生芽（花芽），c：同（拡大），d～e：枯れた側生枝. （札幌市，北大植物園，1975.2.2）

●エゾノコリンゴ *Malus baccata* var. *mandshurica* C. K. SCHNEID., Yezono-koringo

小高木。高さ6m くらいになる。

　小枝は，暗紫色をし，日陰のものは短枝がいちじるしく発達する。一年生枝は，やや太く，径2〜6mm あり，稜があって，赤褐色をし，無毛で，ややジグザグに屈折し，勢いよい枝では側生の二次伸長枝が出て，長さ30〜50mm にもなり，先はしばしばとげ（茎針）となる。皮目は明褐色をし，ほぼ円形で，多数ある。葉痕は隆起し，三日月形で，3個の維管束痕をもつ。髄はやや五角形で，淡褐色をし，細い。

　冬芽は，2/5 のらせん生で，伏生し，卵形で，先が鈍く，やや偏平し，長さ2〜4mm ある。頂芽は卵形で，いくらか大きい。芽鱗は褐色をし，灰色の縁毛がはえ，3〜4枚が重なる。

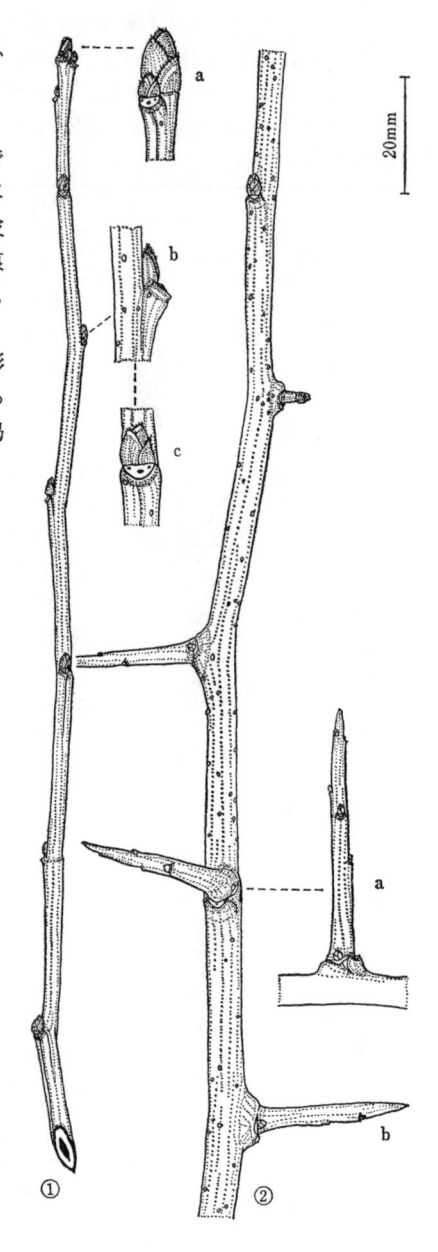

図 2.106　エゾノコリンゴ
　①：一年生枝，上部，a：頂芽，b：側芽，側面，c：同，背面（a〜c 拡大），
　②：勢いよい一年生枝，中部，a〜b：側生の二次伸長枝ないしとげ（茎針）。
　（札幌市，北大植物園，1978.3.1）

各論
162

ナシ属 *Pyrus* Linn.

● ナシ *P. pyrifolia* var. *culta* Nakai, Nashi

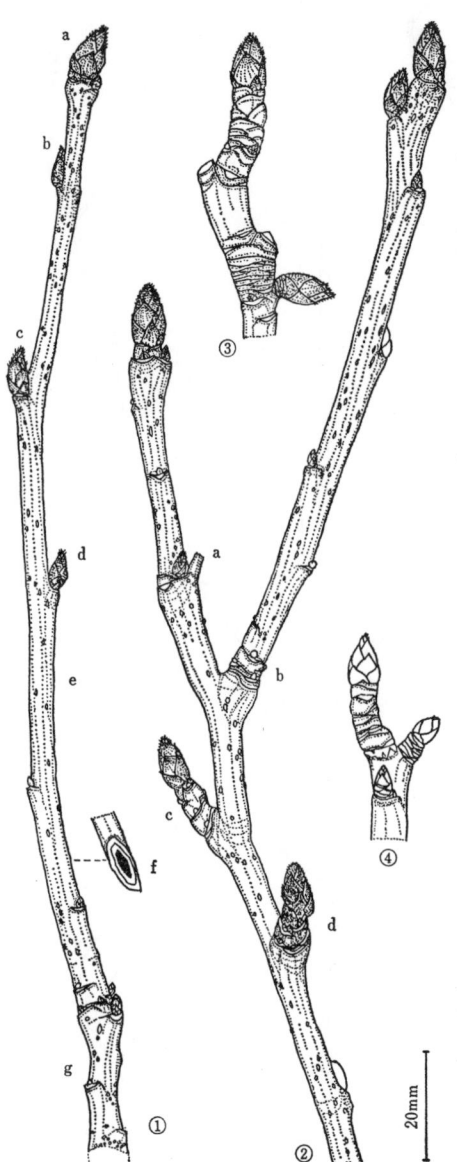

高木。母種のヤマナシから改良されたもので，きわめて多くの栽培品種がある。ここに記載するのは「幸水」品種である。

一年生枝は，太く，径3〜8mm あり，帯緑褐色ないし帯赤褐色をし，無毛である。皮目は灰色をし，大きく，だ円形ないし長だ円形で，多数ある。葉痕は隆起し，三日月形ないしV字形である。髄は黄緑色をし，五角形で，やや太い。

冬芽は，2/5のらせん生であり，卵形ないし長卵形で，長さ5〜12mm あり，下位の側芽は小さく，頂芽はやや大きい。芽鱗は帯赤暗褐色をし，内側に軟毛がはえ，7〜10枚が重なる。

図2.107 ナ シ

①：一年生枝，a：頂芽，b〜d：側芽，e：二次伸長枝，f：枝の断面，g：本来の一年生枝。②：小枝，2年生，a：枯れた枝先，b：芽鱗痕，c〜d：短枝。③：短枝，4年生。④：同，3年生。（神奈川県伊勢原市串橋，斎藤氏，1976.1.29）

バラ科

ザイフリボク属 Amelanchier MEDIK.

●ザイフリボク A. asiatica ENDL., Zaifuri-boku

高木。高さ10m，径20cmになる。樹皮は暗灰紫色である。

小枝は，灰紫色をし，側生枝は短枝化がいちじるしい。一年生枝は，細く，径1～3mmあり，栗褐色・赤褐色ないし明褐色をし，無毛である。皮目は灰色をし，ほぼだ円形で，大きく，多数ある。葉痕は隆起し，ナナカマドのように，紫色の葉柄基部が残って，三日月形をし，3個の維管束痕をもつ。托葉痕は小さい。髄はやや四角形で，黄色をし，細い。

冬芽は，ほぼ二列互生であるが，節間がねじれて日向側に集まりやすく，ほぼ伏生し，先がやや曲がる。側芽は紡錘形ないし長だ円形で，先がとがり，長さ5～9mmあり，頂芽はやや大きく，長さ6～10mmある。芽鱗は5～9枚あり，赤紫色をし，灰白色の長軟毛が縁にはえ，ときには冬期にも芽鱗がゆるんで，開葉したようにみえる。

図2.108 ザイフリボク
①：勢いよい，冬芽のゆるんだ一年生枝，a：頂芽，b～c：側芽，②：小枝，7年生，a～b：芽鱗痕，c～d：短枝，e：頂芽(拡大)，③：小枝，3年生，a：枯れ葉，④：果枝。(仙台市川内，東北大植物園，1978.2.20)

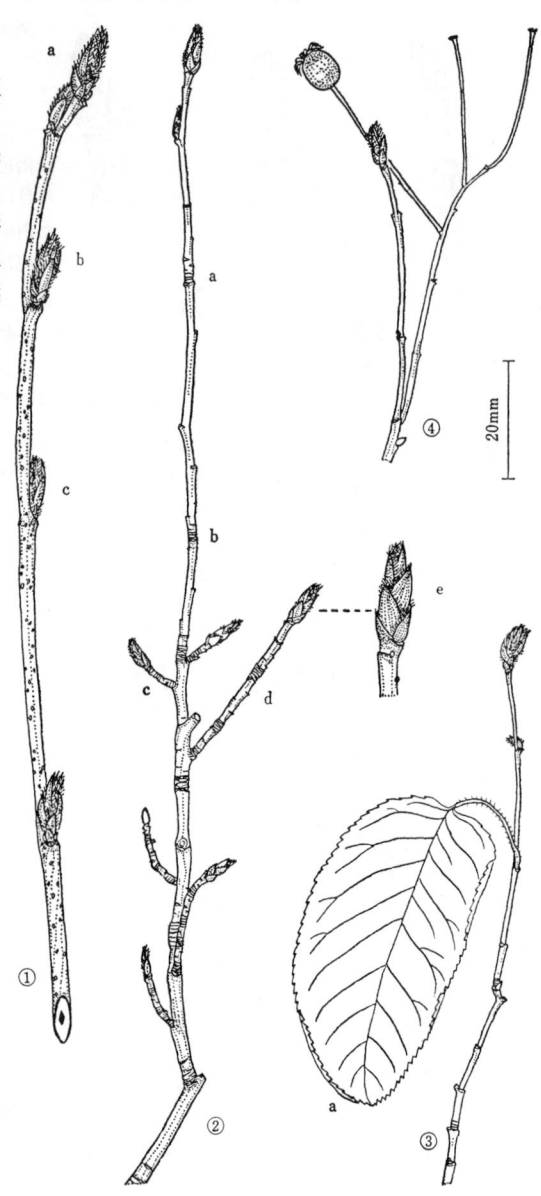

各　論

カマツカ属 Pourthiaea DECNE.

●ワタゲカマツカ（ウシコロシ）*P. villosa* DECNE., Watage-kamatsuka (Ushi-koroshi)

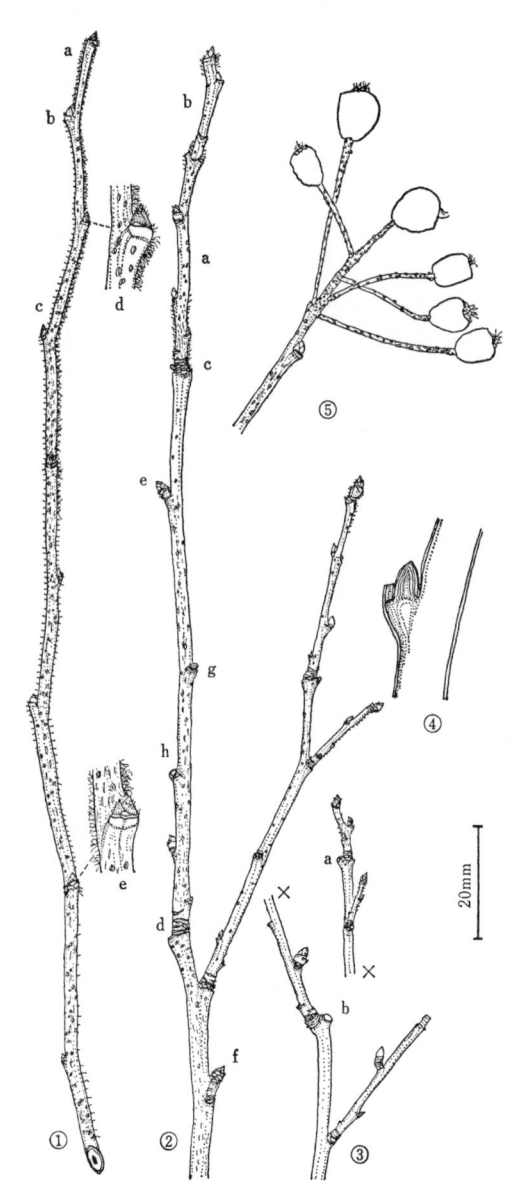

小高木。高さ 9m, 径 15cm になる。樹皮は暗灰色ないし灰色をし，縦しわがある。

小枝は，紫褐色ないし褐色をし，ほぼ無毛で，細かく縦裂する。短枝化しやすく，芽鱗痕は明らかである。一年生枝は，やや細く，径 1〜3mm あり，帯紫褐色ないし灰褐色をし，灰白色の綿毛ないし長軟毛につつまれ，ややジグザグに屈折する。皮目は大きく，だ円形ないし円形で，長さ 0.5〜1mm あり，黄褐色をし，やや突出して，多数ある。葉痕はいちじるしく隆起し，広い V 字形であるが，隆起の基部は赤紫色で，ナナカマドと同様に，葉柄基部が宿存して冬芽の基部を保護する。髄は淡い黄緑色をし，細い。

冬芽は，2/5 ないし 1/3 のらせん生であり，円錐形で，小さく，長さ 2〜3mm あり，4 稜をもち，先がとがる。芽鱗は 3〜4 枚あり，赤褐色ないし褐色をし，縁には灰白色の軟毛がはえる。

図 2.109 ワタゲカマツカ
①：一年生枝，a：仮頂芽，b〜c：側芽，d：同，側面（拡大），e：同，背面（拡大），②：小枝，3 年生，a：頂生枝，b：二次伸長部分，c〜d：芽鱗痕，e〜f：短枝，g〜h：落枝痕，③：短枝化した小枝，3 年生，a〜b：枝痕，④：冬芽の縦断面（拡大），⑤：果枝。（北海道中川郡音威子府村上音威子府，北大中川地方演習林庭園，1977.12.4）

バラ科

ナナカマド属 Sorbus LINN.

高木ないし低木。冬芽はらせん生し，卵形ないし長卵形がふつうで，頂芽をつけ，葉柄起原の 2～6 枚の芽鱗につつまれる。葉痕は葉柄基部が残るためにいちじるしく隆起し，三日月形ないし半円形である。托葉痕はない。

一年生枝はややジグザグに屈折し，皮目が明らかである。側生枝は短枝化しやすい。冬にも，しばしば果実および果軸が残る。

種	一年生枝	冬芽	芽鱗数
ナナカマド	やや太い，紫褐色	長卵形，濃紫色，長さ 12～18mm	2～4 枚
アズキナシ	細い，褐色	卵形，栗褐色，長さ 3～5mm	4～6 枚

● **ナナカマド** Sorbus commixta HEDL., Nanakamado

高木。高さ 15m，径 30cm になる。樹皮は帯灰暗褐色ないし帯灰黒褐色をし，粗肌で，浅裂する。街路樹としてよく植栽される。

小枝は，淡い紫褐色をし，無毛・平滑である。側生枝は短枝化しやすく，果軸は頂生する。一年生枝は，やや太く，径 2～5mm あり，長くのび，濃紫色，紫褐色ないし栗褐色をし，無毛で，ややジグザグに屈折する。皮目はやや突出し，灰色ないし淡黄褐色をし，だ円形ないし長だ円形で，散在する。葉痕は三日月形で，5 個の維管束痕をもち，いちじるしく隆起するが，これは本来の位置より高く，葉柄基部の宿存とみられ，その部分は濃紫色をし，冬芽の基部をつつむ。托葉痕はない。髄は黄褐色をし，円い。樹皮には固有の臭気がある。

冬芽は，1/3 のらせん生であり，長卵形で，先がとがり，暗紫色ないし濃紫色をし，2～4枚の葉柄起原の芽鱗につつまれ，いくらか毛がはえ，樹脂をかぶる。頂芽はやや大きく，長さ 12～18mm あり，2 個の葉痕をもち，太い。側芽はやや小さく，やや偏平で，先は右に曲がる。下位の側芽 3 個はまったく発達しない。

図 2.110 ナナカマド

①：小枝，a：頂芽，b～c：側芽，d：芽鱗痕，②：側芽(拡大)，a：背面，b：側面，③：葉痕(拡大)，④：短枝をもつ小枝，6年生，⑤：短枝化した小枝，a：果軸，⑥：一年生枝，a～b：葉柄，c：枝の断面，⑦：やや太い小枝，⑧：開葉，a～b：芽鱗，c：内側の芽鱗(葉柄)，d：托葉，e：ふつう葉，f：宿存する葉柄基部(葉痕の隆起)。（北海道江別市西野幌，野幌森林公園，1972.2.28）

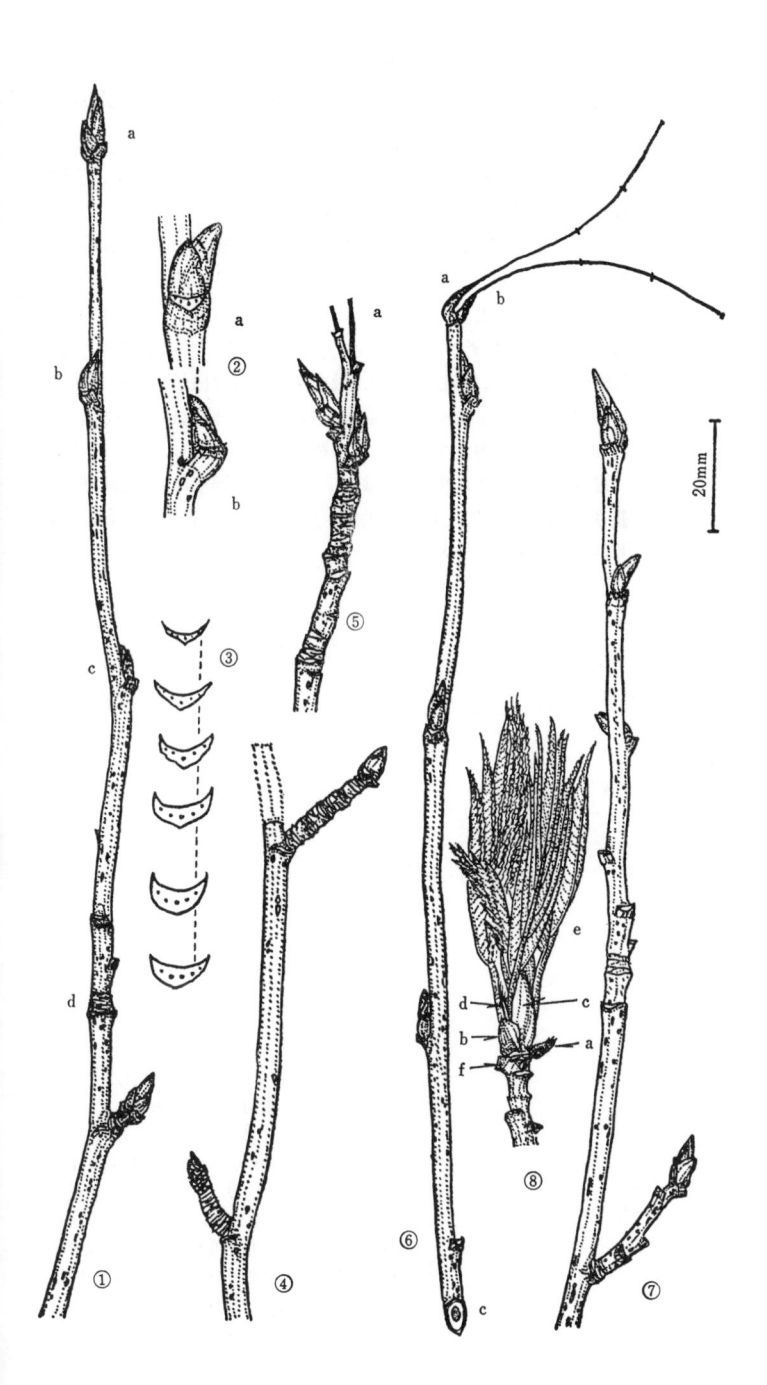

バラ科
167

●アズキナシ（カタスギ）*Sorbus alnifolia* C. Koch, Azuki-nashi (Katasugi)

高木。高さ20m，径50cmになる。樹皮ははじめ平滑で，灰褐色ないし紫黒色をし，後に菱形に裂ける。

小枝は，紫褐色，褐色ないし淡褐色をし，細い。側生枝は短枝化しやすい。一年生枝は，細く，径1〜3mmあり，栗褐色，帯赤褐色ないし明褐色をし，ほぼ無毛であるが，頂芽付近にいくらか疎毛がはえ，ややジグザグに屈折する。皮目は大きく，だ円形で，長さ0.5〜1mmあり，黄白色をし，散在する。この様子からハカリノメ（秤の目）の異名もある。葉痕はいちじるしく隆起し，小さく，半円形ないし三日月形である。髄は細く，淡黄色をし，ほぼ円い。

冬芽は，2/5のらせん生であり，小さく，卵形ないし長卵形で，長さ3〜5mmあり，ほぼ無毛で，栗褐色ないし帯赤褐色をし，4〜6枚の芽鱗につつまれる。

図2.111 アズキナシ
①：勢いよい小枝，a：頂生枝，b：側生枝，②：一年生枝（拡大），a：頂芽，b〜c：葉痕，d：側芽，e：枝の断面，③：短枝化した側生小枝（拡大），a：頂生芽（花芽），b〜c：葉痕および芽鱗痕，④：小枝，5年生，a〜d：葉痕および芽鱗痕，e〜f：短枝化した小枝，3年生，g：果軸。（北海道上川郡新得町，北海道立林試道東支場内，1977.2.21）

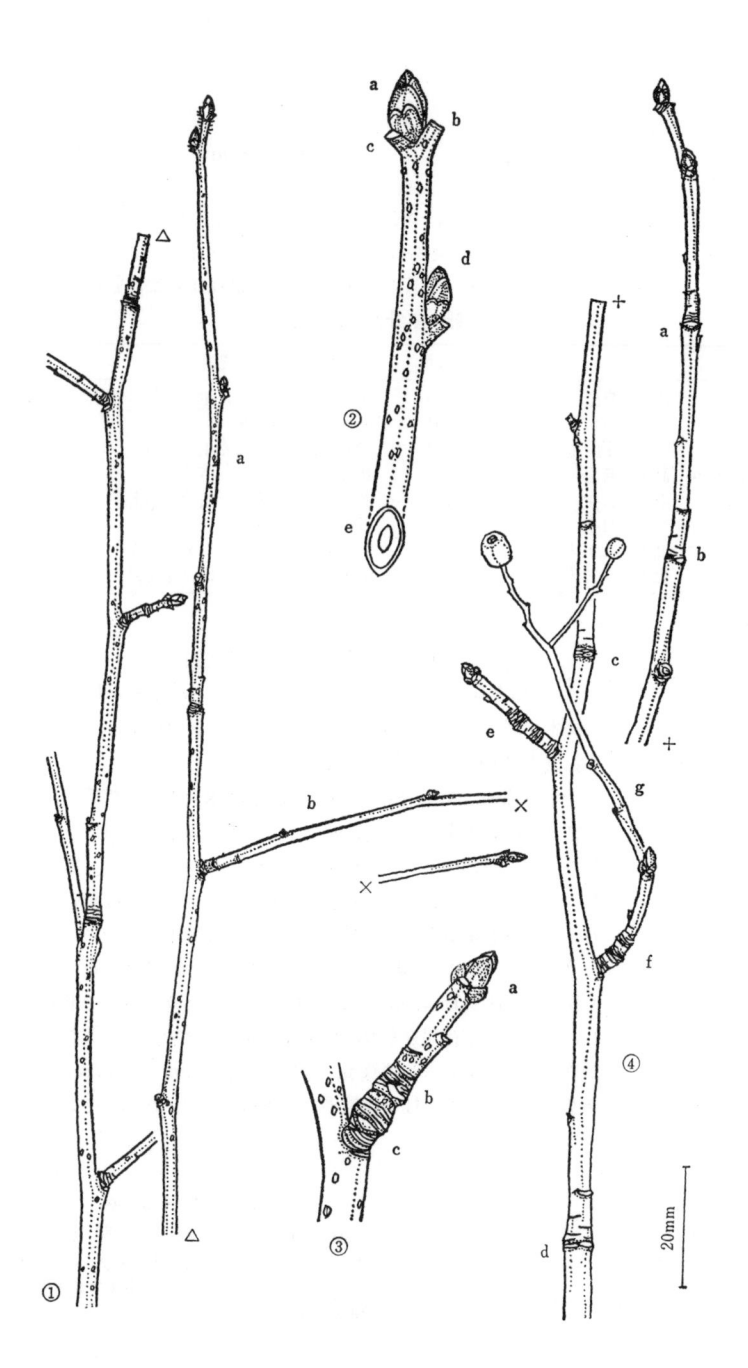

バラ科
169

17 マメ科
Leguminosae

高木,低木ないしつる。豆果をつけることのほかは,各属種の形態は多様である。冬芽はらせん生ないし二列互生して,葉枕中に埋まるもの(隠芽,半隠芽)がある。托葉痕はないこともある。ときに,とげ(托葉針,茎針)がある。

種		とげ	冬芽
ネムノキ	高木,自生	ない	半分隠れる,らせん生 (3/8),予備芽
サイカチ	高木,自生	茎針	半球形,らせん生 (2/5)
エンジュ	高木,中国産	ない	半分隠れる,らせん生 (3/8)
イヌエンジュ	高木,自生	ない	広卵形,二列互生,有毛
ユクノキ	高木,自生	ない	長卵形,二列互生,有毛,予備芽
フジ	つる,自生	ない	長卵形,らせん生 (2/5)
ニセアカシア	高木,北アメリカ産	托葉針	隠れる,らせん生 (2/5)
イタチハギ	低木,北アメリカ産	ない	卵形,らせん生 (3/8),予備芽

ネムノキ属 *Albizzia* Durazz.

●ネムノキ *A. julibrissin* Durazz., Nemu-no-ki

高木。高さ10m,径30cmになる。樹皮は灰褐色をし,平滑である。庭木や砂防用にも植栽される。

一年生枝は,太く,径4〜9mmあり,暗褐色をし,無毛で,ややジグザグに屈折する。皮目は突出し,円形・菱形・だ円形ないし割れ目形で,淡褐色ないし黄褐色をし,長さ1〜3mmある。葉痕は隆起し,三角形ないし半円形をし,幅3〜5mmあり,3個ないし3グループの維管束痕をもつ。髄はやや太く,多角形で,白い。

冬芽は,3/8ないし2/5のらせん生であり,球形で,いちじるしく偏平し,長さ1〜2mmあって,暗赤褐色であり,材中に半分埋没し,しばしば平行芽をもつ。仮頂芽は発達しない。枝の頂部に果軸が残り,豆果もしばしば残る。豆果は長さ10cm,幅1.7cmくらいあり,膜質である。種子は偏平し,褐色をして,だ円形である。

図 2.112 ネムノキ
①:勢いよい一年生枝,a:側芽,b:同(拡大),②:小枝,a:果軸,b:果柄,c:豆果,d:種子。(盛岡市下厨川,林試東北支場内,1978.2.1)

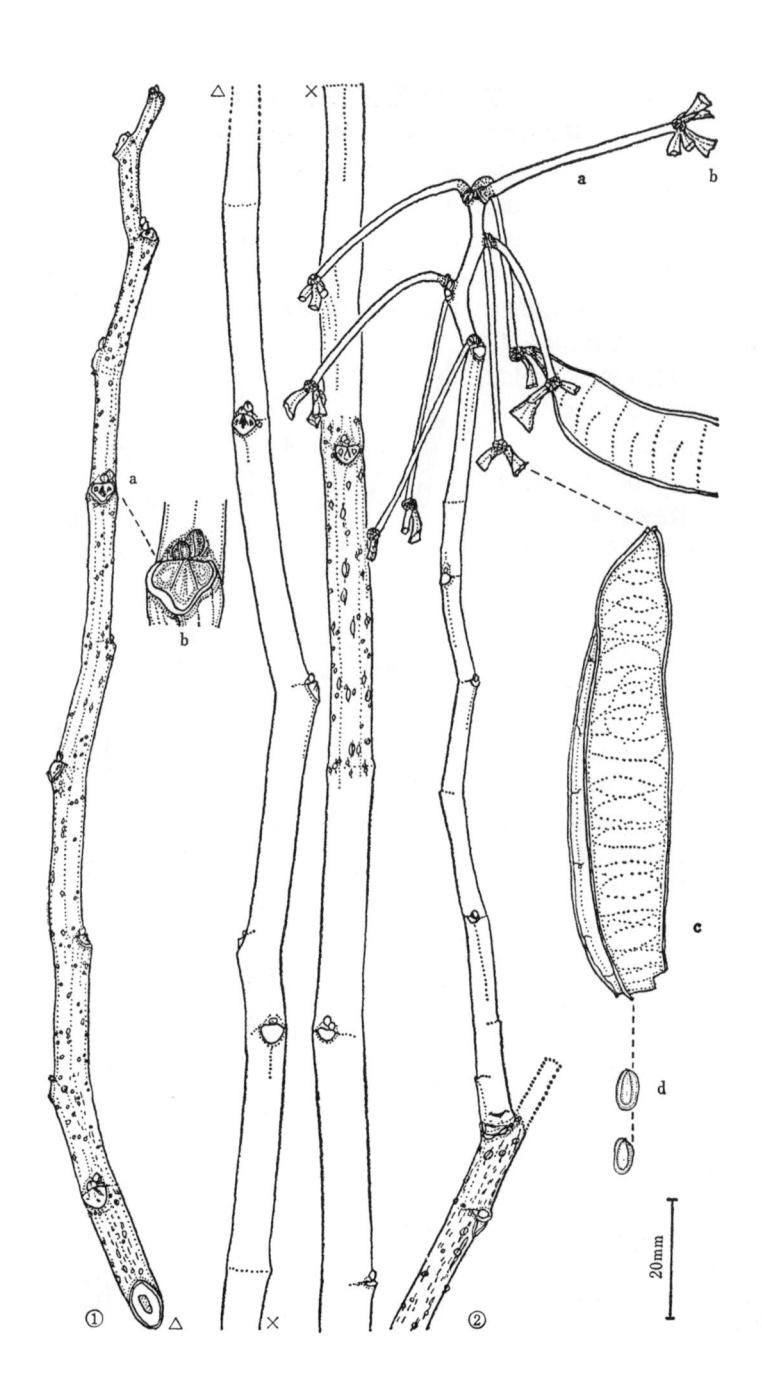

マメ科
171

サイカチ属 *Gleditsia* Linn.

● サイカチ *G. japonica* Miq., Saikachi

高木。高さ15m，径40cmになる。樹皮は暗灰色をし，平滑であるが，老樹では裂け目を生じる。

小枝は，暗緑色ないし帯灰緑色をし，つやがあり，たくさんの冬芽の叢生する短枝が発達する。一年生枝は，やや太く，径2〜6mmあり，隆起線条ないし稜をもち，帯灰緑色，帯緑黄褐色ないし褐色などと多様であり，無毛で，しばしばとげ（茎針）をもつ。とげは長さ50mm以上にもなり，分岐し，主芽の位置に出て，その直下に予備的な側芽がある。

皮目はやや突出し，だ円形ないし円形で，淡褐色をし，多数ある。葉痕は隆起し，心形ないし倒松形で，3個の維管束痕をもつ。托葉痕はない。髄は帯緑黄色をし，ほぼ五角形で，やや太い。

冬芽は，2/5のらせん生である。側芽は半球形ないし円錐形で，小さく，長さ1〜1.5mmあり，赤褐色ないし褐色をし，無毛で，4〜6枚の芽鱗につつまれる。仮頂芽もほぼ同じ大きさである。冬芽は，枝の上位では1個つき，中〜下位ではとげの直下につく。短枝はほとんど伸長しないで，その頂生芽は前年の冬芽の周囲につく。

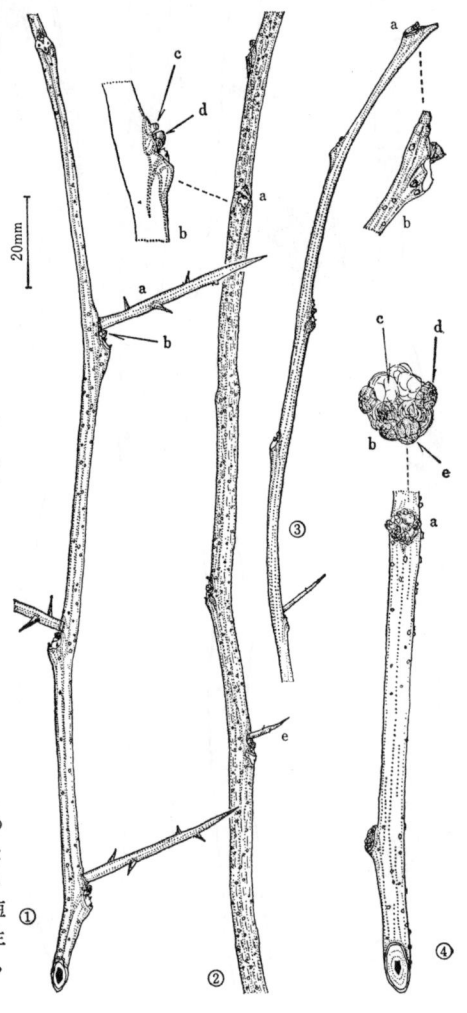

図 2.113 サイカチ
①：一年生枝，a：とげ（茎針），b：側芽（予備芽），②：一年生枝，a：側芽，b：同（拡大），c：とげの痕跡，d：予備的側芽，e：弱いとげ，③：一年生枝，a：仮頂芽，b：同（拡大），④：小枝，3年生，a：短枝，b：同（拡大），c：前年の頂生芽，d〜e：頂生芽。（盛岡市下厨川，林試東北支場，1978.2.22）

クララ属 *Sophora* Linn.

●エンジュ *S. japonica* Linn., Enju

高木。高さ15m，径40cmになる。樹皮は暗灰色ないし帯灰暗褐色をし，細かく縦裂する。中国原産で，街路樹や縁起木として植栽される。

小枝は，暗緑色をし，ほぼ無毛である。一年生枝は，太く，径3〜8mmあり，帯褐緑色ないし暗緑色をし，短軟毛が残る。皮目は大きく，淡褐色をし，やや突出して，多数ある。葉痕は隆起し，V字形ないし三日月形で，幅1.5〜3mmあり，3個のやや突出した維管束痕をもつ。髄は淡い黄緑色で，中央は淡黄色となり，細い。内皮は黄色で，臭気がある。

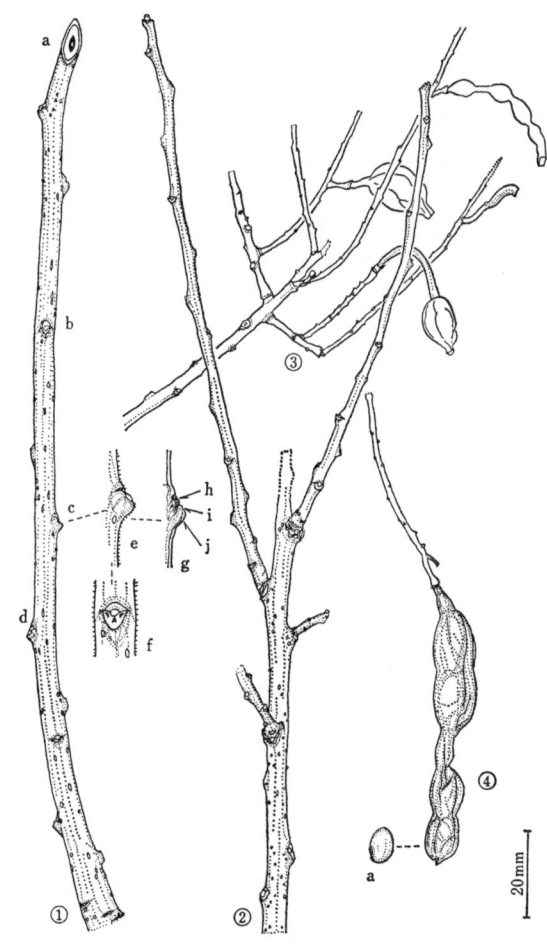

冬芽は，3/8のらせん生であり，暗褐色をし，密毛がはえるが，大部分が葉枕につつまれる（半隠芽）。仮頂芽は発達しない。

果実は多汁質の豆果で，ほどんと偏平せず，長さ5〜7cm，径10mmくらいあり，数珠状にくびれる。汁はねばる。種子は黒色で，偏平し，だ円形で，長さ8mmくらいある。

図 2.114 エンジュ
①：勢いよい一年生枝，a：枝の断面，b〜d：側芽，e：同，側面，f：同，背面，g：同，縦断面，h：冬芽，i：葉痕，j：葉枕（e〜j拡大），②：小枝，③：果枝，④：果実（豆果），a：種子。（東京都文京区，街路樹，1978.1.30）

マメ科

イヌエンジュ属 Maackia RUPR. et MAXIM.

●イヌエンジュ M. amurensis var. buergeri C.K. SCHNEID., Inu-enju

高木。高さ15m, 径30cm になる。樹皮は淡緑褐色ないし灰褐色をし, やや粗面で, 老樹では浅く裂ける。

小枝は, 灰褐色ないし暗灰色をし, 平滑で, 材は堅く, 淡黄色をし, 枝を切ると臭気がある。日陰では, 短枝化しやすい。一年生枝は, やや太く, 径3〜6mm あり, 帯緑灰色, 暗灰褐色ないし淡栗褐色をし, 枝先および冬芽付近に密軟毛がはえ, ややジグザグに屈折する。皮目は小さく, 明褐色をし, 円形で, 散在する。葉痕は隆起し, 大きく, 幅3〜6mm あり, 半円形である。維管束痕は3個あり, 中央のものが大きく, 突出する。髄は淡褐色をし, やや細い。

冬芽は, 二列互生し, 大きく, 長さ5〜8mm あり, 広卵形ないし卵形で, 先がとがり, 偏平である。仮頂芽と次の側芽は近接し, やや大きく, 二股分岐の枝ぶりをつくりやすい。勢いよい枝では, 冬芽はしばしば亜対生ないし亜二列互生となる。芽鱗は葉柄起原であり, 暗黄褐色ないし暗褐色をし, 短軟毛がはえ, 2〜3枚がみえる。

図 2.115 イヌエンジュ

①:勢いよい一年生枝, a:仮頂芽, b:枝痕, c〜e:側芽, ②:短枝化した小枝, 9年生, a〜h:芽鱗痕, ③:短枝化した小枝, 10年生, ④:二股分岐の小枝, a:小さい仮頂芽, b:大きい側芽, ⑤:葉痕, ⑥:開葉, a:ふつう葉(複葉), b:内側の芽鱗(葉柄), c:芽鱗 (北海道天塩郡幌延町間寒別, 北大天塩地方演習林樹木園, 1968.5.29; 美唄市光珠内, 北海道立林試裏山, 1971.3.16)

マメ科
175

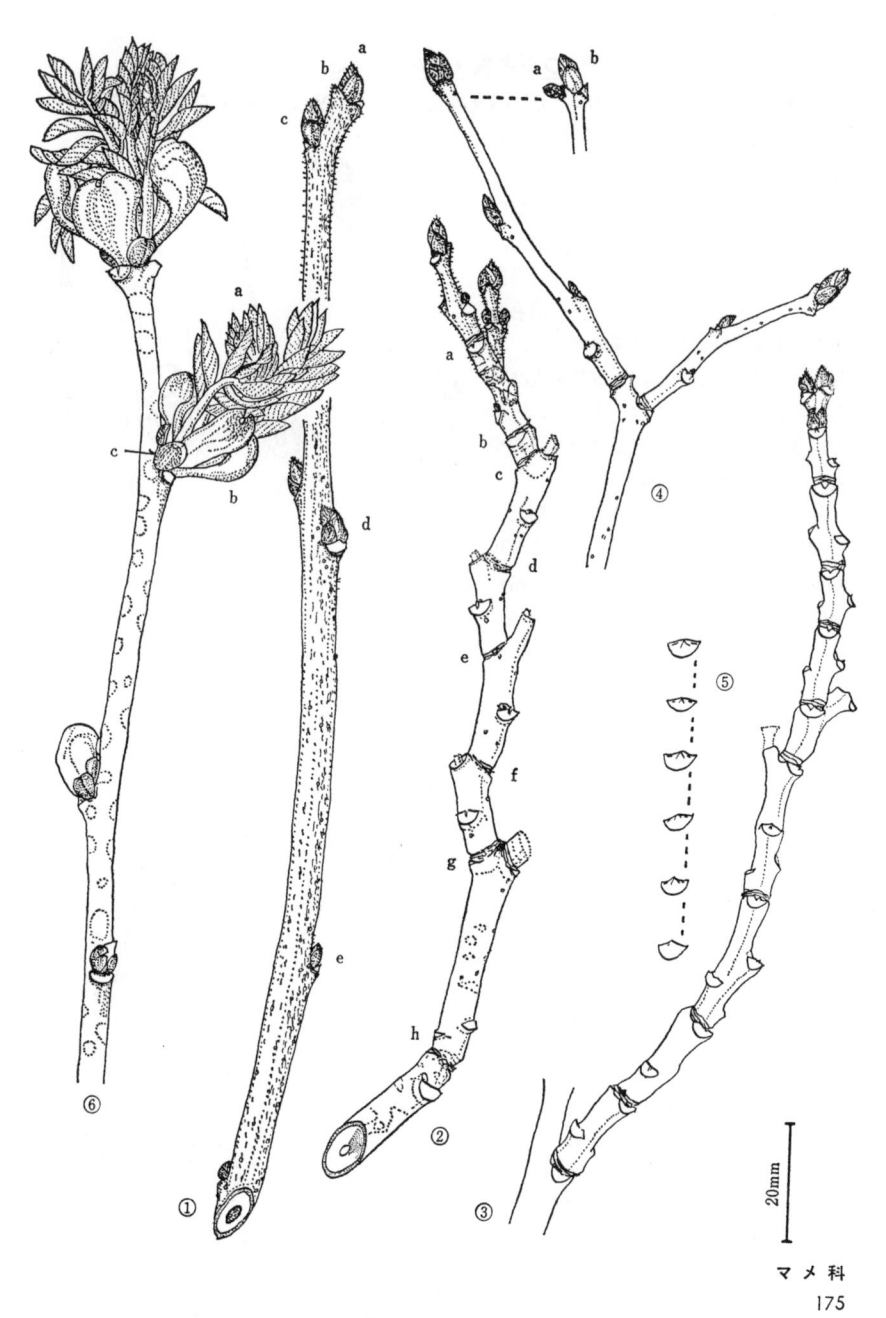

フジキ属 Cladrastis RAFIN.

●ユクノキ（ミヤマフジキ）*C. sikokiana* MAKINO, Yuku-no-ki (Miyama-fujiki)

高木。高さ15m，径30cmになる。樹皮は灰白色をし，平滑である。

小枝は，灰褐色をし，無毛で，多数の皮目が目立つ。一年生枝は，やや太く，径2～6mmあり，帯紫褐色ないし淡褐色をし，ほぼ無毛で，基部に褐色の綿毛が残る。葉痕は隆起し，ほぼO字形で，冬芽を取り囲む（葉柄内芽）。維管束痕は突出し，5個ある。皮目は灰色をし，円形で，きわめて多数ある。髄は円く，やや太く，ほぼ白色である。

冬芽は，二列互生であり，長卵形ないし卵形で，先がややとがり，長さ5～10mmあり，裸出して，明褐色をし，密軟毛につつまれ，1～2個の予備芽をもつ。

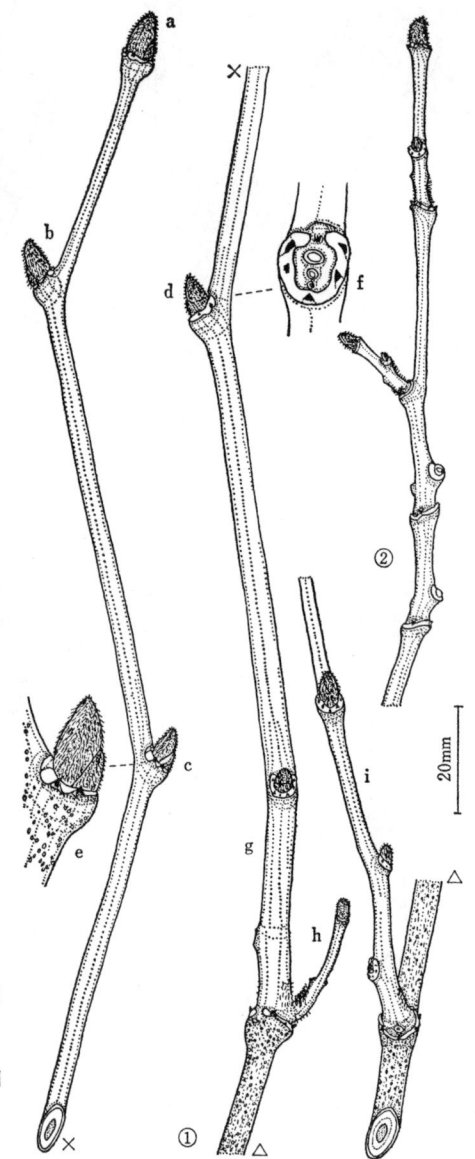

図 2.116　ユクノキ
①：小枝，2年生，a：仮頂芽，b～d：側芽，e：同（拡大），f：同，横断（拡大），g：頂生枝，h：予備芽からの側生枝，i：側生枝，②：短枝化した小枝，4年生。（京都市，京大植物園，1978.1.27）

フジ属 Wisteria Nutt.

●フジ（ノダフジ）W. floribunda DC., Fuji (Noda-fuji)

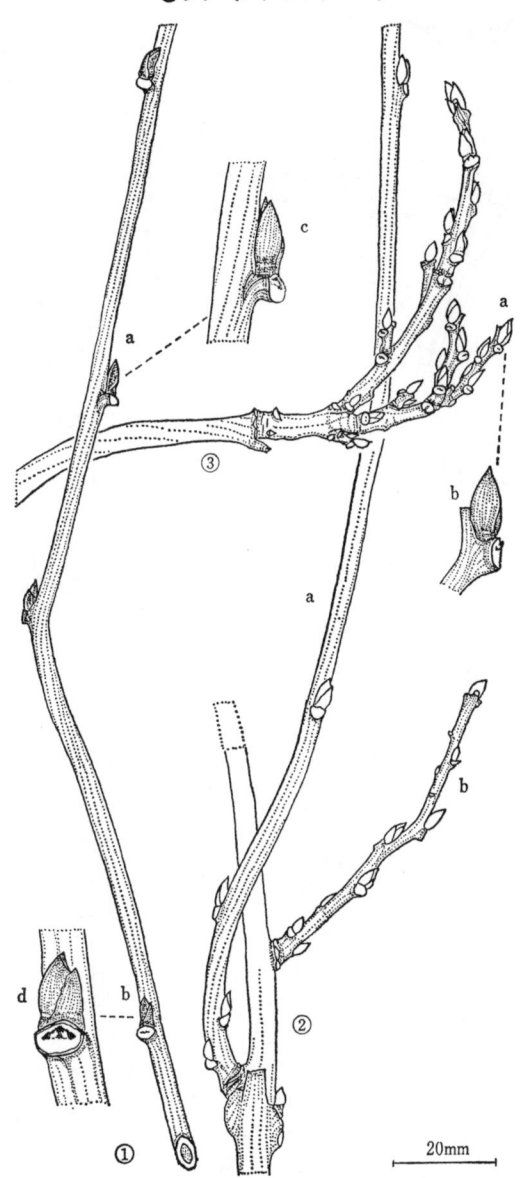

つる。右巻きで，径20（〜40）cmくらいになる。樹皮は灰色であり，幹はいちじるしく伸長し，分岐して，他物に巻きつく。

小枝は，暗灰褐色ないし灰紫色である。一年生枝は，長くのび，やや細く，径2〜5mmあり，帯褐灰色をし，無毛で，つやがある。皮目は微小で，多数ある。葉痕はいちじるしく隆起し，平円形ないし半円形で，中央が突出し，多数の微小な維管束痕がやや環状に並ぶ（ないし3個ないし3グループの維管束痕をもつ）。托葉痕は小さい。髄はほぼ白色で，やや太い。

冬芽は，ほぼ2/5のらせん生で，ほぼ伏生し，長卵形で，先がとがり，偏平し，長さ5〜7mmある。芽鱗は暗赤褐色をし，無毛で，2〜3枚が重なる。

図2.117 フ ジ
①：一年生枝, a〜b：側芽, c：同, 側面, d：同, 背面(c〜d 拡大), ②：小枝, 3年生, a：長くのびた一年生枝, b：短枝化した一年生枝, ③：短枝化した小枝, 4年生, a：仮頂芽, b：同(拡大)。（神奈川県伊勢原市串橋，斎藤氏，1976.1.30）

マメ科

ハリエンジュ属 Robinia Linn.

●ニセアカシア（ハリエンジュ）R. *pseudo-acacia* Linn., Nise-akashia (Hari-enju, Black locust)

高木。高さ20m，径40cmになる。樹皮は暗灰色で，縦に深い割れ目ができる。北アメリカ産で，街路樹，砂防樹として広く植栽される。

小枝は，帯赤褐色である。一年生枝は，太く，径3〜9mmあり，帯緑暗褐色をし，無毛で，大きく，暗赤色をした，長さ5〜15mmある鋭いとげ（托葉針）が各節に2個ずつつき，ややジグザグに屈折し，稜がある。皮目はやや小さく，淡褐色で，多数ある。葉痕はいちじるしく隆起し，ほぼ卵形で，しばしば三つに裂ける。維管束痕は3個ある。髄は五角形ないし星形をし，白色で，やや太い。

冬芽は，仮頂芽型であり，ほぼ2/5のらせん生で，しばしば予備芽をもち，隆起した葉枕内に隠れる（隠芽）。

豆果は冬でも残っていて，紙質で，いちじるしく偏平し，褐色で，長さ5〜10cm，幅1.3cmくらいあり，種子は1果に4〜8個ある。

図 2.118 ニセアカシア
①：一年生枝，a：托葉針と葉痕（拡大），b：枝の断面，②：勢いよい一年生枝，a：側芽からの二次伸長枝，③：豆果，a：外側，b：内側。（北海道美唄市光珠内，北海道立林試場内，1973.4.15）

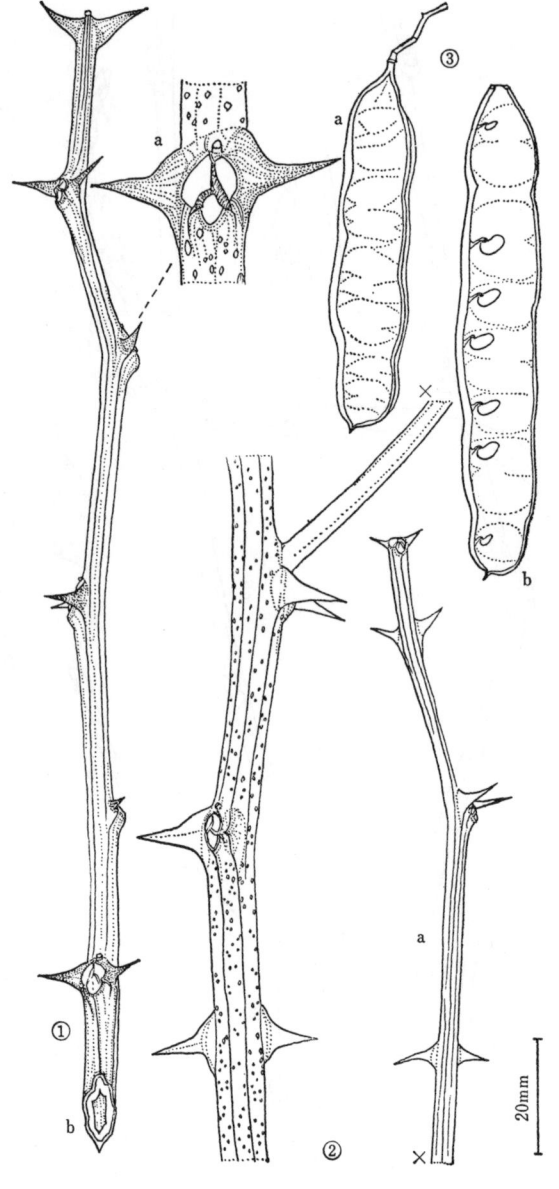

イタチハギ属 Amorpha LINN.

●イタチハギ（クロバナエンジュ）*A. fruticosa* LINN., Itachi-hagi (Kurobana-enju)

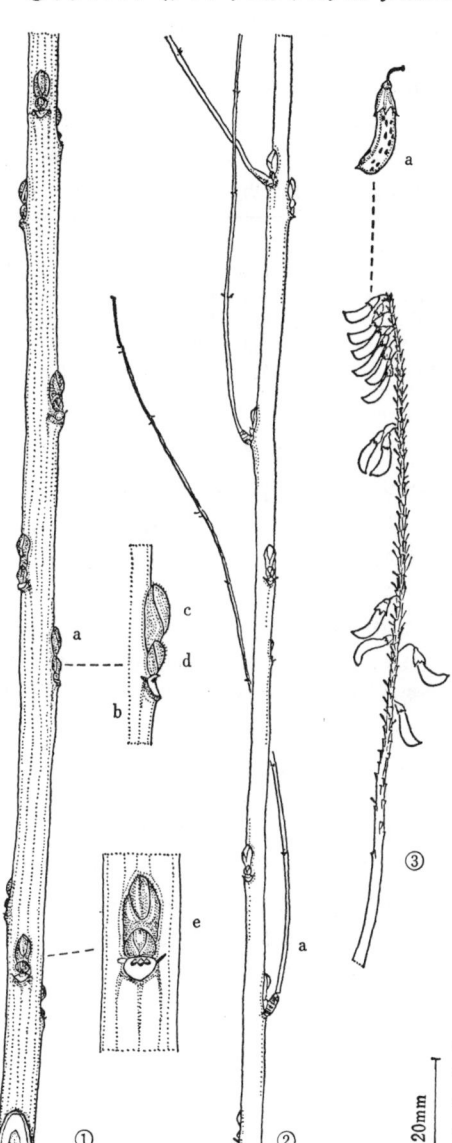

低木。高さ4mになる。樹皮は灰褐色である。北アメリカ原産で，砂防用，土地改良用（肥料木）として植栽され，フコクハギ（富国ハギ）の和名がつけられたこともある。

一年生枝は，長くのび，稜線があり，太く，径3～9mmあり，灰褐色をし，ほぼ無毛で，先端は枯れやすい。皮目は小さく，多数ある。葉痕はわずかに隆起し，ほぼ半円形で，幅2～3mmあり，ほぼ3個の維管束痕をもつ。托葉は線状で，残りやすい。髄は淡褐色をし，やや多角形で，やや太い。

冬芽は，3/8のらせん生で，ときに亜輪生状となり，半分埋まるように伏生し，予備芽をもつ。主芽は卵形で，偏平し，長さ3～4mmあって，短柄をもつ。予備芽は広卵形で，偏平し，長さ2～3mmある。芽鱗は暗褐色をし，灰色の短毛がいくらかはえ，3～4枚がみえる。

豆果が冬にも残りやすい。

図2.119　イタチハギ
①：一年生枝，a：側芽，b：同，側面，c：主芽，d：予備芽，e：側芽，背面（b〜e拡大），②：一年生枝，a：残っている葉柄，③：果穂，a：豆果（拡大）。（北海道中川郡中川町誉，北海道立林試道北支場内，1978.4.20）

マメ科

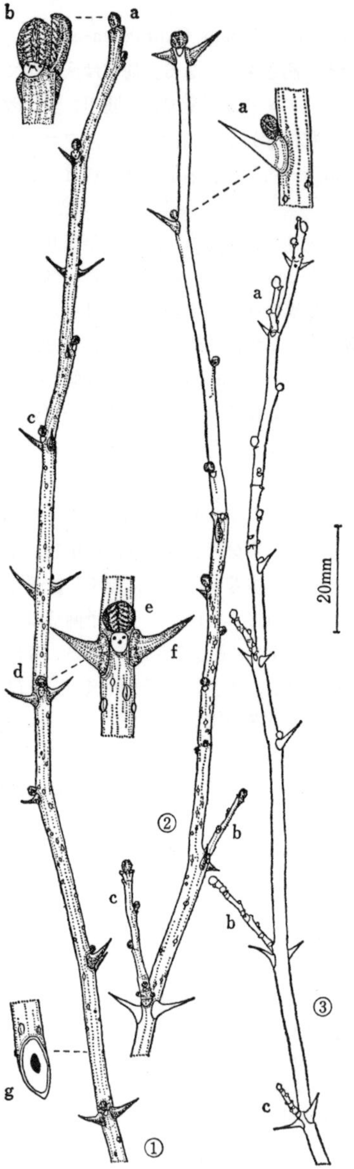

18 ミカン科
Rutaceae

低木ないし高木。とげ（茎針，托葉針ないし刺状突起）をもつものがある。冬芽は互生ないし対生し，枝に対して小形である。枝や冬芽を切ると，芳香があるものが多い。托葉痕はない。

種			とげ	冬芽
サンショウ	自生	低木	托葉針，2個ずつ	らせん生
カラスザンショウ	自生	高木	刺状突起，不規則	らせん生
コクサギ	自生	低木	ない	らせん生
キハダ	自生	高木	ない	対生
カラタチ	植栽	低木	茎針，1個ずつ	らせん生

サンショウ属 Zanthoxylum Linn.

●サンショウ Z. piperitum DC., Sanshō

低木。高さ3m あまりになる。樹皮は灰褐色をし，白斑があり，浅く縦裂し，とげの位置のほかにもコルク質のいぼ状の突起が発達する。

小枝は，暗灰褐色をし，淡褐色の皮目が突出する。一年生枝は，細く，径1.5〜3mm あり，黒褐色ないし暗紫褐色をし，無毛で，各節に1対のとげ（托葉針）をもつ。とげは長さ5〜10mm あって，鋭くとがるが，短枝や長枝の基部の節には発達しない。葉痕は小さく，ほぼ三角形・円形ないし半円形で，3個の維管束痕をもつ。髄は材とともに鮮黄色で，細い。

冬芽は，ほぼ3/8のらせん生につき，球形で，長さ1.5〜3mm あり，暗褐色をし，裸出するが，外側の葉が芽鱗化することもある。仮頂芽はやや大きい。冬芽を折ると，芳香がある。

図 2.120 サンショウ
①：一年生枝，a：仮頂芽，b：同（拡大），c〜d：側芽，e：同（拡大），f：とげ（托葉針），g：枝の断面（拡大），②：小枝，2年生，a：側芽ととげ（拡大），b〜c：短枝化した側生枝，③：小枝，4年生，a：短枝化した枝，b〜c：短枝。（神奈川県伊勢原市串橋，小林氏，1978.1.28）

カラスザンショウ Zanthoxylum ailanthoides SIEB. et ZUCC., Karasu-zanshō

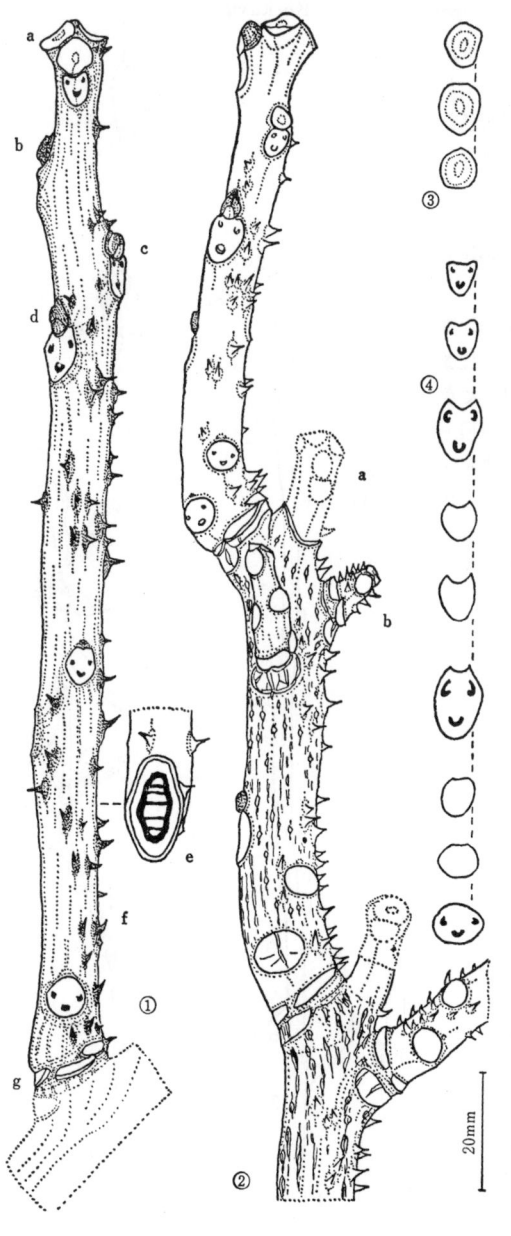

高木。高さ15m，径50cmになる。樹皮は灰褐色で，平たいいぼ状のとげが密に散在する。

小枝は，太く，暗灰色ないし帯褐灰色をし，線形ないし割れ目形の大きい皮目および縦の隆起線条がある。小枝の先端はしばしば枯れ，最上位の側芽が頂生枝化し，それから下位の側生枝は短枝化しやすい。一年生枝は，きわめて太く，径7〜12mmあり，帯紫灰褐色ないし暗黄褐色をし，無毛で，鋭いとげが不規則に多数ある。とげは刺状突起で，長さ2〜4mmあり，日向側に集まる。しばしば，枝先には果軸痕が残る。葉痕はほとんど隆起せず，平円形・心形ないし腎形で，幅5〜9mmあり，中央がやや凹み，3個の維管束痕をもつ。髄は太く，淡黄白色で，空室をもつ。枝を切ると，いくらか芳香がある。

冬芽は，2/5ないし3/8のらせん生である。ほぼ半球形で，長さ4〜8mm，高さ2〜4mmあり，帯緑黒色をし，無毛で，3枚の芽鱗につつまれる。下位の側芽は発達しない。

図 2.121 カラスザンショウ

①：一年生枝，a：果軸痕，b：最上位の側芽（仮頂芽），c〜d：側芽，e：枝の断面，f：とげ（刺状突起），g：芽鱗痕．②：小枝，3年生，a：枯れた枝先，b：短枝．③：果軸痕．④：葉痕．（仙台市川内，東北大植物園，1978.2.20）

ミカン科
181

コクサギ属 *Orixa* Thunb.

●コクサギ *O. japonica* Thunb., Ko-kusagi

低木。雌雄異株。高さ2mくらいになる。

一年生枝は，やや細く，径1.5〜4mmあり，ほぼ四角形で，灰褐色ないし帯緑灰色をし，無毛である。皮目は小さく，淡褐色で，目立たない。葉痕はほとんど隆起せず，ほぼ半円形で，1個の維管束痕をもつ。托葉痕はない。髄は半中空状で，黄緑色をし，やや太い。枝を切ると，いくらか臭気がある。

冬芽は，二列互生状であり，2個ずつ片側につく。側芽は4稜をもち，長卵形で，長さ3〜6mmあり，やや開出する。頂芽は大きく，長さ5〜7mmあり，しばしば1個の頂生側芽をともなう。芽鱗は濃緑色ないし帯紫緑色をし，縁は白く，無毛で，8〜9対が覆瓦状に重なる。

果実は四つに分かれたさく果であり，冬にも残存している。

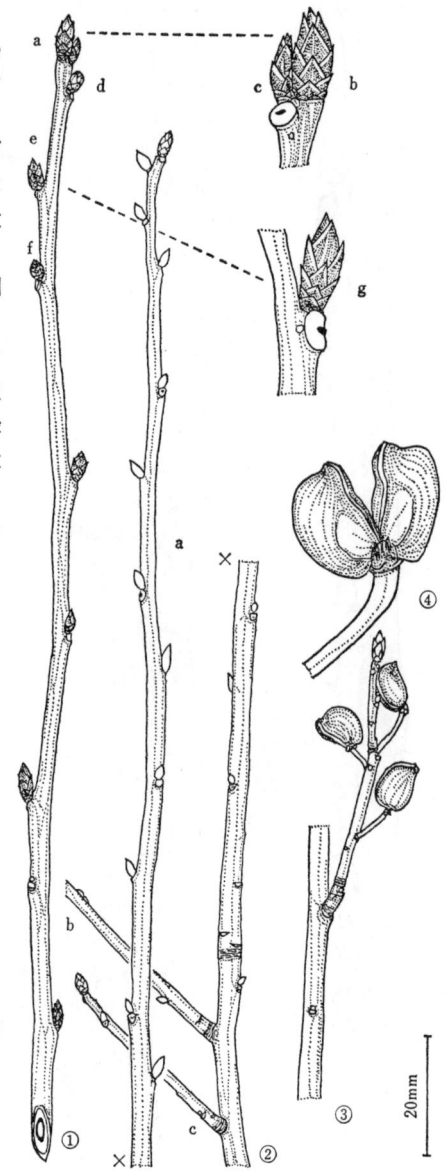

図2.122 コクサギ
①：一年生枝，a：頂芽，b：同（拡大），c：頂生側芽，d〜f：側芽，g：同（拡大），②：小枝，a：頂生枝，b〜c：側生枝，③：果枝，4年生，④：果実（拡大）。（盛岡市，岩手大植物園，1978.2.22）

キハダ属 *Phellodendron* Rupr.

●キハダ（シコロ）*P. amurense* Rupr., Ki-hada (Shikoro)

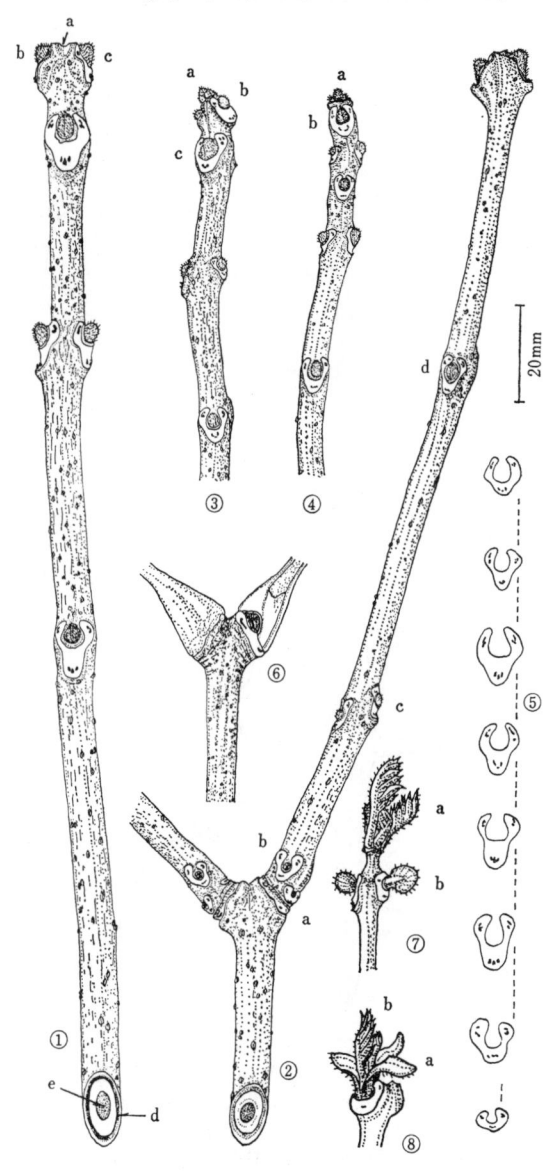

高木。高さ24m，径90cmになる。樹皮は淡褐色ないし灰色をし，厚いコルク質で，縦裂し，内皮は鮮黄色（黄肌）である。

小枝は，暗褐色をし，典型的な二股分岐の枝ぶりを示す。一年生枝は，太く，径5～10mmあり，無毛で，赤褐色ないし黄褐色をし，つやがある。皮目は大きく，だ円形ないし円形で，やや突出する。葉痕は大きく，長さ6～13mmあり，灰色をし，馬蹄形ないしU字形で，冬芽を取り囲み，3グループの維管束痕をもつ。托葉痕はない。髄は太く，円い。内皮は美しい黄色である。冬芽は，対生であり，円錐形ないし半球形で，下位ほど小さく，長さ2～4mmあって，2個の仮頂芽が頂生する。芽鱗は葉柄起原で，密軟毛がはえ，褐色をし，2枚がみえる。ただし，一年生幹では，1個の頂芽があり，裸出する。

図 2.123 キハダ

①：勢いよい一年生枝，a：枝痕，b～c：仮頂芽，d：黄色の内皮，e：髄，②：二股分岐の小枝，a：芽鱗痕，b：発達しなかった側芽，c～d：側芽，③：一年生幹，a：頂芽，b：側芽，c：大きい側芽，④：一年生幹，a：頂芽と頂生側芽，b：側芽，⑤：葉痕，⑥：葉柄内芽，⑦：開葉，a：裸出の頂芽，b：有鱗の側芽，⑧：開葉，a：芽鱗，b：ふつう葉（札幌市，北大構内，1967.3.9）

カラタチ属 *Poncirus* RAF.

●カラタチ *P. trifoliata* RAF., Karatachi

低木。中国産で，日本では野性化もし，生垣やミカン類の台木として植栽される。

一年生枝は，稜が発達して偏平となり，やや太く，長径3〜7mm あり，暗緑色ないし深緑色をし，無毛である。葉痕は小さく，半円形ないし平円形で，幅1〜2mm ある。とげ（茎針）は葉痕上にあり，強大で，縦に偏平し，先が鋭くとがり，長さ5〜50mm，幅2〜7mm あり，水平に開出する。髄は黄色をし，やや三角形で，太い。

冬芽は 1/3 ないし 2/5 のらせん生で，小さく，半球形で，径2〜3mm あり，帯赤緑色ないし帯褐緑色をし，無毛で，2〜3枚の芽鱗につつまれ，とげの基部の上側につく。ときに，枝先に3小葉をもつ葉が残る。

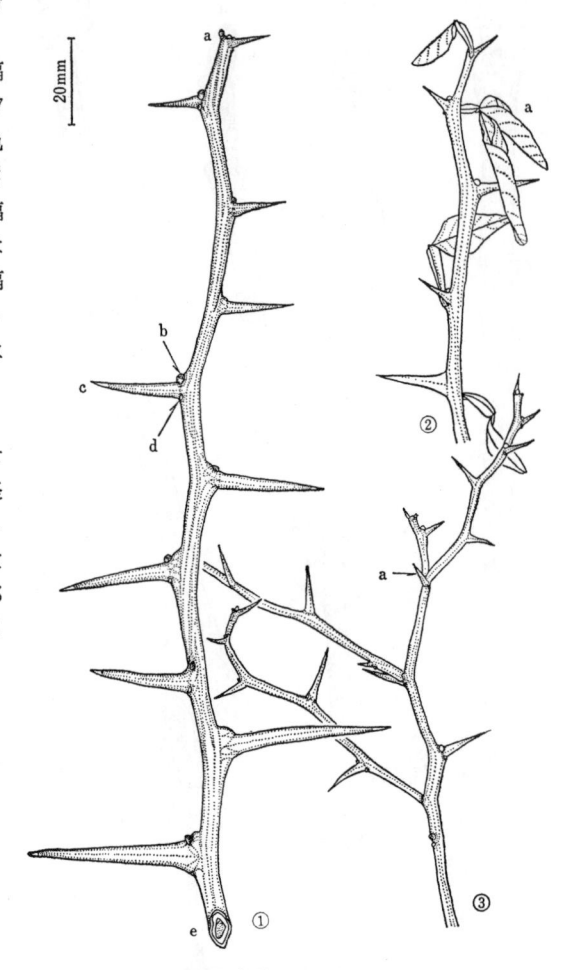

図 2.124 カラタチ
①：勢いよい一年生枝，a：仮頂芽，b：側芽，c：とげ(茎針)，d：葉痕，e：枝の断面。②：一年生枝，a：残存する複葉。③：短枝化した小枝，2年生，a：前年枝のとげ。（神奈川県伊勢原市串橋，小林氏，1978.1.28）

19 ニガキ科
Simaroubaceae

高木。一年生枝は太く，無毛で，多数の皮目がある。冬芽は裸出ないし有鱗であり，らせん生ないし二列互生する。葉痕は大きく，円形ないし心形であり，5個ないし多数の維管束痕をもつ。樹皮および材に苦味がある。

種		一年生枝	冬芽	葉痕	托葉痕
ニガキ	自生	やや太い	裸出，卵形，二列互生	ほぼ円形	ある
シンジュ	植栽	きわめて太い	有鱗，偏平，らせん生(3/8)	心形	ない

ニガキ属 *Picrasma* BLUME

●ニガキ *P. quassioides* BENN., Niga-ki

高木。高さ15m，径40cmになる。樹皮は灰褐色ないし暗褐色をし，平滑で，老樹では縦裂する。

小枝は，灰色ないし暗灰色をし，やや粗面である。一年生枝は，やや太く，径3〜5mmあり，帯紫褐色ないし帯灰褐色をし，無毛であり，ジグザグに屈折する。皮目は小さく，円形ないしだ円形で，多数ある。葉痕は大きく，淡灰緑色をし，円形・半円形・だ円形・腎形ないし心形で，5個の維管束痕をもつ。托葉痕はだ円形である。髄は黄色をし，ほぼ円形で，やや太い。材は淡黄色をし，きわめて苦く，胃腸薬になる。

冬芽は二列互生し，裸出して，2〜4枚の未開の葉がみえ，帯赤褐色ないし暗黄緑色をし，密軟毛につつまれる。ただし，一年生幹では，冬芽は3/8のらせん生である。頂芽は大きく，長さ6〜8mmあり，卵状円錐形ないしだ円状円錐形であるが，側芽は小さく，長さ2〜5mmあり，卵形ないし球形で，短柄をもつ。(⇨次頁)

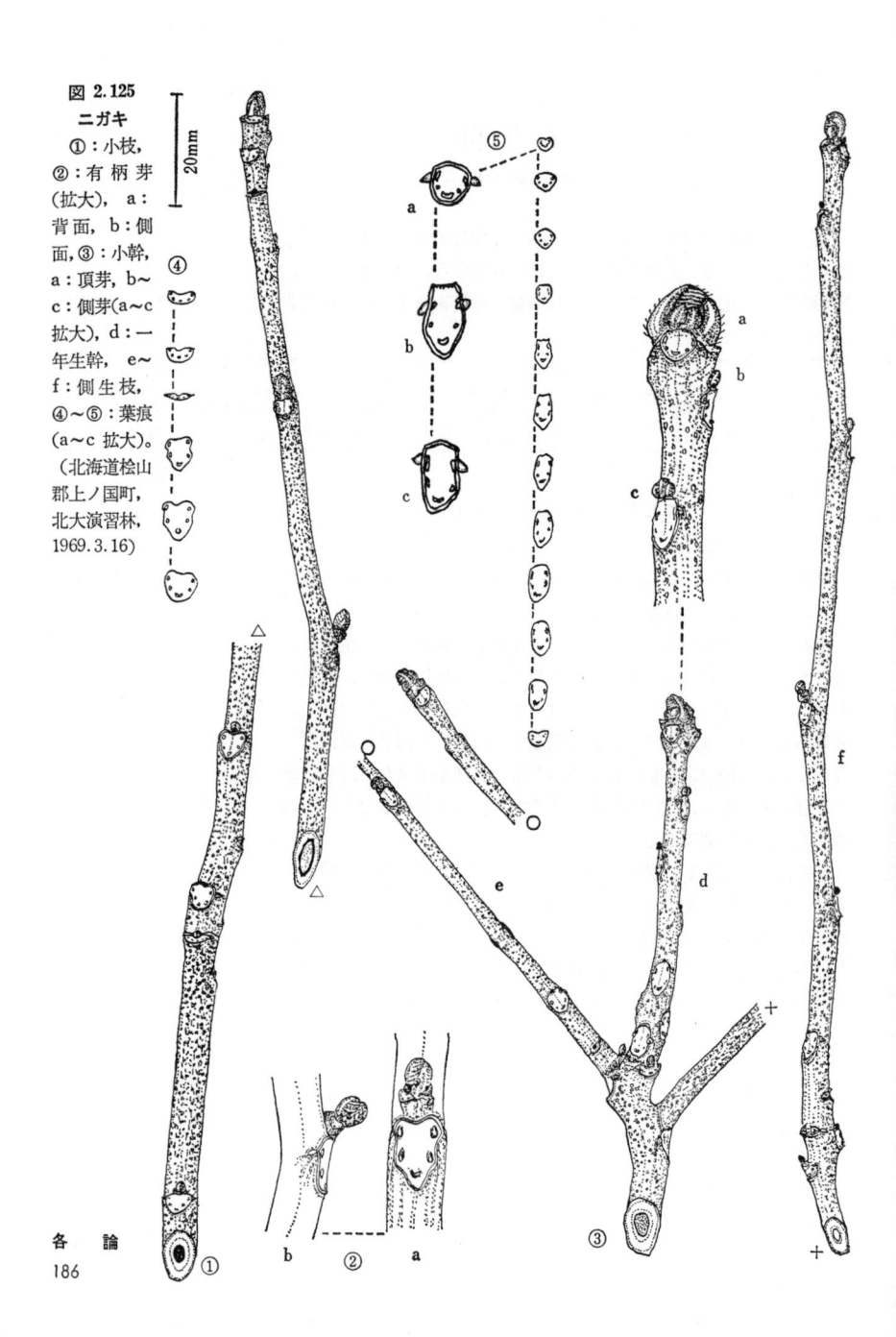

図 2.125
ニガキ
①：小枝,
②：有柄芽
(拡大), a：
背面, b：側
面, ③：小幹,
a：頂芽, b〜
c：側芽(a〜c
拡大), d：一
年生幹, e〜
f：側生枝,
④〜⑤：葉痕
(a〜c 拡大)。
(北海道桧山
郡上ノ国町,
北大演習林,
1969.3.16)

各論
186

シンジュ属 Ailanthus BLUME

●シンジュ（ニワウルシ）*A. altissima* SWINGLE, Shinju (Niwa-urushi, Tree of Heaven)

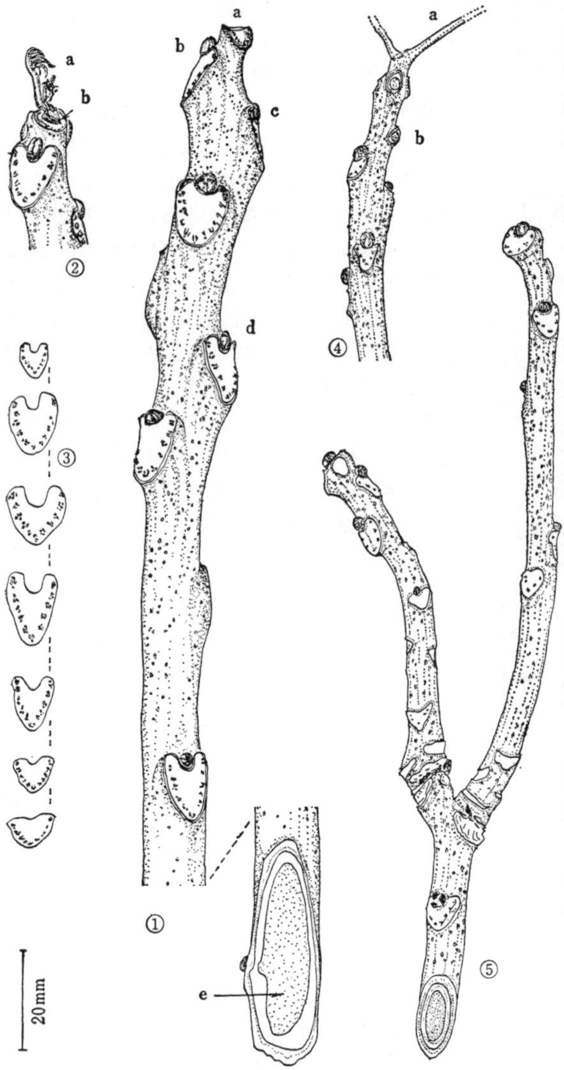

高木。高さ25m，径100cmになる。樹皮は平滑で，暗灰色ないし暗褐色をし，年とともに縦裂する。中国産で，庭木や街路樹に植栽される。

小枝は，帯紫褐色ないし暗赤褐色をし，多数の皮目がある。一年生枝は，きわめて太く，径6〜15mmあり，赤褐色ないし明褐色をし，無毛である。皮目はだ円形ないし円形である。葉痕はやや隆起し，大きく，長さ15mmにもなり，心形で，托葉痕はない。維管束痕は微小で，多数あり，9〜15グループに集まり，V字状に並ぶ。髄は淡褐色をし，きわめて太く，円い。

冬芽は，3/8のらせん生で，偏平な半球形をし，小さく，長さ3〜6mmあり，下半部が葉痕に囲まれる。芽鱗は2〜3枚あり，紫褐色ないし赤褐色をし，無毛である。枝痕は明らかで，大きい。仮頂芽は上位の側芽とほぼ同じ大きさで，しばしば二股分岐の枝ぶりとなる。下位の側芽は小さいか，欠ける。

図 2.126 シンジュ
①：勢いよい一年生枝，a：枝痕，b：仮頂芽，c〜d：側芽，e：髄，
②：枝先，a：枯れた新条端，b：枝痕，③：葉痕，④：枝先，a：花軸，
b：花軸痕，⑤：二股分岐の小枝。（札幌市，北大構内，1966.11.29）

ニガキ科

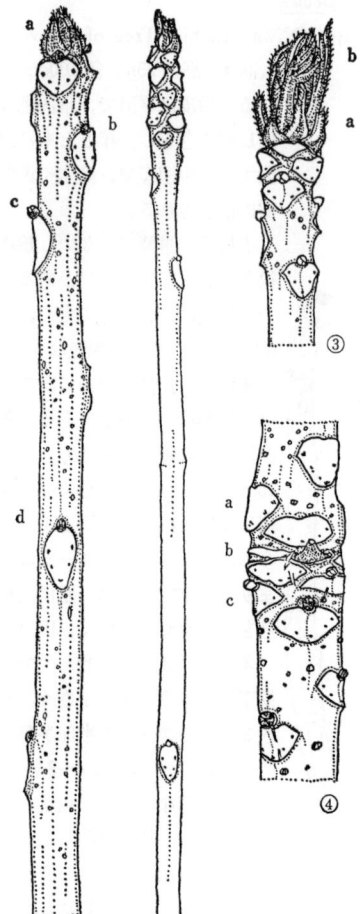

20 センダン科
Meliaceae

チャンチン属 *Cedrela* P. Br.

●チャンチン *C. sinensis* Juss., Chanchin

高木。高さ20m，径40cmになる。樹皮は灰褐色である。中国産で，庭木や街路樹として植栽される。

小枝は，褐色ないし灰褐色である。一年生枝は，太く，径5～10mmあり，灰褐色ないし帯緑褐色をし，無毛である。皮目は大きく，赤褐色をし，多数ある。葉痕はやや隆起し，中央が凹み，心形ないしだ円形で，頂芽近くに多く，5個ないし5グループの維管束痕をもつ。托葉痕はない。髄は太く，白い。

冬芽は，ほぼ2/5のらせん生であり，暗褐色をし，軟毛がはえ，葉柄起原の芽鱗につつまれる。頂芽は大きく，円錐形ないし五角錐形で，長さ5～10mmあり，4～7枚の芽鱗がみえる。側芽は小さく，球形で，開出する。

図 2.127 チャンチン

①：一年生枝，a：頂芽，b～d：側芽，e：枝の断面，②：一年生枝，③：開葉の枝先，a：芽鱗(葉柄)，b：ふつう葉，④：小枝の一部，2年生，a：下位の葉痕，b：芽鱗痕，c：上位の葉痕。(京都市，京大植物園，1978.1.27)

21 トウダイグサ科
Euphorbiaceae

シラキ属 *Sapium* P. Br.

●シラキ *S. japonicum* Pax et Hoffm., Shira-ki

小高木。高さ7mになる。

小枝は，暗灰褐色をし，皮目がきわめて多数ある。一年生枝は，細く，径1.5〜3mmあり，稜をもち，灰褐色をし，無毛で，ジグザグに屈折する。皮目は明らかでない。葉痕は隆起し，半円形ないし三角形で，3個の維管束痕をもつ。托葉痕は枝の下位のものほど大きい。髄は汚白色をし，太い。

冬芽は，二列互生し，三角状卵形で，先がとがり，やや偏平し，長さ3〜5mmあり，やや開出する。芽鱗は褐色をし，無毛で，2枚が重なる。

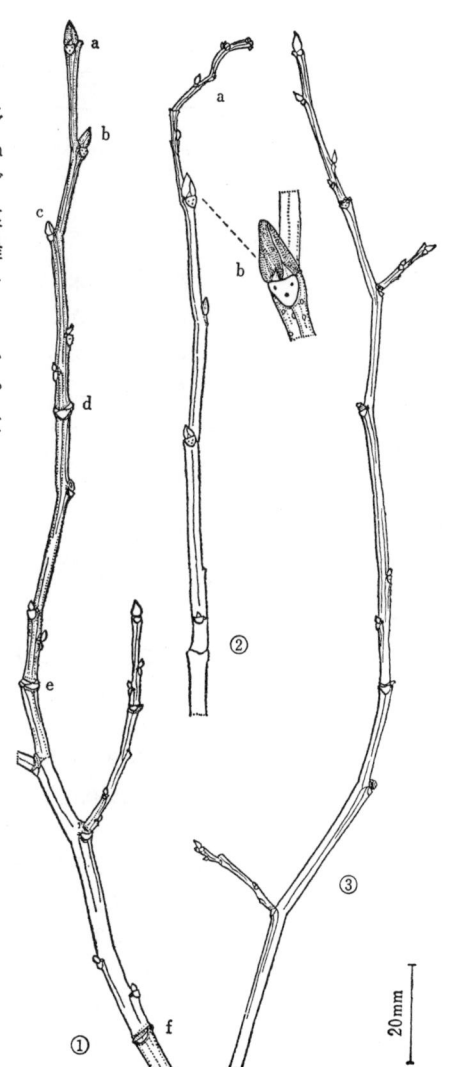

図 2.128 シラキ
①：小枝，4年生，a：仮頂芽，b〜c：側芽，d：芽鱗痕。②：小枝，a：花軸，b：仮頂芽(拡大)。③：小枝，3年生。(京都市，京大植物園，1978.1.27)

22 ウルシ科
Anacardiaceae

高木，小高木ないしつる。冬芽はらせん生し，頂芽が大きく，ときに仮頂芽型もあり，裸出ないし有鱗である。一年生枝は太い。托葉痕はない。維管束痕は小さく，多数ある。

属		頂芽	ウルシ液溝
ウルシ	高木，小高木，つる	大きい	ある
チャンチンモドキ	高木	仮頂芽	ない

ウルシ属 *Rhus* Linn.

高木，小高木ないしつる。冬芽は裸出ないし有鱗で，らせん生し，頂芽が大きく，有毛なものが多い。一年生枝は太く，枝を切ると，ウルシ液が出る。葉痕はほぼ心形で，多数の維管束痕をもち，托葉痕はない。

種		一年生枝		葉痕	冬芽	頂芽
ツタウルシ	つる，気根	径2～5mm，	短軟毛	心形	裸出，有毛	大きい，だ円状円錐形
ハゼノキ	高木	径4～8mm，	無毛	心形	有鱗，ほぼ無毛	大きい，広卵形
ヤマハゼ	小高木	径4～10mm，	僅かに軟毛	三角形	有鱗，ほぼ無毛	大きい，球状円錐形，短毛
ヤマウルシ	小高木	径5～10mm，	密短軟毛	心形	裸出，有毛	大きい，球状卵形
ヌルデ	小高木	径4～8mm，	無毛	U字形	有鱗，有毛	仮頂芽，やや大きい，半球形

●ツタウルシ *Rhus ambigua* Lavallee, Tsuta-urushi

つる。気根によって，樹木や岩壁によじのぼる。

小枝は，暗灰褐色をし，無数の小さい皮目をもち，平滑でなく，多数の気根を出す。一年生枝は，やや細く，径2～5mmあり，長くのび，暗灰褐色ないし帯灰赤褐色をし，冬芽付近に短軟毛がはえる。葉痕はやや隆起し，やや大きく，幅3～5mmあり，心形ないし腎形であり，維管束痕は7個あって，V字状に並ぶ。髄はやや太く，円形で，枝の断面にウルシ液溝がみえる。

冬芽は，3/8ないし5/13のらせん生で，柄をもち，淡褐色をし，軟毛がはえ，鱗片を欠いて，2枚の未開の葉が裸出する。頂芽は大きく，長さ4～8mmあり，だ円状円錐形で，副芽をともなう。側芽は球形ないし卵形で，小さく，長さ1～3mmあり，芽柄は長さ10mmになることもある。

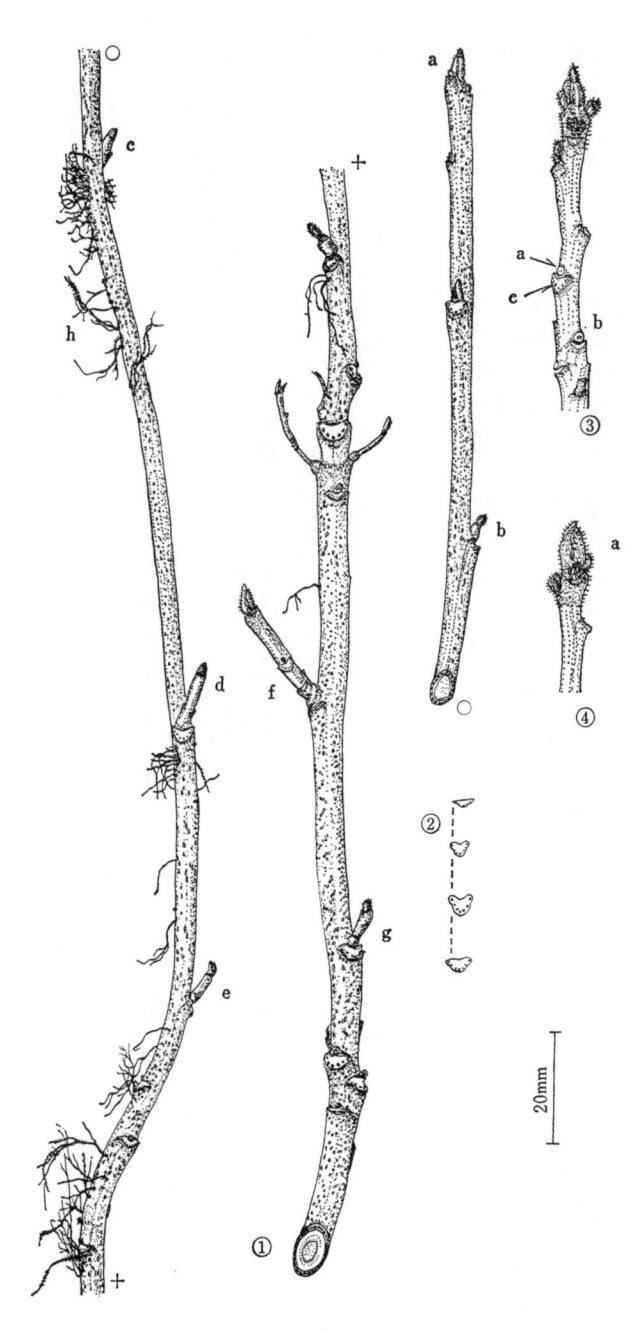

図 2.129 ツタウルシ

①:小枝，3年生，a:頂芽，b〜e:有柄の側芽，f〜g:短枝化した側生枝，h:気根，②:葉痕，③:一年生枝，a〜b:花軸痕，c:葉痕，④:枝先，a:予備芽をともなう頂芽。(札幌市，北大構内，1967.2.19)

ウルシ科

●ハゼノキ（リュウキュウハゼ）*Rhus succedanea* Linn., Haze-no-ki (Ryūkyū-haze)

高木。高さ10m,径30cmになる。樹皮は暗赤褐色をし,平滑であるが,老樹では裂け目ができる。木ろう採取のために植栽されてきた。

小枝は,灰褐色ないし帯赤灰褐色である。一年生枝は,太く,径4～8mmあり,帯赤褐色をし,無毛である。皮目はやや突出し,小さく,褐色ないし赤褐色で,きわめて多数ある。葉痕はやや隆起し,心形・半円形ないし三角形で,幅3～6mmあり,多数の微小な維管束痕をもつ。髄は白色をし,太く,多角形である。

冬芽は,ほぼ3/8のらせん生である。頂芽は大きく,広卵形で,先がややとがり,長さ4～8mmあって,赤褐色をし,ほぼ無毛で,3～5枚の芽鱗につつまれる。側芽は球形で,小さい。

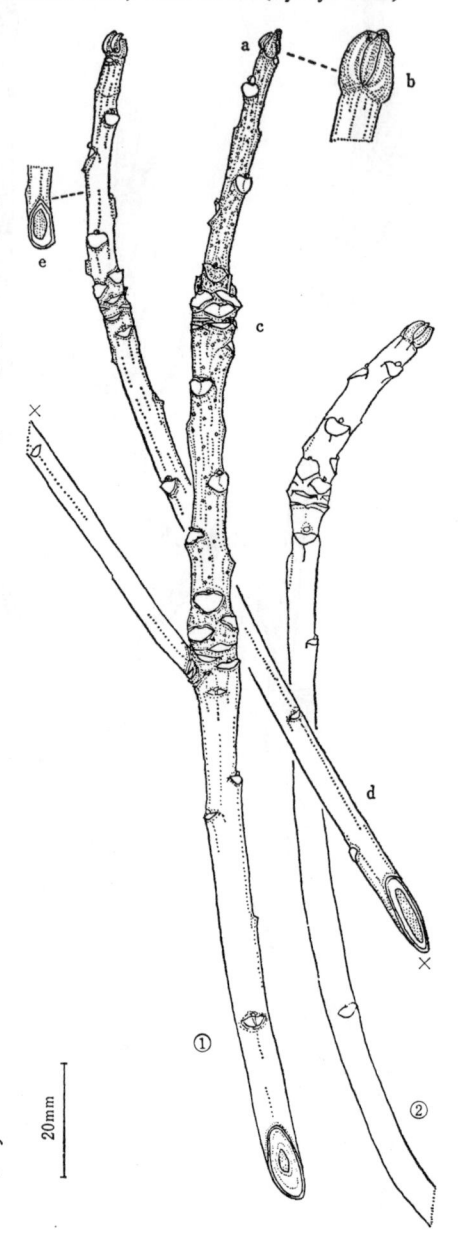

図 2.130 ハゼノキ
①：小枝,3年生,a：頂芽,b：同（拡大）,c：芽鱗痕,d：側生小枝,e：枝の断面,②：側生の小枝,2年生。（京都市,京大植物園,1978.2.28）

● ヤマハゼ *Rhus sylvestris* SIEB. et ZUCC., Yama-haze

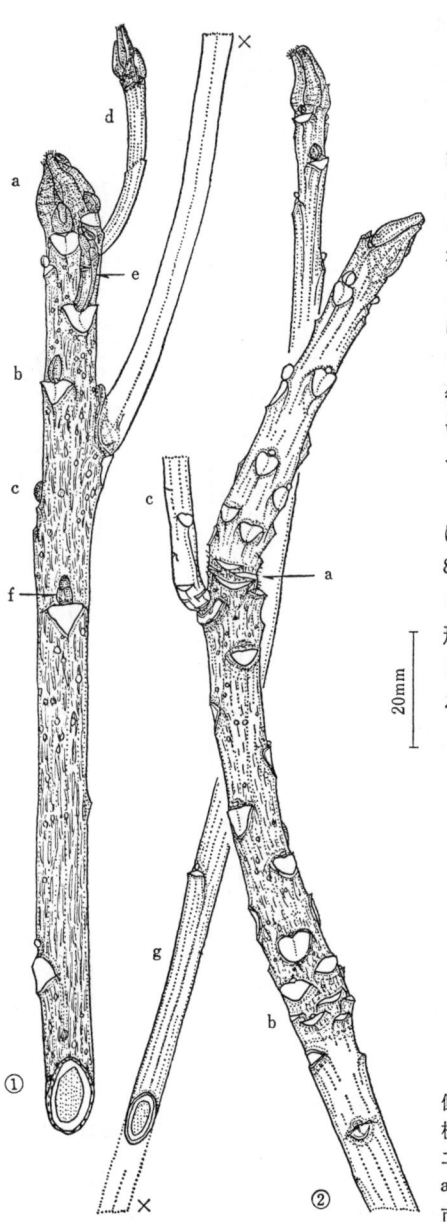

小高木。高さ 5m になる。樹皮は灰褐色をし，樹皮を傷つけてもわずかしか樹液が出ない。

小枝は，肌が粗く，帯赤灰褐色をし，ほぼ無毛である。一年生枝は，太く，径 4〜10mm あり，暗赤褐色ないし帯赤灰褐色をし，多数の隆起線条があって，褐色の軟毛が残る。側芽から，しばしば二次伸長枝が発達する。皮目はだ円形で，淡褐色をし，多数ある。葉痕はわずかに隆起し，中央が凹み，三角形ないし心形で，幅 4〜8mm あり，多数の微小な維管束痕をもつ。髄は白色をし，多角形で，太い。枝の断面をみると，ウルシ液溝は明らかでなく，液はほとんど出ない。

冬芽は，ほぼ 3/8 のらせん生である。頂芽は大きく，球状円錐形で，先がとがり，長さ 8〜13mm あって，灰褐色をし，無毛で，3〜5 枚の芽鱗につつまれる。側芽は小さく，球形ないし卵形で，偏平し，長さ 2〜6mm あり，短柄ないし二次伸長枝をもつこともある。

図 2.131 ヤマハゼ
①：一年生枝，a：頂芽，b〜c：側芽，d〜e：芽柄ないし二次伸長枝，f：短柄をもつ側芽，g：側生の二次伸長枝，②：小枝，3 年生，a〜b：芽鱗痕，c：側生枝。（京都市，京大植物園，1978.1.27）

ウルシ科

●ヤマウルシ Rhus trichocarpa MIQ., Yama-urushi

小高木。高さ9m、径20cmになる。樹皮は帯灰暗栗褐色をし、縦に薄く裂ける。

小枝は、帯褐灰色で、裂け目状の大きい皮目を多数散生する。一年生枝は、きわめて太く、径10mmにもなり、密に短軟毛がはえ、はじめは帯紅色をし、あとで淡灰褐色になる。皮目は円形ないし長だ円形で、大きく、多数ある。葉痕はやや隆起し、大きく、長さ5〜15mmあり、心形ないし三角形で、いくらか不規則な形である。維管束痕は線形ないし不規則形で、多数あり、5〜10グループに分かれ、V字状に並ぶ。髄は多角形で、太い。ウルシ液溝は明らかであり、枝を切ると、液があふれ出る。

冬芽は、3/8ないし5/13のらせん生で、開出し、帯黄褐色の密軟細毛がはえ、鱗片を欠き、3〜4枚の未開の葉がみえる。一年生枝の基部には、葉痕が集まって、二年生枝との境を示す。頂芽は大きく、長さ3〜10mmあり、卵形・球形ないし卵状だ円形である。側芽は小さく、長さ3〜7mmあり、球形で、下位のものほど小さい。一年生枝の基部付近には、側芽の代りに、花軸痕がしばしばみられる。

各 論

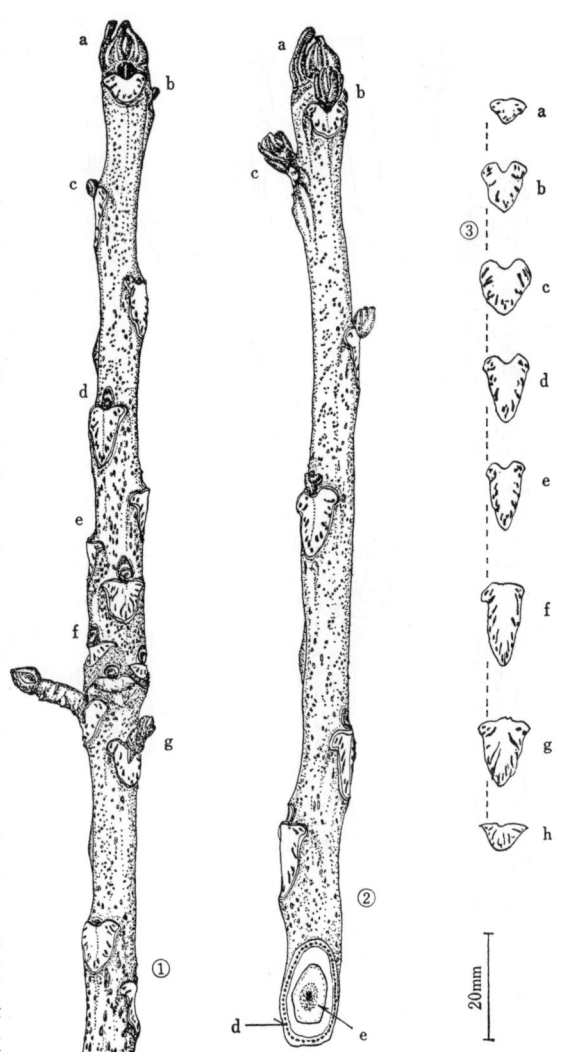

図 2.132 ヤマウルシ
①：小枝、a：頂芽、b〜c：側芽、d〜f：花軸痕、g：短枝化した側芽、②：勢いよい一年生枝、a：頂芽、b〜c：大きい側芽、d：ウルシ液溝、e：髄、③：葉痕。（札幌市、北大植物園、1966.12.6）

● ヌルデ（フシノキ）*Rhus javanica* Linn., Nurude (Fushino-ki)

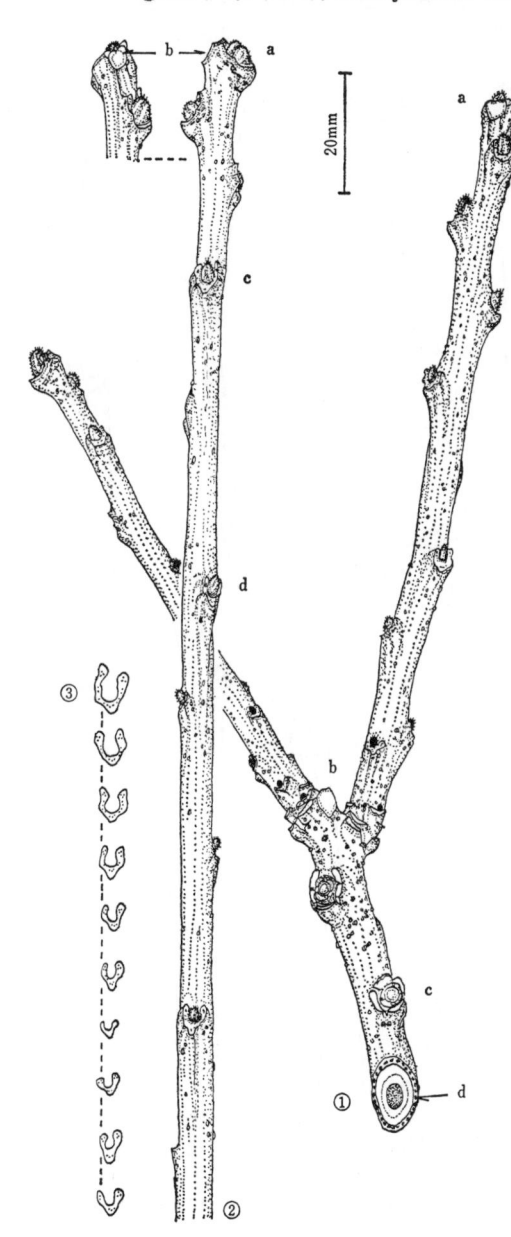

小高木。高さ9m，径30cmになる。樹皮は帯灰褐色である。

　一年生枝は，太く，径4～8mmあり，無毛で，赤褐色をし，いくらかジグザグに屈折する。皮目は大きく，だ円形で，帯赤色をし，散生する。葉痕は隆起し，大きく，長さ3～8mmあり，馬蹄形・U字形・V字形ないし倒松形で，冬芽を取り囲む。維管束痕は微小で，多数あり，ほぼ3グループとなる。髄はやや太く，淡褐色をし，ほぼ五角形である。ウルシ液溝は明らかである。

　冬芽は，2/5のらせん生で，ピラミッド形ないし半球形をし，やや偏平で，密軟毛がはえ，帯褐黄色の芽鱗につつまれる。仮頂芽はやや大きく，長さ約5mmあり，次の側芽も大きいので，芽吹くと，しばしば二股分岐の枝ぶりとなる。下位の側芽は発達しない。

図 2.133　ヌルデ
①：二股分岐の小枝，a～b：枝痕，c：花軸痕，d：ウルシ液溝，②：勢いよい一年生枝，a：仮頂芽，b：枝痕，c～d：側芽，③：葉痕。（北海道桧山郡上ノ国町，北大桧山地方演習林，1969.3.16）

ウルシ科

チャンチンモドキ属 *Chaerospondias* B. L. Burtt et A. W. Hill
●チャンチンモドキ *C. axillaris* Burtt et Hill, Chanchin-modoki

高木。高さ20m，径40cmになる。樹皮は帯黒赤色で肌が粗い。

小枝は，暗赤褐色をし，褐色の皮目がきわめて多数ある。一年生枝は，やや太く，径2〜6mmあり，赤褐色をし，無毛で，隆起線があり，ややジグザグに屈折する。皮目は微小で，多数あるが，あまり目立たない。葉痕は隆起し，倒松形ないし心形で，ときに葉柄基部が一部残り，多数の維管束痕をもつ。托葉痕はない。髄は太く，帯黄白色で，ほぼ五角形である。

冬芽は，ほぼ2/5のらせん生であり，三角形ないし広卵形で，長さ2〜3mmあり，開出する。芽鱗は暗赤褐色をし，無毛で，2〜4枚が重なる。仮頂芽は上位の側芽とほぼ同じ大きさである。

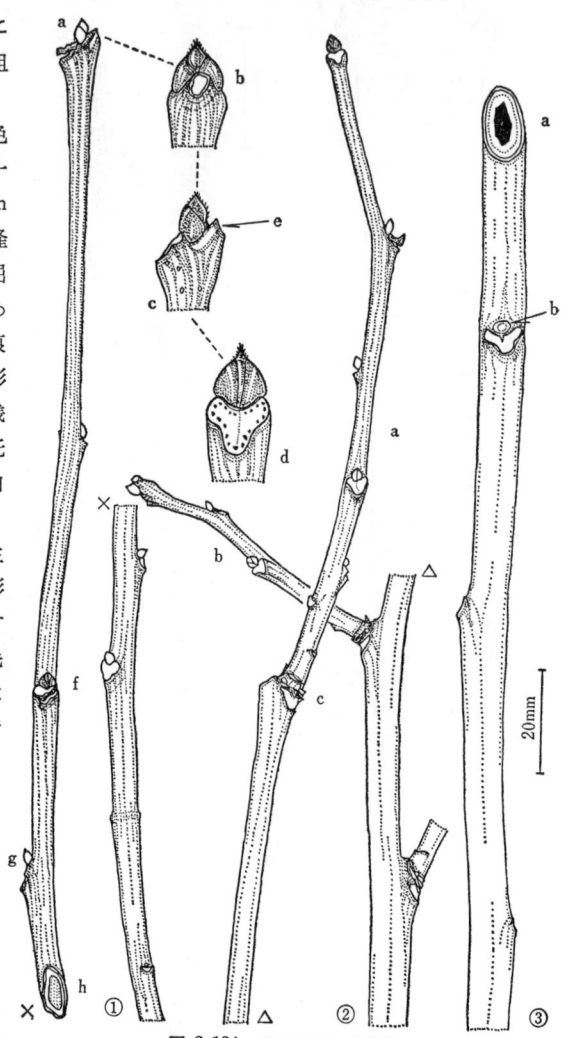

図 2.134 チャンチンモドキ
①：一年生枝，a：仮頂芽，b：同，腹面，c：同，側面，d：同，背面(b〜d 拡大)，e：枝痕，f〜g：側芽，h：枝の断面，②：小枝，a：頂生枝，b：側生枝，c：芽鱗痕，③：小枝，2年生，a：枝の断面，b：花軸痕。(京都市，京大植物園，1978.1.27)

23 モチノキ科
Aquiofliaceae

モチノキ属 *Ilex* Linn.

低木ないし高木。冬芽はほぼ2/5のらせん生につき，数枚の芽鱗につつまれる。一年生枝は細く，ややジグザグに屈折する。葉痕は小さく，半円形で1～2個の維管束痕をもつ。托葉痕はない。

種		一年生枝	冬芽
ウメモドキ	低木	細い，垢状毛	半球形，長さ1mmくらい
アオハダ	高木	やや細い，無毛	球形，長さ1～3mm

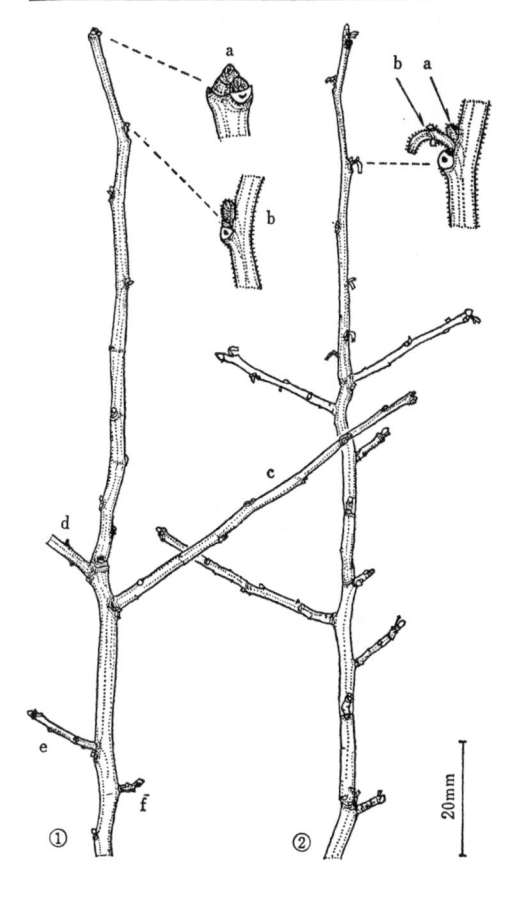

● **ウメモドキ** *Ilex serrata* Thunb., Ume-modoki

低木。高さ3mくらいになる。

小枝は，暗褐色であるが，スス病にかかりやすく，黒灰色となる傾向にある。側生枝は短枝化しやすい。一年生枝は，細く，径1～2mmあり，暗灰褐色をし，垢状毛ないし短密毛がはえる。皮目は小さく，多数ある。葉痕は隆起し，小さく，半円形ないし平円形で，中央が凹み，1個の突出した維管束痕をもつ。

冬芽は，ほぼ2/5のらせん生であり，半球形で，きわめて小さく，長さ1mmくらいあり，4～5枚の芽鱗につつまれ，予備芽をもち，しばしば予備芽の位置に果柄ないし果軸がつく。

図 2.135 ウメモドキ
①：小枝，2年生，a：頂芽，b：側芽(a～b拡大)，c～d：側生枝，e～f：短枝，②：小枝，4年生，a：側芽，b：果軸（a～b拡大）。(盛岡市下厨川，林試東北支場内，1978. 2.1)

● アオハダ *Ilex macropoda* Miq., Ao-hada

高木。高さ10m，径30cmになる。樹皮は薄く，灰白色をし，平滑であるが，内皮が緑色（青肌）である。

小枝は，暗灰色をし，短枝がいちじるしく発達する。一年生枝は，やや細く，径1〜4mmあり，帯紫灰色ないし灰褐色をし，無毛で，ジグザグに屈折する。皮目は灰色をし，だ円形で，大きく，多数ある。葉痕は隆起し，半円形ないし三日月形で，1〜2個の維管束痕をもつ。髄は黄緑色をし，細い。

冬芽は，2/5のらせん生であり，球形で，先がややとがり，長さ1〜3mmあって，予備芽をもち，開出する。仮頂芽は上〜中位の側芽とほぼ同じ大きさである。芽鱗は褐色で縁が灰色をし，無毛で，6〜8枚が重なる。外側の芽鱗は小枝に残る。

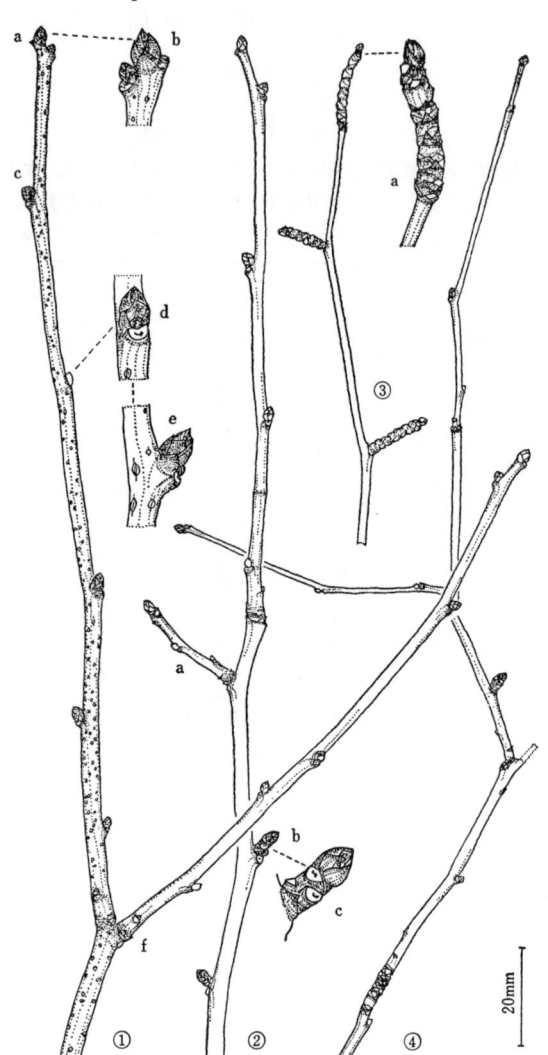

図 2.136 アオハダ
①：小枝，a：仮頂芽と最上位の側芽，b：同（拡大），c：側芽，d：同，背面，e：同，側面（d〜e 拡大），f：宿存する芽鱗と芽鱗痕，②：小枝，2年生，a：短枝化した側生枝，b：短枝，c：同（拡大），③：短枝化した小枝，6年生，a：短枝（拡大），④：弱い小枝，7年生。
（仙台市川内，東北大植物園，1978.1.31）

24 ニシキギ科
Celastraceae

低木，小高木ないしつる。冬芽は対生ないしらせん生であり，芽鱗は葉身ないし葉柄の変態したものであり，覆瓦状に重なる。托葉痕はない。葉痕は半円形ないし三日月形であり，維管束痕は1個ないし微小な数個が並ぶ。

属		冬芽
ツルウメモドキ	つる	らせん生，球形
ニシキギ	低木ないし小高木	対生，卵形～紡錘形

ツルウメモドキ属 *Celastrus* LINN.

● ツルウメモドキ *C. orbiculatus* THUNB., Tsuru-umemodoki

つる。幹は径20cmにもなる。茎そのもので樹木にからみついてよじのぼる。

小枝は，長く，太く，円く，無毛で，紫褐色・暗褐色ないし帯黄褐色をし，ねじれ，らせんを描く。皮目はやや突出し，円形で，多数ある。一年生枝は，やや細く，径2～7mmあり，小枝よりも明るい色である。上位の枝はきわめて長く，100cm以上にもなるが，中～下位の枝は短く，10cm以下がふつうで，短枝化しやすい。葉痕は隆起し，半円形で，幅1～2mmあり，維管束痕が1個ある。髄はほぼ五角形で，白い。

冬芽は，2/5のらせん生で，球形をし，長さ2～4mmある。芽鱗は葉柄起原であり，暗褐色をし，無毛で，6～10枚が覆瓦状に重なり，基部のものは開葉後も枝に残る。長くのびた枝では，最外側の1対の芽鱗がやや鉤状になり，からみつきの補助手段と考えられる。

(⇨次頁)

図 2.137　ツルウメモドキ

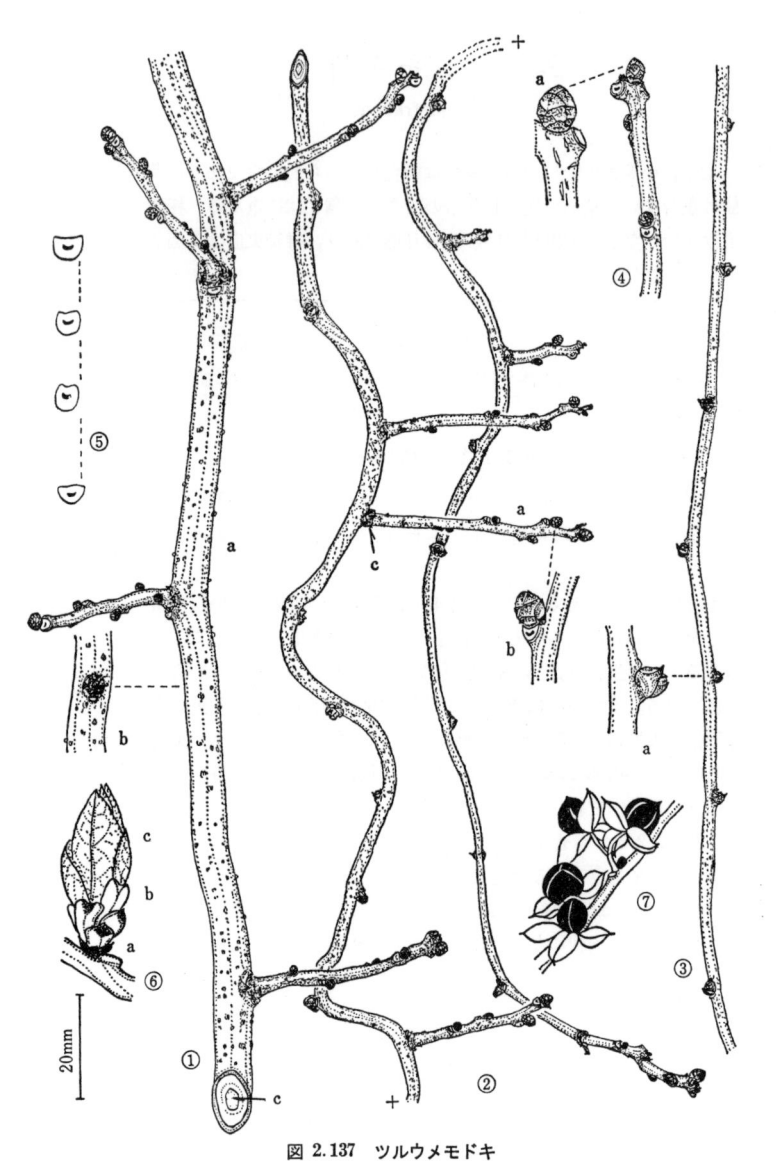

①：勢いよい小枝，a：日向側，b：日陰側，c：髄．②：小枝，らせん状，a：短枝化した枝，b：鉤のない冬芽（拡大），c：宿存する芽鱗．③：長くのびた一年生枝，a：鉤のある冬芽（拡大）．④：短枝化した一年生枝，a：仮頂芽（拡大）．⑤：葉痕（拡大）．⑥：開葉（拡大），a：外側の芽鱗，b：内側の芽鱗（葉柄），c：ふつう葉．⑦：果実．（札幌市，北大構内，1969.1.2）

ニシキギ属 *Euonymus* LINN.

低木ないし小高木。一年生枝は細く，無毛で，冬芽は対生し，頂芽が大きい。

種	一年生枝	冬芽
ニシキギ	有翼	卵形，鋭頭，長さ2～5mm
コマユミ	細い	卵形，鋭頭，長さ2～6mm
マユミ	やや太い，4稜がある	卵形，鈍頭，長さ4～6mm
ツリバナ	細い，円い，帯緑褐色	紡錘状円筒形，鋭尖頭，長さ6～15mm

● ニシキギ *Euonymus alatus* SIEBOLD, Nishiki-gi

低木。高さ2mくらいになり，多幹型で，広い樹冠をつくる。庭木として植栽される。

　小枝は，暗緑色をし，翼が宿存して，弱い側生枝は枯死して落ち，ときに落枝痕がみえる。一年生枝は，細く，径1～3mmあり，緑色をし，無毛で，板状に発達した2対のコルク質の翼によって特徴づけられる。翼は灰褐色をし，頂部の厚さが約1mmあり，高さ4mmにもなる。弱い枝では，翼はあまり発達しない。皮目は明らかでない。葉痕はやや隆起し，三日月形で，小さく，幅1～2mmある。髄は明らかで，十字形である。

　冬芽は，対生して，卵形で，やや小さく，長さ2～5mmあり，先がとがり，暗赤褐色をし，無毛で，6～9対の芽鱗に覆瓦状につつまれる。芽鱗は葉身の変態で，先がとがり，やや開出する。頂芽は1個つき，やや大きく，2個の頂生側芽をともなう。下位の側芽は発達しない。(⇨次頁)

図 2.138 ニシキギ

①:勢いよい小枝, a:頂芽, b~d:側芽, e:翼, f:十字髄, g~h:側生枝, i:頂生枝, ②:一年生枝, a:枝先, b:枝の横断面, ③:弱い一年生枝, ④:弱い小枝, a~b:落枝痕, ⑤:葉痕 (②~⑤拡大)。(札幌市, 北大植物園, 1966.12.5)

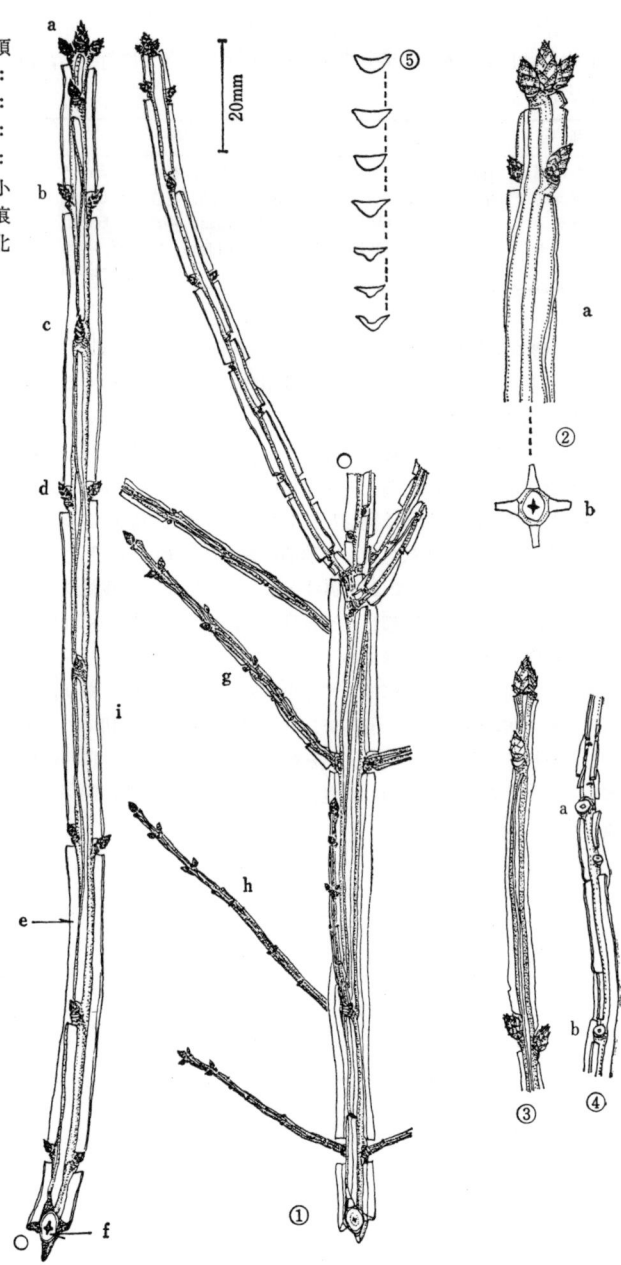

各 論
202

●コマユミ *Euonymus alatus* forma *striatus* MAKINO, Ko-mayumi

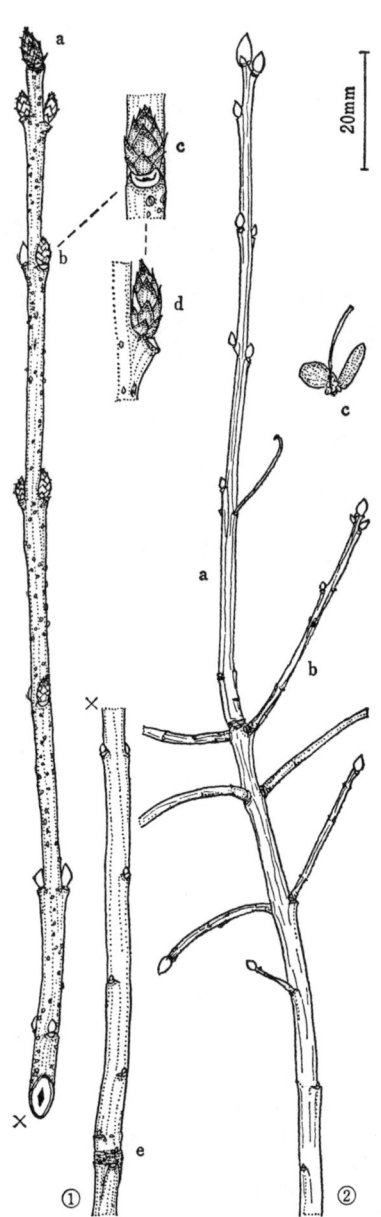

低木。高さ1.5mくらいになる。ニシキギの無翼タイプである。

一年生枝は，細く，径1～3.5mmあり，赤褐色・紫褐色ないし緑褐色をし，無毛である。皮目は突出し，だ円形ないし円形であるが，勢いよい枝では大きな裂け目状にもなる。葉痕は隆起し，半円形ないし三日月形で，1個ないし1列に並んだ微小な維管束痕をもつ。髄は淡緑色をし，菱形で，細い。

冬芽は，対生し，長卵形で，先がとがり，長さ3～6mmあり，ほぼ伏生し，暗赤褐色をし，無毛で，7～8対の芽鱗が覆瓦状に重なる。頂芽はやや大きく，長さ4～7mmある。

図2.139 コマユミ

①：勢いよい小枝，a：頂芽，b：側芽，c：同，背面，d：同，側面(c～d 拡大)，e：芽鱗痕，②：小枝，a：頂生枝，b：側生枝，c：さく果。(北海道中川郡中川町誉，北海道立林試道北支場内，1977.4.17)

ニシキギ科

● マユミ *Euonymus sieboldianus* BLUME, Mayumi

　小高木。高さ7m，径12cmになる。樹皮は薄く，帯褐灰色をし，不規則に浅く縦裂する。

　小枝は，円く，黄褐色ないし帯褐灰色をし，細かい割れ目があり，微小の皮目をもつ。一年生枝は，やや太く，径3〜5mm あり，無毛で，つやがあり，やや4稜をもつ。日向側は紫褐色をし，日陰側は暗緑色となる。勢いよい枝には黄褐色のろう質物があり，稜を特徴づけるが，弱い枝は細く，円く，ろう質物を欠く。葉痕は隆起し，半円形で，幅3〜5mm あり，1個の三日月形の維管束痕をもつ。髄は黄緑色をし，やや四角形である。

　冬芽は，対生して，やや大きく，卵形で，長さ3〜6mm あり，先が鈍く，暗赤褐色をし，5〜6対の縁毛のある芽鱗に覆瓦状につつまれる。頂芽はやや大きく，側芽は下位ほど小さく，やや開出する。

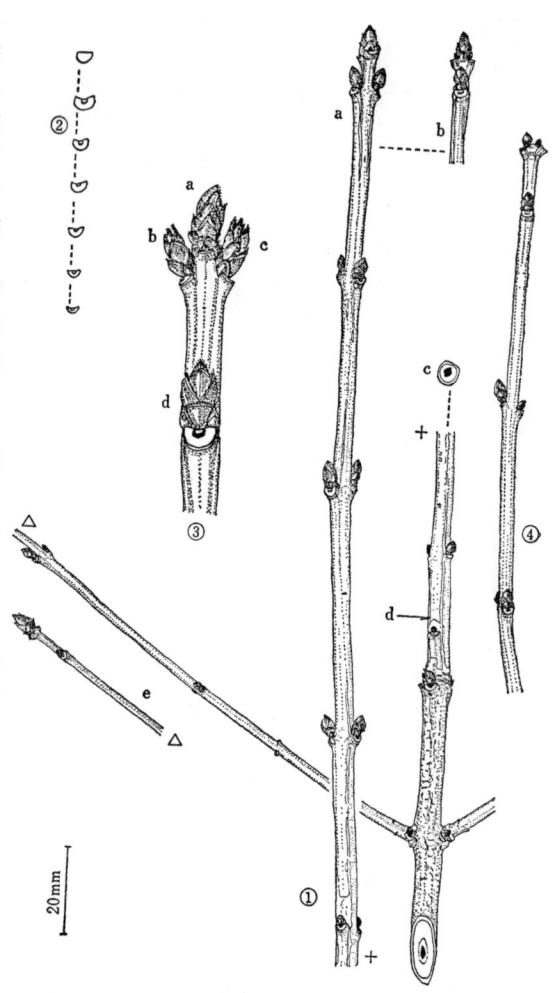

図 2.140　マユミ

①：勢いよい小枝，a：頂生枝の枝先，正面，b：同，側面，c：枝の断面，d：ろう質物，e：側生枝，②：葉痕，③：枝先(拡大)，a：頂芽，b〜c：頂生側芽，d：側芽，④：頂芽を欠く一年生枝。(札幌市，北大植物園，1969.4.9)

● ツリバナ（エリマキ）*Euonymus oxyphyllus* Miq., Tsuri-bana (Erimaki)

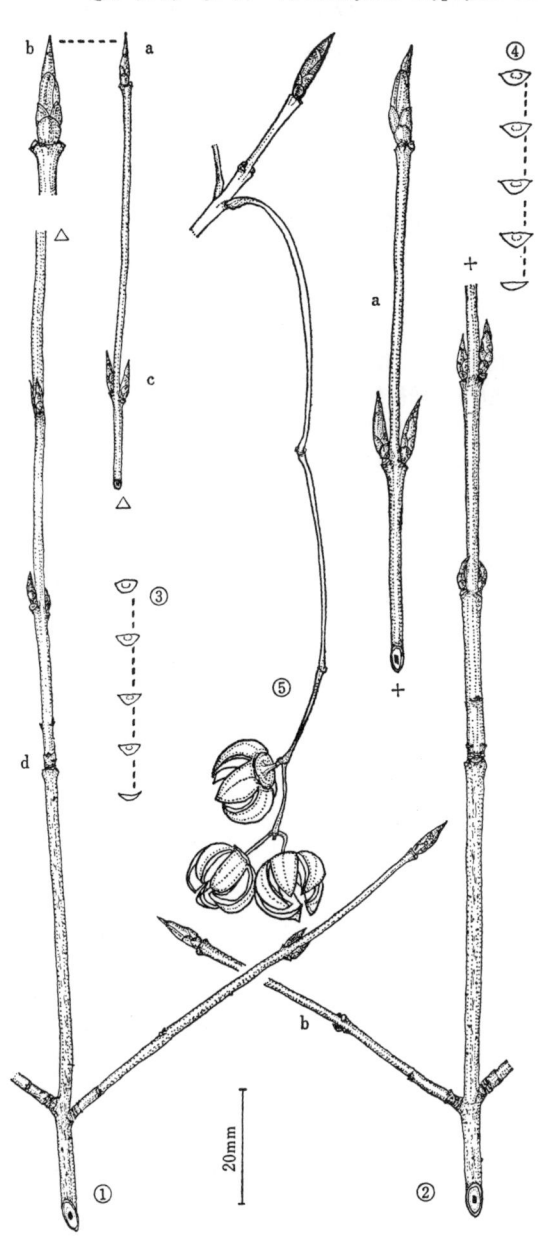

小高木。高さ6m, 径30cmになる。樹皮は薄く, 灰色をし, 平滑で, 白斑がある。

小枝は, 帯褐紫色である。一年生枝は, 細く, 径1〜3mm あり, 日向側は紫褐色ないし帯緑褐色をし, 日陰側は暗黄緑色ないし帯褐淡緑色をして, 無毛で, 円い。皮目は微小で, 少数ある。葉痕は隆起し, 半円形で, 小さく, 幅1〜3mm ある。維管束痕は微小で, 多数あり, 浅いU字状に並ぶ。托葉痕はない。髄はやや四角形で, 緑色をし, 細い。

冬芽は対生し, 細長く, 紡錘状円筒形で, 先が鋭くとがり, 長さ6〜15mm ある。芽鱗は紫褐色ないし緑褐色をし, つやがあり, 無毛で, 4〜5対みえ, 覆瓦状に重なる。頂芽は大きく, やや太く, 側芽は下位ほど小さく, いくらか開出し, 先がやや反曲する。基部の2〜3対の側芽は発達しない。

図 2.141 ツリバナ
①：小枝, a：頂芽, b：同（拡大), c：側芽, d：芽鱗痕, ②：勢いよい小枝, a：頂生枝, b：側生枝, ③〜④：葉痕（拡大), ⑤：さく果。(札幌市, 北大植物園, 1969.10.18)

ニシキギ科

25　ミツバウツギ科
Staphyleaceae

　低木ないし小高木。冬芽は対生し，球形で，先がとがり，やや偏平する。葉痕は隆起し，半円形で，托葉痕がある。

ミツバウツギ属 *Staphylea* LINN.

●ミツバウツギ *S. bumalda* DC., Mitsuba-utsugi

　低木。高さ3mになる。樹皮は灰褐色をし，薄くはげる。

　小枝は，太く，やや六角形で，灰褐色をし，細かい裂け目がある。一年生枝は，細く，径2～3mmあり，長くのび，鈍い稜があって，帯灰褐色ないし暗褐色をし，無毛で，つやがある。皮目は小さく，多数ある。葉痕は隆起し，半円形ないし三角形で，3個の維管束痕をもち，狭い托葉痕もある。髄は充実して，白色をし，いくらか四角形ないし六角形で，太い。

　冬芽は，対生であり，球形で，先がややとがり，栗褐色ないし暗褐色をし，無毛で，2枚の芽鱗につつまれる。仮頂芽は2個つき，長さ3～4mmあり，側芽はやや小さく，やや開出する。二年生枝につく冬芽は予備的な平行芽で，一年生枝の基部の左右につく。

図 2.142　ミツバウツギ
①：小枝，2年生，a：枯れた頂生枝，b～e：枯れた側生枝，f：仮頂芽，g：発達した側生枝，②：一年生枝，a：枯れた枝端，b：仮頂芽，③：仮頂芽，a：背面，b：側面，c：腹面，④：側芽，a：側面，b：背面，⑤：葉痕(③～⑤拡大)。(札幌市，北大植物園，1969.4.7)

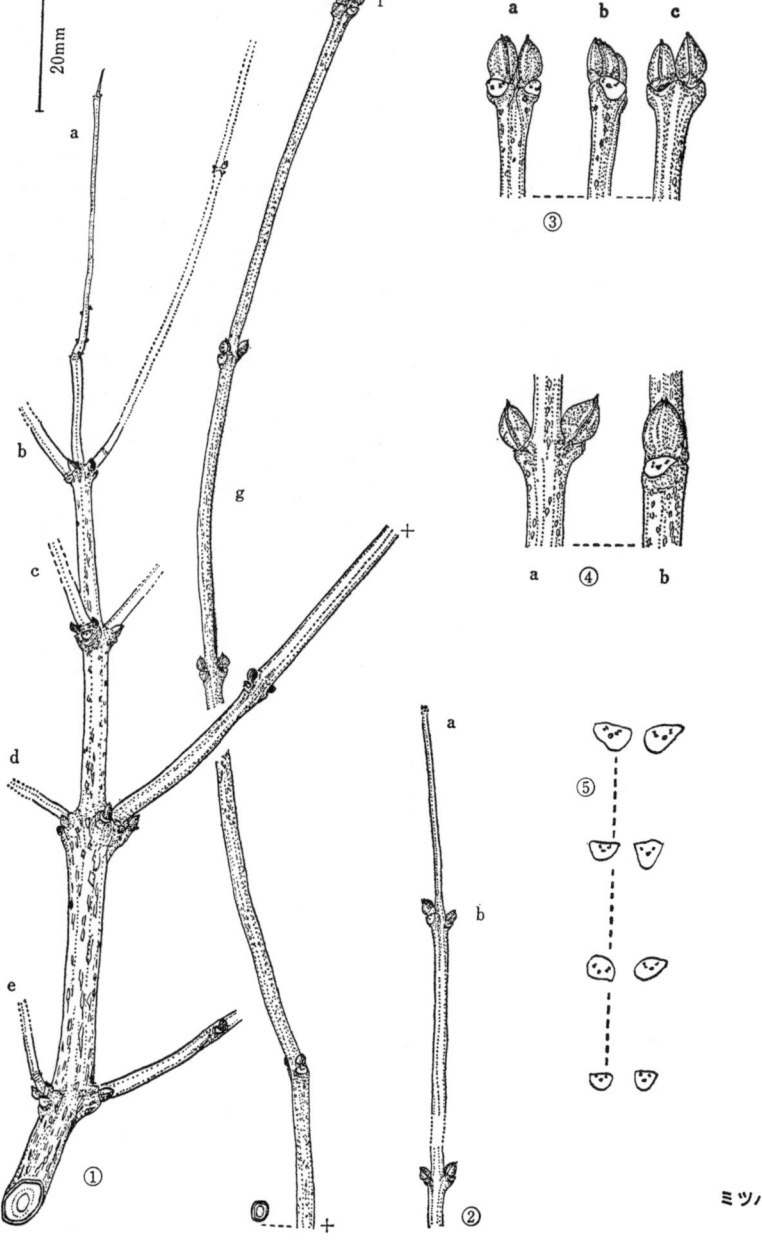

ミツバウツギ科

26 カエデ科
Aceraceae

カエデ属 *Acer* Linn.

　高木ないし低木。一年生枝は細めであり，しばしば二股分岐の枝ぶりをつくる。冬芽は対生し，無柄ないし短柄をもち，円錐形ないし卵形がふつうであり，1〜10 対の葉柄起原の芽鱗に覆瓦状ないし接合状につつまれる。枝先には，ふつう頂芽が1個つくが，仮頂芽が2個つく種もある。葉痕はV字形・U字形・三日月形ないし倒松形であり，ふつう3個の維管束痕をもつ。托葉痕はない。

　カエデ属は種数が多く，わが国には亜種，変種を含めて30種くらい自生し，しかも多数の園芸品種があって，冬芽と一年生枝による分類がむずかしい属といえる。落葉や翼果が参考になる。

　おもな高木種の特徴を記すと，次のようである。

種	一年生枝	冬芽	芽鱗数
イタヤカエデ	いくらか有毛，帯黄褐色	頂芽，卵形，暗赤紫色，やや有毛	3〜5対
ベニイタヤ	無毛，帯緑褐色	頂芽，卵形，帯緑褐色，無毛	3〜5対
クロビイタヤ	ほぼ無毛，灰褐色	頂芽，長卵形，暗褐色，短毛	4〜5対
ハウチワカエデ	無毛，紫紅色	仮頂芽，卵形，紫紅色，縁毛	1〜2対
ヤマモミジ	無毛，赤褐色	仮頂芽，三角形，紅色，無毛	1〜2対
ミツデカエデ	やや短軟毛，紫褐色	頂芽，長卵形，紫色，軟毛	1〜2対
ヒトツバカエデ	短軟毛，赤褐色	頂芽，長卵形，赤褐色，短軟毛	2対
カジカエデ	ほぼ無毛，淡褐色	頂芽，長卵形，淡褐色，軟毛	8対
メグスリノキ	粗毛，灰褐色	頂芽，紡錘形，暗褐色，軟毛	10対
ウリハダカエデ	無毛，紅色	頂芽，有柄，長だ円形，暗紅紫色，無毛	1対
チドリノキ	無毛，灰褐色	仮頂芽，4稜，長卵形，赤紫色，無毛	4〜6対
ネグンドカエデ*	無毛，緑褐色	頂芽，卵形，紫白色，短軟毛	1〜2対
ルブルムカエデ*	無毛，暗赤色	頂芽，有柄，卵形，暗赤色，無毛	2〜4対

* 植栽，北アメリカ産。

各　論

● イタヤカエデ（エゾイタヤ）*Acer mono* Maxim., Itaya-kaede (Yezo-itaya)

高木。高さ25m，径90cmになる。樹皮は帯褐灰色ないし暗灰色をし，浅く縦裂する。

小枝は，無毛で，黄褐色をし，後に淡い灰色となる。一年生枝は，やや太く，径3～5mmあり，帯黄褐色・灰褐色ないし暗褐色をし，つやに乏しく，枝全体ではほぼ無毛であるが，冬芽付近には短軟毛が残る。皮目は小さく，だ円形ないし円形で，長さ0.5mmほどあり，淡色をし，やや多数ある。葉痕はやや隆起し，狭く，V字形・倒松形ないし三日月形で，幅2～5mmあり，3個の維管束痕をもつ。髄はほぼ円く，ほぼ白色をし，周囲が緑色を帯びる。

冬芽は，対生であり，卵形ないし広卵形で，やや偏平し，先が鈍く，長さ3～7mmあり，暗赤紫色ないし暗赤褐色をし，3～5対の芽鱗に覆瓦状につつまれる。芽鱗は葉柄起原であり，対生して，縁に短軟毛がはえる。頂芽は大きく，やや4稜をもち，ほぼ無毛で，2個の予備芽（ないし頂生側芽）をともなう。側芽は小さく，いくらか開出し，下位ほど小さい。弱い側生枝は短枝化しやすく，芽鱗痕と葉痕の部分が太くて，1個の頂生側芽がつく。果軸が頂生すると，二股分岐の枝ぶりになりやすい。

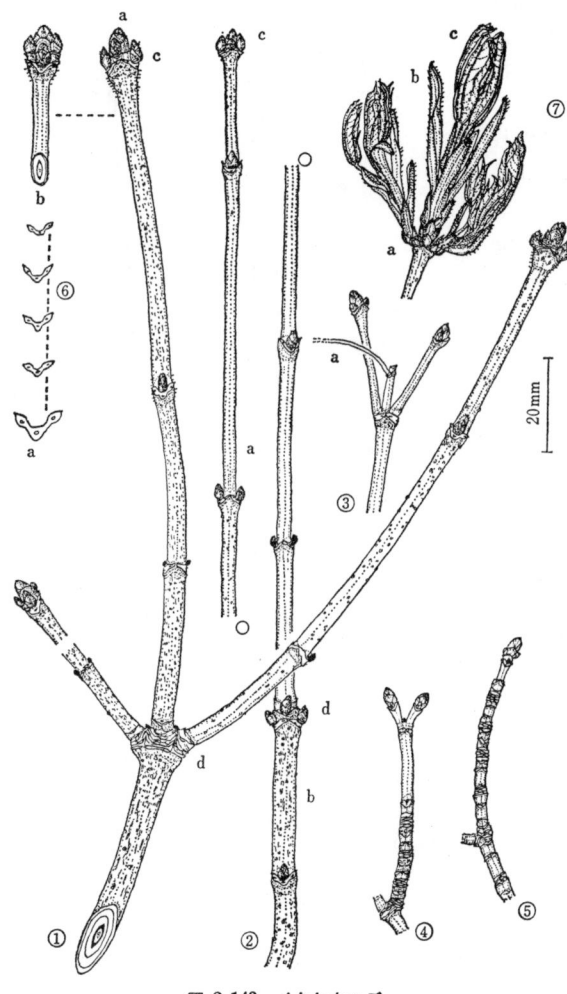

図 2.143　イタヤカエデ
①：小枝，a：頂芽，側面，b：同，正面，c：頂生側芽，d：芽鱗痕．②：二次伸長した一年生枝，a：二次伸長部，b：本来の枝，c：頂芽と頂生側芽，d：二次伸長前の頂生側芽．③：二股分岐の小枝，a：果軸．④：短枝，5年生．⑤：短枝，7年生．⑥：葉痕（a拡大）．⑦：開葉，a：芽鱗，b：内側の芽鱗（葉柄の変態），c：ふつう葉．（札幌市，北大構内，1969.3.25）

●ベニイタヤ（アカイタヤ）*Acer mono* var. *mayrii* Koidz., Beni-itaya (Aka-itaya)

高木。高さ 20m，径 50cm になる。樹皮は暗灰色をし，浅く縦に裂ける。全体に，母種イタヤカエデに類似するが，一年生枝と冬芽が無毛である。

小枝は，帯灰紫褐色である。一年生枝は，帯紫褐色ないし帯緑褐色をし，無毛で，つやがある。

冬芽は，対生し，卵形で，長さ 3～8mm あり，帯緑褐色ないし黄褐色をし，無毛である。

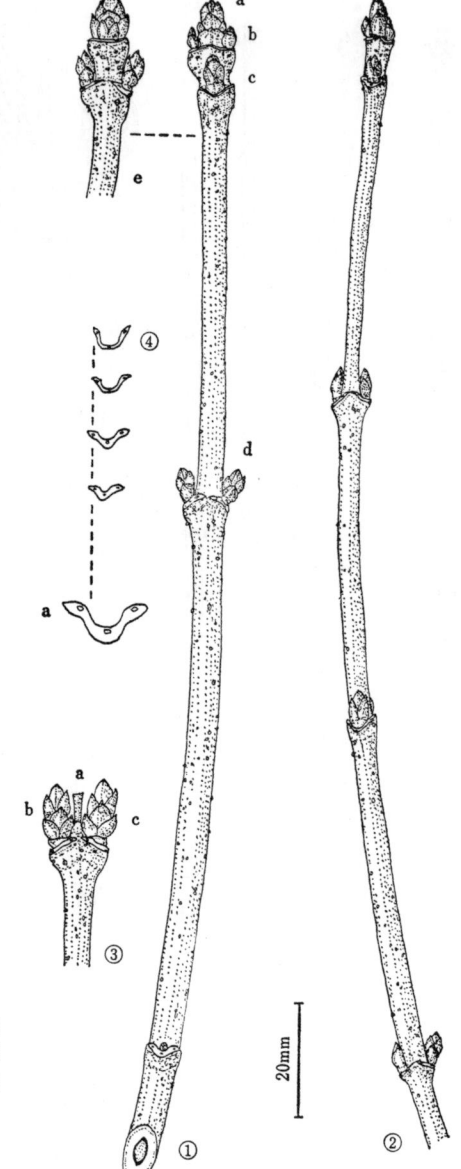

図 2.144 ベニイタヤ
①：萌芽した一年生枝，a：頂芽，b：予備芽，c～d：側芽，e：枝先，側面，②：一年生枝，③：頂芽を欠く枝先（拡大），a：枝痕，b～c：仮頂芽，④：葉痕（a 拡大）。（北海道桧山郡上ノ国町，北大桧山地方演習林，1969.3）

各 論
210

● クロビイタヤ *Acer miyabei* MAXIM., Kurobi-itaya

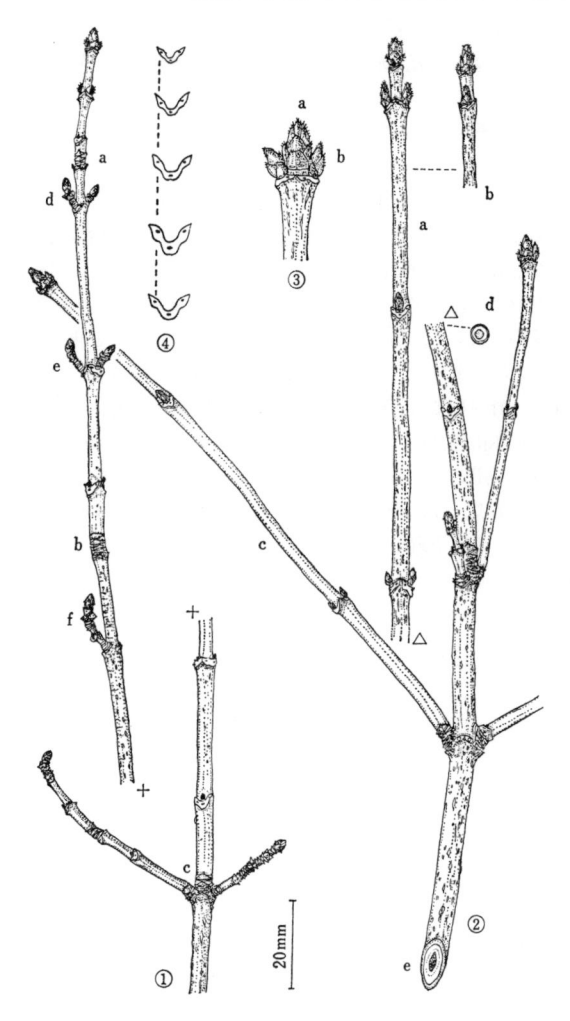

高木。高さ18m, 径75cmになる。樹皮は帯黒灰色をし, 不規則に縦裂する。

小枝は, 灰色ないし帯灰褐色をし, 側生枝は短枝化しやすい。一年生枝は, やや太く, 径2〜5mmあり, 黄褐色ないし灰褐色をし, 無毛で, ときに疎な短軟毛がはえ, つやがない。皮目はだ円形ないし割れ目状で, 多数ある。葉痕は隆起し, V字形ないし三日月形で, 幅2〜5mmあり, 3個の維管束痕をもつ。髄はやや太く, 淡褐色をし, 円い。

冬芽は対生して, 長卵形ないし卵形で, 長さ3〜6mmある。頂芽は大きく, 側芽は小さく, やや偏平で, いくらか開出する。芽鱗は暗褐色をし, 短毛がはえ, 縁が淡褐色でやや長毛をつけ, 4〜5対が覆瓦状に重なる。

図 2.145 クロビイタヤ
①:小枝, 4年生, a〜c:芽鱗痕, d〜f:短枝, ②:勢いよい小枝, 2年生, a:頂生枝, b:同, 枝先, 側面, c:側生枝, d〜e:枝の断面, ③:枝先(拡大), a:頂芽, b:頂生側芽(ないし予備芽), ④:葉痕(拡大)。(札幌市, 北大植物園, 1969.3)

カエデ科

●ハウチワカエデ（メイゲツカエデ）*Acer japonicum* Thunb., Hauchiwa-kaede (Meigetsu-kaede)

　高木。高さ 15m，径 60cm になる。樹皮は灰青色をし，縦に浅裂する。

　小枝は，暗褐色ないし暗紫色をし，平滑で，灰色のやや突出した皮目が散在する。一年生枝は，やや細く，径 1.5〜4mm あり，紫紅色ないし赤褐色をし，無毛で，つやがある。側生枝は二股分岐がふつうであるが，花をつけて短枝化した場合には，4本が輪生状に分岐することもある。皮目は小さく，少ない。葉痕は隆起し，暗灰色をし，菱形・三角形ないし五角形で，上部が膜質となり，上縁には白色の長毛がはえて，冬芽の基部をおおう。維管束痕は3個ある。髄は太く，汚白色をし，ほぼ円く，材は帯黄緑色である。

　冬芽は，対生して，卵形ないし長卵形で，長さ 4〜7mm あり，紫紅色ないし赤褐色をし，2枚の芽鱗につつまれる。芽鱗の先が開いて，白色毛が出ることもある。仮頂芽はやや大きく，2個つく。花芽は球状卵形で，長さ 5〜8mm あり，4枚の芽鱗につつまれ，1個が頂生し，ときに予備芽をもつ。

図 2.146　ハウチワカエデ
①：一年生芽，a：仮頂芽，b〜c：側芽，②：小枝，3年生，a：頂芽(花芽，拡大)，③：二股分岐の小枝，a：仮頂芽と枝痕(拡大)，b：芽鱗痕，④：輪生状の一年生枝をもつ小枝，a〜b：短枝化して側芽をもたない一年生枝，c〜d：花芽，⑤：葉痕(拡大)。(北海道美唄市光珠内，北海道立林試場内，1976.1.27)

20mm

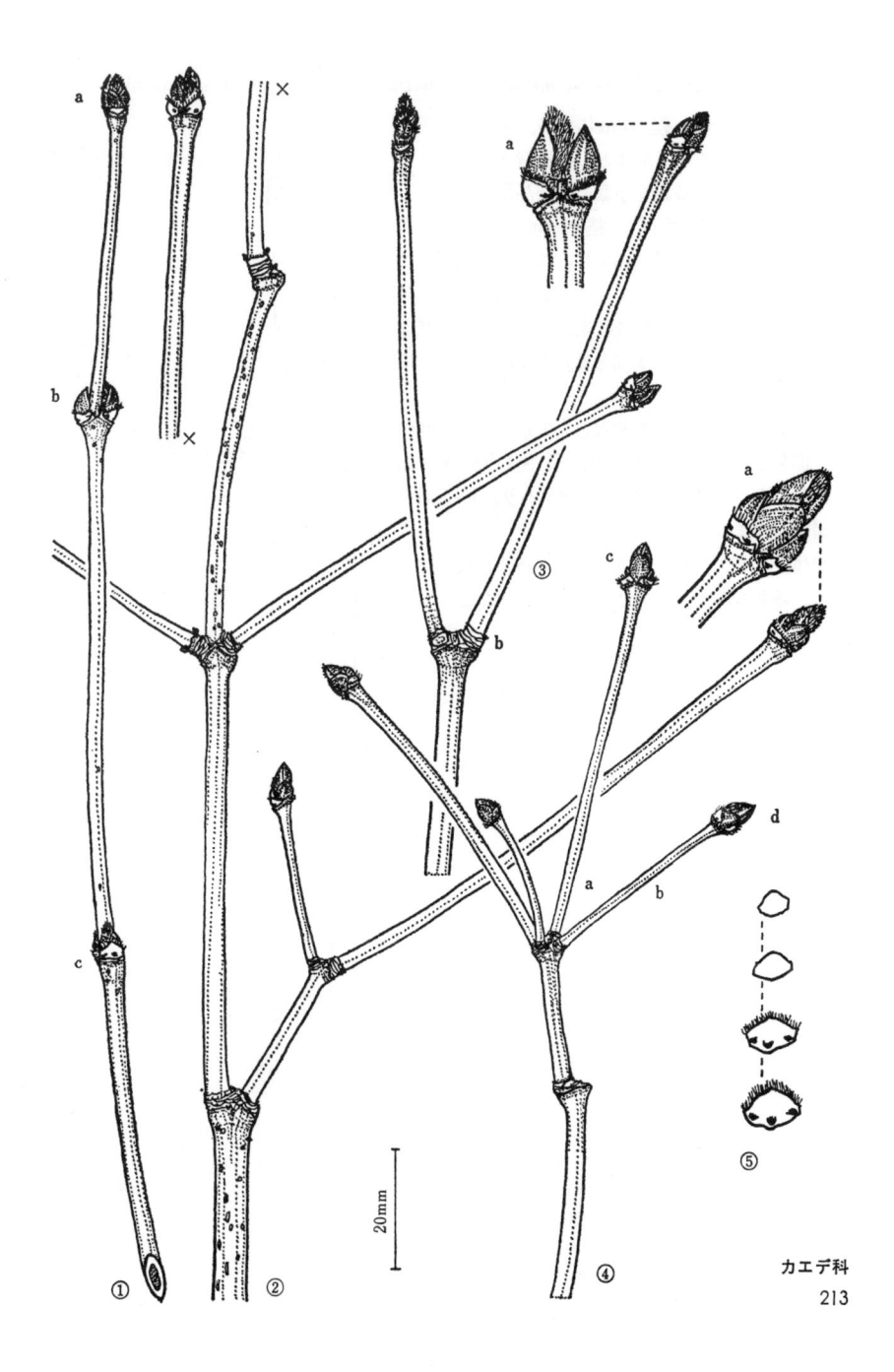

カエデ科
213

●ヤマモミジ *Acer palmatum* var. *matsumurae* Makino, Yama-momiji

高木。高さ15m, 径50cmになる。樹皮は暗灰褐色をし, 平滑である。庭木として植栽され, イロハモミジ類はいちじるしく多数の園芸品種がある。

一年生枝は, やや細く, 径1～4mm あり, 赤褐色, 紅色ないし帯赤黄緑色をし, つやがあって, 無毛である。皮目は小さく, やや多数ある。葉痕は隆起し, 三日月形で, 上端に軟毛がはえ, 冬芽の基部をつつむ。維管束痕は3個ある。髄は淡褐色で, ほぼ円く, やや細い。

冬芽は, 対生して, やや大きい仮頂芽が2個つく。側芽は伏生し, 三角形で, 長さ1.5～4mm あり, 紅色をし, ほぼ無毛で, つやがあり, 1～2対の芽鱗につつまれる。

全体として, ハウチワカエデに似るが, 枝がやや細く, 冬芽もやや小さいし, 葉痕が狭いなどのちがいがある。

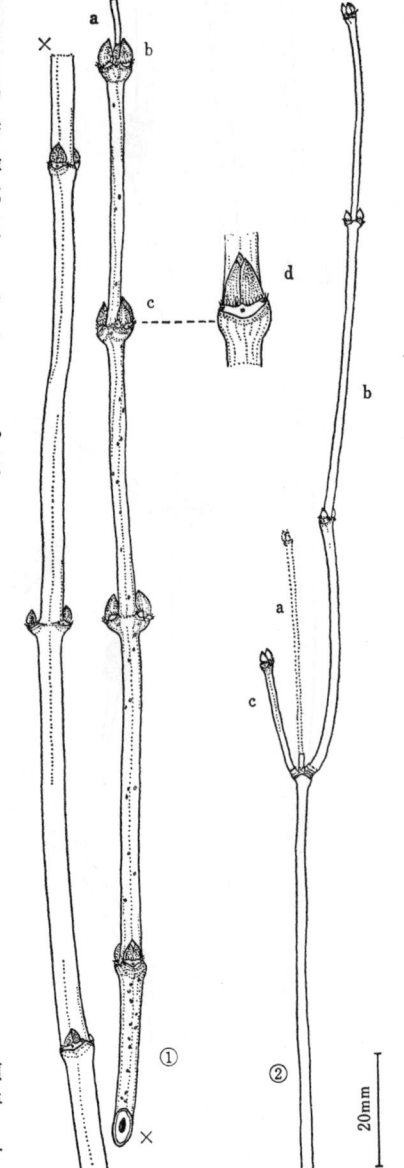

図 2.147 ヤマモミジ
①：勢いよい一年生枝, a：枝痕, b：仮頂芽, c：側芽, d：同(拡大), ②：小枝, 2年生, a：枯れた枝先, b：発達した側生枝, c：短枝化した側生枝。(北海道中川郡中川町誉, 北海道立林試道北支場内, 1977.4.20)

●ミツデカエデ *Acer cissifolium* K. Koch, Mitsude-kaede

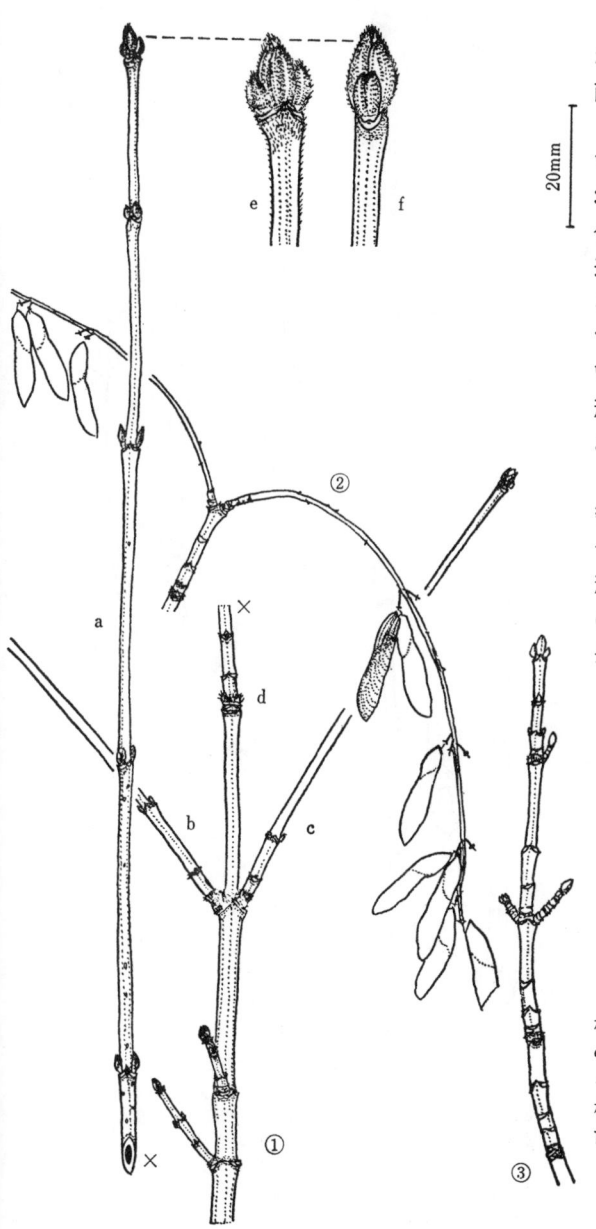

高木。高さ15m，径50cmになる。樹皮は帯黄灰色をし，粗面である。

小枝は，帯黄褐色をし，細い。一年生枝は，細く，径1〜3mmあり，節間が長く，紫褐色ないし赤褐色をし，冬芽の周辺には灰白色の短軟毛がはえる。皮目は円形ないしだ円形で，小さく，淡褐色をし，少ない。葉痕はやや隆起し，三日月形で，小さい。芽鱗痕は有毛である。髄は黄緑色をし，細い。

冬芽は対生し，紫色をして，密軟毛がはえ，2〜4枚の芽鱗につつまれる。頂芽は大きく，卵形で，長さ3〜5mmある。側芽は小さく，長卵形で，偏平し，長さ2〜3mmある。

図 2.148 ミツデカエデ
①：小枝，2年生，a：頂生枝，b〜c：側生枝，d：芽鱗痕，e：頂芽，正面，f：同，側面(e〜f 拡大)，②：果枝，③：短枝化した小枝，5年生。(札幌市，北大植物園，1975.12.18)

カエデ科

● ヒトツバカエデ（マルバカエデ）*Acer distylum* Sieb. et Zucc., Hitotsuba-kaede (Maruba-kaede)

高木。高さ 10m，径 40cm になる。樹皮は暗灰色をし，浅い裂け目がある。

小枝は，帯褐灰色ないし暗灰色をし，無毛で，皮目が明らかである。短枝がよく発達する。一年生枝は，やや細く，径 2～4mm あり，赤褐色・濃紅色ないし帯緑褐色をし，上部に暗灰色の密な短軟毛ないし垢状毛がはえる。皮目はだ円形ないし割れ目形をし，やや突出して，やや数多い。葉痕は隆起し，U字形ないしV字形で，3個の維管束痕をもつ。髄はほぼ白色をし，やや六角形で，太い。

冬芽は対生する。頂芽は大きく，長だ円形ないし紡錘形で，偏平し，先がとがり，長さ 7～13mm ある。側芽は伏生し，長卵形ないし卵形で，やや偏平し，長さ 4～8mm ある。短枝の頂芽は卵形ないし長卵形で，長さ 5～8mm ある。芽鱗は葉柄基部の変態で，2対がみえ，赤褐色ないし橙褐色をし，暗灰褐色の短軟毛ないし垢状毛が密にはえる。

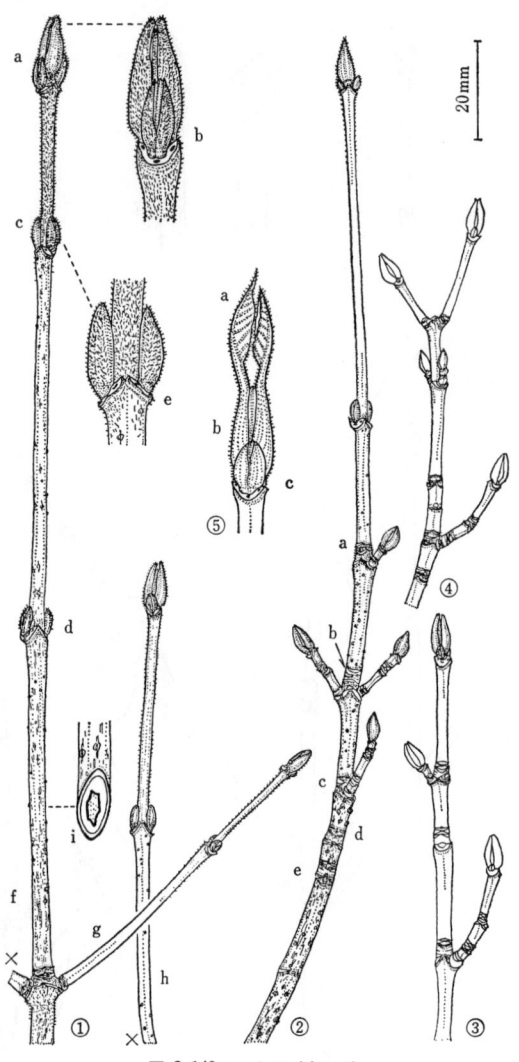

図 2.149　ヒトツバカエデ
①：小枝，a：頂芽と頂生側芽，b：同(拡大)，c～d：側芽，e：同(拡大)，f：頂生枝，g～h：頂生側芽からの側生枝，i：枝の断面，②小枝，6年生，a～e：芽鱗痕，③：短枝化した小枝，4年生，④：同，5年生，⑤：頂芽(拡大)，a：発達しなかった葉身，b：葉柄基部(芽鱗)，c：頂生側芽。(仙台市川内，東北大植物園，1978.1.31)

●カジカエデ（オニモミジ）*Acer diabolicum* BLUME, Kaji-kaede (Oni-momiji)

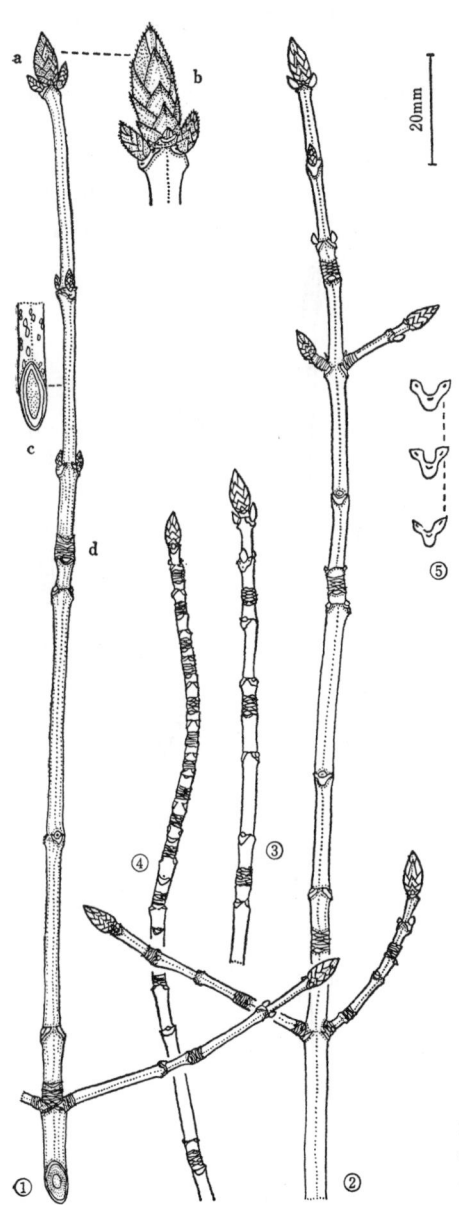

高木。高さ15m，径40cmになる。樹皮は灰褐色をし，平滑である。

小枝は，灰褐色をし，芽鱗痕が明らかで，短枝が発達しやすい。一年生枝は，やや細く，径2〜3mmあり，淡褐色をし，ほぼ無毛である。皮目は小さく，多数ある。葉痕はV字形ないし倒松形で，3個の維管束痕をもつ。髄は白色をし，太い。

冬芽は，対生して，頂芽は大きく，長卵形で，4稜をもち，先がとがり，長さ7〜10mmある。芽鱗は淡褐色ないし褐色をし，軟毛がはえ，ほぼ8対が覆瓦状に重なる。側芽は小さい。

図 2.150 カジカエデ

①：小枝，3年生，a：頂芽と頂生側芽，b：同（拡大），c：枝の断面（拡大），d：芽鱗痕，②：小枝，4年生，③：短枝化した小枝，4年生，④：短枝，14年生，⑤：葉痕（拡大）。（仙台市川内，東北大植物園，1978.1.31）

カエデ科

● メグスリノキ *Acer nikoense* Maxim., Megusurino-ki

高木。高さ15m，径40cmある。樹皮は灰色をおび，平滑である。

小枝は，細く，灰褐色ないし灰色をし，二〜三年生枝では粗毛が残る。短枝化しやすい。一年生枝は細く，径1.5〜3mmあり，淡褐色ないし灰褐色をし，直立する粗毛がはえる。皮目は微小で，多数ある。葉痕は隆起し，V字形で，5〜11個ないし3〜5グループに集まった，微小な維管束痕をもつ。髄は黄白色をし，やや太い。

冬芽は，対生する。頂芽は紡錘形で，長さ8〜10mmあり，頂生側芽をともなう。側芽は暗褐色ないし栗褐色をし，上位のものほど黄褐色の軟毛が密にはえ，ほぼ10対が覆瓦状に重なる。側芽の芽鱗は数が少ない。

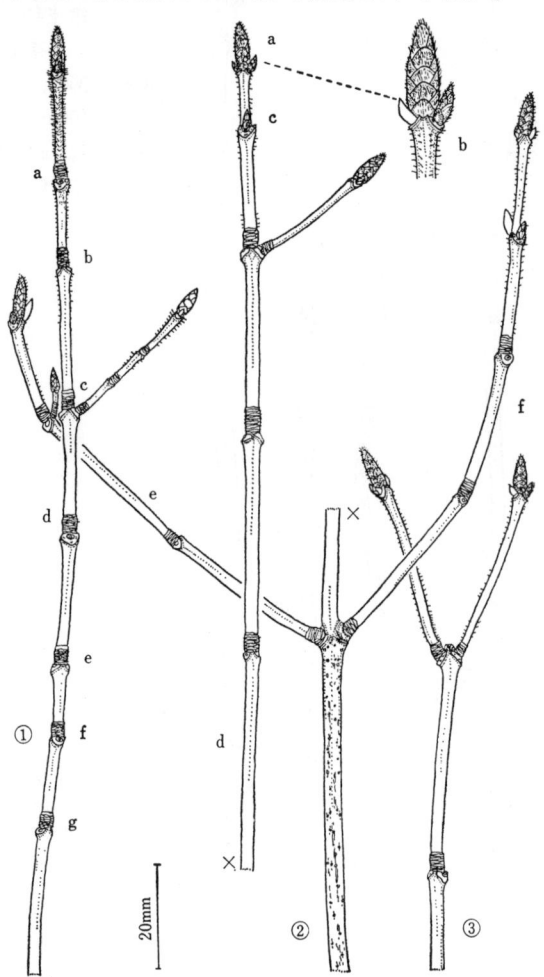

図2.151 メグスリノキ
①：短枝化した小枝，8年生，a〜g：芽鱗痕，②：小枝，5年生，a：頂芽と頂生側芽，b：同（拡大），c：側芽，d：頂生小枝，e〜f：側生小枝，③：二股分岐の小枝，3年生。(仙台市川内，東北大植物園，1978.2.20)

各 論
218

●ウリハダカエデ *Acer rufinerve* SIEB. et ZUCC., Urihada-kaede

高木。高さ 10m, 径 30cm になる。樹皮は帯黒緑色で, 小斑があり, いくらか割れ目がある。

小枝は, 帯赤緑色ないし帯黄緑色をし, つやがあり, 微小な黒斑が無数にある。短枝が発達する。一年生枝は, 細く, 径 2〜4mm あり, 紅色・赤紫色ないし帯赤緑色をし, 灰白色のろう質物をかぶり, 無毛でつやがある。皮目は灰白色で, 少数ある。葉痕はほとんど隆起せず, V字形ないし三日月形で, 3個の維管束痕をもつ。髄は円く, 桃色をし, 太い。

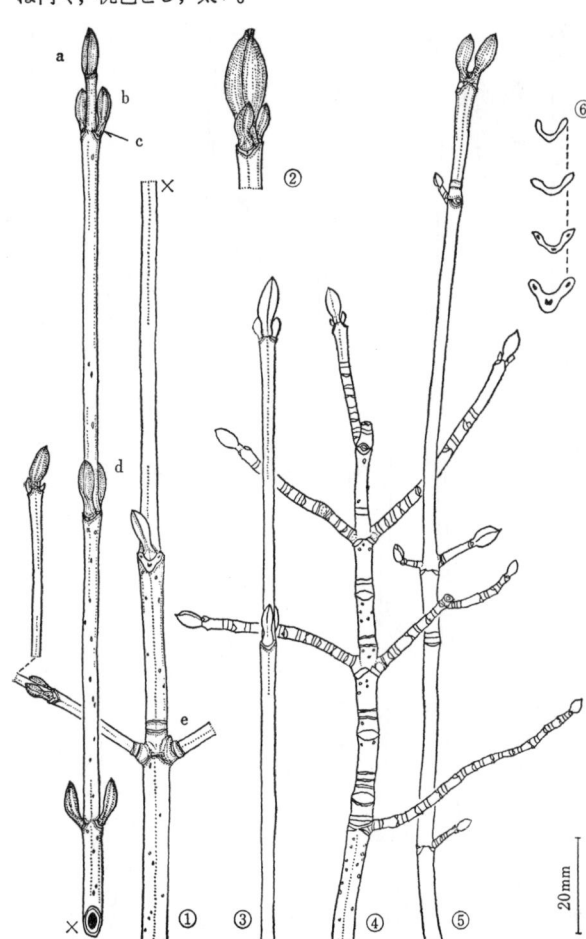

冬芽は, 対生し, 短柄をもつ。頂芽は長卵形ないし長だ円形で, 長さ 7〜10mm あり, 長さ 2〜12mm の芽柄をもち, 頂生側芽をともなう。側芽はやや小さく, やや開出するが, 内側にいくらか曲がり, 長さ 4〜8mm あり, 芽柄が長さ 2〜4mm ある。芽鱗は暗紅紫色をし, 無毛で, 1対が接合状に冬芽をつつむ。

図 2.152　ウリハダカエデ
①: 小枝, a: 頂芽, b: 頂生側芽, c: 芽柄, d: 側芽, e: 芽鱗痕, ②: 頂芽と頂生側芽(拡大), ③: 一年生枝, ④: 短枝化した小枝, 12年生, ⑤: 小枝, 3年生, ⑥: 葉痕(拡大)。(仙台市 川内, 東北大植物園, 1978.1.31)

カエデ科

●チドリノキ（ヤマシバカエデ）*Acer carpinifolium* SIEB. et ZUCC., Chidorino-ki (Yamashiba-kaede)

高木。高さ10m,径40cmになる。樹皮は黒褐色をし平滑である。小枝は，細く，帯灰栗褐色ないし灰褐色をし，短枝化しやすい。二股分岐する。一年生枝は，細く，径1～3mmあり，帯紫灰褐色ないし灰褐色をし，無毛である。皮目は大きく，だ円形ないし長だ円形で，褐色をし，突出して，長さ0.5～2mmある。葉痕は隆起し，V字形ないし三日月形で，上端に灰色毛がはえ，3個の維管束痕をもつ。髄はやや太く，淡褐色をし，その周囲は黄緑色である。

冬芽は，対生し，卵形ないし長卵形で，先がややとがり，4稜をもつ。芽鱗は赤紫色・帯緑赤色ないし帯赤黄緑色をし，無毛で，4～6対が覆瓦状に重なる。仮頂芽は大きく，長さ5～8mmあり，2個つく。勢いの弱い枝，短枝化した枝および短枝では，1個が頂生し，小さく，長さ2～4mmある。側芽は下位ほど小さく，長さ2～6mmある。枯れ葉が枝に残りやすい。

チドリノキは，まったく別科のサワシバ（カバノキ科クマシデ属，冬芽は二列互生する）とよく似ている。

図2.153 チドリノキ
①：勢いよい一年生枝，a：仮頂芽，b：同(拡大)，c～d：側芽，②：小枝，3年生，a～b：芽鱗痕，c：側生枝，d：頂生芽(拡大)，③：小枝，a：仮頂芽，b：同(拡大)，④：短枝化した小枝，5年生，⑤：短枝化した小枝，5年生，⑥：枯れ葉。(仙台市川内，東北大植物園，1978.1.31)

各 論

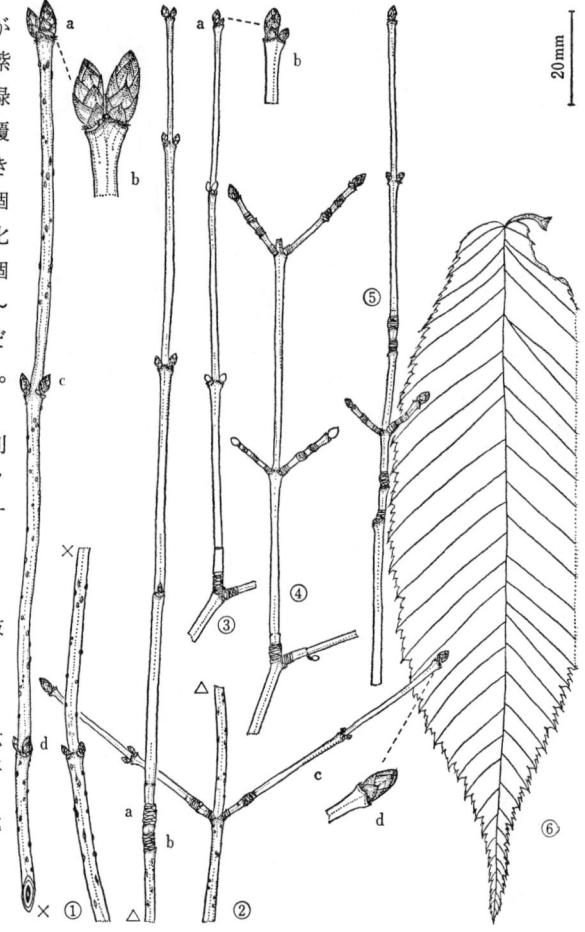

●ネグンドカエデ（トネリコバノカエデ）*Acer negundo* Linn.,
Negundo-kaede (Tonerikobano-kaede, Boxelder)

　高木。高さ22m，径90cmになる。北アメリカ中央部〜東部の原産で，街路樹や生垣に植栽される。樹皮は明褐色をし，薄く，狭く縦裂する。

　小枝は，緑褐色ないし灰褐色をし，大きい皮目をもち，樹皮が細かく縦裂する。一年生枝は，やや太く，径2〜6mmあり，円く，紫褐色，帯赤褐色ないし緑褐色をし，無毛で，いちじるしくつやがあり，いくらかろう質物をかぶる。皮目は淡色ないし淡褐色をし，小さく，あまり目立たない。葉痕は隆起し，V字形ないし三日月形で，幅3〜6mmあり，3個の維管束痕をもつ。髄はほぼ円く，紫褐色をし，太い。枝を折ると，臭気がある。

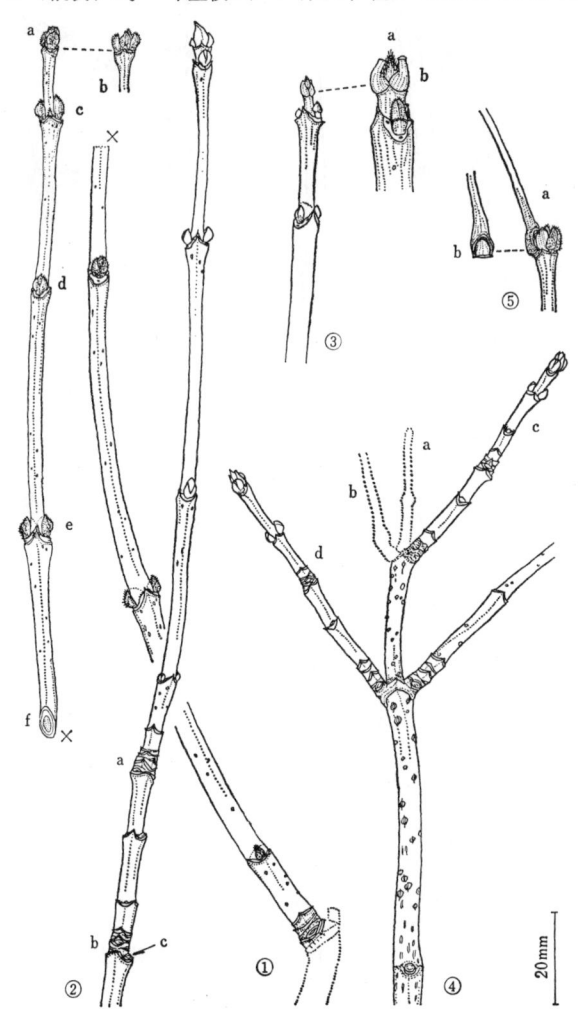

　冬芽は，対生であり，卵形で，先がやや鈍く，いくらか偏平し，わずかに芽柄があって，長さ3〜5mmある。芽鱗は葉柄基部起原で，紫色・紫白色ないし赤紫色をし，白色の短軟毛がはえ，1〜2対がみえる。頂芽はやや大きく，卵形ないし長卵形で，先がややとがり，長さ4〜6mmある。

図 2.154　ネグンドカエデ

①：一年生枝，a：頂芽および頂生側芽，b：同，正面，c〜e：側芽，f：枝の断面，②：小枝，3年生，a〜b：芽鱗痕，c：果軸痕，③：萌芽枝の枝先，a：頂芽，b：外側の芽鱗(葉柄基部)，(a〜b拡大)，④：小枝，3年生，a〜b：枯れ枝，c〜d：短枝化した小枝，⑤：葉柄内芽，a：葉柄，側面，b：同，腹面。(北海道中川郡中川町誉，北海道立林試道北支場内，1978.1.2)

●ルブルムカエデ(アメリカハナノキ) *Acer rubrum* LINN., Ruburumu-kaede (Amerika-hananoki, Red maple)

高木。北アメリカ東部の原産で，高さ21m，径60cmになる。樹皮は灰色をし，平滑であるが，老樹では浅裂し，長く狭い鱗片にはがれる。庭木や街路樹として植栽される。

小枝は，帯紫灰褐色をし，灰色の皮目が多数ある。一年生枝は，やや細く，径2～5mmあり，暗赤色ないし赤褐色をし，無毛で，つやがある。皮目は灰色をし，小さく，多数ある。葉痕は隆起し，V字形で，3個の維管束痕をもつ。髄はやや太く，淡褐色をし，ほぼ円い。

冬芽は，対生して，暗赤色ないし赤褐色をし，卵形で，長さ2～5mmあり，無毛で，2～4対の芽鱗につつまれる。頂芽はやや大きく，しばしば頂生側芽(ないし予備芽)をともなう。側芽はやや開出し，勢いよい枝では，いくらか芽柄をもち，ときには側生の二次伸長枝となる。花芽は球形で，長さ3～4mmあり，しばしば平行予備芽をもつ。

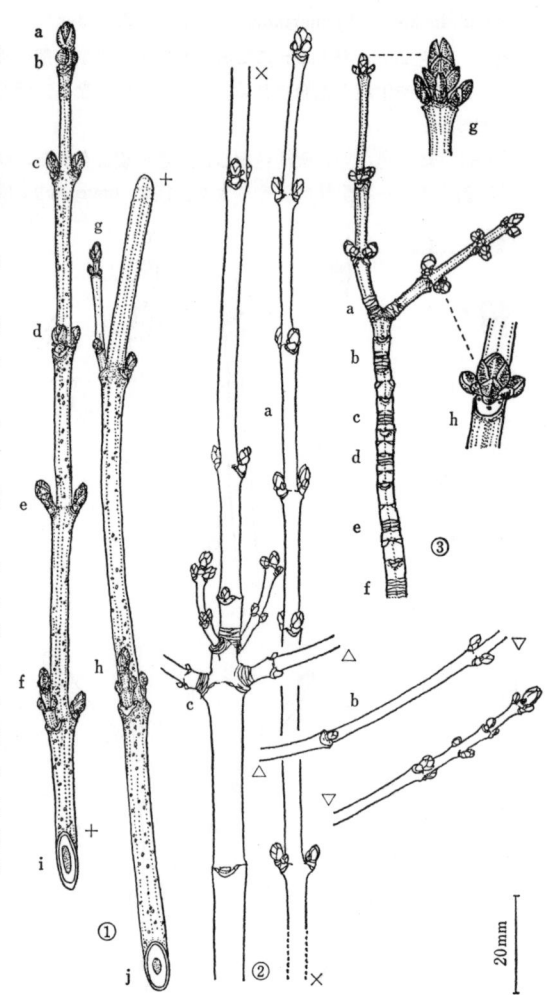

図 2.155 ルブルムカエデ
①：勢いよい一年生枝，a：頂芽，b～e：側芽，f～h：側生の二次伸長枝，i～j：枝の横断面．②：小枝，a：頂生枝，b：側生枝，c：芽鱗痕．③：短枝化した小枝，6年生，a～f：芽鱗痕，g：頂芽，h：花芽 (g～h 拡大)．(北海道美唄市光珠内，北海道立林試場内，1977.4.6)

27 トチノキ科
Hippocastanaceae

トチノキ属 *Aesculus* LINN.

高木。冬芽は対生し，多数の葉柄基部起原の芽鱗に覆瓦状につつまれ，頂芽がきわめて大きく，側芽は小さい。一年生枝は太く，葉痕はほぼ心形である。托葉痕はない。

種		一年生枝	冬芽
トチノキ	自生	きわめて太い，帯赤褐色	卵形，樹脂ある
ヒメトチノキ	植栽	やや太い，帯紫暗緑色	卵形，樹脂ない

●**トチノキ** *Aesculus turbinata* BLUME, Tochi-no-ki

高木。高さ 30m，径 120cm になる。樹皮ははじめ平滑で，灰褐色をし，のちに灰色になって，深く裂ける。

小枝は，褐色ないし暗褐色をし，太い。一年生枝は，きわめて太く，径 6～12mm あり，黄褐色ないし帯赤褐色をし，平滑・無毛である。側生枝や日陰枝は短枝化しやすい。皮目は大きく，だ円形ないし円形で，多数ある。葉痕はやや隆起し，大きく，心形ないし腎形で，長さ 5～15mm あり，淡褐色をし，中央がいくらか凹む。維管束痕は大きく，5～9個あり，V字形に並ぶ。芽鱗痕は明らかで，狭く，多数ある。髄は太く，淡褐色をし，円い。

冬芽は，対生する。頂芽はきわめて大きく，卵形ないし長卵形で，先がややとがり，鈍い4稜があって，長さ 10～30mm ある。側芽はきわめて小さく，卵形ないし球形で，ほとんど発達しない。花芽は頂生し，葉芽より太く，広卵形で，径 10～18mm ある。果軸痕は大きく，鞍形で，最上位の側芽が発達すると，二股分岐の枝ぶりとなる。芽鱗は葉柄基部起原で，8～14枚がみえ，暗赤褐色，帯紫褐色ないし暗褐色をし，無毛で，つやがあり，樹脂をかぶり，覆瓦状に重なる。(⇒次頁)

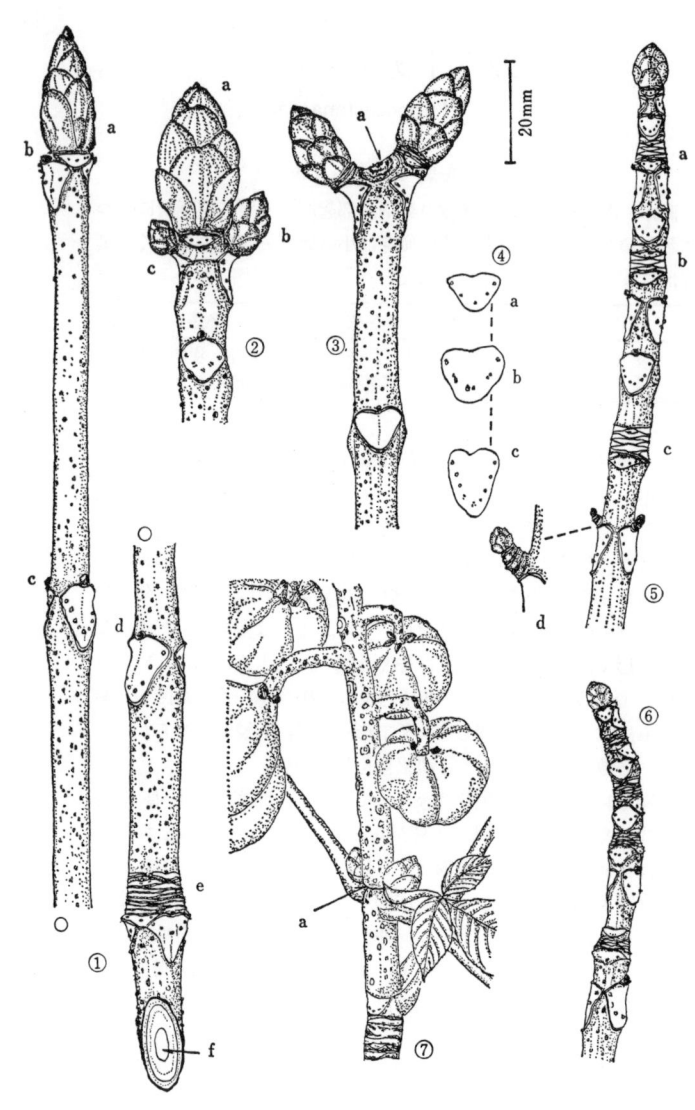

図 2.156 トチノキ

①：勢いよい小枝，a：頂芽(葉芽)，b〜d：側芽，e：芽鱗痕，f：髄，②：枝先，a：混芽，b〜c：発達した側芽，③：枝先，a：果軸痕，④：葉痕，⑤：短枝化した小枝，4年生，a〜c：芽鱗痕，d：短枝(拡大)，⑥：同上，5年生，⑦：果枝(宮部ほか1920〜31から変写)，a：果軸の剝離線。(札幌市，北大植物園，1966.11.24)

●ヒメトチノキ（アメリカトチノキ）*Aesculus glabra* WILLD.,
Hime-tochinoki (American buckeye)

高木。北アメリカ東部産で，高さ20m，径60cmになる。

一年生枝は，やや太く，径4～7mmあり，帯紫暗緑色をし，平滑である。皮目は小さく，少ない。葉痕はやや隆起し，三角形ないし心形で，3グループの維管束痕をもつ。枝を切ると臭気がある。髄はやや六角形で，淡緑色をし，太い。

冬芽は対生して，褐色をし，無毛で，樹脂をかぶらない。頂芽は大きく，長さ10～15mmあり，卵形で，側芽は小さい。鱗片は先がとがり，先がいくらか開出し，5～7対が覆瓦状に重なる。

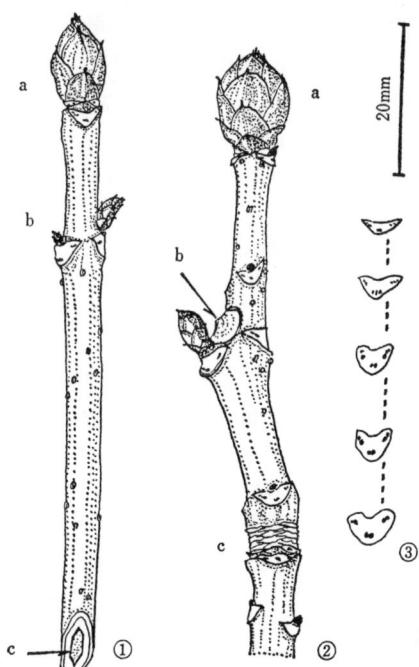

図 2.157　ヒメトチノキ
①：一年生枝，a：頂芽，b：側芽，c：髄，②：小枝，a：混芽，b：果軸痕，c：芽鱗痕，③：葉痕。
（札幌市，北大植物園，1969.10.9）

トチノキ科

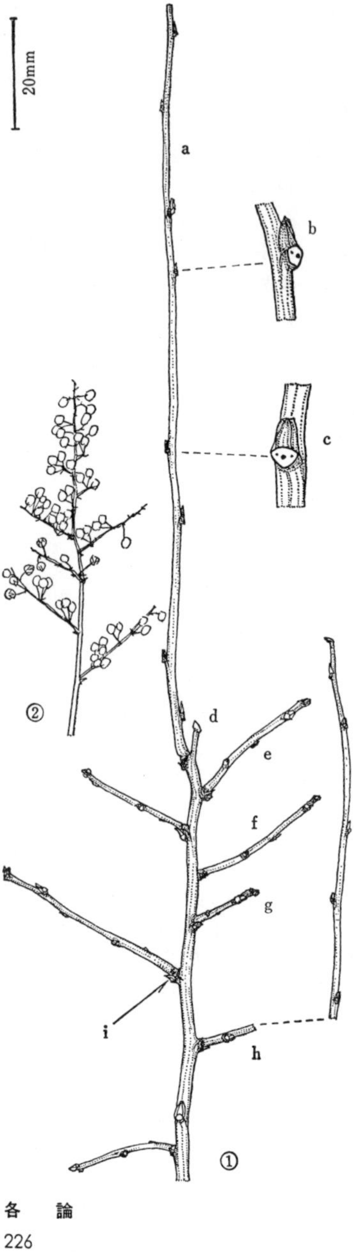

28 クロウメモドキ科
Rhamnaceae

低木,つる性低木ないし高木。冬芽は小さく,数枚の芽鱗につつまれ,らせん生,二列互生状ないし対生する。一年生枝は細く,無毛である。果実が多肉果である以外には,冬芽と一年生枝に共通点が乏しい科であるといえる。

種		一年生枝	冬芽	芽鱗数
クマヤナギ	つる性低木	細い,暗黄緑色	だ円形,赤褐色,らせん生	3枚
ネコノチチ	小高木	細い,灰褐色	三角形,暗灰色,偏平,二列互生状	3枚
クロウメモドキ	低木	やや細い,灰白色,とげ	卵形,暗灰色,対生	3対
ケンポナシ	高木	やや細い,暗紫色	卵形,黒紫色,二列互生状	2〜3枚

クマヤナギ属 Berchemia Neck.

●**クマヤナギ** B. *racemosa* Sieb. et Zucc., Kuma-yanagi

ややつる性の低木。

小枝は,つる状にのび,暗黄緑色をし,ときに紫色をおびる。一年生枝は,長くのび,細く,径1〜2mmあり,暗黄緑色をし,無毛で,他の樹種の枝にからみつく。皮目は明らかでない。葉痕は隆起し,平円形ないし三角形で,3個の維管束痕をもつ。髄は黄色をし,細い。

冬芽は,ほぼ3/8のらせん生であり,伏生し,だ円形で,長さ1〜2mmある。芽鱗は赤褐色をし,無毛で,3枚がみえ,開葉後も宿存する。

図 2.158 クマヤナギ
①:小枝,a:頂生枝,b:側芽,側面,c:同,背面(b〜c 拡大),d:枝痕,e〜h:短枝化した側生枝,i:宿存する芽鱗,②:不稔の花序。(盛岡市下厨川,林試東北支場内,1978.2.1)

ネコノチチ属 Rhamnella Miq.

●ネコノチチ R. franguloides Weberbauer, Nekono-chichi

小高木。高さ8m，径30cmになる。樹皮は暗褐色である。

一年生枝は，細く，径1～2mmあり，円く，帯紫灰色ないし灰褐色をし，わずかに短軟毛が残る。皮目は大きく，淡褐色をし，だ円形ないし長だ円形で，きわめて多数ある。葉痕は隆起し，平円形で，褐色をし，3個の維管束痕をもつ。托葉痕は微小で，明らかでない。髄は灰白色をし，やや細い。

冬芽は，二列互生状のらせん生で，いくらかのずれはあっても，同じ側に2個ずつつき，伏生し，三角形をし，偏平で，長さ1～2mmあり，暗灰色をし，ほぼ無毛で，ほぼ3枚の芽鱗につつまれる。仮頂芽は上～中位の側芽とほぼ同じ大きさであり，下位の側芽は小さい。

図 2.159 ネコノチチ
①：一年生枝，a：仮頂芽，側面，b：同，背面，c：側芽と葉痕（a～c拡大），②：小枝，2年生。（京都市，京大植物園，1978.1.27）

クロウメモドキ属 Rhamnus Linn.

●クロウメモドキ R. japonica Maxim., Kuro-umemodoki

低木。高さ5m，径15cmになる。樹皮は灰褐色をし，薄い鱗片となってはがれる。広葉樹林の下木となる。

小枝は，やや太く，多数の側生短枝をもち，大きい皮目が多数ある。短枝は発達して，冬芽が1個頂生する。一年生枝は，やや細く，径2～3mmあり，灰白色をし，無毛で，つやがあり，先端はとげ（茎針）に終る。皮目は小さく，散在する。葉痕は隆起し，半円形ないし三角形で，幅1～2mmあり，3個の維管束痕をもつ。托葉は宿存する傾向にある。髄は細く，円い。枝の断面をみると，年輪は不明で，導管が目立ち，皮に臭気がある。

冬芽は，対生し，ときには亜対生して，卵形ないし球形で長さ2～4mmあり，やや開出して，暗灰色をし，無毛で，3対の鱗片につつまれる。（⇨次頁）

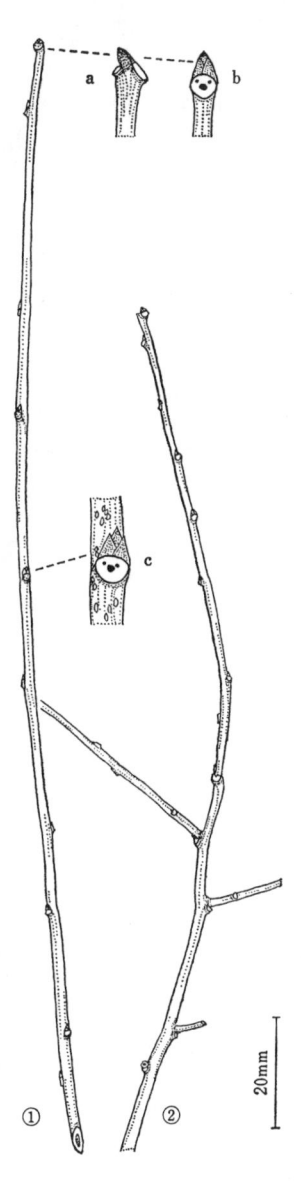

クロウメモドキ科

図 2.160 クロウメモドキ

①：勢いよい一年生枝，②：小枝，a~b：発達した一年生枝，c~d：短枝，③：小枝，3年生，a~b：芽鱗痕，④：一年生枝の枝先，a：仮頂芽，b：茎針，c~d：托葉，⑤：小枝の枝先，a：茎針，b：葉痕と芽鱗痕，⑥：葉痕（④~⑥拡大）。(札幌市，北大苗畑，1967.3.1)

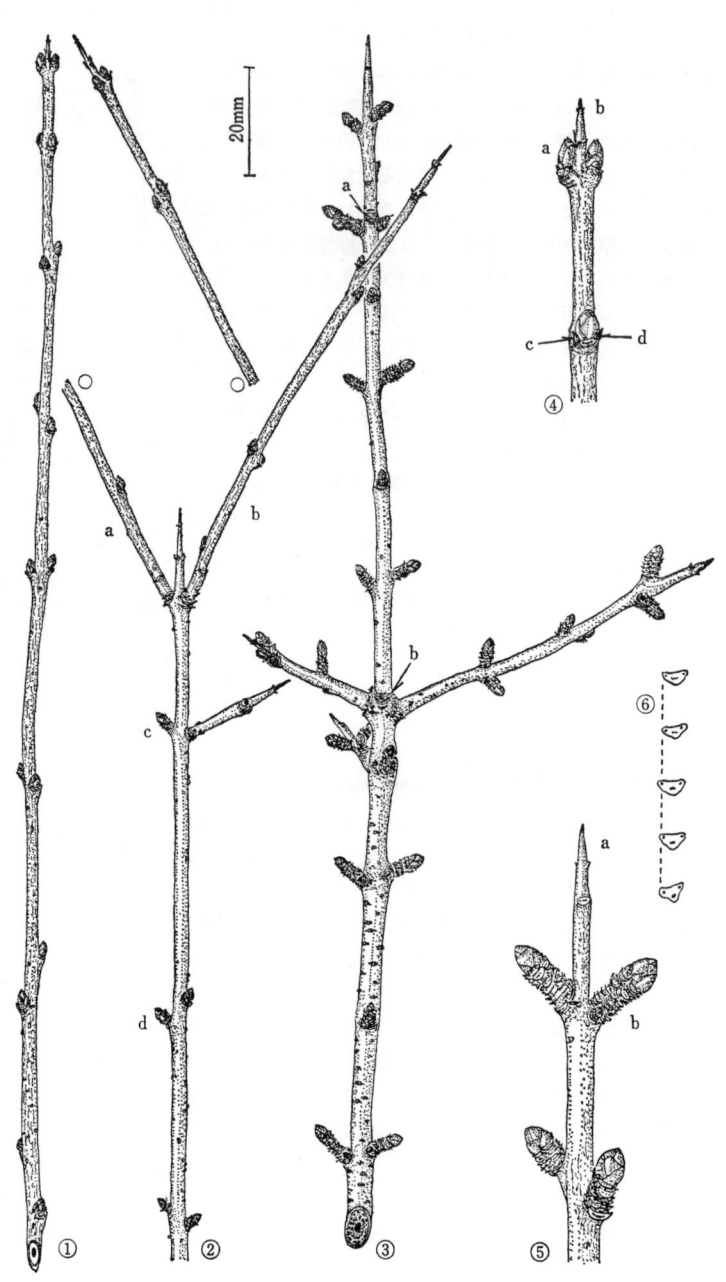

ケンポナシ属 *Hovenia* THUNB.

● ケンポナシ *H. dulcis* THUNB., Kempo-nashi

高木。高さ 15m, 径 40cm になる。樹皮は淡い黒灰色をし,浅く縦裂して,鱗片となってはげ落ちる。

小枝は,帯紫灰褐色である。一年生枝は,やや細く,径 2～5mm あり,暗紫色ないし紫褐色をし,無毛で,つやがあり,ややジグザグに屈折する。皮目は長だ円形で,灰色ないし淡褐色をし,やや突出して,いちじるしく多数ある。葉痕はやや隆起し,V字形・心形・平円形ないし三角形で,3 個の維管束痕をもつ。托葉痕はない。髄はいくらか褐色をおびた白色で,やや太い。

冬芽は,二列互生状であるが,同じ側に 2 個ずつの葉痕があり,冬芽は上の位置にだけつく。つまり,冬芽は 1 節おきにつく。側芽は卵形ないし球形で,長さ 1.5～2.5mm あり,予備芽をもつ。芽鱗は黒紫色で,内側のものは黄褐色で有毛であるが,2～3 枚がみえる。仮頂芽はやや大きい。

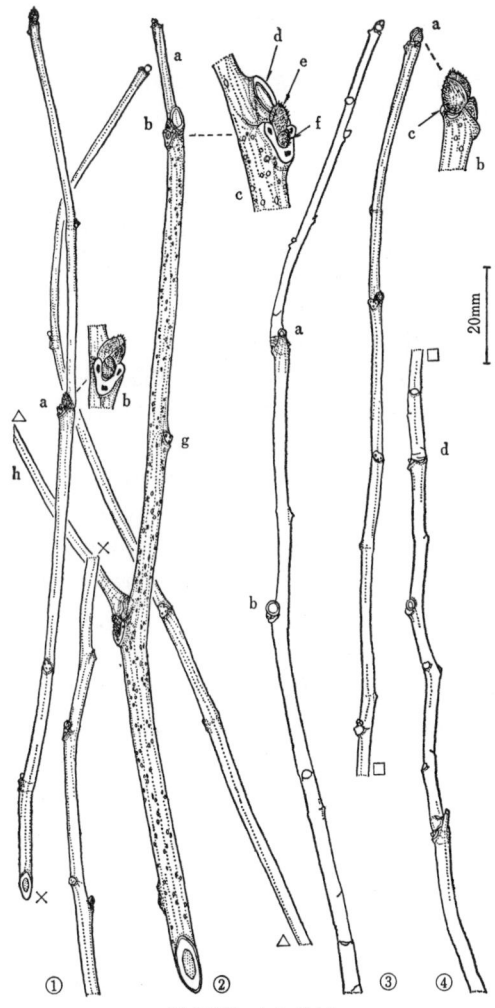

図 2.161 ケンポナシ

①:一年生枝, a:側芽, b:同(拡大), ②:勢いよい一年生枝, a:枯れた枝先(ないし枝痕), b:仮頂芽, c:同(拡大), d:果軸痕, e:主芽, f:予備芽, g:冬芽のない葉痕, h:側生の二次伸長枝, ③:小枝, 2 年生, a:枝痕, b:果軸痕, ④:小枝, 3 年生, a:仮頂芽, b:同(拡大), c:枝痕, d:芽鱗痕。(盛岡市厨川, 1978.2.22)

クロウメモドキ科

29　ブドウ科
Vitaceae

つる。巻きひげをもち，枝に巻きついてよじのぼるか，吸盤および気根でよじのぼる。冬芽はほぼ二列互生し，托葉起原の芽鱗につつまれる。

種	樹皮	皮目	巻きひげ	吸盤	気根	一年生枝	短枝	冬芽	髄
ヤマブドウ	縦にはげる	不明	長いある	ない	ない	太い	発達しない	卵形，長さ5～9mm	褐色
ツタ	はげない		短い	ある	ある	細い	発達する	円錐形，長さ1～2mm	白色

ブドウ属 *Vitis* LINN.

●ヤマブドウ *V. coignetiae* PULLIAT, Yama-budō

つる。巻きひげで樹木にからみ，高くのび，径10cmにもなる。樹皮は節くれだち，濃褐色をし，縦に長くはげる。

小枝は，太く，硬く，平滑で，暗褐色ないし暗赤褐色をし，皮目は不明で，表皮は縦にはがれる。一年生枝は，きわめて長く，200cmものび，太く，径3～7mmあり，褐色ないし帯赤褐色をし，長軟毛ないしクモ毛が疎生し，いくらかジグザグに屈折する。巻きひげは長く，20cmにもなり，太く，径1～2mmあり，枝分かれし，らせん状に樹枝にからみつく。これは冬芽と対生するが，2回つづけて対生すると，1回やすむ。葉痕は半円形で，幅3～6mmあり，多数の微小な維管束痕が環状に並ぶ。托葉痕は明らかで，新月形ないし線形である。髄はやや細く，褐色をし，円い。

冬芽は，卵形で，先がとがり，やや偏平で，長さ5～9mmあり，やや開出し，ほぼ二列互生する。芽鱗は托葉起原で，2枚みえ，暗褐色ないし褐色をし，無毛で，外側のものは基部だけをつつむ。

図 2.162　ヤマブドウ

①：小枝，a：はがれた表皮，b：巻きひげ．②：一年生枝，a～b：巻きひげと対生する冬芽，c：巻きひげを欠く冬芽．③：冬芽，a：側面，b：背面，c：葉痕，d：托葉痕．④：開葉，a：外側の鱗片，b：内側の鱗片（托葉），c：ふつう葉．
（札幌市，北大構内，1969.11.29）

各論

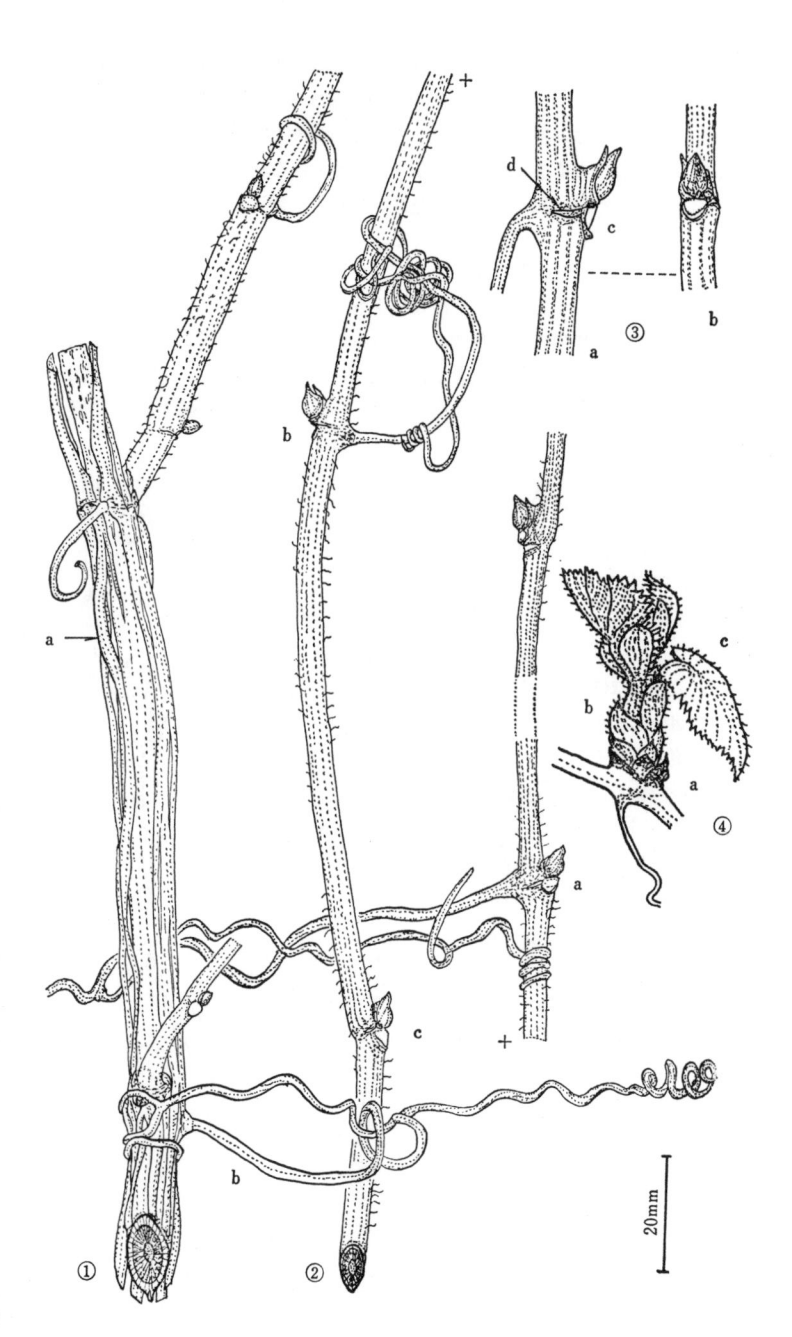

ブドウ科
231

ツタ属 *Parthenocissus* PLANCH.

●ツタ（ナツヅタ）*P. tricuspidata* PLANCH., Tsuta (Natsu-zuta)

つる。径4cmになる。吸盤および気根によって，樹幹・岩壁によじのぼる。建物の壁飾りに植栽される。

小枝は細く，帯紫褐色ないし暗褐色をし，粗面で，表皮が菱形に裂開し，気根がはえてくる。短枝は発達しやすく，太く，径4～6mmあり，数珠玉のようにつらなって，2個ずつの大きい，長さ4～5mmある，円形の葉痕をもつ。

一年生枝は，長く，200cmものび，細く，径2～3mmあり，赤褐色ないし黄褐色をし，無毛で，やや粗面である。巻きひげは短く，長さ1～3cmあり，枝分かれし，先端に吸盤をもつ。吸盤は褐色をし，円板状で，径1～3mmある。巻きひげは冬芽と対生し，2節続けて出て，次の1節は欠ける。皮目は淡色で，やや突出し，円形ないしだ円形で，長さ1mmになり，多数散在する。長枝の葉痕は隆起し，小さく，長さ1.5～3mmあり，ほぼ円形で，数個～10数個の維管束痕が環状に並ぶ。托葉痕は線形で，小さい。材は帯緑色をし，髄は白色をし，小さく，円い。

冬芽は，ほぼ二列互生し，小さく，長さ1～2mmあり，円錐形で，褐色をし，3～5枚の，托葉起原の芽鱗につつまれる。しばしば，葉枕がいちじるしくふくらみ，その上に，冬芽，葉痕が，ときに花軸痕もある。短枝では，冬芽は1個が頂生する。

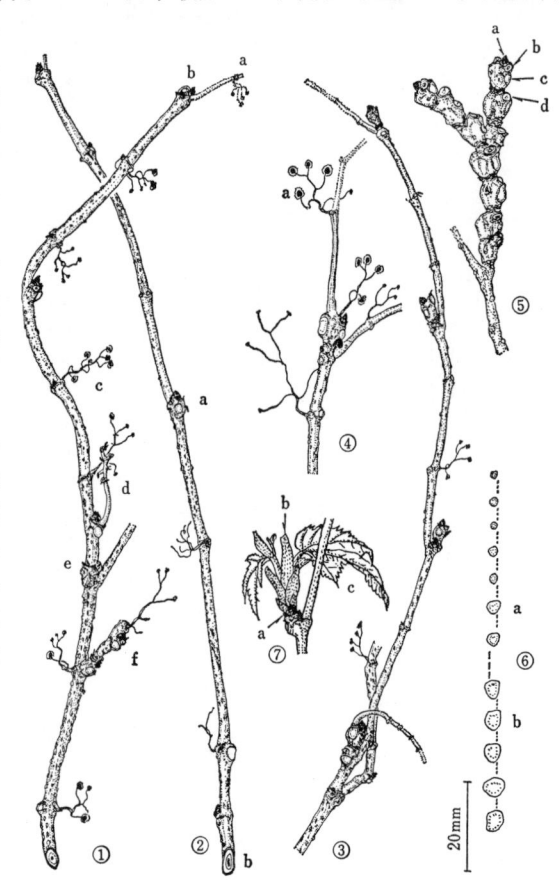

30 シナノキ科
Tiliaceae

シナノキ属 Tilia LINN.

高木。冬芽は二列互生し，卵形ないし広卵形で，仮頂芽がやや大きく，2枚の托葉起原の芽鱗につつまれる。一年生枝はジグザグに屈折し，つやがあり，有毛ないし無毛で，皮目が明らかである。葉痕は小さく，日陰側に片寄り，多数の微小な維管束痕をもつ。托葉痕は明らかである。冬になっても，ヘラ形の苞および果実がかなり残っている。

種		一年生枝	冬芽
シナノキ	自生	無毛，帯赤褐色	卵形，無毛，明褐色
オオバボダイジュ	自生	短軟毛，帯緑褐色	広卵形，軟毛，帯紫褐色
ボダイジュ	中国産	短軟毛，帯黄緑色	卵状球形,軟毛,帯赤暗緑色

● シナノキ（アカジナ） *Tilia japonica* SIMONKAI, Shina-no-ki

高木。高さ 20m，径 60cm になる。樹皮は暗灰褐色をし，縦に浅裂する。樹皮の繊維は強く（ネバリジナ），オヒョウとともに，縄や織物（科布）の原料に用いられた。

小枝は，暗褐色ないし帯灰褐色をし，無毛である。一年生枝は，やや細く，径 2～5mm あり，帯赤褐色，明褐色ないし黄褐色をし，無毛で，つやがあり，ジグザグに屈折する。皮目はやや突出し，大きく，だ円形で，長さ 1～2mm あり，多数ある。葉痕は隆起し，三日月形ないし三角形で，幅 2～3mm あり，日陰側に寄り，微小な維管束痕を数個もつ。托葉痕は明らかで，日陰側が太く短く，三日月形をし，日向側が細く長く，線形である。髄は細く，淡い黄褐色をし，円い。冬芽は，二列互生して，大きく，長さ 7～10mm あり，卵形で，先が鈍く，無毛である。芽鱗は明褐色ないし帯赤褐色をし，つやがあり，托葉起原で，みえる2枚のうち，内側のものが大きい。仮頂芽はやや大きく，広卵形である。側芽は開出し，下位ほど小さい。（⇨次頁）

←図 2.163 ツ タ

①小枝, a：枝先の枯死, b：仮頂芽, c：巻きひげおよび吸盤, d：花軸, e：宿存する芽鱗, f：短枝, ②一年生枝, a：大きい葉枕, b：枝の断面, ③小枝, 3年生, ④小枝, a：吸盤, ⑤短枝, 8年生, a：冬芽, b：花軸痕, c：葉痕, d：枝痕, ⑥葉痕, a：長枝上のもの, b：短枝上のもの, ⑦開葉, a：外側の鱗片, b：内側の鱗片, c：ふつう葉。
（札幌市，北大苗畑，1969.10.8）

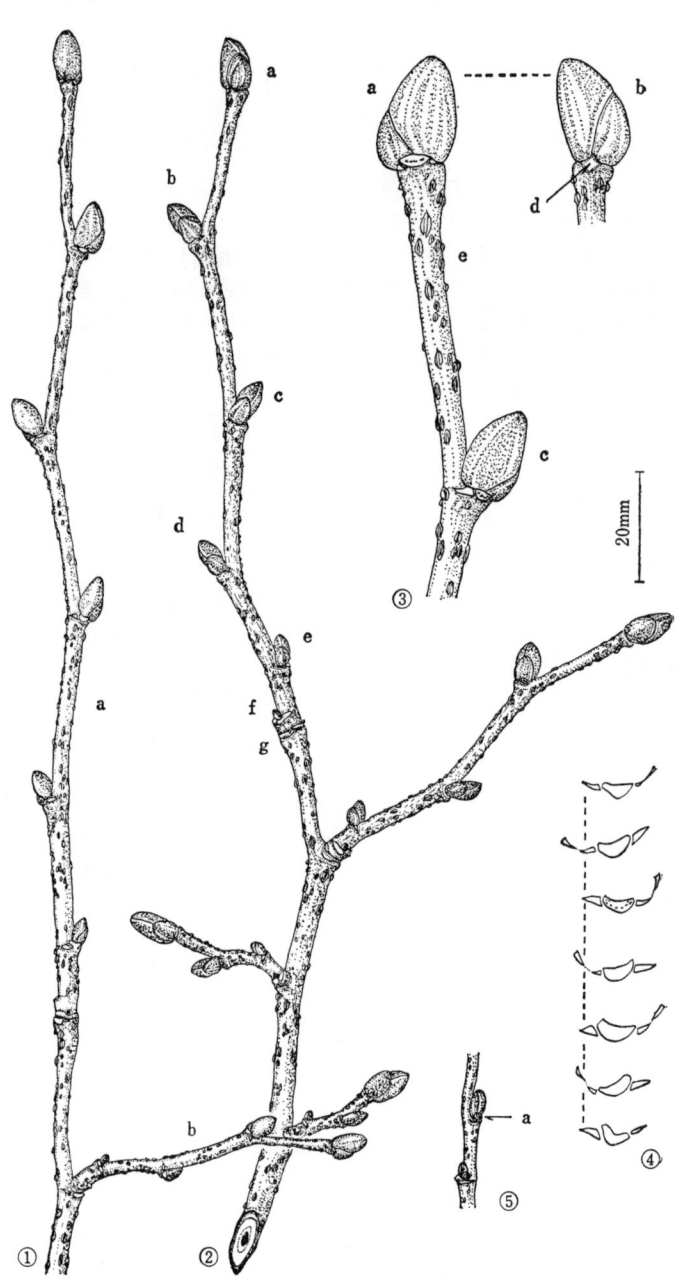

図 2.164 シナノキ
①:小枝,日陰側,a:頂生枝,b:側生枝,②:勢いよい小枝,日向側,a:仮頂芽,b~f:側芽,g:芽鱗痕,③:枝先(拡大),a:仮頂芽,日陰側,b:同,日向側,c:側芽,d:枝痕,e:皮目,④:葉痕と托葉痕(拡大),⑤:一年生枝の一部,a:果軸痕。(札幌市,北大苗畑,1967.3.6)

●オオバボダイジュ（アオジナ）*Tilia maximowicziana*
   Shirasawa, Ooba-bodaiju (Ao-jina)

高木。高さ 25m，径 90cm になる。樹皮は厚く，帯紫暗灰色をし，はじめ平滑で，のちに浅く縦裂する。

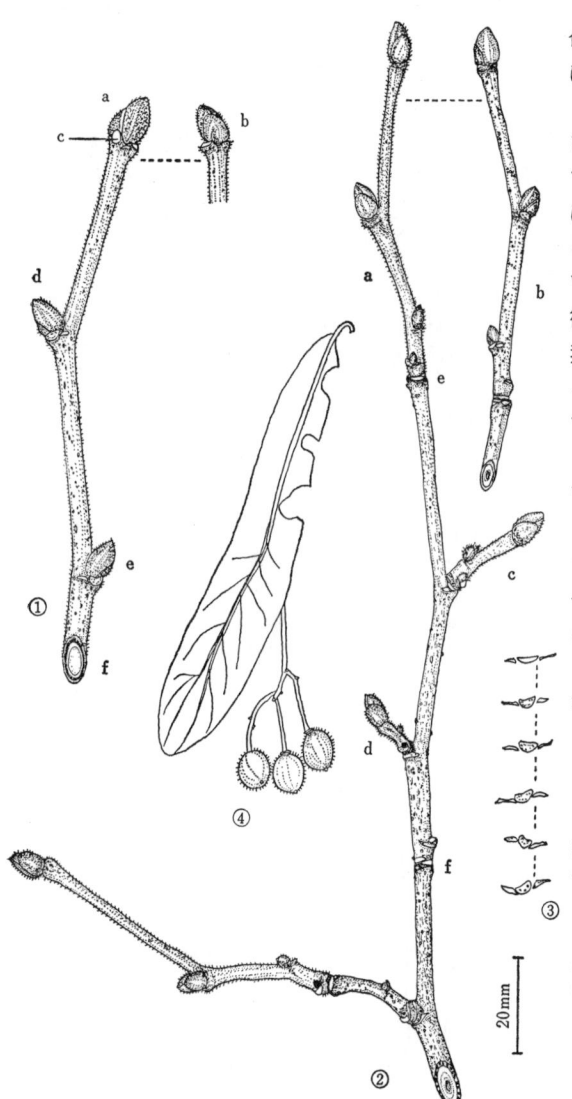

小枝は，帯紫褐色ないし灰褐色をし，無毛である。一年生枝は，やや太く，径 3〜6mm あり，帯緑褐色ないし帯青灰褐色をし，灰色の短軟毛が密生して，ジグザグに屈折する。皮目は小さく，褐色をし，散在する。葉痕は隆起し，三日月形ないし半月形で，日陰側に寄り，微小の維管束痕を多数もつ。托葉痕は大きく，三日月形である。材は白色であり，髄も白色で，円く，太い。

冬芽は，二列互生し，卵形ないし広卵形で，先がややとがり，長さ 5〜8mm ある。芽鱗は 2 枚みえ，托葉起原で，帯紫褐色ないし赤褐色をし，軟細毛がはえ，外側が小さく，内側が大きい。仮頂芽はやや大きい。側芽は開出し，下位ほど小さい。

図 2.165　オオバボダイジュ
①：一年生枝，日陰側，a：仮頂芽，b：同，日向側，c：枝痕，d〜e：側芽，f：枝の断面，②：小枝，3 年生，日向側，a：頂生枝，b：同，日陰側，c〜d：短枝化した側生枝，e〜f：芽鱗痕，③：葉痕と托葉痕，④：果実。（札幌市，北大植物園，1969.10.12）

シナノキ科

●ボダイジュ *Tilia miqueliana* Maxim., Bodai-ju

高木。高さ25mになる。中国産で，寺院や公園に植栽される。
　小枝は，帯紫灰褐色，赤褐色ないし緑褐色をし，いくらか短軟毛が残る。一年生枝は，やや太く，径2～6mm あり，帯赤黄緑色をし，灰白色の短軟毛ないし垢状毛が密にはえ，ジグザグに屈折する。皮目はやや突出し，だ円形で，やや多数ある。葉痕は日陰側に片寄り，やや隆起し，半円形ないし三角形で，小さく，幅2～3mm あり，ほぼ3個の維管束痕および小さい托葉痕をもつ。髄は白く，細い。
　冬芽は，二列互生し，卵状球形で先は円く，長さ4～6mm あり，開出する。仮頂芽はやや大きい。芽鱗は2枚がみえ，帯赤暗緑色をし，短軟毛がはえる。

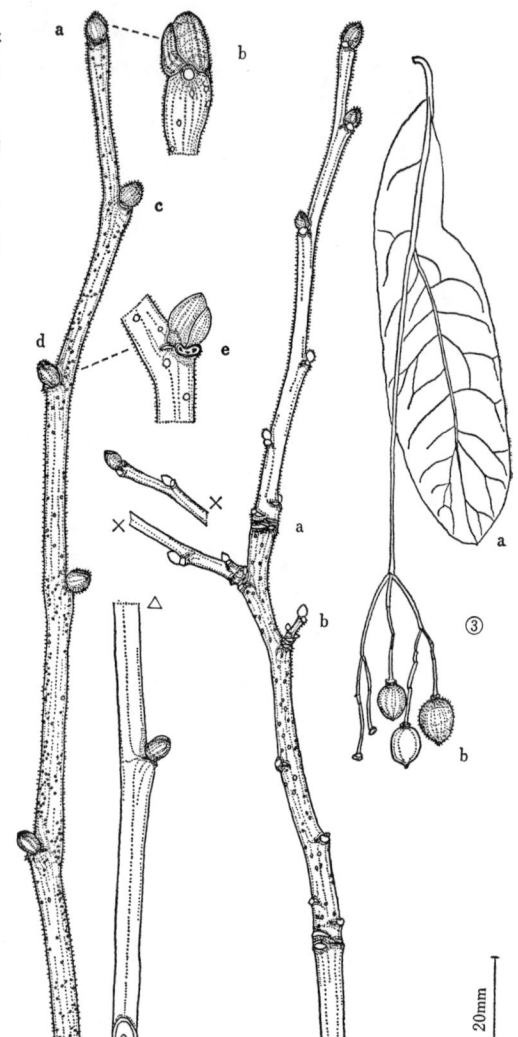

図 2.166　ボダイジュ
　①：一年生枝，日向側，a：仮頂芽，b：同(拡大)，腹面，c～d：側芽，e：同(拡大)，日陰側，②：小枝，3年生，日陰側，a：芽鱗痕，b：短枝，③：果実と苞，a：苞，b：果実。(京都市，京大植物園，1978.1.27)

各　論
236

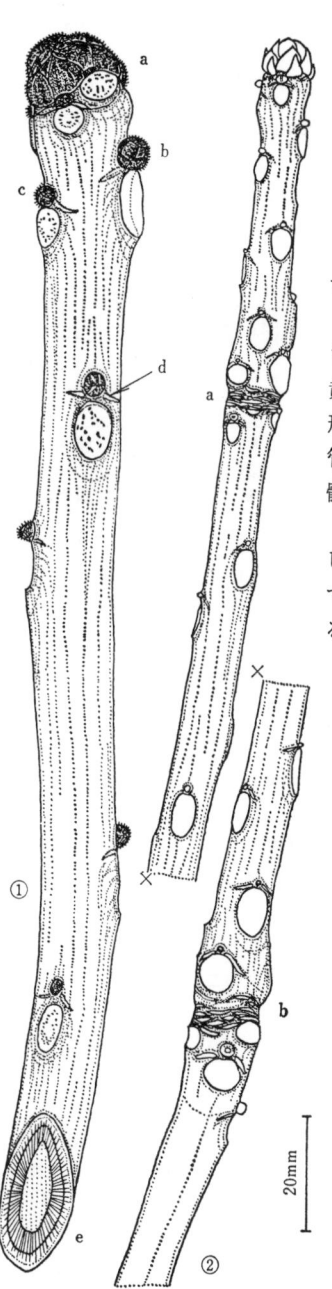

31 アオギリ科
Sterculiaceae

アオギリ属 *Firmiana* Marsili

●**アオギリ** *F. platanifolia* Schott et Endl., Ao-giri
高木。高さ15m，径30cmになる。樹皮は緑色で，平滑である。中国南部産で，庭木として植栽される。

小枝は，帯黄白緑色をし，皮目は灰色で，目立たず，数も少ない。一年生枝は，きわめて太く，径7～17mmあり，黄緑色をし，無毛である。葉痕はほとんど隆起せず，だ円形ないし円形で，暗紫色をし，ほぼ環形に並んだ多数の維管束痕をもつ。冬芽の両側に，太い線形の托葉痕がある。髄は太く，帯黄白色で，ほぼ円い。

冬芽は3/8ないし5/13のらせん生である。頂芽はいちじるしく大きく，半球形で，幅8～15mmあり，黒褐色で，短軟毛がはえ，托葉起原の5～8対の芽鱗につつまれる。側芽は小さく，球形で，下位のものは発達しない。

図 2.167 アオギリ
①：一年生枝，a：頂芽，b～c：側芽，d：托葉痕，e：枝の断面，②：小枝，3年生，a～b：芽鱗痕。（神奈川県伊勢原市串橋，江原氏，1978.4.2）

32 マタタビ科
Actinidiaceae

サルナシ属 Actinidia LINDL.

つる。葉枕がいちじるしく隆起し、冬芽はその内部に隠れる（隠芽ないし半隠芽）。葉痕は円形ないし平円形で、1個の維管束痕をもつ。托葉痕はない。髄は空室ないし充実である。茎は、巻きひげ、とげ、吸盤、気根などのよじのぼり器官をもたず、それ自体で他物にからみつく。

種		髄	冬芽	一年生枝
サルナシ	高くよじのぼる	有室，黄褐色	隠芽	やや太い，径3〜6mm，褐色
ミヤママタタビ	低くよじのぼる	有室，褐色	隠芽	やや細い，径2〜5mm，赤褐色
マタタビ	低くよじのぼる	充実，白色	半隠芽	やや細い，径2〜4mm，黄褐色

●サルナシ（コクワ，シラクチヅル）*Actinidia arguta* PLANCH., Saru-nashi (Kokuwa, Shirakuchi-zuru)

つる。長くのび、幹は径15cmにもなり、茎自身で他物にからみついてよじのぼる。

小枝は、太く、褐色、灰褐色ないし帯紫褐色をし、平滑で、無毛である。側生の一年生枝は、短く、細く、径2〜3mmあり、褐色ないし暗褐色をし、無毛で、つやがある。頂生枝（ないし一年生幹）は、いちじるしく長くのび、長さ2mにもなり、やや太く、径3〜6mmあり、先ほど細くなる。皮目はだ円形で、灰色をし、きわめて多数ある。葉痕はいちじるしく隆起し、小さく、ほぼ円形で、長さ2〜4mmあり、中央が凹み、1個の維管束痕をもつ。髄はやや細く、黄褐色ないし褐色をし、充実しないで、空室に分かれる。

冬芽は、2/5のらせん生であり、葉枕の内部に隠れて、外からみえない。葉痕の前に微小な凹みがあり、そこから芽吹く。

図2.168 サルナシ
①：小枝，2年生，a〜c：側生枝，d：葉枕，②：側生一年生枝，a：芽吹き，b：枝の縦断面，c：有室髄(a〜c 拡大)，d：枝痕，③：頂生枝の枝先部，a：枯れた先端，④：太い頂生枝，⑤：葉痕，⑥：果実。（札幌市，北大苗畑，1969.10.19）

マタタビ科
239

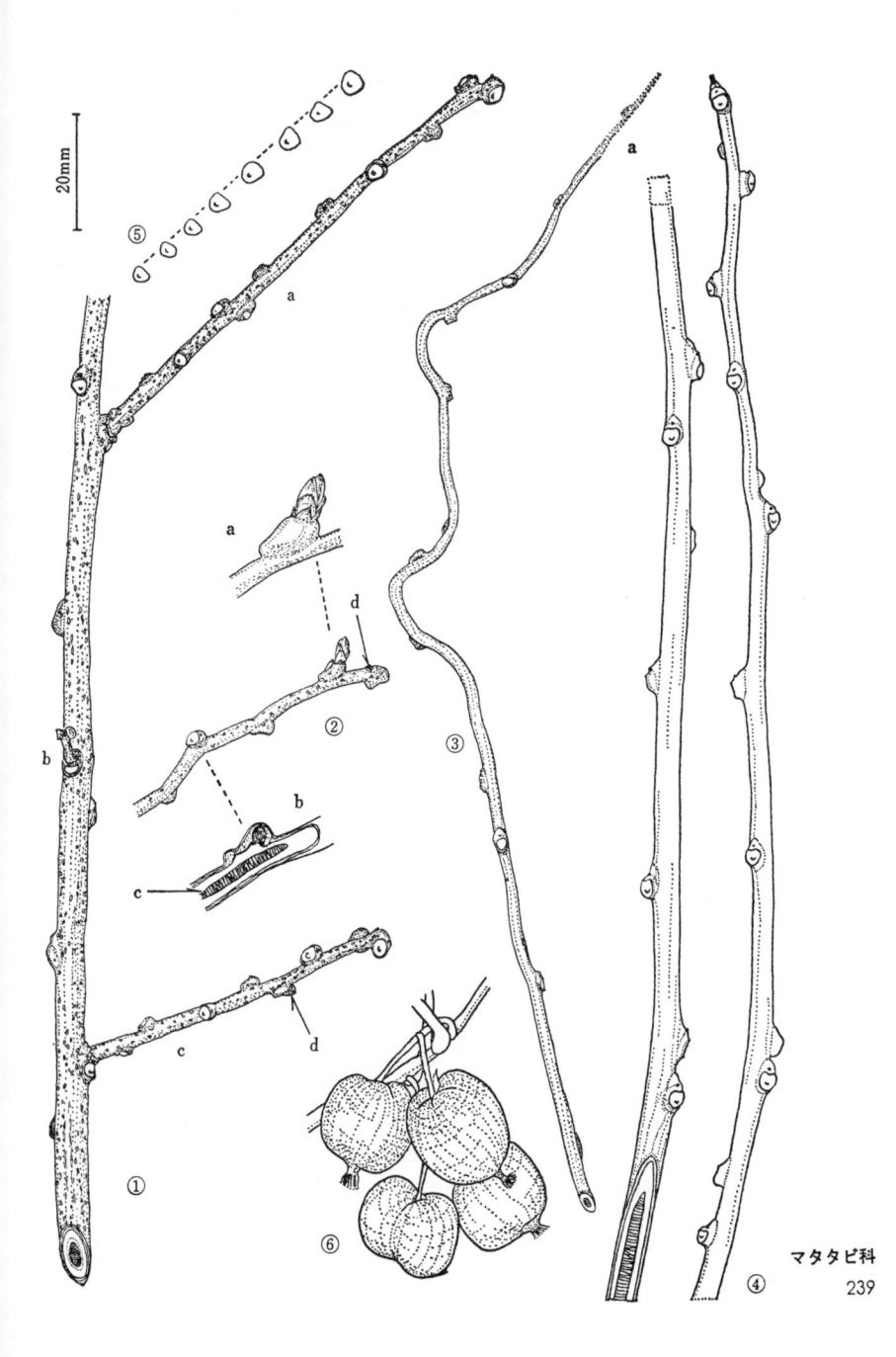

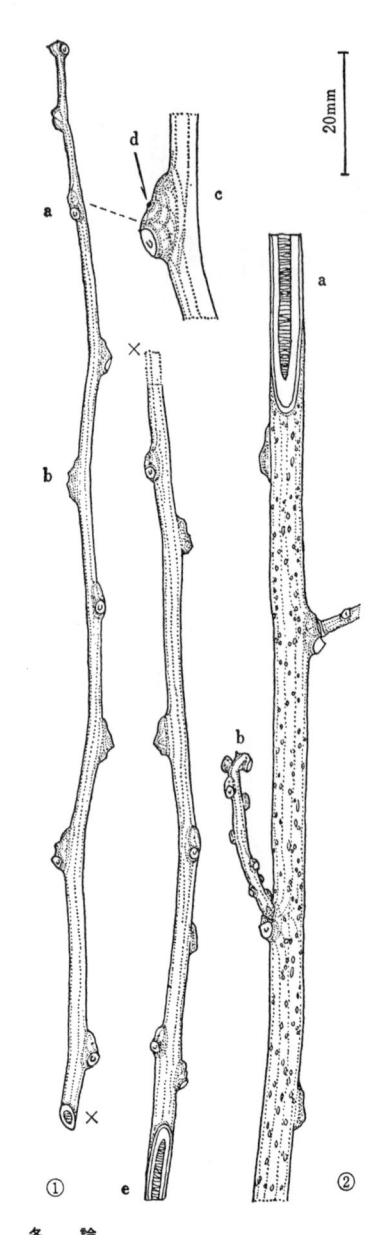

←●ミヤママタタビ Actinidia kolomikta Maxim., Miyama-matatabi

つる。茎は長くのび，それ自体で他物にからみつくが，サルナシのように高くのぼらない。

一年生枝は，長くのび，やや細く，径 2〜5mm あり，赤褐色をし，無毛で，つやがある。皮目は褐色で，やや小さく，きわめて多数ある。葉痕はいちじるしく隆起し，ほぼ円形で，1個の維管束痕をもつ。髄は細かい空室をもち，褐色をし，やや太い。

冬芽は，2/5 ないし 3/8 のらせん生であり，葉枕内に隠れてみえない。

図 2.169 ミヤママタタビ
①：一年生枝，a〜b：葉枕の大きい節，c：同(拡大)，d：隠芽の徴候，e：枝の縦断面，②：小枝，2年生，a：枝の縦断面，b：短枝化した側生枝。(北海道中川郡中川町中川，見晴台公園，1977.4.20)

→●マタタビ Actinidia polygama Maxim., Matatabi

つる。茎は長くのび，他物にからみついてよじのぼる。

一年生枝は，やや細く，径 2〜4mm あり，長くのび，黄褐色をし，無毛で，茎自体で他物に右巻きにからみつく。皮目はだ円形ないし線形で，淡褐色をし，多数ある。葉痕はいちじるしく隆起した葉枕上にあり，平円形で，中央が凹み，1個の維管束痕をもつ。髄は多角形で，充実し，白色で，太い。

冬芽は，ほぼ 2/5 のらせん生であるが，葉枕内に大部分が隠れ，先端部がみえるだけである（半隠芽）。

茎は，接地すると，節部から不定根を発生させる。

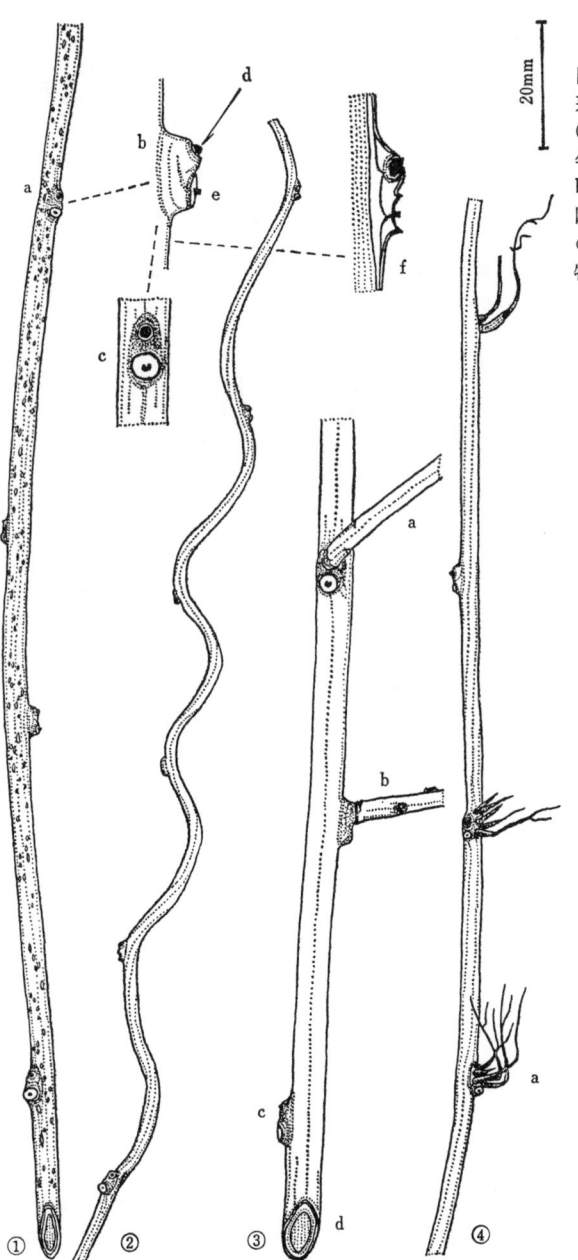

図 2.170 マタタビ
①：一年生枝，a：側芽，b：同，側面，c：同，背面，d：半隠芽，e：葉痕，f：葉枕部の縦断面（b〜f 拡大），②：巻きついた一年生枝，③：小枝，2年生，a〜b：側生枝，c：休眠芽，d：枝の断面，④：一年生枝，a：不定根の発生。（仙台市川内，東北大植物園，1978.1.31）

マタタビ科

33 ツバキ科
Theaceae

ナツツバキ属 *Stewartia* LINN.

●**ナツツバキ（シャラノキ）** *S. pseudo-camellia* MAXIM., Natsu-tsubaki (Shara-no-ki)

　高木。高さ10m，径40cmになる。樹皮は暗灰色と灰褐色の斑文状で，表皮が薄くはがれ，リョウブの肌によく似ている。

　小枝は，暗灰褐色をし，ほぼ無毛である。側生枝は短枝化しやすい。一年生枝は，細く，径1.5～2.5mmあり，明褐色をし，ほぼ無毛であるが，基部には垢状毛が残り，ジグザグに屈折する。皮目は不明である。葉痕は隆起し，半円形で，小さく，1個の維管束痕をもつ。托葉痕はない。髄は褐色をし，やや細い。

　冬芽は，二列互生し，開出して，短柄をもち，紡錘形で，偏平し，先がとがり，長さ9～13mmある。仮頂芽は上位の側芽とほぼ同じ大きさである。芽鱗は帯灰褐色をし，3～4枚みえ，外側の2枚はほぼ無毛であるが，内側のものは帯褐灰色をし，軟毛が密にはえる。

　冬にも，開いた果実が残っている。

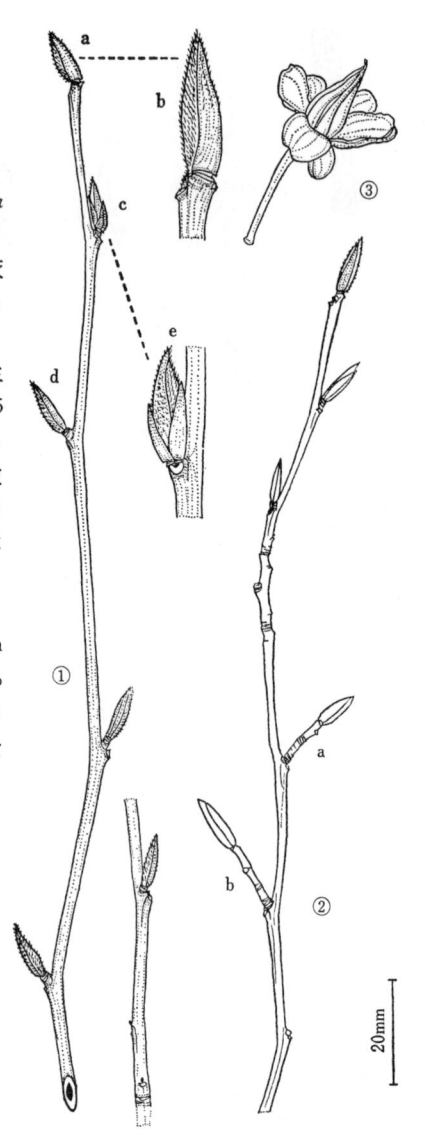

図 2.171　ナツツバキ
　①：一年生枝，a：仮頂芽，b：同(拡大)，c～d：側芽，e：同(拡大)，②：小枝，3年生，a～b：短枝，2年生，③：果実。（京都市，京大植物園，1978.1.27）

各　論

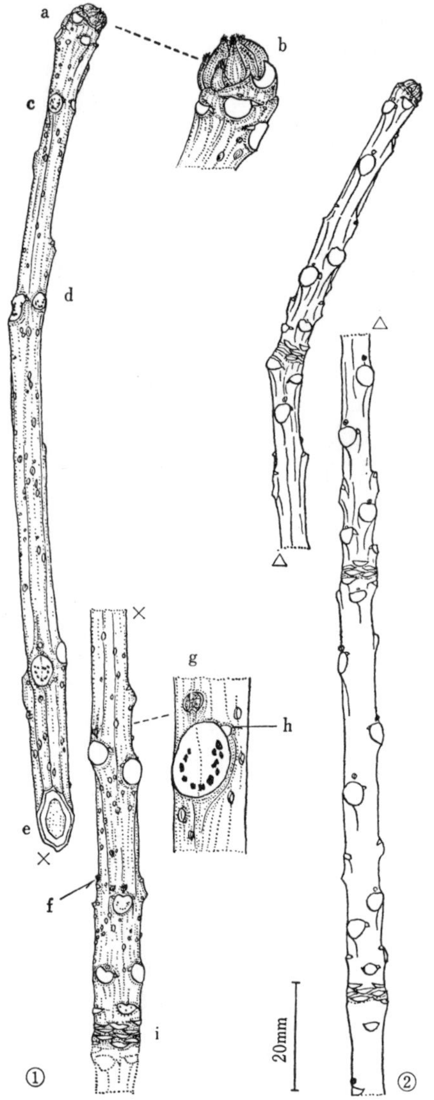

34 イイギリ科
Flacourtiaceae

イイギリ属 *Idesia* MAXIM.

●**イイギリ** *I. polycarpa* MAXIM., Ii-giri
高木。高さ15m，径50cmになる。樹皮は灰白色ないし帯褐灰白色をし，平滑で，大きい横長の皮目がある。大枝は車軸状に出る。

小枝は，灰褐色をし，円く，ほとんど側生枝がつかない。一年生枝は，太く，径3～9mmあり，稜をもち，栗褐色・赤褐色ないし褐色をし，無毛である。皮目はだ円形で，褐色をし，やや突出して，多数ある。葉痕は隆起し，ほぼ円形で，中央が凹み，多数の維管束痕がある。托葉痕は微小な三角形である。髄はいくらか淡褐色をおびて，白く，太い。

冬芽は，3/8のらせん生であるが，しばしば三輪生状ともなる。側芽は微小ないし欠如する。頂芽は半球形で，幅5～9mmあり，暗栗褐色ないし赤褐色をし，7～10枚の葉柄起原の芽鱗につつまれる。

枝の色はまったくちがうが，イイギリの冬芽と一年生枝はアオギリと似ている。

図 2.172 イイギリ
①：一年生枝，a：頂芽，b：同(拡大)，c～d：冬芽のない葉痕，e：枝の断面，f：側芽，g：同(拡大)，h：托葉痕，i：芽鱗痕，②：小枝，4年生。(仙台市川内，東北大植物園，1978.2.20)

35 キブシ科
Stachyuraceae

キブシ属 *Stachyurus* Sieb. et Zucc.

● **キブシ** *S. praecox* Sieb. et Zucc., Kibushi
大低木。高さ5m, 径6cmになる。

小枝は，紫褐色をし，つやがあり，中〜下位の側生枝は短枝化しやすい。一年生枝は，細く，径2〜3mmあり，稜があり，栗褐色ないし明褐色をし，無毛で，ねじれる。皮目は微小である。葉痕は隆起し，三角形ないしV字形で，3個の維管束痕をもつ。托葉痕はない。髄は白色で，太い。

冬芽は，ほぼ2/5のらせん生につき，卵形で，やや偏平し，先がややとがり，長さ1.5〜3mmあって，伏生する。頂芽はやや大きい。芽鱗は葉柄起原で，暗栗褐色ないし赤褐色をし，無毛で，2〜4枚が重なる。

枝の上位に，長い花穂が数個つき，各穂には10〜30個くらいの花芽（つぼみ）がつく。花穂は開花すると，垂下する。

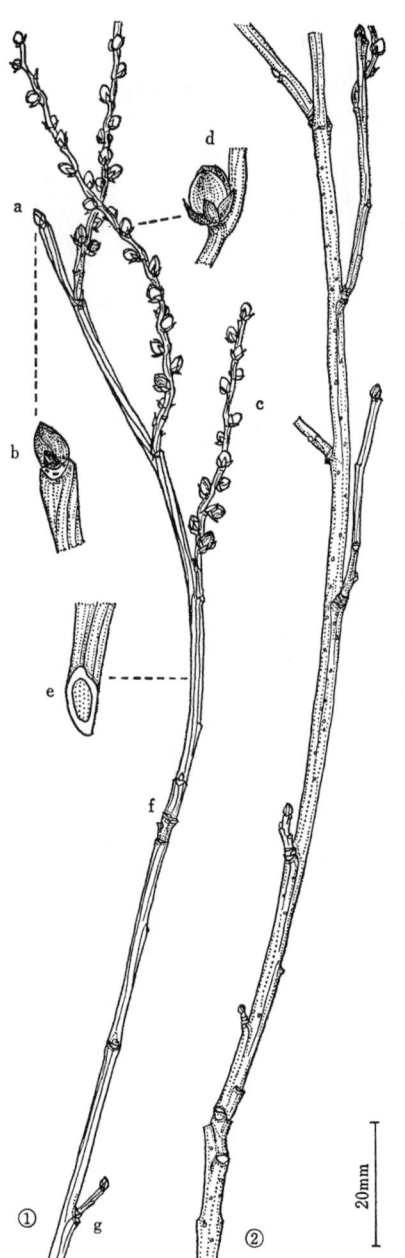

図 2.173 キブシ
①：小枝，2年生，a：頂芽，b：同（拡大），c：花穂，d：花芽（つぼみ，拡大），e：枝の断面（拡大），f：芽鱗痕，g：短枝，②：小枝，3年生。（仙台市川内，東北大植物園，1978.2.20）

36 グミ科
Elaeagnaceae

グミ属 *Elaeagnus* LINN.

低木。冬芽は裸出し，らせん生 (2/5) で，ほぼ卵形である。しばしば予備芽をもつ。枝は細めで，冬芽とともに，鱗片（鱗状毛），垢状毛ないし星状毛がある。側生の二次伸長枝が出て，それが短枝化してとげ（茎針）となることもある。

種	一年生枝	果柄	冬芽	髄
アキグミ	やや細い	短い，叢生	長さ 3～5mm	黄褐色
トウグミ	やや太い	長い，単生	長さ 4～8mm	汚白色

●アキグミ *Elaeagnus umbellata* THUNB., Aki-gumi

低木。高さ 3m になる。

一年生枝は，やや細く，径 1.5～5mm あり，長くのび，赤褐色ないし帯赤暗褐色をし，密な鱗片（鱗状毛）がおおい，いくらかジグザグに屈折する。側生の二次伸長枝が出ることがあり，それがしばしば短枝化ないしとげ（茎針）化する。皮目は明らかでない。葉痕は隆起し，小さく，半円形で，中央が凹み，1個の維管束痕がある。托葉痕はない。髄は黄色で，ほぼ円く，やや太い。

冬芽は，2/5 のらせん生であり，いくらか開出し，卵形ないし広卵形で，やや偏平し，長さ 3～5mm あり，裸出して，帯赤褐色をし，ほぼ3枚の未開の葉が重なる。中～下位の側芽は平行予備芽をともない，いくらか柄があり，小さい葉痕も 1～2個ある。頂芽は大きく，卵形で，やや偏平し，長さ 5～7mm ある。

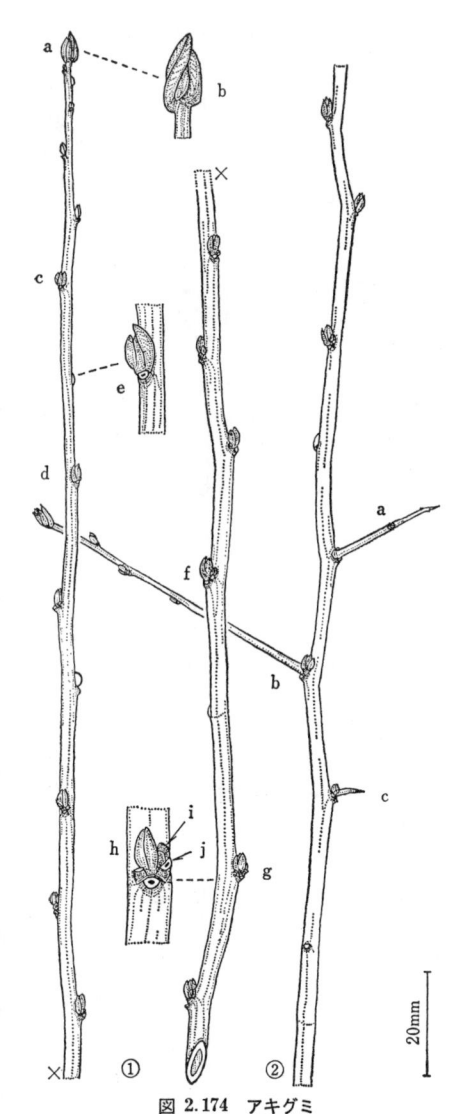

図 2.174 アキグミ

①：一年生枝，a：頂芽，b：同(拡大)，c～d：上位の側芽，e：同(拡大)，f～g：中位の側芽，h：同(拡大)，i：平行予備芽，j：小さい葉痕，②：一年生枝，aおよびc：とげ(茎針)，b：側生の二次伸長枝。(北海道中川郡中川町誉，北海道立林試道北支場内，1977. 4.30)

● **トウグミ** *Elaeagnus multiflora* var. *hortensis* SERVETTAZ, Tō-gumi

低木。高さ2〜4mになり，幹は立って，よく分岐する。母種ナツグミより果実が大きく，庭木として植栽される。

一年生枝は，長くのび，やや太く，径2〜6mmあり，赤褐色ないし帯灰褐色をし，密な梨地状の鱗片がおおい，無毛で，ややジグザグに屈折する。側生の二次伸長枝が出やすい。側生枝は短枝化しやすく，ときにとげ（茎針）になる。皮目は不明である。葉痕はやや隆起し，小さく，半円形で，中央が凹み，1個の維管束痕がある。托葉痕はない。髄は汚白色で，ほぼ円く，やや太い。

冬芽は，2/5のらせん生で，やや開出し，短柄をもち，卵形で，長さ4〜8mmあり，裸出して，未開の葉が3〜4枚みえ，赤褐色をし，鱗状毛がある。しばしば平行予備芽をもつ。頂芽はやや大きく，卵形で，やや偏平し，長さ6〜10mmある。

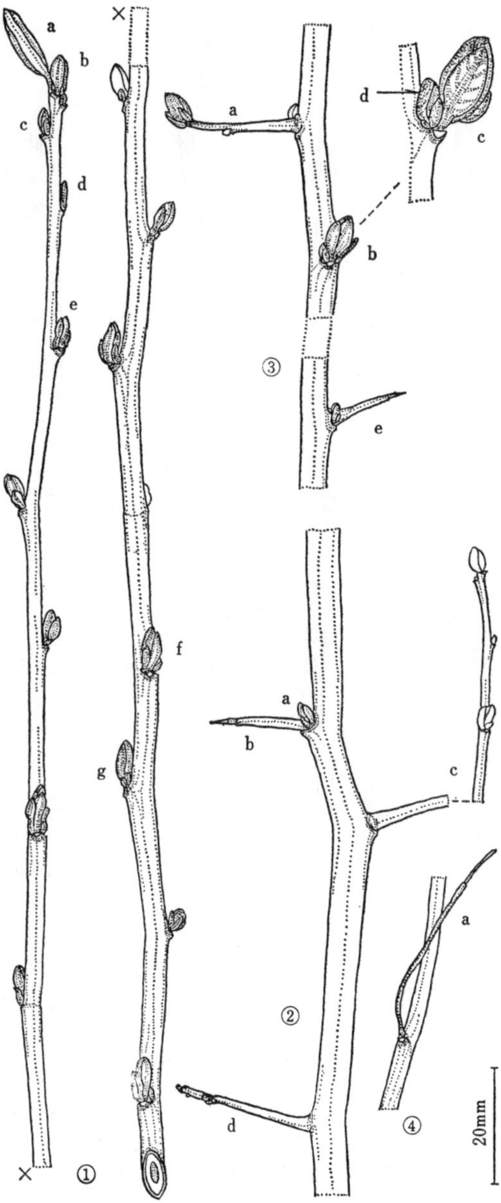

図 2.175 トウグミ
①：一年生枝，a：開きかけて越冬する葉，b：頂芽，c〜e：側芽，f〜g：予備芽をもつ側芽，②：太い一年生枝，a：予備芽，b：とげ（茎針），c：側生の二次伸長枝，d：とげ化した二次枝，③：一年生枝，a：二次枝，b：側芽，c：同(拡大)，d：予備芽，e：とげ，④：一年生枝，a：果柄。
（北海道中川郡中川町誉，黒沢氏，1977.4.30）

各 論

37　ミソハギ科
Lythraceae

サルスベリ属 *Lagerstroemia* LINN.

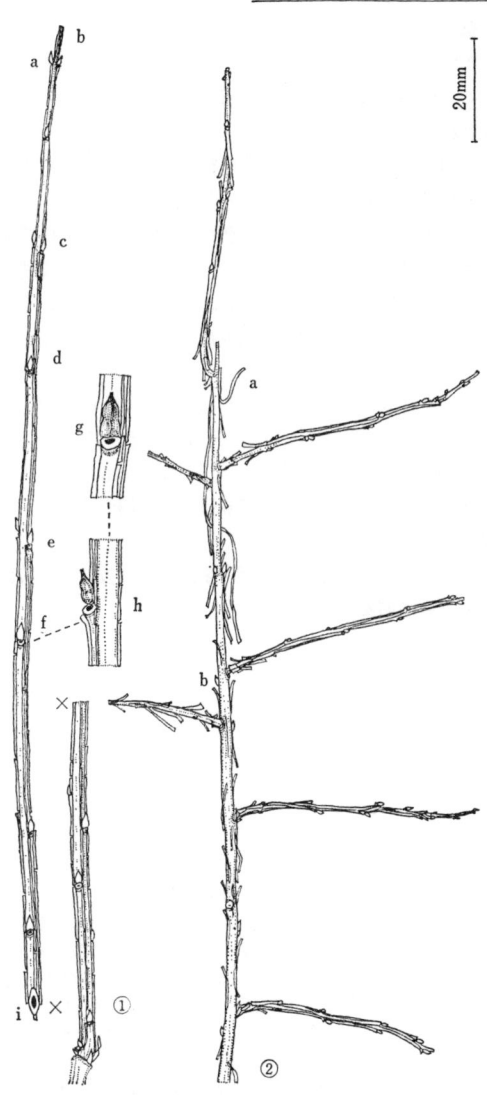

●サルスベリ *L. indica* LINN., Sarusuberi

　小高木。高さ7mになる。樹皮は淡紅紫色をし，平滑で，うすくはげる。中国産で，花木・庭木として植えられる。

　小枝は，ほぼ円く，赤褐色ないし暗褐色をし，表皮が繊維状にはがれる。側生枝は短枝化しやすい。一年生枝は，細く，径1～3mmあり，4稜および狭い4翼をもち，四角形で，灰褐色をし，無毛である。皮目は明らかでない。葉痕はやや隆起し，ほぼ半円形で，小さく，1個の維管束痕をもつ。托葉痕は明らかではない。髄はほぼ円形で，黄色をし，やや太い。

　冬芽は，対生ないし亜対生であり，ほぼ伏生し，卵形で，先がとがり，長さ2～3mmあって，帯赤褐色をし，無毛で，1～2対の芽鱗につつまれる。仮頂芽は2個つき，上位の側芽とほぼ同じ大きさ，ないしやや小さい。

図 2.176　サルスベリ
①：一年生枝，a：仮頂芽，b：枝痕，c～f：側芽，g：同，背面，h：同，側面（g～h 拡大），i：枝の断面，②：小枝，3年生，a：はく皮，b：休眠芽。（神奈川県伊勢原市串橋，妙蔵寺，1978.4.4）

38 ザクロ科
Punicaceae

ザクロ属 *Punica* LINN.

●ザクロ *P. granatum* LINN., Zakuro

高木。高さ 10m，径 30cm になる。樹皮は帯褐灰色をし，ほぼ平滑であるが粗く，のちに鱗状にはげる。西アジア産で，果実ないし観賞用に植栽される。

小枝は，ほぼ円く，灰褐色ないし帯紫灰褐色をし，表皮が繊維状にはがれる。短枝が発達する。一年生枝は，細く，径 1〜3mm あり，4稜ないし4本の短翼をもち，淡褐色ないし褐色をし，ほぼ無毛である。とげは茎針で，枝の中位につき，しばしば二次伸長枝化して，側芽をつける。皮目は明らかでない。葉痕は隆起し，小さく，半円形である。髄はほぼ円く，帯緑黄色で，やや細い。枝の断面はほぼ四角形である。

冬芽は，対生し，ときに亜対生で，きわめて小さく，卵形で，長さ 1〜2mm あり，帯赤淡褐色をし，無毛で，2〜3 対の芽鱗につつまれる。仮頂芽は発達せず，とげの一つ上の側芽がもっとも大きい。中位の側芽はとげになり，とげの基部には，2個の予備芽がつく。下位の側芽は小さい。

高木，4稜などの特徴を除くと，とげ（茎針）や短枝などの特徴は，クロウメモドキに似る。

図 2.177 ザクロ

①：一年生枝, a：仮頂芽, b〜d：側芽, e：同, 背面, f：同, 側面(e〜f 拡大), g〜j：茎針ないし二次伸長枝, k：枝の断面(拡大), ②：小枝, 2年生, a：枯れた枝先, b〜c：側生枝, d：短枝, ③：小枝, 2年生, a〜c：短枝, d：同(拡大), ④：矮小な果実.
（神奈川県伊勢原市串橋, 斎藤氏, 1976.4.2）

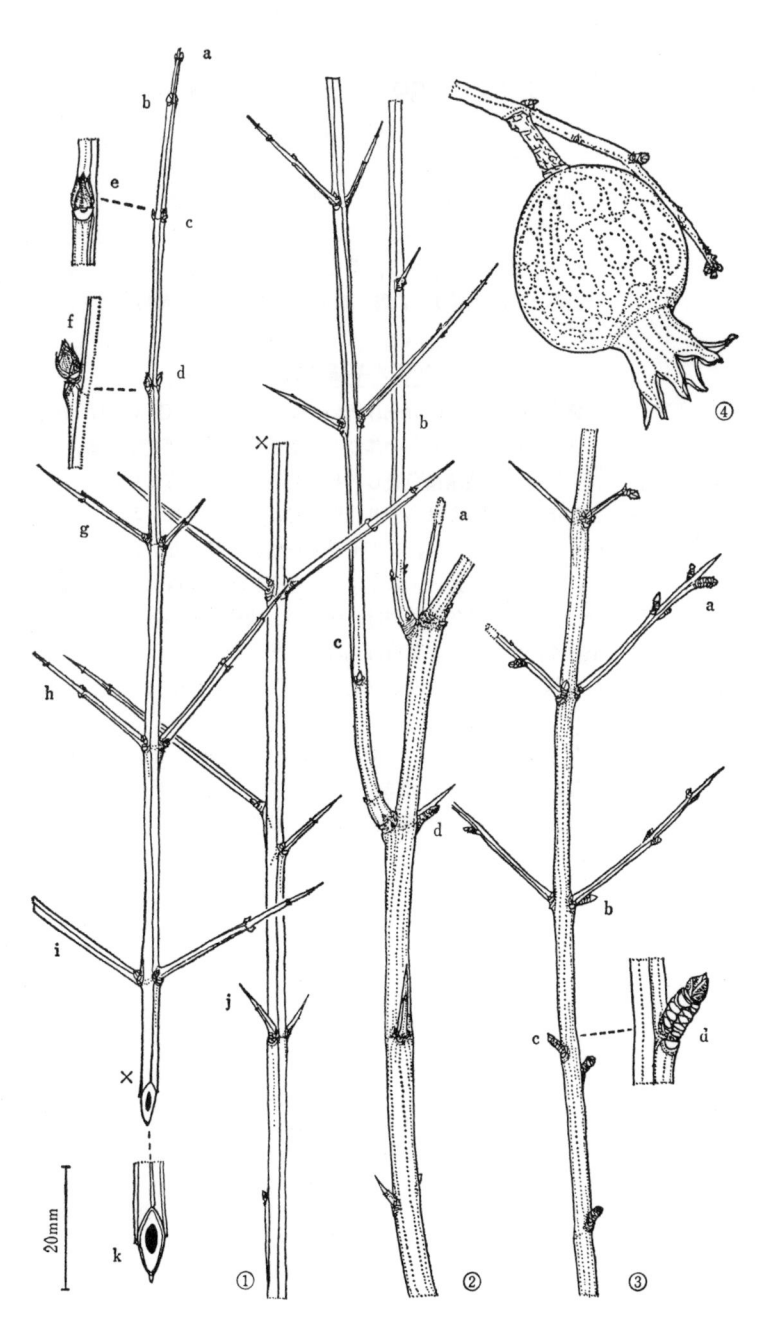

ザクロ科
249

39 ウリノキ科
Alangiaceae

　低木。1科1属である。一年生枝は細く，ジグザグに屈折し，側生の二次伸長枝をもつことがある。冬芽は二列互生し，長毛につつまれ，予備芽をともなう。葉痕は馬蹄形ないしO字形で，冬芽を取り囲み（葉柄内芽），7個の維管束痕をもつ。托葉痕はない。

ウリノキ属 *Alangium* LAM.

●ウリノキ *A. platanifolium* var. *trilobum* OHWI, Urino-ki
　低木。高さ3mくらいになり，広葉樹林の下ばえである。
　小枝は，帯紫暗褐色をし，平滑である。芽鱗痕と葉痕が一年生枝と二年生枝の境をはっきり区別する。一年生枝は，細く，径2～4mmあり，長くのび，ジグザグに屈折し，褐色ないし帯紫褐色をして，節間が割に遠い。頂生する一年生幹は，通直にのび，屈折しない。勢いよい一年生枝では，側生の二次伸長枝がみられる。皮目は小さく，散在する。葉痕は馬蹄形ないしO字形で，7個の維管束痕をもち，冬芽を取り囲む（葉柄内芽）。髄は白色で，やや太く，枝を折ると，臭気がある。
　冬芽は，二列互生し，やや偏平な卵形で，長さ3～4mmあり，縦に並んだ予備芽を1～2個ともなう。仮頂芽はやや大きい。芽鱗は2枚あり，灰褐色の長毛がはえる。頂生する一年生幹では，冬芽は2/5のらせん生である。

図 2.178 ウリノキ
①：頂生枝，a～b：側生の二次伸長枝，c：芽鱗痕および葉痕，②：側生枝，a：仮頂芽，b～c：側芽，d：枝痕，③：葉痕，a：葉柄内芽，b：維管束痕，④：側芽，⑤：葉柄内芽，a：縦断図，b：横断図（小倉1962から変写）（③～⑤拡大），⑥：小枝，a：葉柄，b：葉柄内芽，c：果軸痕，d：葉痕。（札幌市，円山公園，1969.11.9）

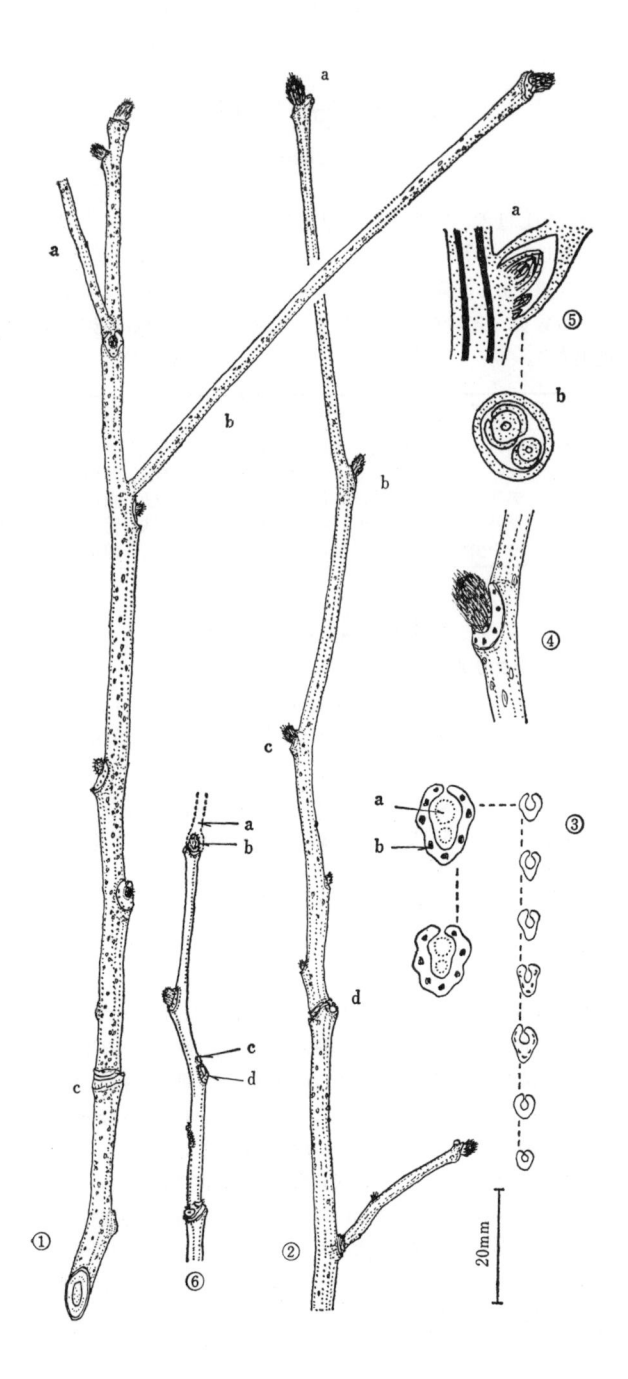

ウリノキ科
251

40 ウコギ科
Araliaceae

　高木ないし低木。しばしば一年生枝にとげ（刺状突起ないし葉枕針）を生じる。冬芽はらせん生し，頂芽が大きく，芽鱗は葉柄（基部）の変態である。葉痕は狭くて，V字形ないしU字形で，維管束痕が多数あり，托葉痕を欠く。短枝が発達しやすい。髄は空室ないし充実する。

種	とげ	一年生枝	髄
タラノキ	多い	きわめて太い，径10～20mm	充実，太い，白色
コシアブラ	ない	太い，径5～10mm	空室，淡褐色
ウコギ類	ある	やや細い，径2～4mm	充実，白色
タカノツメ	ない	やや細い，径2～3mm	充実，汚白色
ハリギリ	やや少ない	きわめて太い，径7～15mm	空室，暗褐色

タラノキ属 Aralia LINN.

●タラノキ A. elata SEEMANN, Tara-no-ki

　低木。高さ6m, 径18cmになる。直立し，枝分かれは少ない。樹皮は暗褐色ないし淡褐色をし，広く裂け，鱗片状にはがれ，とげが宿存する。

　一年生枝は，きわめて太く，径10～20mm あり，淡い灰褐色ないし帯黄褐色をし，いちじるしく多数のとげがある。とげ（刺状突起）は褐色をし，鋭く，長さ3～10mm あり，直立ないし斜上する。冬芽付近では，とげは鱗片状で，伏生する。とげとは別に，短剛毛もはえる。とげの小さく少ないもの，ないものをメダラ（var. canescens NAKAI）とよぶ。

　皮目は大きく，長さ1～1.5mm あり，円形ないしだ円形で，黄褐色ないし灰色をし，多数ある。葉痕は大きく，長さ10～20mm あり，馬蹄形ないしU字形で，枝のほぼ3/4を取り囲む。維管束痕は30～40個あり，1列に並ぶ。髄は太く，白色で，ほぼ円。枝を切ると，樹脂溝からヤニが出る。材は淡黄白色をし，もろい。

　冬芽は，2/5のらせん生で，淡い帯赤褐色，淡黄褐色ないし灰色をし，数枚の芽鱗と伏生したとげにつつまれる。芽鱗は葉柄基部起原で，無毛である。仮頂芽は大きく，円錐形ないし円錐状卵形で，長さ10～15mm ある。側芽は小さく，長さ3～10mm あり，卵形ないし球形で，下位のものは発達しない。

図 2.179 タラノキ

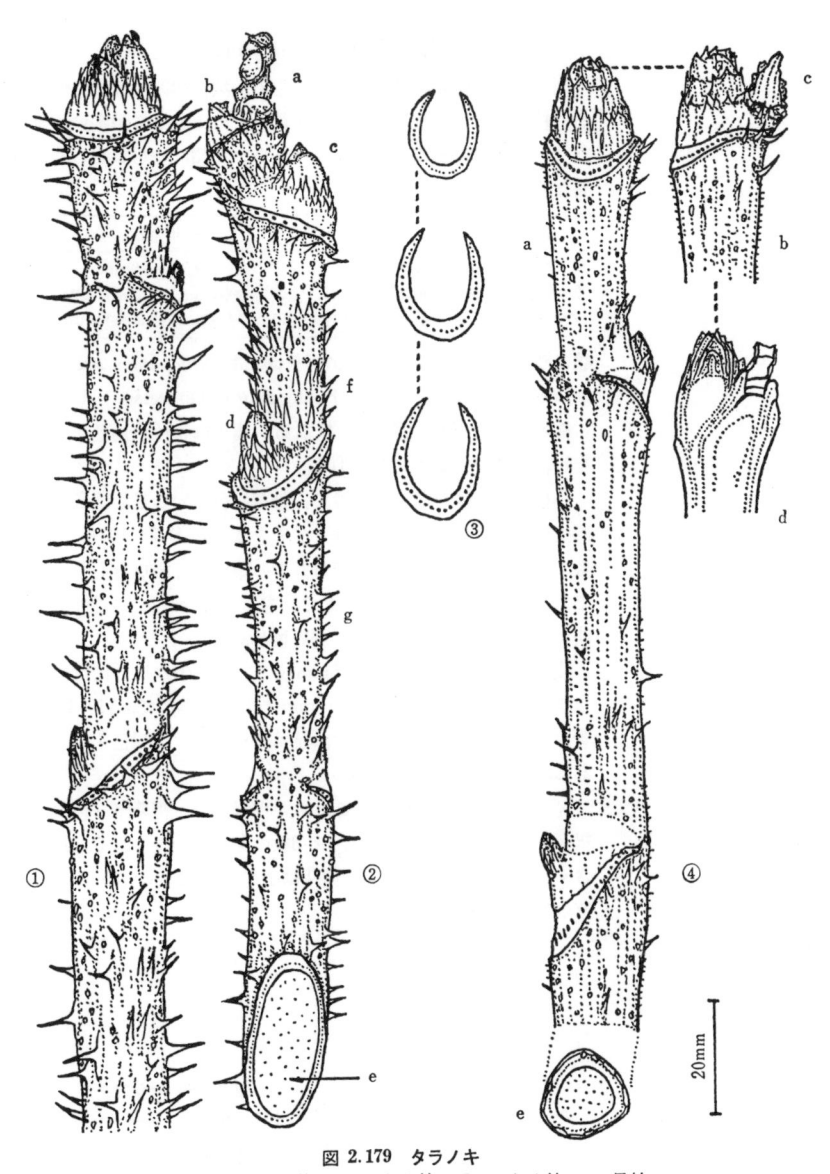

①：とげが多く，勢いよい一年生枝，②：一年生枝，a：果軸，b：仮頂芽，c～d：側芽，e：髄，f：斜上ないし伏生したとげ，g：直立したとげ，③：葉痕，④：とげの少ない一年生枝，a：背面，b：側面，c：枝痕，d：枝先の縦断面，e：枝の横断面。（北海道江別市西野幌，道立野幌森林公園，1972.2.25）

ウコギ科
253

ウコギ属 Acanthopanax Miq.

高木ないし低木。冬芽はらせん生で，葉柄起原の芽鱗につつまれる。枝にとげ（刺状突起ないし葉枕針）のあるものが多い。髄は充実ないし空室である。コシアブラとウコギ類はいちじるしく形態が異なる。

種			とげ	一年生枝	髄
コシアブラ	自生	高木	ない	太い，径 5~10mm	空室
ウコギ	植栽	低木	葉枕針，強い	やや細い，径 2~4mm	充実
ヤマウコギ	自生	低木	葉枕針，弱い	やや細い，径 2~4mm	充実

●コシアブラ（ゴンゼツ，アブラコ）*Acanthopanax sciadophylloides* Franch. et Savat., Koshi-abura (Gonzetsu, Aburako)

樹木。高さ 18m，径 30cm になる。樹皮は帯灰淡褐色ないし灰色をし，平滑で，ホオノキに似る。

小枝は，とげがなく，平滑で，帯黄灰色ないし帯紫淡灰色をし，側生枝が少ない。短枝ができやすく，太く，径 7~10mm あり，多数の近接した，線形ないし三日月形の葉痕と芽鱗痕をもち，幼虫形である。一年生枝（長枝）は太く，径 5~10mm あり，節間が長く，淡い帯褐灰色をし，平滑で，弱い稜がある。

皮目は大きく，長さ 1~1.5mm あり，だ円形ないし円形で，散在する。葉痕は大きく，幅 7~12mm あり，V字形で，11~16 個の維管束痕をもつ。托葉痕はない。髄はやや太く，淡褐色をし，空室がある。枝を切ると，臭気がある。

冬芽は，2/5 のらせん生であり，円錐形で，帯紫暗緑色ないし緑褐色をし，葉柄基部起原の，2~3枚の芽鱗につつまれる。頂芽は大きく，長さ 5~8mm あり，側芽は小さく，長さ 2~3mm あり，下位のものは発達しない。

図 2.180 コシアブラ

①：小枝，6年生，a~e：芽鱗痕，f：短枝，g：枝痕，h：空室髄，②：小枝，a：長枝，b：短枝化した一年生枝，③：長い小枝，一年生枝の長さは 55cm，a：頂芽，b~c：側芽，④：葉痕，a：短枝のもの，b：長枝のもの。（北海道美唄市光珠内，北海道立林試裏山，1971.2.20）

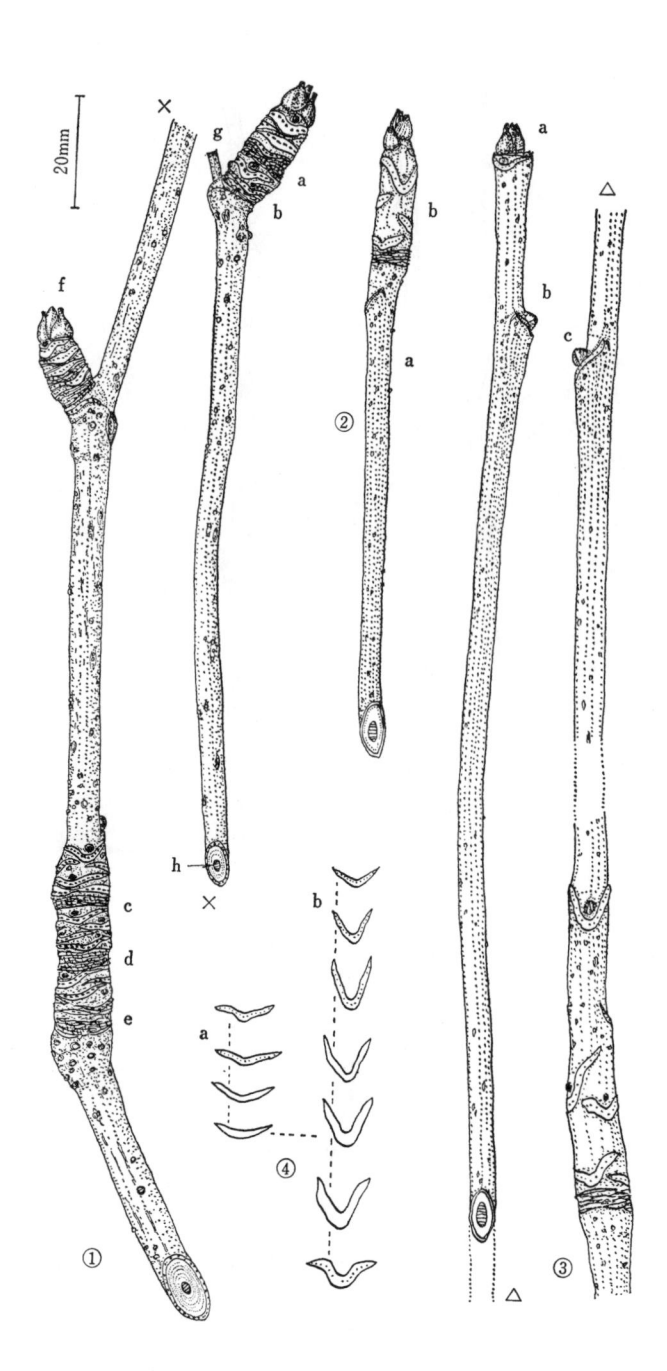

ウコギ科
255

● **ウコギ**（ヒメウコギ）*Acanthopanax sieboldianus* MAKINO, Ukogi (Hime-ukogi)

低木。中国産で，生垣などに植栽される。

　小枝は，帯灰褐色をし，いくらか隆起線条があり，短枝が発達する。一年生枝は，やや細く，径2～4mmあり，帯褐灰色をし，無毛で，長くのび，各節に1～2本の，長さ3～10mmあるとげ（葉枕針）がある。皮目は大きく，褐色をし，だ円形で，長さ1～2mmあり，多数ある。葉痕は隆起し，V字形で，狭く，ほぼ5個の維管束痕をもつ。髄は充実し，白く，やや太い。

　冬芽は，3/8のらせん生であり，円錐状球形で，長さ2～3mmあって，帯褐灰色をし，無毛で，3～6枚の芽鱗につつまれる。短枝の頂生芽は卵形で，やや大きい。

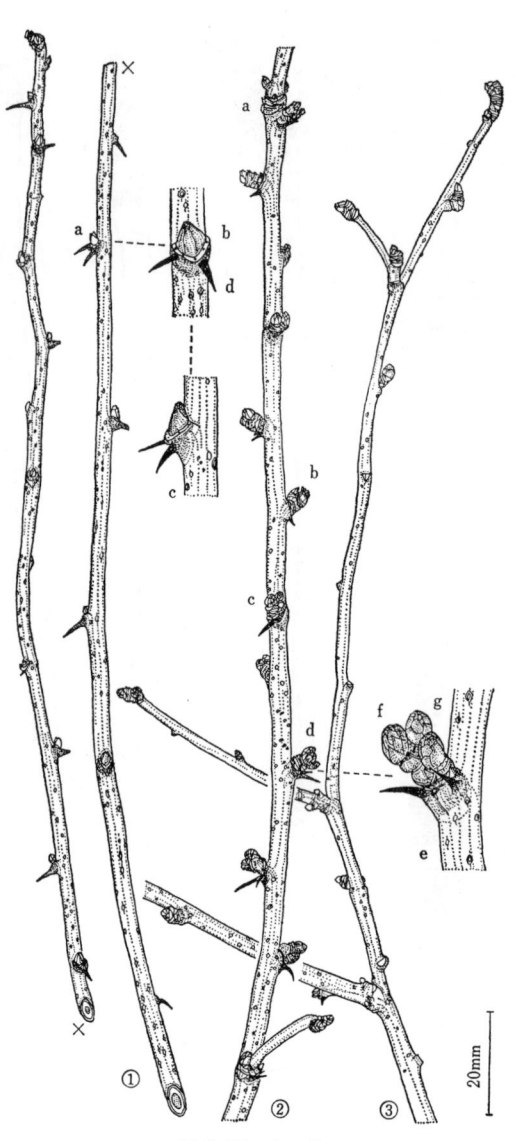

図 2.181　ウコギ

①：一年生枝，a：側芽，b：同，背面，c：同，側面，d：葉枕針（b～d 拡大），②：小枝，3年生，a：芽鱗痕，b～d：短枝，2年生，e：同（拡大），f～g：頂生芽，③：小枝，3年生。（盛岡市高松，1978.2.22）

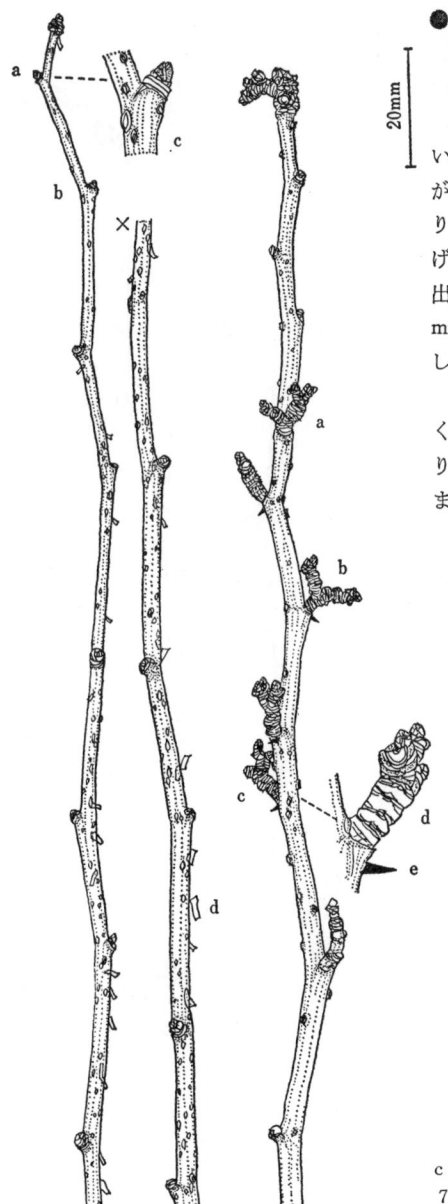

●ヤマウコギ *Acanthopanax spinosus* Miq., Yama-ukogi

低木。高さ2mになり、小幹が叢生する。

小枝は、暗灰色をし、突出した皮目が大きい。短枝がいちじるしい。表皮が薄く片状にはがれる。一年生枝は、やや細く、径2～4mmあり、長くのび、帯褐灰色をし、無毛であり、とげは弱いか欠ける。皮目は灰褐色をし、やや突出して、だ円形ないし割れ目形で、長さ1～2mmある。葉痕は三日月形である。髄は充実し、白く、太い。

冬芽は、3/8のらせん生である。冬芽は小さく、球形ないし円錐形で、長さ2mmくらいあり、灰褐色をし、無毛で、3～4枚の芽鱗につつまれる。

図 2.182 ヤマウコギ
①:小枝，2年生，a～b:短枝，c:同(拡大)，d:はく皮，②:小枝，7年生，a～c:短枝，d:同(拡大)，e:とげ(葉枕針)。(盛岡市厨川，1978.2.22)

ウコギ科

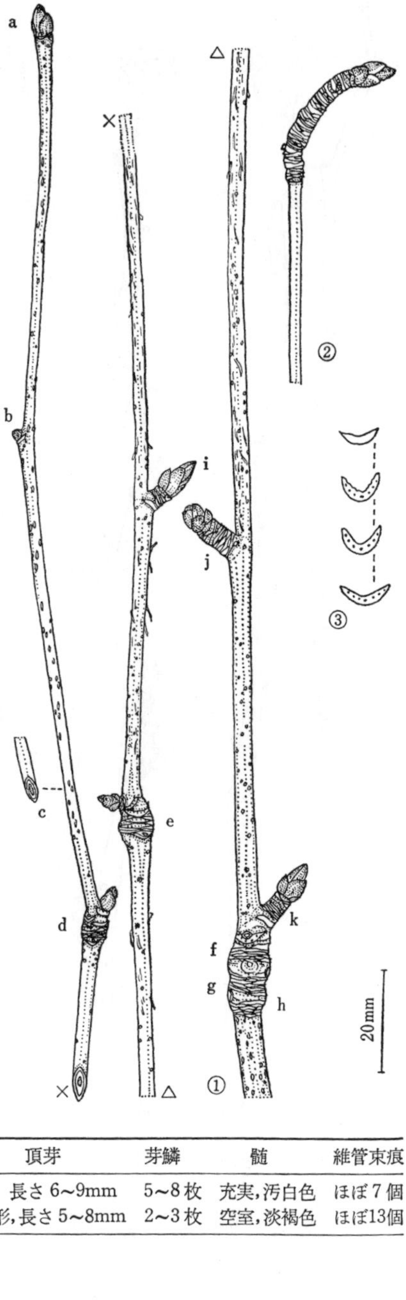

図 2.183 タカノツメ
①:小枝,6年生,a:頂芽,b:側芽,c:枝の断面,d~h:芽鱗痕と葉痕,i~k:短枝,②:短枝,10年生,③:葉痕(拡大)。(京都市,京大植物園,1978.1.27)

タカノツメ属 Evodiopanax NAKAI

●タカノツメ(イモノキ) *E. innovans* NAKAI, Takano-tsume (Imono-ki)

高木。高さ 10m,径 30cm になる。樹皮は灰色をし,平滑である。

小枝は,灰褐色をし,表皮が繊維状にはがれる。短枝化しやすい。一年生枝は,やや細く,径 2~3mm あり,節間が長く,褐色ないし灰褐色をし,無毛で,つやがある。皮目は大きく,長だ円形ないしだ円形で,長さ 1~2mm あり,多数ある。葉痕はやや隆起し,浅い V 字形で,7 個の維管束痕をもつ。髄は汚白色をし,充実して,やや太い。材は淡黄色をし,枝を切ると,やや芳香がある。

冬芽は,3/8 ないし 2/5 のらせん生である。頂芽は卵形で,長さ 6~9mm あり,側芽は小さい。芽鱗は帯紫暗緑色ないし帯緑紫色をし,無毛で,5~8 枚がみえる。

なお,タカノツメは「鷹の爪」で,冬芽の形に由来するとの説があるが,3 小葉の形に基づくものと思われる。

また,短枝の発達など,タカノツメは同じ科のコシアブラと似るが,両者のちがいは次のようである。

種	一年生枝	頂芽	芽鱗	髄	維管束痕
タカノツメ	やや細い,径 2~3mm	卵形,長さ 6~9mm	5~8 枚	充実,汚白色	ほぼ 7 個
コシアブラ	太い,径 4~10mm	円錐形,長さ 5~8mm	2~3 枚	空室,淡褐色	ほぼ 13 個

各論

ハリギリ属 *Kalopanax* MIQ.

● ハリギリ（センノキ）*K. pictus* NAKAI, Hari-giri (Sen-no-ki)

高木。高さ25m, 径90cmになる。樹皮は厚く，とげがしばしば残り，黒褐色ないし暗灰色をし，深く縦裂する。

小枝は，太く，暗灰褐色をし，髄は均質となる。短枝はコシアブラのようには発達しない。一年生枝は，きわめて太く，径7〜15mmあり，平滑で，帯褐灰色ないし帯紫灰色をし，とげがある。とげ（刺状突起）は強く，幅広く，直立ないし反曲し，基部は山裾のように広がり，紫色ないし紫褐色をし，散在するが，個体によって，とげのサイズと密度はいろいろである。

皮目は大きく，長さ1〜2mmあり，円形・長だ円形ないし割れ目形で，やや突出し，多数ある。葉痕はやや隆起し，大きく，幅8〜15mmあり，V字形で，冬芽の半分くらいをだく。維管束痕は9〜15個ある。托葉痕はない。髄は太く，円形で，暗褐色をし，空室がある。

冬芽は，2/5ないし3/8のらせん生で，暗紫色・紫褐色ないしえんじ色をし，無毛で，2〜3枚の，葉柄基部起原の芽鱗につつまれる。頂芽は大きく，半球形，円錐状球形ないし卵形で，長さ5〜9mmある。側芽は小さく，偏平し，長さ3〜6mmあり，下位のものは発達しない。

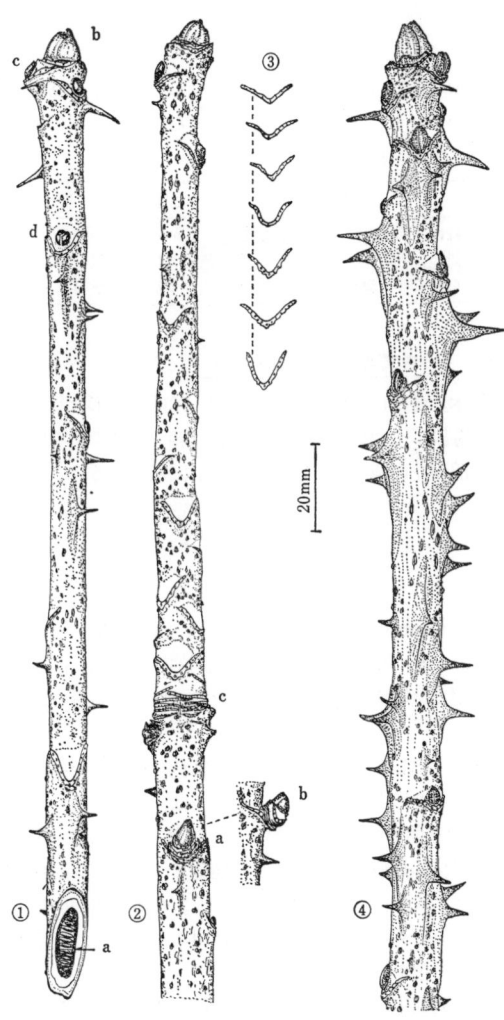

図 2.184 ハリギリ

①：一年生枝，a：空室髄，b：頂芽，c〜d：側芽，②：小枝，とげがほとんどない，a：短枝，背面，b：同，側面，c：芽鱗痕，③：葉痕，④一年生枝，とげが大きく多い。（北海道雨竜郡幌加内町蕗の台，北大雨竜地方演習林，1967.3.9）

ウコギ科

41 ミズキ科
Cornaceae

高木ないし低木。冬芽は対生，二列互生ないしらせん生であり，数枚の芽鱗につつまれる。一年生枝は細めである。葉痕は半円形ないし三日月形で，托葉痕はない。

種		一年生枝	冬芽	芽鱗数	花芽
ミズキ	高木	細い，紅紫色	ほぼ二列互生，長卵形，紅紫色	5～8枚	不明
サンシュユ	高木	細い，帯紫緑色	対生，長卵形，やや偏平，灰褐色	2枚	明らか，球形
ハナイカダ	低木	やや太い，軟らかい，暗緑色	らせん生，球形，偏平，帯紫褐色	2枚	不明

ミズキ属 *Cornus* LINN.

高木ないし低木。冬芽は対生ないし互生で，ほぼ長卵形をし，葉柄起原の数枚の芽鱗につつまれる。一年生枝は細く，ほぼ無毛で，つやがある。葉前開花の種では，花芽と葉芽が区別できる。

● ミズキ *Cornus controversa* HEMSLEY, Mizu-ki

高木。高さ20m，径60cmになる。枝は規則的に放射状に出て，階段状になる。樹皮は暗灰色ないし灰褐色をし，はじめ平滑で，のちに浅く縦裂する。

小枝は，水平に開出して，紅紫色ないし暗紅色をし，つやがある。正月のまゆ玉飾りに用いられる。一年生枝は，細く，円く，径1～3mmあり，濃紅紫色ないし暗赤褐色をし，無毛で，つやがある。側芽からの二次伸長枝がいちじるしく発達し，2回，3回目の枝も生じ，ジグザグに屈折する。皮目は小さく，だ円形で，少数ある。葉痕はいちじるしく隆起し，維管束痕は明らかでなく，托葉痕はない。材はほぼ白色で，髄は細く，円い。

冬芽は，ほぼ二列互生であり，一年生主幹ではらせん生であるが，長卵形ないしだ円状卵形で，長さ7～10mmあり，濃紅紫色ないし帯紫紅色をし，無毛で，本来の一年生枝でも，二次伸長枝でも，枝先に1個だけ頂生する。芽鱗は葉柄起原で，5～8枚が覆瓦状に重なる。二次伸長枝の発達がいちじるしいが，枝の年齢は芽鱗痕で判定できる。

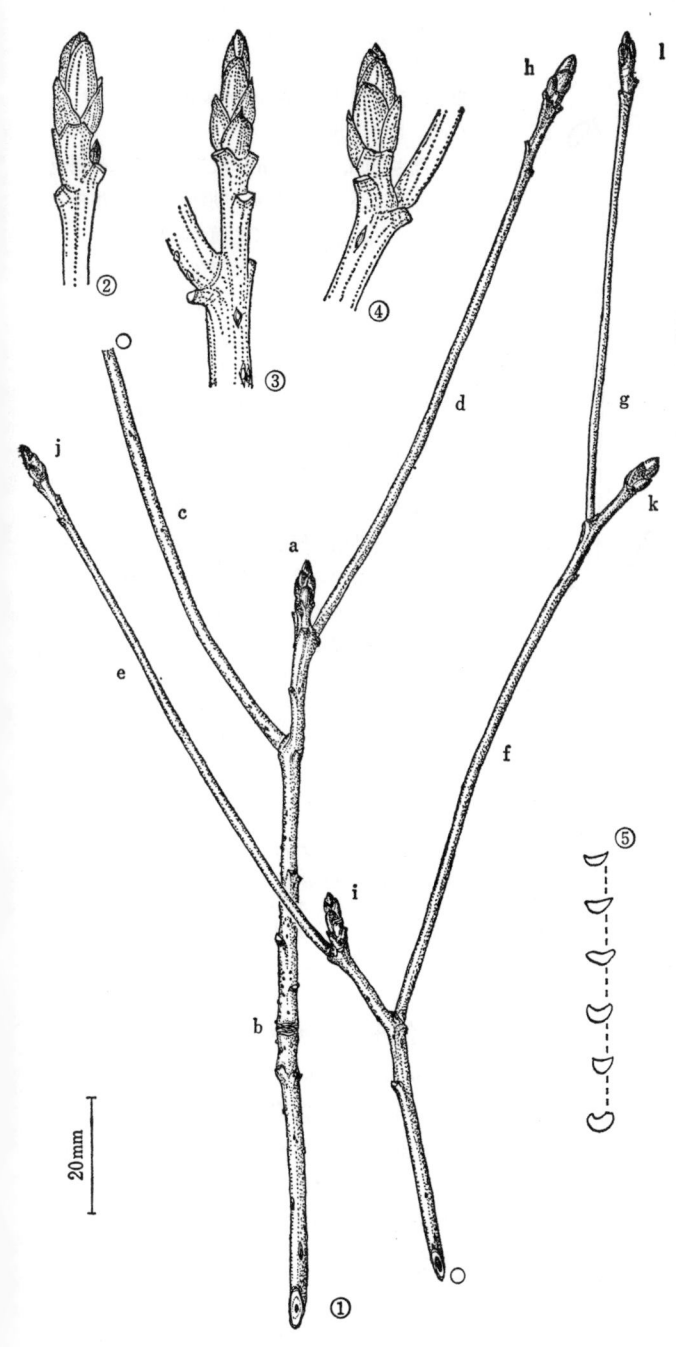

図 2.185 ミズキ

①：小枝，2年生，a：頂芽，b：芽鱗痕，c～d：側生の二次伸長枝，e～f：2回目の二次伸長枝，g：3回目の二次伸長枝，h～l：二次伸長枝の頂生芽，②～④：頂芽ないし頂生芽（拡大），⑤：葉痕（拡大）。（札幌市，北大植物園，1966.12.13）

ミズキ科

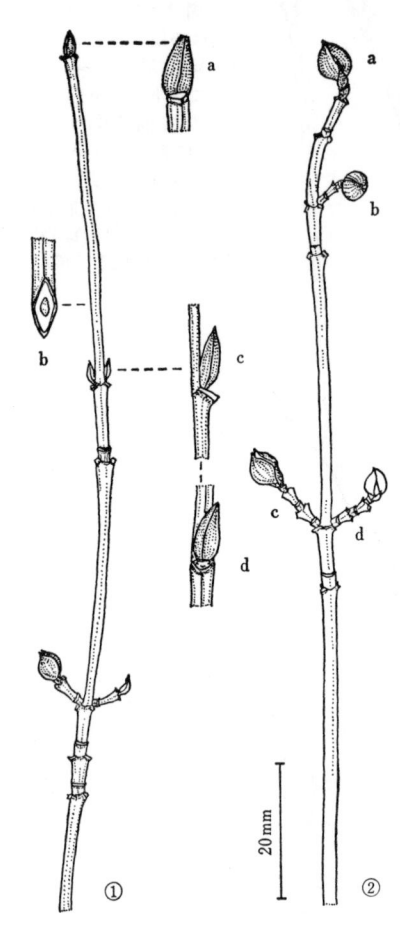

←●サンシュユ *Cornus officinalis* Sieb. et Zucc., Sanshuyu

高木。高さ10m，径30cm になる。樹皮は帯褐色をし，薄片にはがれる。中国・朝鮮産で，薬用植物として栽培され，花木としても植えられる。

小枝は，細く，ほぼ円く，黄褐色ないし栗褐色をし，側生枝は短枝化しやすい。一年生枝は，細く，径1〜1.5mm あり，4稜をもち，四角柱状で，帯紫緑色をし，無毛である。皮目は明らかでない。葉痕は隆起し，三日月形で，3個の維管束痕をもつ。髄は細く，白い。

冬芽は，対生し，長卵形で，先がとがり，やや偏平し，長さ2.5〜4mm あり，やや開出する。頂芽はやや大きい。芽鱗は灰褐色をし，短毛ないし垢状毛がはえ，2枚が接合状に冬芽をつつむ。花芽は短枝に頂生し，ほぼ球形で，やや先がとがり，2枚の芽鱗につつまれ，径4mm くらいあって，黄褐色である。

図2.186 サンシュユ
①：小枝，4年生，a：頂芽，b：枝の断面，c：側芽，側面，d：同，背面(a〜d 拡大)，②：小枝，4年生，a〜b：花芽，c〜d：短枝。（京都市，京大植物園，1978.1.27）

ハナイカダ属 *Helwingia* Willd.

●ハナイカダ *H. japonica* F.G. Dietr., Hana-ikada

低木。高さ2mになり，幹はしばしば束生する。

一年生枝は，やや太く，径3〜5mm あり，無毛で，緑色ないし帯褐暗緑色をし，曲げると，木質部がないように軟らかい。皮目は円形で，少数ある。葉痕は隆起し，半円形であり，維管束痕は微小で，1列に並ぶ。髄は白色をし，円く，きわめて太い。

冬芽は5/13，3/8ないし2/5のらせん生で，帯紫褐色をし，無毛で，2枚の芽鱗につつまれる。頂芽は大きく，長さ4〜6mm あり，

卵形ないし球形である。側芽は小さく，長さ1〜2 mm あり，球形で，偏平である。

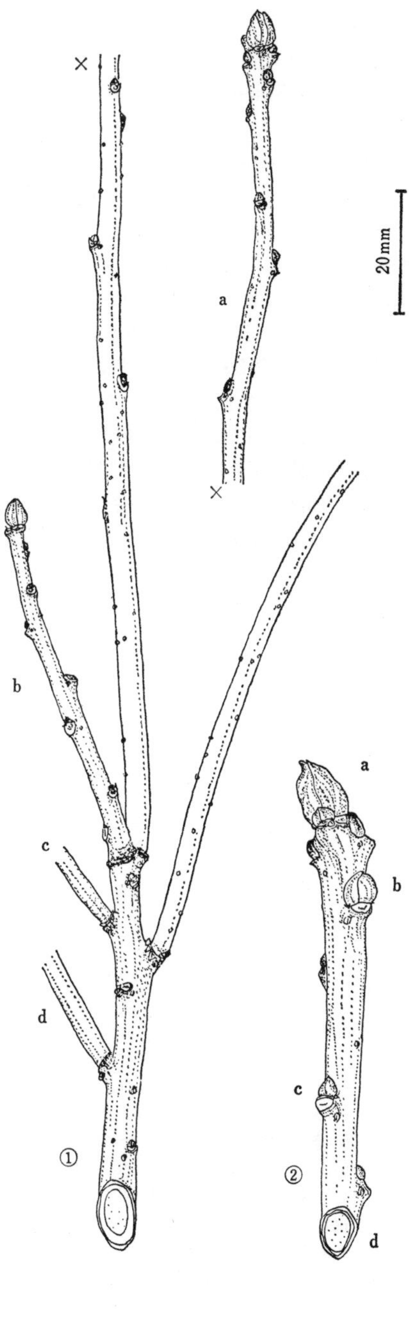

図 2.187 ハナイカダ
①：小枝，a：頂生枝，b〜d：側生枝，
②：一年生枝(拡大)，a：頂芽，b〜c：
側芽，d：枝の断面。(札幌市，北大植物園，1970.1.24)

ミズキ科

42 リョウブ科
Clethraceae

リョウブ属 *Clethra* LINN.

●リョウブ *C. barbinervis* SIEB. et ZUCC., Ryōbu

 高木。高さ10m,径30cmになる。樹皮は明褐色ないし暗褐色をし,平滑であるが,老樹では薄片となってはがれる。

 小枝は,暗褐色をし,ほぼ無毛で,輪生状に枝を分岐する。枝ぶりはツツジ類に似る。一年生枝は,細く,径1.5～4mmあり,灰褐色をし,垢状毛がはえ,側生の二次伸長枝が枝先付近から出やすい。皮目は明らかでない。葉痕は隆起せず,心形で,1個の維管束痕をもつ。托葉痕はない。髄は淡緑色をし,ほぼ五角形で,太い。

 冬芽は,2/5のらせん生であるが,頂芽を除くと,側芽は微小で,ほとんど発達しない。頂芽は円錐形で,先がとがり,長さ3～6mmある。芽鱗は灰褐色をし,葉身起原で,1～2枚がみえるが,冬に離脱しやすく,裸出することがある。

図2.189 リョウブ
①:勢いよい一年生枝,a:頂芽(拡大),b:側芽からの二次伸長枝,c～d:発達しない側芽,e:枝の断面,②:小枝,2年生,a:芽鱗痕,③:小枝,4年生,a～c:短枝化した側生小枝,d:同(拡大)。(京都市,京大植物園,1978.1.27)

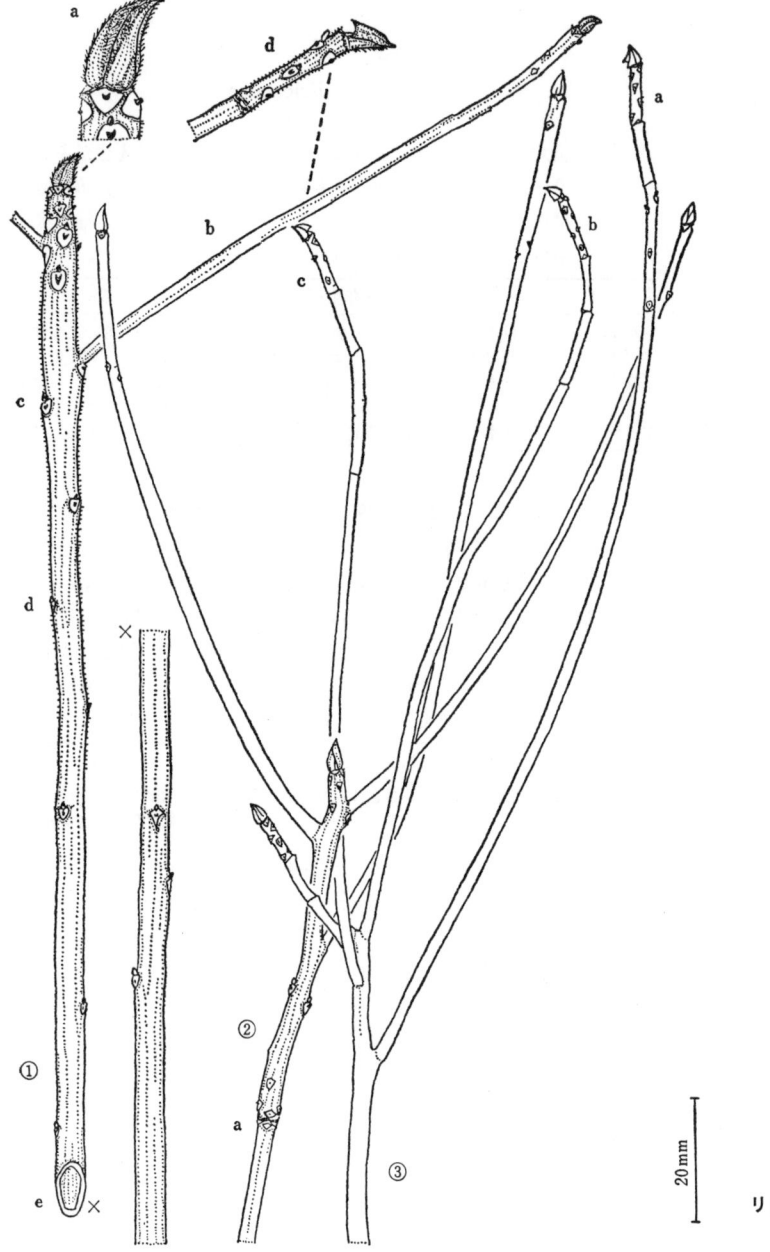

リョウブ科

43　ツツジ科
Ericaceae

　低木ないし小低木，ときには小高木。冬芽はらせん生がふつうであり，葉身ないし葉柄起原の多数の芽鱗につつまれる。頂芽型のものは側芽が発達しない傾向にある。一年生枝は細めで，輪生状につくものもある。葉痕は半円形がふつうで，托葉痕はない。

属		一年生枝	冬芽
ツツジ	低木	細い〜やや細い，輪生状	頂芽が大きい，らせん生
ネジキ	小高木	やや細い，ねじれる，紅色	仮頂芽，二列互生
ドウダンツツジ	低木	細い〜やや細い，輪生状	頂芽が大きい，らせん生
スノキ	低木	細い，ジグザグ	仮頂芽，らせん生
アクシバ	低木	細い，緑色，ジグザグ	仮頂芽，二列互生

ツツジ属　*Rhododendron* Linn.

　低木ないし小低木。外国種や栽培品種が多く植栽されている。冬芽はらせん生で，2/5が多い。頂芽だけが大きく，卵形ないし長卵形で，側芽は微小である。芽鱗は葉柄起原で，7〜14枚ある。一年生枝は細いかやや細く，輪生状に出て，通直状で，短毛がはえることが多い。葉痕は隆起せず，半円形で，小さく，1個の維管束痕をもつ。冬にも，さく果が残っている。

種	一年生枝	頂芽	芽鱗数	果実
バイカツツジ	きわめて細い，短軟毛，褐色	長卵形，長さ4〜6mm	7〜9枚	球形，径4mmくらい
レンゲツツジ	やや細い，いくらか短毛，赤褐色	卵形，長さ8〜15mm	10〜14枚	紡錘形，長さ15mmくらい
クロフネツツジ	やや細い，ほぼ無毛，淡褐色	長卵形，長さ8〜13mm	7〜10枚	卵形，長さ12mmくらい

● バイカツツジ *Rhododendron semibarbatum* Maxim., Baika-tsutsuji

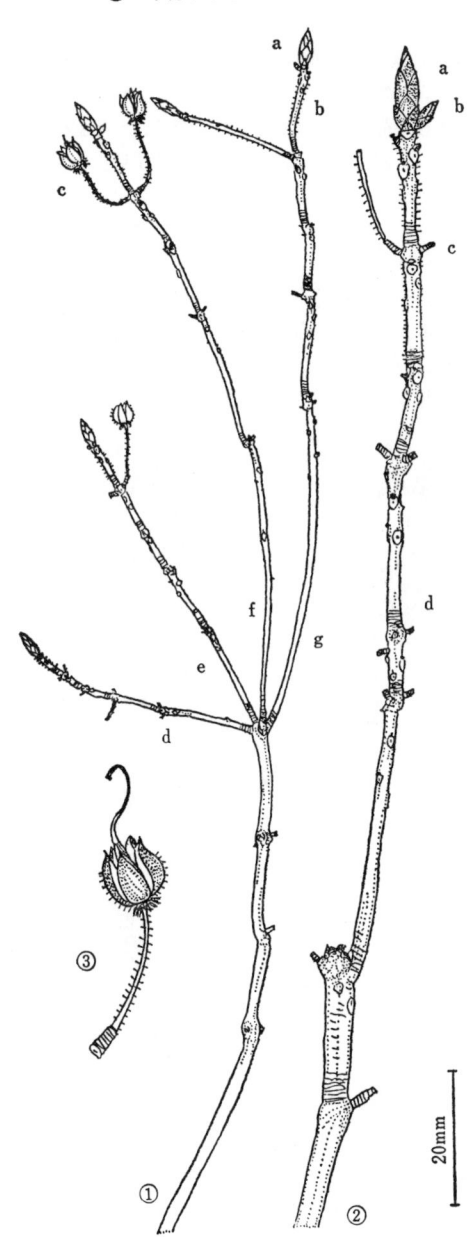

低木。高さ1〜2mになる。

小枝は，灰色をし，細く，輪生状に枝分かれし，ほぼ無毛で，短枝化しやすい。一年生枝は，きわめて細く，径0.7〜1.5mmあり，褐色をし，灰色の短軟毛がはえる。葉痕はきわめて小さく，だ円形で，1個の維管束痕をもつ。

冬芽は，ほぼ2/5のらせん生で，側芽は発達しない。頂芽は長卵形ないし紡錘形で，長さ4〜6mmあり，褐色をおびた淡い黄緑色をし，無毛で，7〜9枚の芽鱗に覆瓦状につつまれ，小さな頂生側芽を1〜3個ともなう。さく果は球形で，径4mmくらいあり，赤褐色をし，腺毛がはえ，長さ10〜13mmの果柄をもつ。

図2.189 バイカツツジ
①：小枝，9年生，a：葉芽，b：一年生枝，c：さく果，d〜g：輪生状の小枝，②：小枝（拡大），8年生，a：頂芽，b：頂生側芽，c：果柄痕，d：芽鱗痕，③：さく果（拡大）。（仙台市川内，東北大植物園，1978.1.31）

ツツジ科

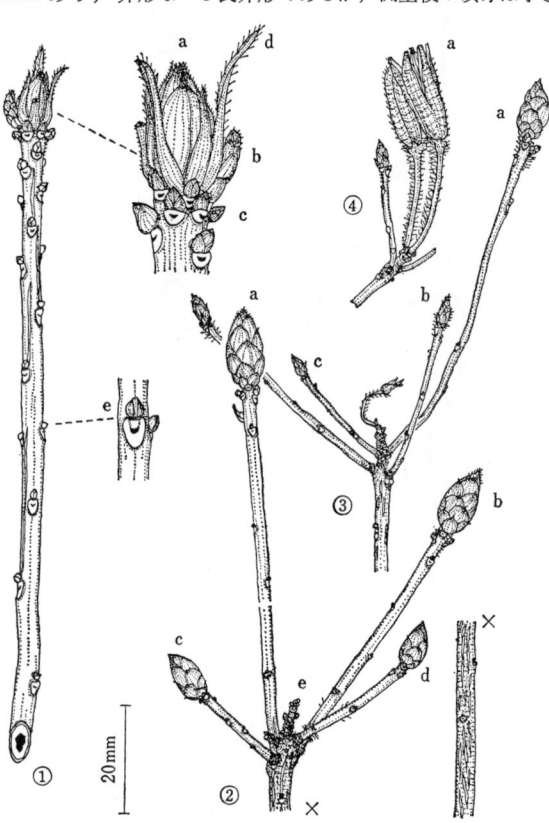

●レンゲツツジ *Rhododendron japonicum* Suringer, Renge-tsutsuji

低木。高さ1～2mになる。各地に分布し庭木として植栽される。

小枝は、やや細く、多数が開出して、灰褐色ないし暗褐色をし、表皮が縦裂する。小枝の先端はしばしば果軸に終り、一年生枝がその基部からほぼ輪生し、斜上する。さく果が残りやすい。一年生枝は、やや細く、径1～4mmあり、赤褐色ないし明褐色をし、枝先部には短毛がはえ、いくらか表皮が縦裂する。皮目は微小である。葉痕は小さく、長さ1～3mmあり、だ円形ないし心形で、中央が凹み、1個ないし1グループの維管束痕がある。髄はやや太く、黄緑色をし、多角形であり、材は淡緑白色である。

冬芽は、3/8ないし5/13のらせん生である。頂芽は大きく、長さ8～15mmあり、卵形ないし長卵形であるが、側生枝の頂芽は小さく、長さ4～8mmあり、長卵形ないし紡錘形である。側芽は小さく、長さ0.5～1.5mmあり、球形ないし円錐形で、下位のものは発達しない。花芽は側枝に頂生し、大きく、卵形で、先がとがり、長さ7～15mmある。頂生側芽はやや大きい。芽鱗は葉柄起原であり、帯緑紅色をし、先端部に白色の短毛がはえ、頂芽では3～8枚が、花芽では14～18枚が覆瓦状に重なる。

図 2.190 レンゲツツジ
①：勢いよい一年生枝，a：頂芽，b：大きい頂生側芽，c：頂生側芽，d：葉身状の芽鱗，e：側芽（a～e拡大），②：小枝，輪生状の一年生枝をもつ，a～d：花芽，e：花軸，③：弱い小枝，a：花芽 b～c：葉芽，④：果枝，a：さく果。（北海道中川郡中川町誉，北海道立林試道北支場内，1977.12.2)

各　論

●クロフネツツジ *Rhododendron schlippenbachii* Maxim., Kurofune-tsutsuji

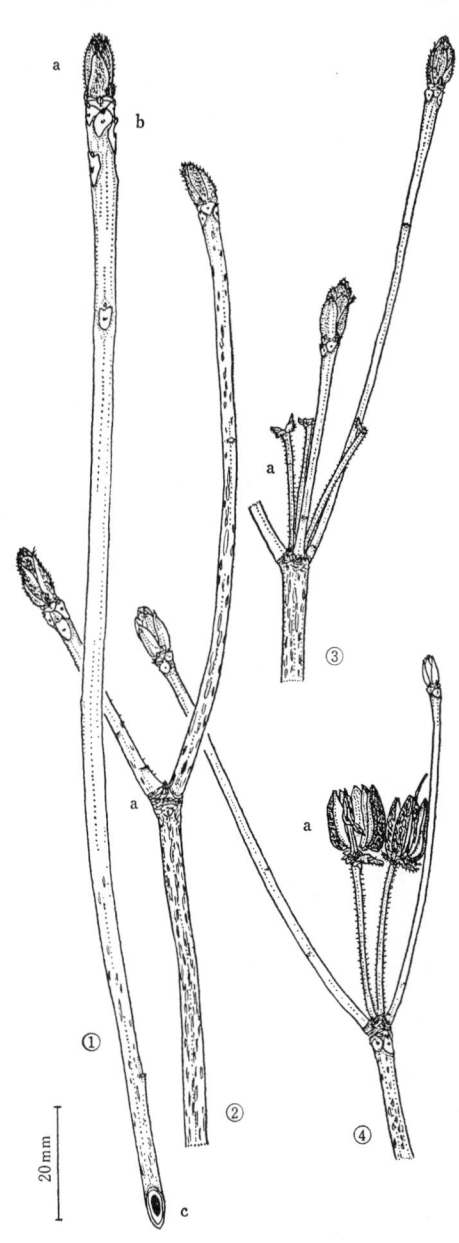

　低木。ツツジ類ではきわめて大形で，高さ5mにもなる。朝鮮，中国産で，庭木として植栽される。

　小枝は，帯灰暗褐色をし，浅い裂け目がある。二股ないし三股分岐の枝ぶりとなる。一年生枝は，ツツジとしては太く，径2〜4mmあり，淡褐色ないし黄褐色をし，ほぼ無毛であるが，いくらか疎毛が残る。皮目は微小であり，枝の表面には細かい隆起線条や浅い裂け目もある。葉痕は隆起せず，ほぼ心形で，長さ4〜7mmあり，枝先に多く，1個の維管束痕をもつ。髄は黄緑色をし，太い。

　冬芽は，2/5のらせん生である。頂芽は長卵形で，長さ8〜13mmある。芽鱗は灰褐色をし，縁は明褐色で，軟毛がはえ，7〜10枚が重なる。側芽はほとんど発達しない。

　果実はさく果で残存し，暗赤褐色で，卵形ないしだ円形で，長さ12mmくらいある。果柄は長く，長さ30mmくらいあり，粗毛がはえる。

図2.191　クロフネツツジ
①：勢いよい一年生枝，a：頂芽，b：葉痕群，c：枝の断面，②：二股分岐の枝ぶり，a：芽鱗痕，③：三股分岐，a：果柄，④：果枝，a：さく果。(札幌市，北大植物園，1978.2.28)

ツツジ科

ネジキ属 *Lyonia* Nutt.
●ネジキ *L. elliptica* Okuyama, Neji-ki

小高木。高さ8m,径20cmになる。樹幹がねじれ,樹皮は灰褐色をし,縦に長い繊維状のはく片となってはげる。

小枝は,灰褐色ないし黄褐色をし,浅く縦裂する。総状花序は二年生枝につく。一年生枝は細く,径1.5〜3mmあり,紅色ないし紅紫色をし,ほぼ無毛で,つやがあり,いくらかねじれ,ややジグザグに屈折する。一年生幹はやや細く,径2.5〜4mmあり,いちじるしくねじれる。皮目は明らかでない。葉痕はやや隆起し,半円形で,1個の維管束痕をもつ。托葉痕はない。髄は黄緑色をし,やや太い。

冬芽は,二列互生し,卵形で,先がとがり,開出する。芽鱗は紅色ないし紅紫色をし,無毛で,2枚が接合状に冬芽をつつむ。仮頂芽と上位の側芽はほぼ同じ大きさで,長さ5〜7mmある。

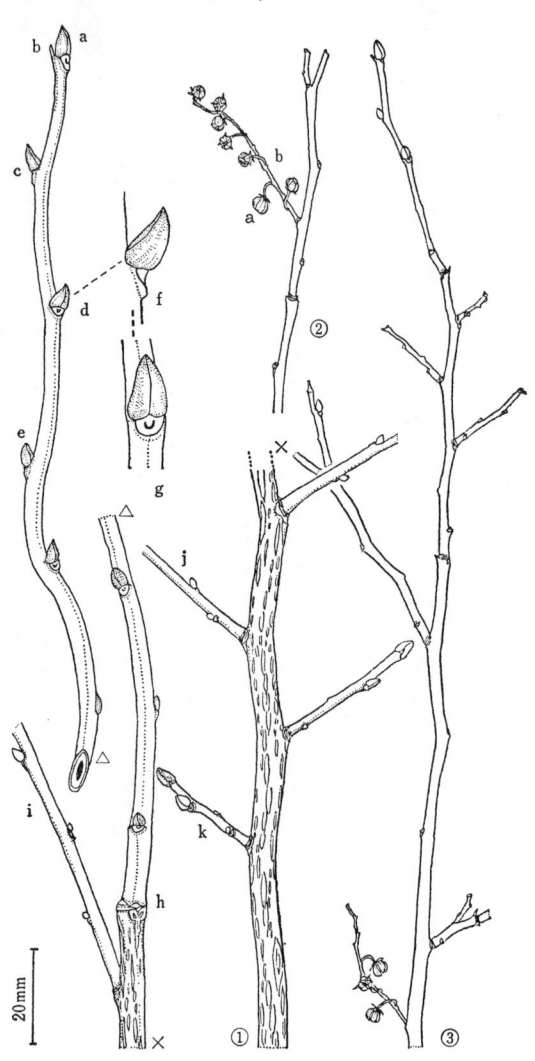

図 2.192 ネジキ
①:二年生幹, a:仮頂芽, b:枝痕, c〜e:側芽, f:同,側面, g:同,背面(f〜g拡大), h:芽鱗痕, i〜k:側生枝, ②:果枝, 3年生, a:さく果, b:総状花序, ③:小枝, 3年生。(仙台市川内,東北大植物園, 1978.1.31)

ドウダンツツジ属 Enkianthus LOUR.

　低木。輪生状に密に枝を出す。一年生枝は細く，輪生状に2～4本が開出する。冬芽は2/5のらせん生であり，頂芽は卵形で，10枚くらいの芽鱗につつまれ，側芽は発達しない。山地にはえるが，庭木としてよく植栽される。

種	一年生枝	頂芽	芽鱗数
ドウダンツツジ	細い，径1～3mm	卵形，長さ4～7mm	ほぼ10枚
サラサドウダン	やや細い，径1.5～4mm	卵形，長さ6～11mm	5～8枚

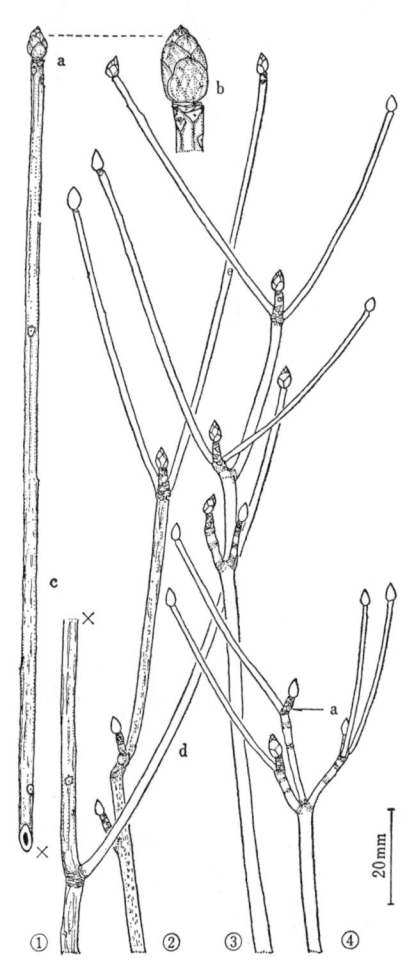

●ドウダンツツジ Enkianthus perulatus SCHNEID., Dōdan-tsutsuji

　低木。高さ3mになる。庭木・生垣に広く植栽される。

　小枝は，灰褐色ないし暗灰色をし，浅く縦裂する。輪生状に2～4本の枝が分岐し，短枝化もしやすい。一年生枝は，細く，径1～3mmあり，稜があり，赤褐色ないし褐色をし，無毛である。側生枝は弱い。皮目は明らかでない。葉痕は隆起せず，心形ないし三角形で，小さく，頂端に多く集まり，1個の維管束痕をもつ。髄はほぼ円く，淡黄色をし，やや太い。

　冬芽は，2/5のらせん生であるが，側芽は発達しない。頂芽は卵形で，先がややとがり，長さ4～7mmある。芽鱗は無毛で，赤褐色ないし黄褐色をし，10枚くらいが覆瓦状に重なる。

図 2.193　ドウダンツツジ
①：勢いよい小枝，a：頂芽，b：同（拡大），c：頂生枝，d：側生枝，②：小枝，3年生，③：同，4年生，④：短枝化した小枝，5年生，a：果柄痕。(盛岡市下厨川，林試東北支場内，1978. 2.1)

●サラサドウダン（フウリンツツジ）*Enkianthus campanulatus* Nichols., Sarasa-dōdan (Fūrin-tsutsuji)

低木。高さ4mになる。庭木として植栽される。

小枝は，灰褐色をし，側生枝は1～4本が輪生状に分岐する。一年生枝は，やや細く，径1.5～4mm あり，稜があり，帯赤褐色ないし明褐色をし，無毛である。皮目は明らかでない。葉痕は隆起せず，三角形で，1個の維管束痕をもつ。髄は淡褐色をし，やや太い。

冬芽は，ほぼ2/5のらせん生である。側芽は発達しない。頂芽は卵形で，先がややとがり，長さ6～11mm ある。芽鱗は葉柄起原で，帯赤褐淡緑色ないし帯緑淡褐色をし，無毛であり，5～8枚が重なる。

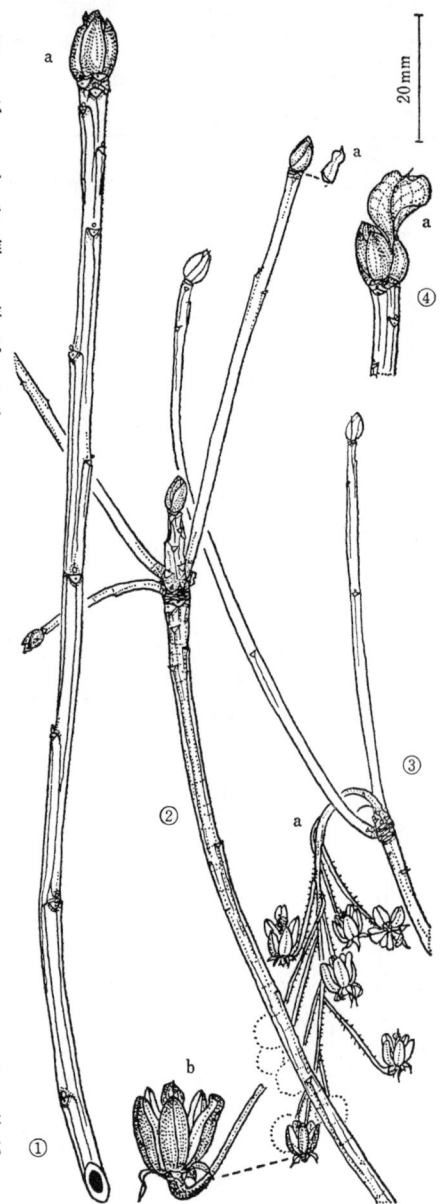

図 2.194　サラサドウダン
①：一年生枝，a：頂芽，②：小枝，a：芽鱗，③：小枝，a：果軸，b：さく果(拡大)，④：頂芽，a：芽鱗化したふつう葉。(北海道中川郡中川町誉,北海道立林試道北支場内，1977.4.17)

スノキ属 Vaccinium LINN.

低木ないし小低木。冬芽はらせん生で，小さく，仮頂芽をつけ，葉（柄）起原の数枚の芽鱗につつまれる。一年生枝は細く，稜あるものもあり，ややジグザグに屈折する。液果がつく。葉痕は隆起し，ほぼ半円形で，1個の維管束痕をもち，托葉痕はない。

● **ナツハゼ** *Vaccinium oldhami* MIQUEL, Natsuhaze
低木。高さ 1～2.5m になる。

小枝は，灰褐色ないし帯紫灰褐色をし，ほぼ無毛であり，やや四角形ないしやや六角形で，小さい皮目が多数ある。側生枝は短枝化しやすい。一年生枝は，細く，径 1～2mm あり，稜があって，やや偏平で，帯灰褐色をし，暗灰色の垢状毛が残り，ややジグザグに屈折する。皮目は微小で，目立たない。葉痕は隆起し，半円形で，小さく，1個の維管束痕をもつ。托葉痕はない。髄は灰白色をし，やや偏平で，細い。

冬芽は，2/5 のらせん生であるが，節間がねじれて，二列互生状となり，卵形で，先がややとがり，ほとんど偏平せず，長さ 1～2mm あって，やや開出する。芽鱗は赤褐色をし，ほぼ無毛で，6～8枚が覆瓦状に重なる。仮頂芽はやや大きい。

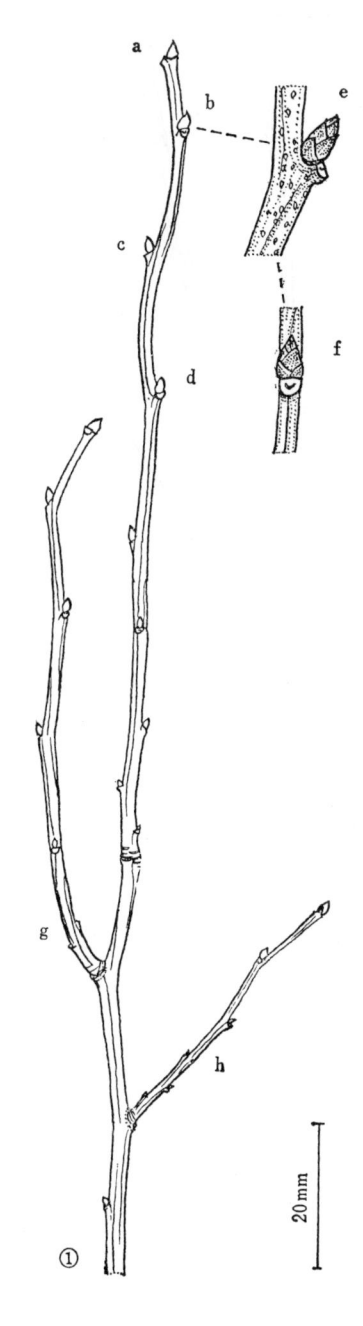

図 2.195 ナツハゼ
①：小枝，2年生，a：仮頂芽，b～d：側芽，e：同，側面，f：同，背面（e～f 拡大），g～h：側生枝。（仙台市川内，東北大植物園，1978.2.20）

ツツジ科

アクシバ属 Hugeria SMALL

●アクシバ H. japonica NAKAI, Aku-shiba
低木。高さ 0.5〜1m になる。

小枝は，4〜5年生では帯灰褐色になるが，2〜3年生では暗緑色である。側生枝は短枝化し，細い。一年生枝は，細く，径1〜2mm あり，偏平し，2溝があって，緑色ないし暗緑色をし，ほぼ無毛で，ジグザグに屈折する。皮目は明らかでない。托葉痕はない。髄は偏平し，淡黄色で，細い。

冬芽は，二列互生し，長卵形で，先がとがり，偏平し，長さ3〜4mm ある。芽鱗は2枚がみえ，帯緑黄白色をし，無毛である。

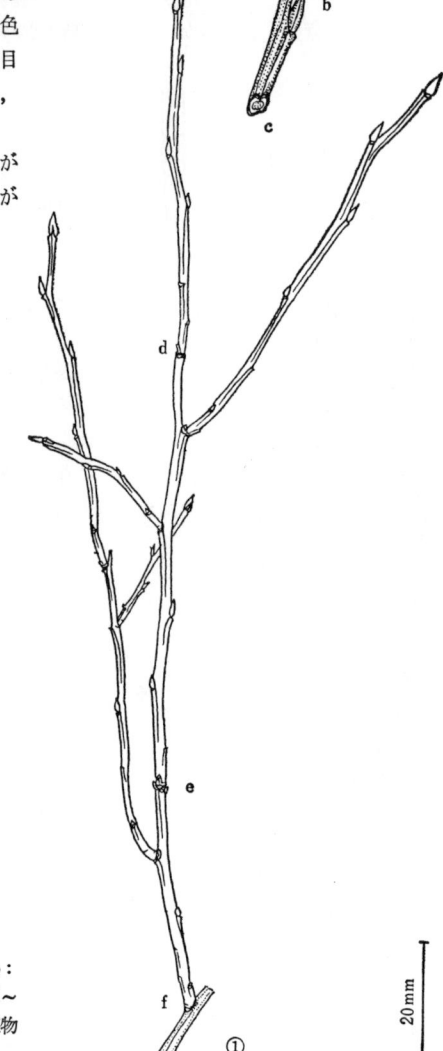

図 2.196 アクシバ
①：小枝，4年生，a：仮頂芽，b：側芽，c：枝の断面（a〜c 拡大），d〜f：芽鱗痕。（仙台市川内，東北大植物園，1978.2.20）

44　カキノキ科
Ebenaceae

カキノキ属 *Diospyros* LINN.

高木。冬芽は二列互生するが，垂直枝幹ではらせん生（3/8ないし2/5）する。仮頂芽をもち，枝はややジグザグに屈折する。果実栽培のため植栽され，園芸品種が多数ある。枝には，しばしばカキの特徴であるへた（萼）および果柄が残る。芽鱗も宿存する。

種		果実	一年生枝	冬芽	芽鱗
カキ	栽培品種	径5〜10cm, 食用	やや太い, 短軟毛	三角状卵形, やや偏平	4〜5枚
マメガキ	中国産	径1.5cm, 柿渋用	やや細い, 無毛	卵形, 偏平	2枚

●**カキ**（カキノキ）*D. kaki* THUNB., Kaki (Kaki-no-ki)

高木。高さ10m，径40cmになる。樹皮は暗褐色ないし灰褐色をし，浅く縦裂する。

以下は，品種「次郎」の記載である。

小枝は，帯紫灰褐色ないし褐色をし，無毛で，微小な裂け目があり，多数の大きい皮目がある。一年生枝は，やや太く，径2.5〜7mmあり，帯紫灰褐色，明褐色ないし帯赤褐色をし，短軟毛ないし垢状毛が残って，ややジグザグに屈折する。皮目は長だ円形ないし割れ目形で，多数ある。葉痕は隆起し，平円形，半円形ないし三角形で，幅3〜6mmあり，微小で1列に並んだ維管束痕をもつ。托葉痕はない。髄は淡黄緑色をし，太く，角がある。

冬芽は，ほぼ二列互生するが，一年生幹では3/8ないし2/5のらせん生である。仮頂芽は上位の側芽とほぼ同じかやや小さく，枝痕が明らかである。側芽は上位のものが大きく，やや開出し，三角状卵形で，やや偏平し，長さ，幅とも3〜6mmある。芽鱗は4〜5枚がみえ，帯紫褐色ないし赤褐色をし，短軟毛がはえる。外側の芽鱗はしばしば小枝に宿存する。(⇨次頁)

図 2.197 カ キ

①:小枝, a:仮頂芽, b:枝痕, c~f:側芽, g:同, 側面, h:同, 背面(g~h 拡大), i:頂生枝, j:側生枝, k:芽鱗痕, l:枝の断面, ②:葉痕, ③:一年生幹, ④:小枝, a:へた(萼), b:宿存する芽鱗。(神奈川県伊勢原市串橋, 斎藤氏, 1978.1.29)

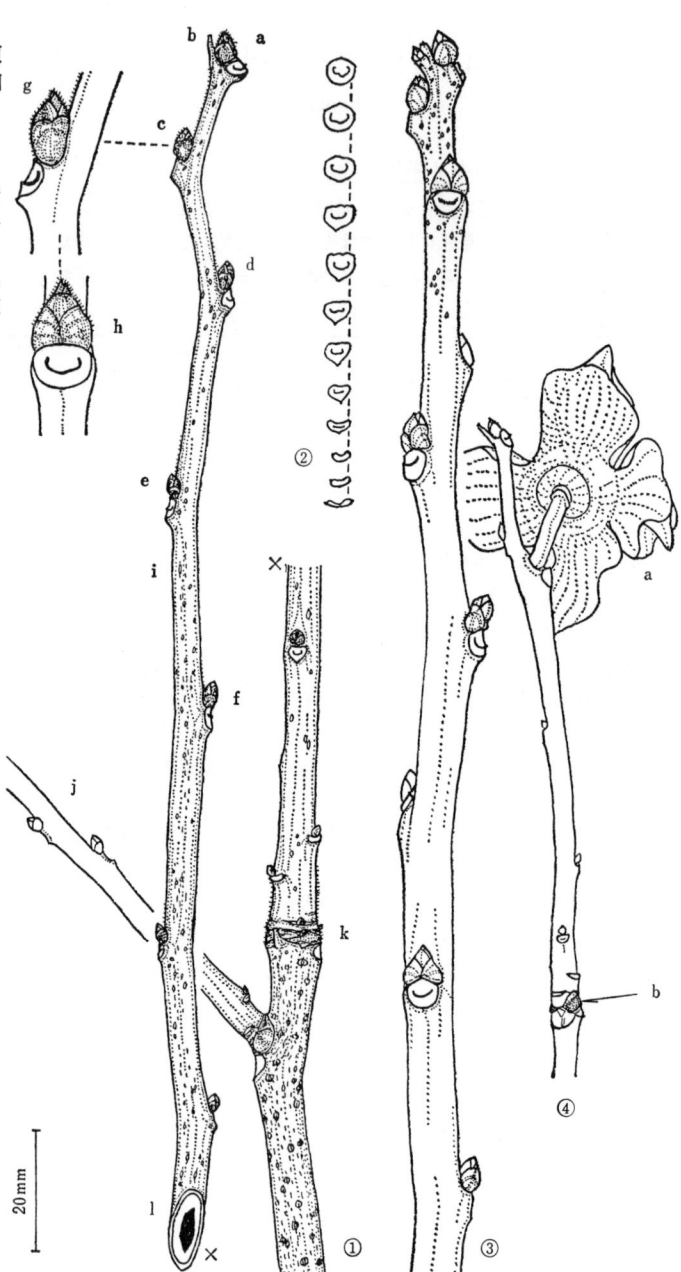

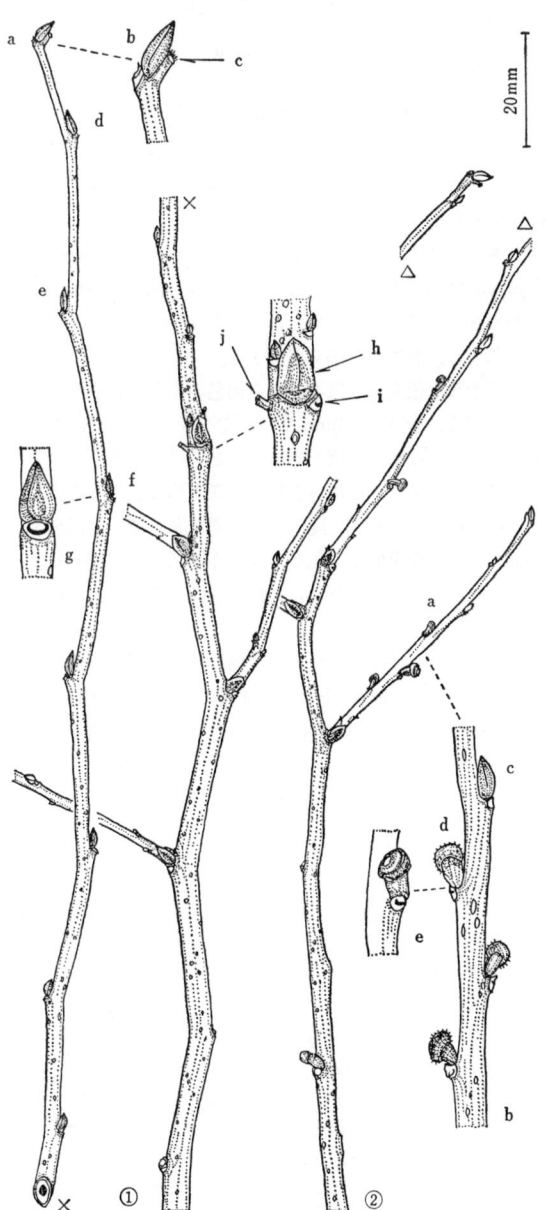

● マメガキ *Diospyros lotus* LINN., Mame-gaki

高木。高さ10m，径40cmになる。樹皮は暗灰色をし，老樹では不規則に浅裂する。中国産で，柿渋の採取のため，古くから植栽される。

小枝は，帯紫灰褐色ないし帯黄灰褐色である。一年生枝は，やや細く，径1.5～3mmあり，灰褐色をし，ややつやがあり，無毛で，ややジグザグに屈折する。皮目は小さく，少ない。葉痕は隆起し，平円形ないし半円形で，1個の維管束痕をもつ。髄は淡黄褐色をし，やや細い。

冬芽は，二列互生し，ほぼ伏生して，卵形で，偏平し，先がとがり，長さ3～5mmあって，赤褐色ないし黄褐色をし，無毛で，2枚の芽鱗につつまれる。仮頂芽は上位の側芽とほぼ同じ大きさである。枝の基部には芽鱗が宿存し，しばしばカキに特有の果柄も残る。

図 2.198 マメガキ
①：小枝，a：仮頂芽，b：同(拡大)，c：枝痕，d～f：側芽，g：同(拡大)，h：宿存する芽鱗，i：葉痕，j：枝痕(h～j拡大)，②：小枝，a：側生枝，b：同(拡大)，c：側芽，d：果柄(と萼)，側面，e：同，背面。(盛岡市高松，1978.2.22)

カキノキ科

45 ハイノキ科
Symplocaceae

ハイノキ属 *Symplocos* JACQ.

　低木。冬芽はらせん生し，小さく，仮頂芽は大きくない。一年生枝は細めで，ややジグザグに屈折する。葉痕は小さく，半円形で，1個の維管束痕をもつ。托葉痕はない。

●**サワフタギ**（ルリミノウシコロシ）*S. chinensis* var. *leucocarpa* forma *pilosa* OHWI, Sawa-futagi (Rurimino-ushikoroshi)

　低木。やや株状に多数の枝を出し，高さ2〜3m，径5cmになる。樹皮は灰白色をし，老樹では浅く縦裂する。

　小枝は，帯赤灰褐色をし，無毛で，赤褐色の皮目が目立つ。一年生枝は，やや細く，径1.5〜4mmあり，ややジグザグに屈折して，灰褐色をし，短毛がはえ，5稜があって，とくに葉痕直下でいちじるしい。皮目は灰褐色ないし褐色をし，ほぼ円形で，やや突出し，多数ある。葉痕はいちじるしく隆起し，赤褐色をして，半円形で，幅2〜3mmある。維管束痕は1個で，大きく，三日月状である。托葉痕はない。材は堅く，淡緑色をし，髄はほぼ五角形で，黄緑色をし，やや太い。

　冬芽は，2/5のらせん生であり，だ円形ないし円錐状卵形で，長さ1〜2.5mmあって，赤褐色をし，ほぼ無毛で，やや開出し，4〜5対の芽鱗につつまれる。仮頂芽はやや小さく，上位の側芽が大きい。

図 2.199　サワフタギ

①：勢いよい一年生枝，a：仮頂芽，b〜d：側芽（d 拡大），e：稜，f：枝の断面，②：小枝，a：枯れた前年の枝先，b：頂生的な枝，c〜d：短枝化した側生枝，e〜g：側生枝，③：小枝，a〜c：果軸，④：果枝。（北海道中川郡音威子府村上音威子府，北大中川地方演習林庭園，1977.12.27）

ハイノキ科

279

46 エゴノキ科
Styracaceae

エゴノキ属 *Styrax* Linn.

小高木ないし低木。冬芽はらせん生ないし二列互生し，裸出で，毛がはえ，しばしば予備芽をもつ。一年生枝は細めで，小枝はしばしば皮がはがれる。

種	一年生枝	冬芽
エゴノキ	細い，褐色	二列互生，小さい
ハクウンボク	やや太い，赤褐色	ほぼ2/5のらせん生，やや太い
コハクウンボク	やや細い，淡褐色	ほぼ二列互生，やや細い

●エゴノキ（チシャノキ）*Styrax japonica* Sieb. et Zucc., Ego-no-ki (Chisha-no-ki)

小高木。高さ10m，径30cmになる。樹皮は帯灰褐色ないし帯紫褐色をし，平滑であるが，老樹では浅く縦裂する。

小枝は，細く，開出し，帯紫褐色・帯紅褐色ないし帯灰褐色をし，外皮は薄い繊維状の鱗片になってはく皮する。一年生枝は，きわめて細く，径1～2mmあり，鮮褐色をし，つやがあり，ほぼ無毛で，ややジグザグに屈折する。短枝化した一年生枝は細く，短く，しばしば花序を頂生する。また，予備芽からの枝に頂生することもある。皮目は不明である。葉痕は隆起し，小さく，幅1～1.5mmあり，灰色で，その周囲は淡褐色である。托葉痕はない。材は淡緑色である。髄も緑色をし，細い。

冬芽は，二列互生し，きわめて小さく，長卵形をし，偏平で，長さ1～3mmあり，1～2個の予備芽をともなう。冬芽は裸出して，淡褐色ないし淡赤褐色をし，軟細毛が密生する。側芽は伏生する。

図 2.200 エゴノキ
①：勢いよい小枝，2年生，a：頂生枝，b～d：側生枝，e：開葉しなかった予備芽，f：はく皮，②：仮頂芽(拡大)，③：側芽(拡大)，a：側面，b：背面，c：主芽(側上芽)，d：予備芽，④：短枝化した小枝，2年生，a：果軸痕，⑤：小枝，2年生，a：頂生枝，b～e：側生枝，f～g：予備芽からの，花序をつけた小枝，h：果実，i：種子。(札幌市，北大植物園，1977.11.15)

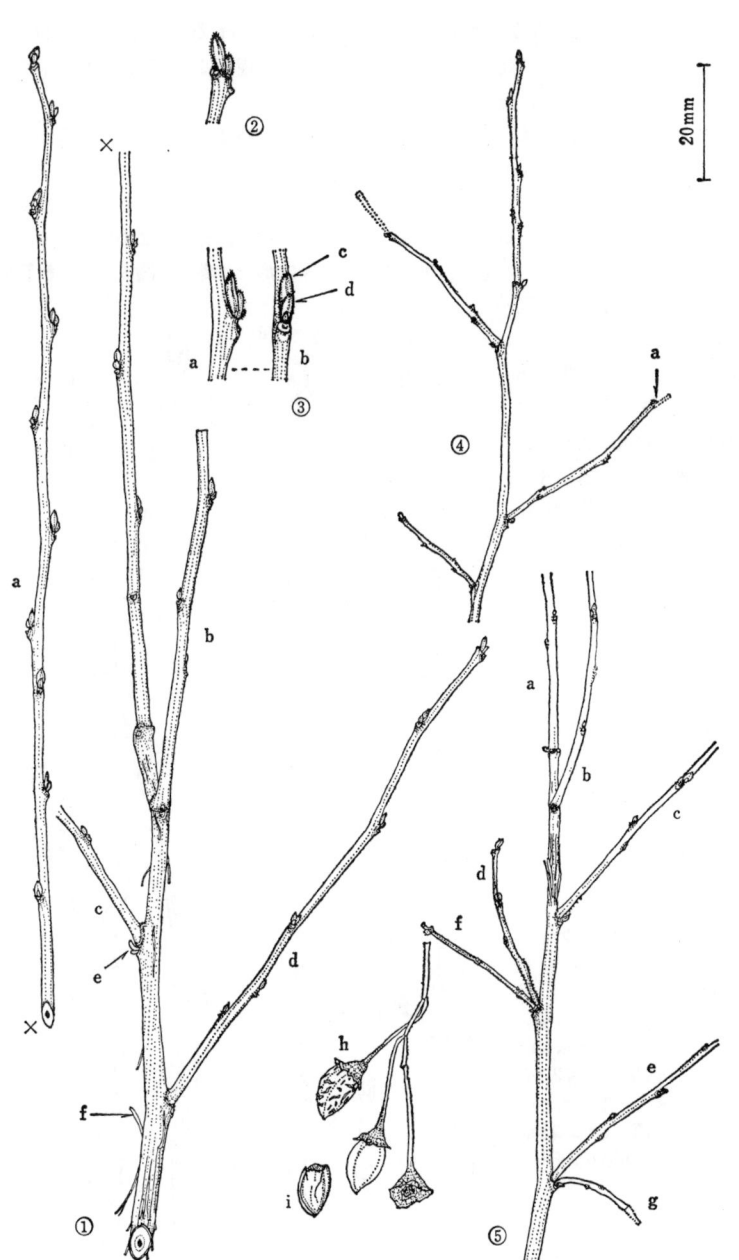

エゴノキ科
281

●ハクウンボク *Styrax obassia* Sieb. et Zucc., Haku'un-boku

高木。高さ 12m，径 30cm になる。樹皮は帯褐灰色をし，平滑であるが，後に浅裂する。

小枝は，暗褐色をし，太い。一年生枝は，やや太く，径 2〜5mm あり，無毛で，赤褐色ないし暗紫褐色をし，つやがあり，ややジグザグに屈折して，表皮がはがれる。皮目は微小である。葉痕は隆起し，長いO字形で，長さ 5〜10mm あり，典型的な葉柄内芽であるが，下位のものは半円形ないしV字形で，冬芽を囲まない。維管束痕は微小で，多数あり，下方に 1 列に並ぶ。髄はやや太く，円い。

冬芽は，ほぼ 2/5 のらせん生であり，だ円状卵形で，長さ 5〜8mm あり，黒緑色ないし暗い黄緑色をし，密軟毛がはえ，裸出する。仮頂芽はやや大きく，下位の側芽は発達しない。予備芽は 1〜3 個つき，縦に並ぶ。

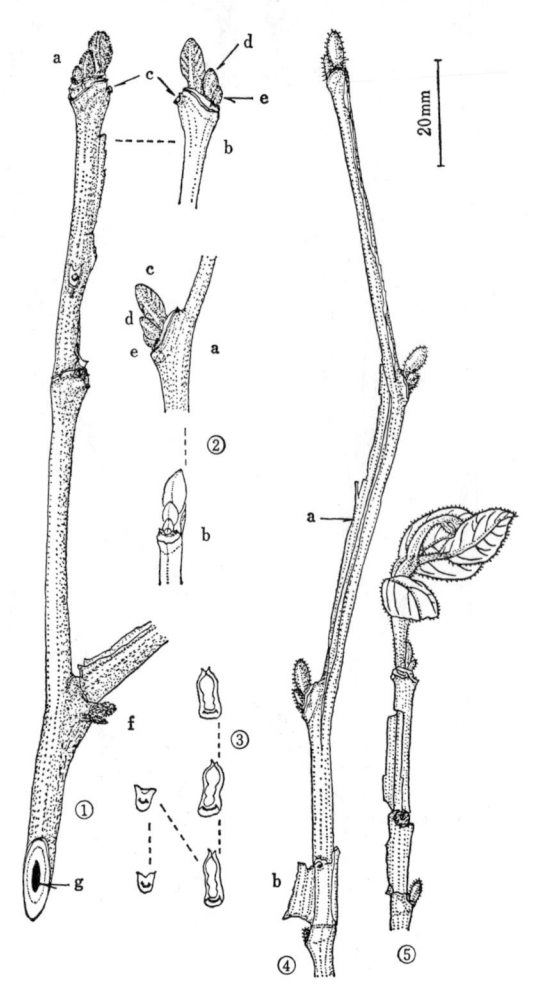

図 2.201　ハクウンボク
①：小枝，a：仮頂芽，b：同，側面，c：枝痕，d〜e：予備芽，f：開かなかった前年の予備芽，g：髄，②：側芽，a：側面，b：背面，c：主芽，d：第1予備芽，e：第2予備芽，③：葉痕，④：一年生枝，a〜b：はく皮，⑤：開葉。(北海道桧山郡上ノ国町，北大桧山地方演習林，1969.3.16)

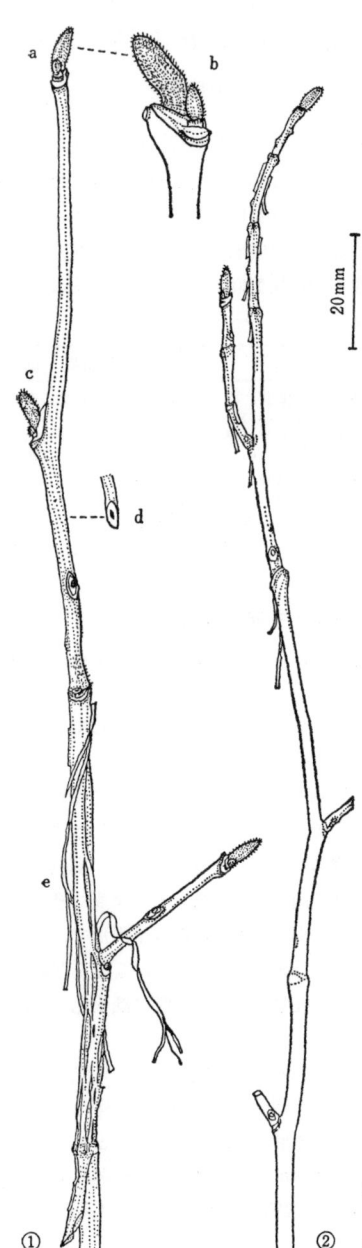

●コハクウンボク *Styrax shiraiana* Makino,
　Ko-hakuunboku

小高木。高さ10m，径20cmになる。樹皮は帯紅褐色をし，平滑である。

小枝は，細く，淡褐灰色をし，表皮はやや繊維状にはがれる。一年生枝は，やや細く，径1.5～3mmあり，淡褐色をし，基部を除いて無毛で，いくらかつやがある。葉痕は隆起し，長いO字形で，冬芽を取り囲む。髄は細く，淡緑色をし，ほぼ円い。

冬芽は，ほぼ二列互生し，裸出して，紡錘形ないし円筒形で，長さ5～7mmあり，黄褐色ないし淡褐色をし，ビロード毛が密生して，予備芽をもつ。

図 2.202　コハクウンボク
　①：小枝，3年生，a：仮頂芽，b：同，側面（拡大），c：側芽，d：枝の断面，e：はく皮，
　②：短枝化した小枝，6年生。（盛岡市下厨川，林試東北支場内，1978.2.1）

エゴノキ科

47 モクセイ科
Oleaceae

高木ないし低木。冬芽は対生し、頂芽は大きくて1個つくか、仮頂芽が2個つく。しかし、低木の仮頂芽は発達しない。芽鱗は葉柄起原で、2～9対あり、覆瓦状に重なる。葉痕はほぼ半円形で、1列に並んだ微小な維管束痕をもつ。托葉痕はない。髄は充実ないし中空、空室である。

属		頂芽	側芽	芽鱗数	髄
イボタノキ	低木	仮頂芽、発達しない	卵形	3～4対	充実
レンギョウ	低木	仮頂芽、発達しない	長だ円形～卵形	6～9対	中空・空室
ハシドイ	小高木～低木	仮頂芽、大きい	球形～卵形	3～5対	充実
トネリコ	高木	頂芽、大きい	卵形～球形	2対	充実

イボタノキ属 Ligustrum LINN.

●イボタノキ L. *obtusifolium* SIEB. et ZUCC., Ibota-no-ki

低木。高さ3mになる。生垣や庭木として広く用いられる。

一年生枝は、細く、径1～4mmあり、やや六角柱状ないし四角柱状で、灰褐色・淡褐色ないし暗灰褐色をし、短軟毛が密にはえる。皮目は小さく、褐色をし、やや突出し、ほぼ円形で、多数ある。葉痕は隆起し、いくらか冬芽の基部をおおい、ほぼ半円形で、幅1.5～2.5mmあり、1個の、ないし1列に並んだ数個の維管束痕をもつ。托葉痕はない。髄は淡褐色をし、ほぼ円く、やや細い。

冬芽は、対生し、いくらか開出して、枝先の仮頂芽は発達せず、上位の側芽も枯れやすい。中～下位の側芽は、卵形ないし球形で、先がいくらかとがり、やや偏平し、長さ2～3mmある。芽鱗は葉柄起原で、褐色ないし黄褐色をし、短軟毛および縁毛がはえ、3～4対が重なる。

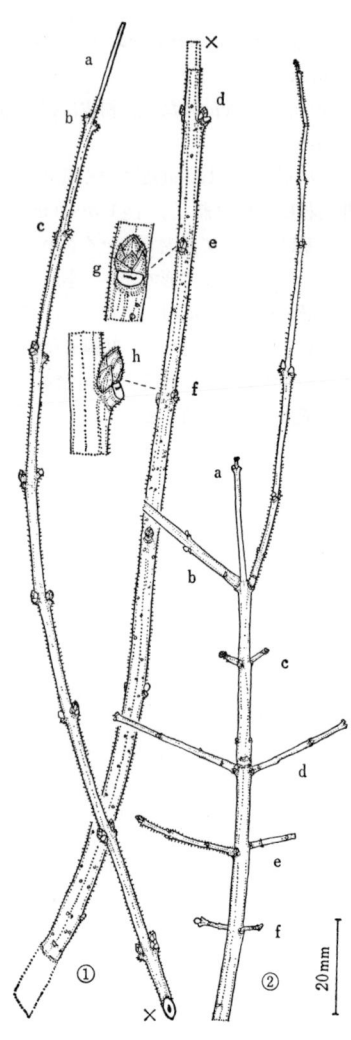

図 2.203 イボタノキ
①：一年生枝、a：枯れた枝先、b～c：冬芽を欠く上位の節、d～f：側芽、g：同、背面、h：同、側面（g～h拡大）、②：小枝、2年生、a：枯れた枝先、b：発達した側生枝、c～f：短枝化した側生枝。（北海道中川郡中川町誉、北海道立林試道北支場内、1978.4.15）

レンギョウ属 Forsythia VAHL

低木。冬芽は対生し，ほぼ仮頂芽型であるが，枝先は枯れる。側芽は長だ円形・卵形ないし紡錘形で，先がとがり，基部も細まり，褐色をし，無毛で，6～9対の芽鱗につつまれる。一年生枝はやや細く，長くのび，4稜をもつ。髄は中空ないし空室である。皮目は明らかで，やや突出し，多数ある。葉痕は隆起し，半円形ないし三角形で，1個のないし1列に並んだ微小な数個の維管束痕をもつ。

種		髄	一年生枝	冬芽
レンギョウ	中国産	中空	黄褐色	卵形～長だ円形
チョウセンレンギョウ	朝鮮産	空室	灰褐色	長だ円形～紡錘形

●レンギョウ *Forsythia suspensa* VAHL, Rengyō

低木。高さ2～3mになる。叢生株をつくり，枝は長くのび，しだれる。中国原産で，庭木として植えられる。

小枝は，灰褐色であり，下位の側生枝は短枝化しやすい。一年生枝は，やや細く，径1.5～6mmあり，4稜をもち，明褐色ないし黄褐色をし，無毛である。皮目は多数あり，だ円形ないし割れ目形で，やや突出し，長さ1mmくらいある。葉痕は隆起し，半円形ないし三角形で，ほぼ1個の維管束痕をもつ。髄は中空であり，太い。

冬芽は，対生し，頂芽ないし仮頂芽は発達しないことが多い。側芽は長だ円形で，長さ3～5mmあり，明褐色をし，無毛で，6～8対の芽鱗につつまれる。しかし，勢いよい一年生枝では，冬芽は卵形で，長さ2～5mmあり，3～8対の芽鱗につつまれる。芽鱗は開葉後も残る。予備芽はあまりみられない。冬にも，さく果が残っている。

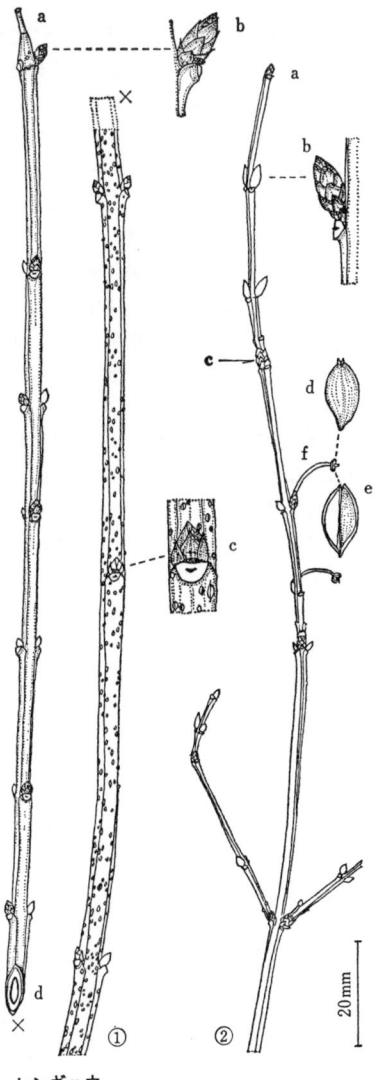

図 2.204 レンギョウ
①：勢いよい一年生枝，a：枯れた枝先，b：仮頂芽(ないし仮頂芽的な側芽)，c：側芽(b～c拡大)，d：枝の断面(中空髄)，②：小枝，3年生，a：発達しない頂芽，b：側芽(花芽，拡大)，c：残存する芽鱗，d：さく果，外側，e：同，内側，f：果軸。(京都市，京大植物園，1978.1.27)

モクセイ科

●チョウセンレンギョウ *Forsythia koreana* NAKAI, Chōsen-rengyō

　低木。高さ 3m くらいになる。叢生株をつくり，枝は弓形に曲がる。朝鮮の原産で，庭木として広く植栽される。

　一年生枝は，やや細く，径 2〜6mm あり，帯紫褐色ないし帯緑褐色をし，無毛で，4稜をもち，四角柱状をして，長くのびる。皮目は小さく，ほぼ円形で，灰褐色をし，やや突出して，やや多数ある。葉痕はやや隆起し，半円形ないし三角形で，淡褐色であり，1個のないし1列に並んだ微小な維管束痕をもつ。髄は空室に分かれ，太い。

　冬芽は，対生し，仮頂芽および枝先の側芽は発達しないで，中〜下位の側芽が発達する。冬芽は紡錘形ないし長だ円形で，先がとがり，基部も細まり，長さ 4〜8mm あって，短柄をもつ。しばしば発達した予備芽をともない，ときには平行予備芽さえもつける。これらは花芽であることが多い。芽鱗は褐色ないし帯赤褐色をし，無毛で，6〜9対が覆瓦状に重なる。

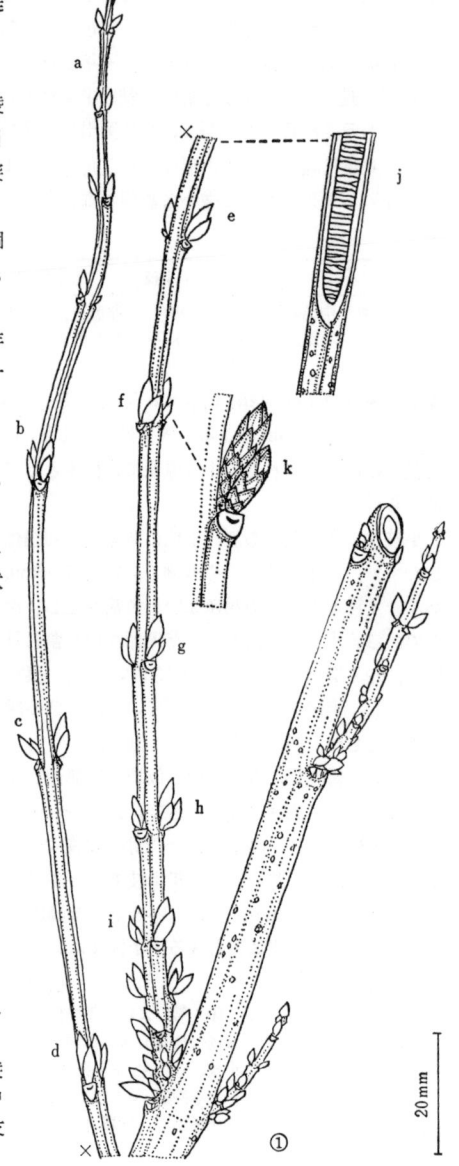

図 2.205　チョウセンレンギョウ
　①：小枝，a：枯れた枝先，b〜f：予備芽をともなう側芽，g〜i：平行予備芽をもつ側芽，j：枝の縦断面，k：側芽（拡大）。（北海道中川郡中川町誉，北海道立林試道北支場内，1978.4.15）

ハシドイ属 Syringa LINN.

　小高木ないし低木。冬芽は対生，球形ないし卵形で，仮頂芽を2個つけ，3～5対の葉柄起原の芽鱗に覆瓦状につつまれる。一年生枝は細めで，無毛であり，二股分岐する。葉痕は隆起し，半円形で，多数の微小な維管束痕が孤状に並ぶ。托葉痕がない。庭木・街路樹として植栽される。

種			一年生枝	冬芽	芽鱗
ハシドイ	自生	小高木	やや太い，径3～6mm	球形，帯黄褐色	5対
ムラサキハシドイ	植栽	低木	やや細い，径2～5mm	卵形，先がとがる，紫色	3～4対

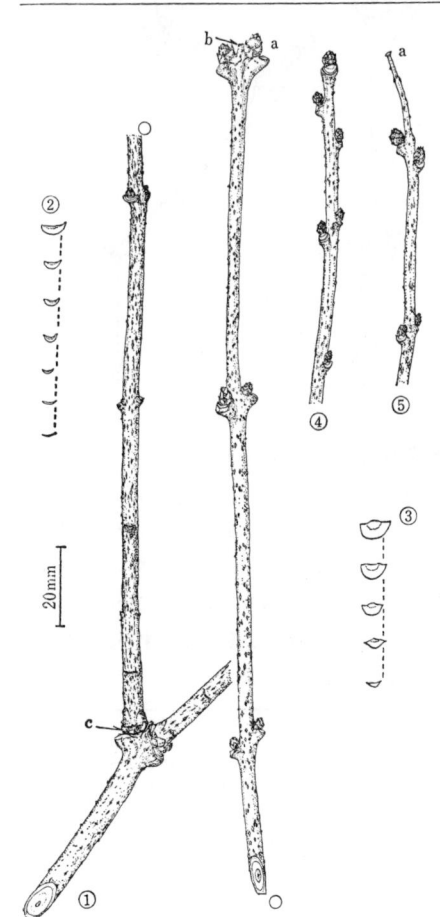

● ハシドイ（ドスナラ）Syringa reticulata HARA, Hashidoi (Dosunara)

　小高木。高さ10m，径30cm になる。樹皮は帯褐灰白色ないし灰褐色をし，不規則な裂け目ができるが，エゾヤマザクラに似る。

　小枝は，栗褐色ないし灰褐色をし，不規則な灰色の裂け目ができる。一年生枝は，やや太く，径3～6mm あり，無毛で，いくらか6稜があって，帯紫褐色ないし帯紫栗褐色をし，日陰側は灰褐色である。皮目は大きく，だ円形ないし菱形で，やや突出する。葉痕はいちじるしく隆起し，大きく，幅3～6mm あり，三日月形ないし半円形で，微小な維管束痕を多数もつ。髄はやや四角形で，細い。

　冬芽は，対生して，球形で，長さ3～5mm あり，4稜をもち，帯黄褐色をし，無毛である。仮頂芽は大きく，2個つき，下位の側芽ほど小さい。ふつう，仮頂芽だけが開葉し，二股分岐の枝ぶりとなる。芽鱗は先がとがり，ほぼ5対がみえ，覆瓦状に重なる。前年の芽鱗が宿存し，芽鱗痕が現われない。

図 2.206　ハシドイ
①：二股分岐の小枝，a：仮頂芽，b：枝痕，c：宿存する芽鱗．②～③：葉痕（拡大）．④～⑤：冬芽が亜対生の一年生枝，a：花柄．（札幌市，北大苗畑，1967.1.27）

モクセイ科

●ムラサキハシドイ（ライラック，リラ）*Syringa vulgaris* Linn., Murasaki-hashidoi (Lilac, Lilas)

低木。南ヨーロッパ原産で，庭木や街路樹として広く植栽される。

一年生枝は，やや細く，径2〜5mmあり，無毛で，帯紫褐色ないし帯灰褐色である。二股分岐の枝ぶりとなる。皮目は小さく，散在する。葉痕は隆起し，三日月形ないし半円形である。髄は白色をし，やや四角形である。

冬芽は，対生し，卵形で，やや先がとがり，無毛で，紫色をし，3〜4対の芽鱗につつまれる。仮頂芽は2個つき，大きく，長さ5〜10mmあり，ふつうは花芽である。葉芽は下位につき，小さい。果軸は離脱しにくい。

図 2.207　ムラサキハシドイ
①：一年生枝，a：仮頂芽（花芽），b〜c：側芽（葉芽），②：果実をつけた小枝，③：二股分岐の小枝。（札幌市，北大構内，1967.1.27）

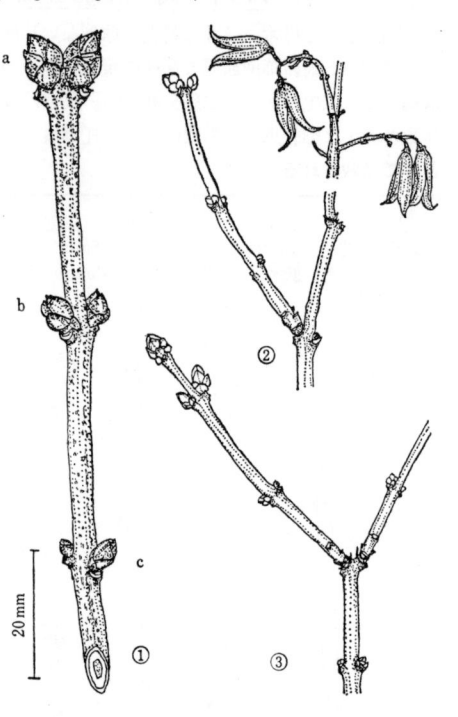

トネリコ属 *Fraxinus* Linn.

高木。冬芽は広卵形・卵形ないし球形で，対生する。頂芽は1個で大きく，しばしば頂生側芽をともなう。側芽は小さい。芽鱗は葉柄（基部）起原で，2対がみえる。葉痕は隆起し，ほぼ半円形で，多数の微小な維管束痕がある。托葉痕はない。一年生枝は太めで，皮目が多数あり，無毛である。日陰枝は短枝化しやすい。頂生側芽を除くと，側芽は枝に伸長しない傾向にある。

種	一年生枝	頂芽	側芽
ヤチダモ	きわめて太い，径6〜12mm	円錐形，長さ5〜10mm	球形，長さ2〜5mm
トネリコ	やや太い，径3〜7mm	卵形，長さ6〜13mm	広卵形，長さ3〜10mm
アオダモ	やや太い，径3〜6mm	卵形，長さ5〜6mm	卵形，長さ3〜4mm
マルバアオダモ	細い，径1.5〜4mm	広卵形，長さ4〜6mm	球形，長さ3〜4mm

各　論

● ヤチダモ *Fraxinus mandshurica* var. *japonica* Maxim., Yachi-damo

高木。高さ30m，径100cmになる。樹皮は厚く，灰白色をし，深く縦裂する。

小枝は，暗灰色をし，太い。日陰の小枝は短枝化し，各年枝に2～3対の葉痕をつけ，長年にわたって生き続ける。翼果は真冬でもついていることがある。一年生枝は，きわめて太く，径6～12mmあり，淡い灰褐色ないし帯黄褐色をし，無毛で，鈍い4稜をもち，つやがある。皮目は大きく，長さ1～2mmあり，円形ないし長だ円形で，散在する。葉痕は隆起し，大きく，半円形ないし心形で，幅5～8mmある。維管束痕は微小で，きわめて多数あり，低いU字状ないし環状に並ぶ。髄は白色をし，鈍い四角形で，太い。

冬芽は，対生して，暗褐色ないし黒褐色をし，ほぼ無毛ないし短軟毛がはえ，葉柄起原の1～2対の芽鱗につつまれる。ときには，冬芽が対生でなくて，亜対生や亜輪生することもある。頂芽は大きく，円錐形ないしピラミッド形をして，長さ5～8mm，幅5～10mmあり，1対の予備芽ないし頂生側芽をともなう。側芽は小さく，球形で，長さ2～5mmあり，ときには予備芽をともない，下位のものは発達しない。

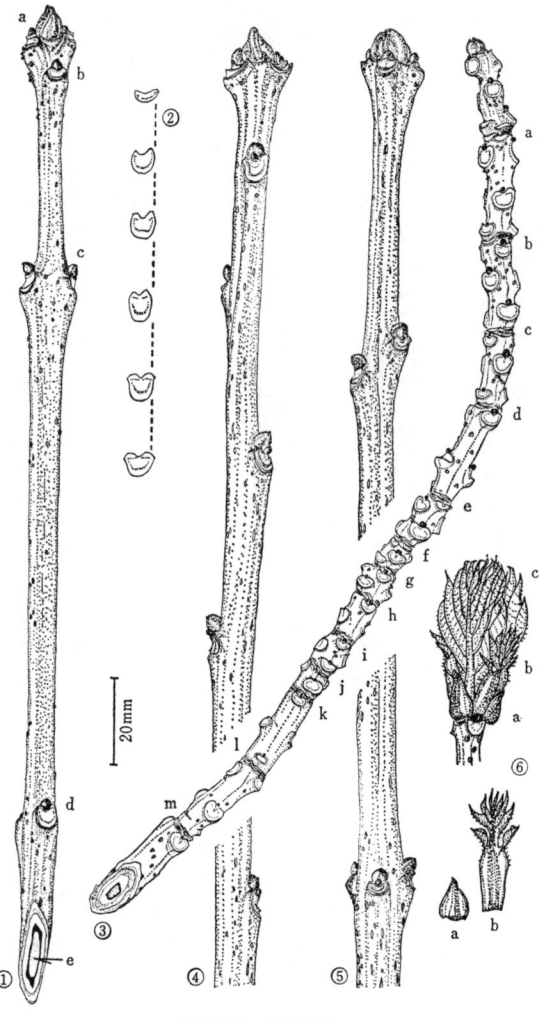

図 2.208 ヤチダモ
①：一年生枝，a：頂芽，b～d：側芽，e：髄，②：葉痕，③：短枝化した小枝，14年生，a～m：芽鱗痕，④：冬芽が亜対生の一年生枝，⑤：冬芽が亜輪生の一年生枝，⑥：開葉，a：芽鱗，b：内側の芽鱗から葉への過渡的なもの，c：ふつう葉。（北海道雨竜郡幌加内町蕗の台，北大雨竜地方演習林，1967.2.18）

モクセイ科

● トネリコ *Fraxinus japonica* BLUME,
Toneriko

高木。高さ 15m，径 30cm になる。樹皮は淡灰褐色をし，平滑である。

小枝は，灰色ないし灰褐色をし，ほぼ円い。一年生枝は，やや太く，径 3～7mm あり，弱い 4 稜をもち，帯紫灰褐色・淡褐色ないし灰褐色をし，無毛で，つやがない。皮目は突出し，だ円形ないし割れ目形で，多数ある。葉痕は隆起し，半円形ないし心形で，幅 3～6mm あり，10～15 個の突出した維管束痕をもつ。髄はやや四角形で，白く，太い。

冬芽は，対生であり，側芽は広卵形で，偏平し，長さ 3～10mm，幅 3～8mm あり，やや開出する。頂芽は卵形で，大きく，先がとがり，長さ 6～13mm ある。芽鱗は 2 対みえ，帯紫灰褐色をし，外側のものはろう質物をかぶり，ほぼ無毛で，固く，しばしば割れ目ができ，はがれる。内側のものは密軟毛につつまれる。

図 2.209 トネリコ
①：勢いよい小枝，a：頂芽，b：頂生側芽，c～e：側芽，f：枝の断面，g：頂生枝，h：側生枝，②：小枝，a：外側の芽鱗，b：芽鱗痕，③：二股分岐の小枝，④：葉痕（拡大）。（盛岡市下厨川，林試東北支場内，1978.2.1）

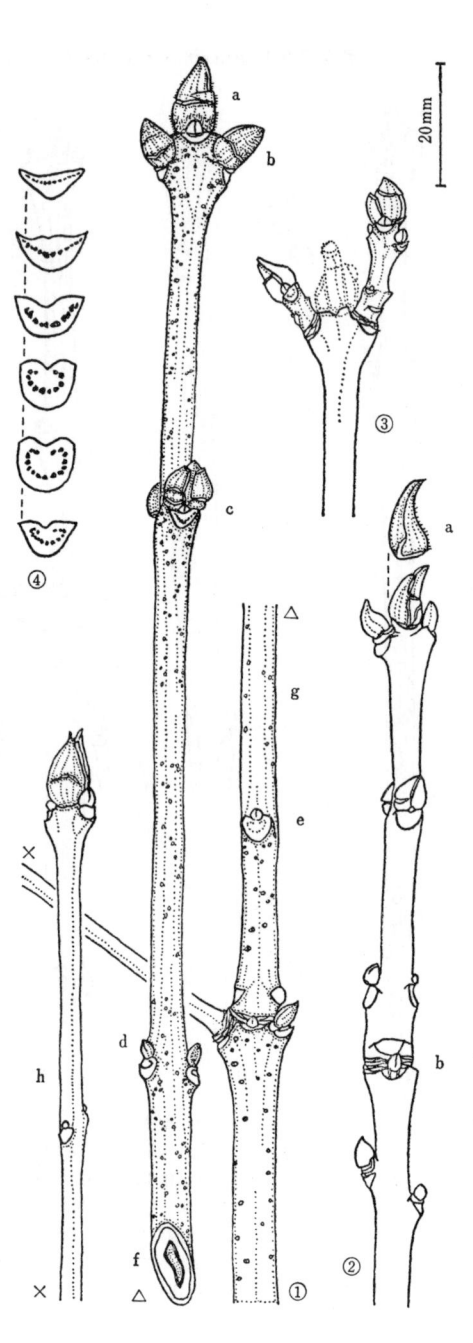

● アオダモ（コバノトネリコ）*Fraxinus lanuginosa* Koidzumi, Ao-damo (Kobano-toneriko)

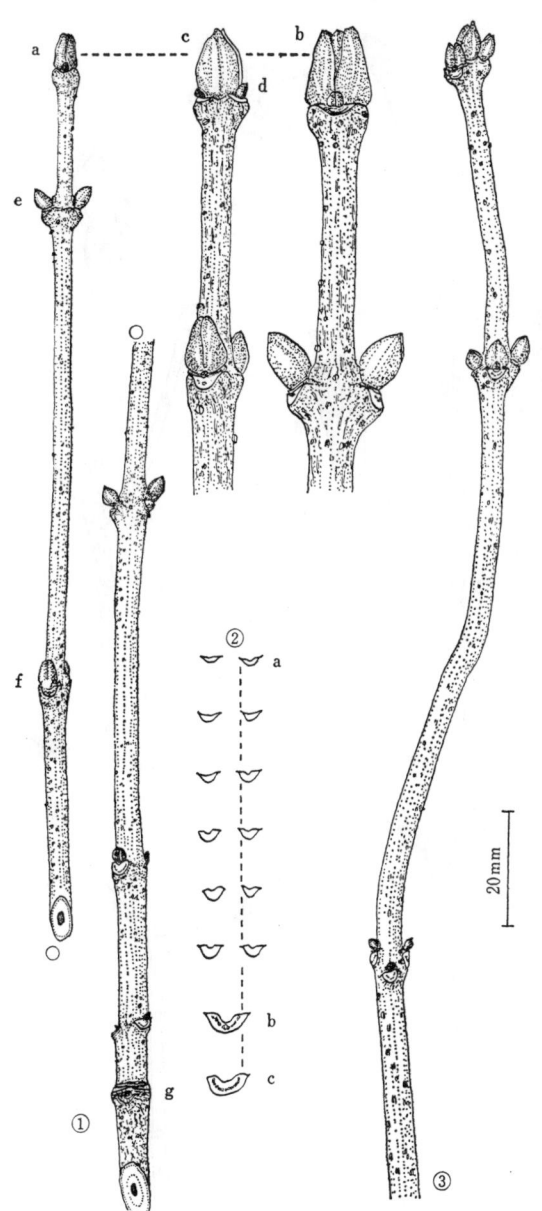

高木。高さ 12m, 径 60cm になる。樹皮は平滑で, 淡緑灰色ないし青灰白色である。

小枝は, やや細く, 暗灰色ないし淡い灰褐色をし, 細かい網状の肥厚線をもつ。一年生枝は, やや太く, 径 3～6mm あり, ほぼ円く, 淡い灰褐色をし, 無毛である。皮目は小さく, 円形で, 多数ある。葉痕は隆起し, 三日月形ないし半円形で, 幅 3～5mm あり, 微小な維管束痕を多数もつ。髄はやや四角形で, 細い。

冬芽は, 対生して, 黒褐色をし, ほぼ無毛で, 1～2 対の芽鱗につつまれる。頂芽は大きく, 卵形で, 先は鈍く, 長さ 5～6mm ある。側芽はやや開出し, 卵形で, 上位のものはやや大きく, 長さ 3～4mm あるが, 下位のものは発達しない。

図 2.210 アオダモ
①：小枝, a：頂芽, b：同, 側面, c：同, 正面, d：小さい頂生側芽 (b～d 拡大), e～f：側芽, g：芽鱗痕, ②：葉痕 (b～c 拡大), ③：冬芽が亜輪生の一年生枝。（北海道桧山郡上ノ国町, 北大桧山地方演習林, 1969.3.23）

モクセイ科

●マルバアオダモ（ホソバアオダモ）*Fraxinus sieboldiana* Blume, Maruba-aodamo (Hosoba-aodamo)

高木。高さ10m，径30cmになる。樹皮は帯青灰色ないし帯褐灰色をし，平滑である。

小枝は，細く，暗褐色をし，多数の皮目がある。短枝化しやすい。一年生枝は，細く，径1.5〜4mmあり，帯青灰褐色ないし灰褐色をし，無毛で，つやがない。皮目はやや突出し，微小で，密につく。葉痕は隆起し，半円形ないし平円形で，小さく，幅2〜3mmあり，環状に並んだ，多数の微小な維管束痕をもつ。髄は白く，細い。

冬芽は，対生し，帯青灰色で，ほぼ無毛の2対の芽鱗につつまれる。頂芽は頂生側芽をともない，広卵形で，長さ4〜6mmある。側芽は球形で，小さく，開出する。花芽は頂生ないし側生し，球状卵形で，長さ5〜6mmある。芽鱗は2対がみえ，外側のものは帯青灰色をし，ほぼ無毛で，縁に短毛がはえる。内側のものは狭くみえて，褐色の短軟毛につつまれる。

図 2.211 マルバアオダモ

①：小枝，4年生，a：頂芽と頂生側芽，b：同（拡大），c：花芽と葉痕，d：同（拡大），e：側芽，f：枯れた花軸，g：側生短枝の頂枝化，h：側生枝，i〜k：芽鱗痕，②：短枝化した小枝，3年生，a：頂生花芽，b：同（拡大），③：短枝化した小枝，4年生。（盛岡市下厨川，林試東北支場，1978.2.1）

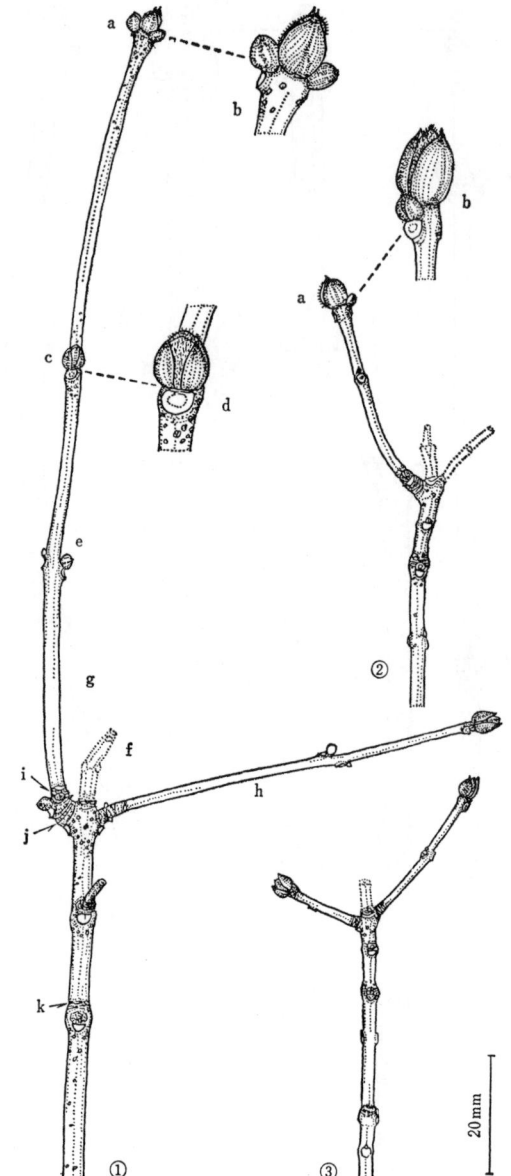

各　論

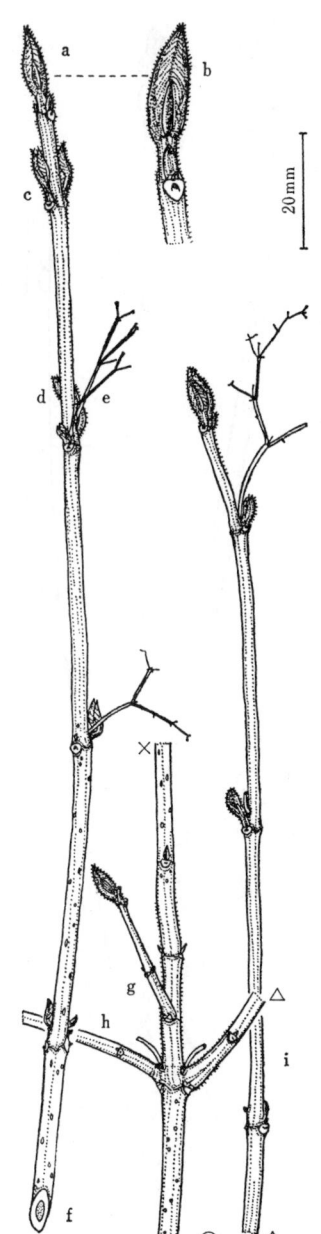

48 クマツヅラ科
Verbenaceae

低木ないし小高木。冬芽は対生し、裸出して、頂芽が大きく、軟毛・垢状毛ないし星状毛がはえる。しばしば予備芽をもつ。一年生枝は有毛ないし無毛である。托葉痕はない。

属		一年生枝	冬芽	頂芽	維管束痕
ムラサキシキブ	低木	有毛, 細い	有柄, 長卵形	紡錘形, やや偏平, 灰褐色	1個
クサギ	小高木	有毛ないし無毛, やや太い	円錐形	卵形, 偏平, 紫褐色	5〜9個

ムラサキシキブ属 Callicarpa Linn.

●ムラサキシキブ C. japonica Thunb., Murasakishikibu
低木。高さ 2m くらいになる。

　小枝は、暗灰褐色をし、いくらか垢状毛が残る。一年生枝は、細く、径 2〜4mm あり、円く、灰褐色をし、垢状毛が頂部と基部に残る。皮目は淡褐色をし、だ円形で、やや多数ある。葉痕は円形ないし半円形で、ほとんど隆起せず、1個の突出した維管束痕をもつ。托葉痕はない。髄は白く、太い。

　冬芽は、対生し、裸出して、2対の葉がみえ、灰褐色をし、垢状毛ないし短軟毛がはえ、短柄をもつ。頂芽は大きく、紡錘形ないし長卵形で、やや偏平し、長さ 10〜14mm あり、長さ 2〜4mm の柄をもち、微小な頂生側芽をともなう。側芽はやや小さく、内曲し、長卵形ないし卵形で、長さ 5〜10mm あり、長さ 2〜5mm の柄をもち、基部に微小な予備芽をともなう。果軸は側芽に側上し、しばしば残存する。

図 2.212　ムラサキシキブ
①：小枝, 2年生, a：頂芽, b：同(拡大), c〜d：側芽, e：果軸, f：枝の断面, g〜i：側生枝。(神奈川県伊勢原市串橋, 小田柿氏, 1976.4.2)

クサギ属 Clerodendron LINN.

小高木ないし低木。冬芽は対生し，裸出して，まれに三輪生する。側芽は円錐形ないし半球形で，紫褐色をし，短軟毛がはえ，長さ 1～2mm である。冬芽を折ると，臭気がある。一年生枝はやや細く，ないしやや太く，垢状毛が残る。葉痕は隆起し，だ円形ないし心形で，5～9個の維管束痕をもつ。托葉痕はない。

種	一年生枝	頂芽	側芽
クサギ（北方系）	垢状毛，灰褐色	円錐形，小さい	紫褐色～灰褐色，円錐形，長さ 1～2mm
アマクサギ（南方系）	ほとんど無毛，紫褐色	卵形，偏平，先が二股状	紫褐色，円錐形，長さ 1～2mm

● **クサギ** *Clerodendron trichotomum* THUNB., Kusa-gi

低木。高さ 4m，径 15cm になる。

小枝は，灰褐色ないし帯紫灰褐色をし，ほぼ無毛で，大きい皮目がやや突出し，多数ある。枝先は枯れて，枝痕化しやすい。一年生枝は，やや細く，径 2～5mm あり，灰褐色，帯紫褐色ないし淡褐色をし，暗褐色の垢状毛が残る。皮目は淡褐色をし，だ円形ないし長だ円形で，小さく，多数ある。葉痕は隆起し，だ円形ないし心形で，5～9個のU字状に並んだ維管束痕をもつ。托葉痕はない。髄は白色で，太い。

冬芽は，対生し，裸出して，小さく，円錐形ないし半球形で，長さ 1～2mm あり，ときに予備芽をもち，紫褐色ないし灰褐色をし，短軟毛ないし垢状毛がはえ，開出する。頂芽は円錐形で，小さく，長さ 1～2mm にすぎず，春に発達するのは 2～3番目の側芽である。

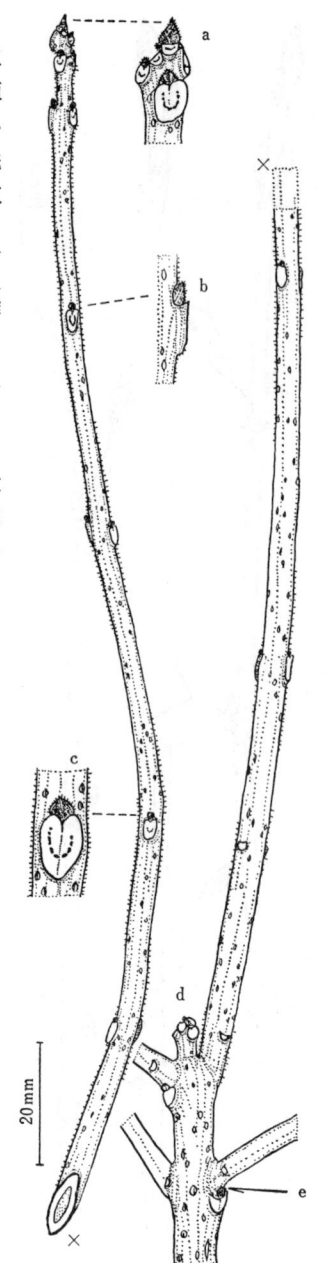

図 2.213 クサギ

①：小枝，2年生，a：頂芽，b：側芽，側面，c：同，背面(a～c 拡大)，d：枝痕化した枝先，e：予備芽。(盛岡市，岩手大植物園，1978.2.22)

●アマクサギ *Clerodendron trichotomum* var. *yakusimense* OHWI, Ama-kusagi

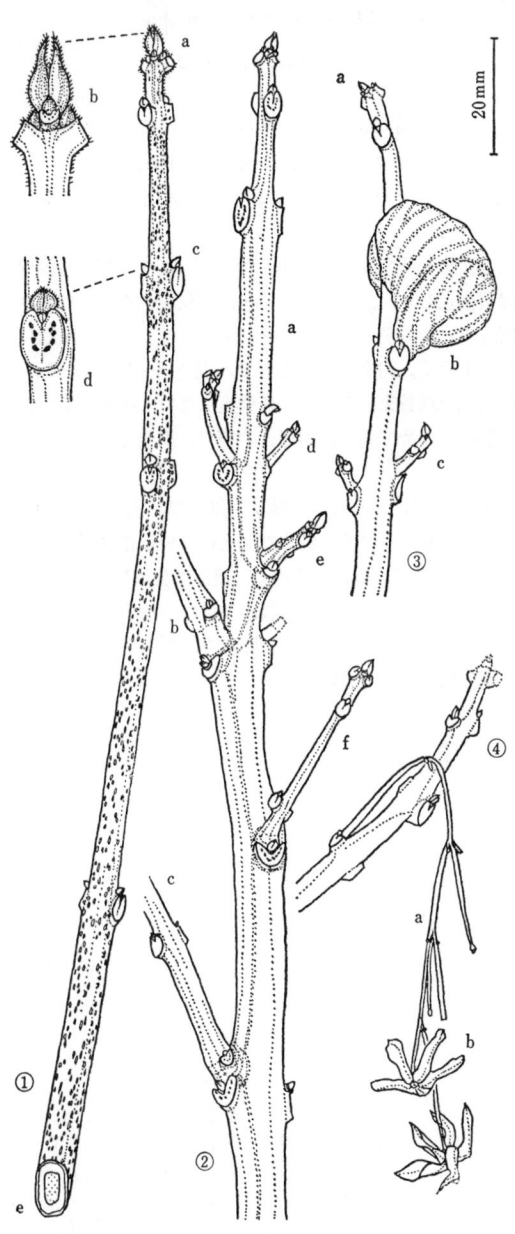

低木。高さ 5m，径 15cm になる。樹皮は暗灰色をし，平滑である。母種クサギと比較して，全樹がほとんど無毛である。

小枝は，紫褐色ないし灰褐色をし，無毛で，多数の大きな皮目がある。一年生枝は，やや太く，径 3〜7mm あり，やや 4 稜をもち，紫色ないし紫褐色をし，枝先を除いて無毛である。側生枝は短枝化しやすい。皮目はやや突出し，だ円形ないし線形で，淡褐色をし，きわめて多数ある。葉痕は隆起し，だ円形ないし心形で，5〜9 個の維管束痕をもつ。托葉痕はない。髄は白色をし，やや四角形で，太い。

冬芽は，対生し，円錐形で，小さく，長さ 1〜2mm あり，裸出して，紫褐色ないし赤褐色をし，軟毛がはえ，しばしば予備芽をもつ。頂芽は大きく，卵形で，偏平し，先が二股となり，長さ 4〜5mm ある。

図 2.214 アマクサギ

①：一年生枝，a：頂芽，b：同(拡大)，c：側芽，d：同(拡大)，e：枝の断面．②：勢いよい小枝，2 年生，a：頂生枝，b〜c：勢いよい側生枝，d〜f：短枝化した側生枝．③：短枝化した小枝，a：発達しなかった頂芽，b：カマキリの卵塊，c：短枝．④：一年生枝，a：果軸，b：萼．(神奈川県伊勢原市串橋，斎藤氏，1978.1.29)

クマツヅラ科

49　ゴマノハグサ科
Scrophulariaceae

キリ属 *Paulownia* Sieb. et Zucc.

●キリ *P. tomentosa* Steud., Kiri

高木。高さ 10m，径 100cm になる。樹皮は淡灰褐色である。桐材用に植栽される。

　一年生枝は，きわめて太く，径 10～20mm になり，暗い帯緑褐色ないし帯緑黄褐色をし，無毛ないし白色の短軟毛がある。皮目は大きく，だ円形で，灰白色をし，長さ 1～3mm ある。葉痕は隆起し，暗褐色をし，大きく，円形ないし心形で，長さ 5～15mm あり，多数の微小な環状の維管束痕をもつ。托葉痕はない。枝を切ると，臭気が強い。髄はきわめて太く，円形，中空で，周辺部は白色をし，軟かい。

　冬芽は，対生して，球形ないし球状円錐形で，長さ 3～8mm あり，ときに予備芽をともなう。鱗片は灰褐色ないし帯紫褐色をし，短軟毛がはえ，2～3 対が覆瓦状に並ぶ。頂芽は発達しないので，2～3 位の側芽が発達し，二股分岐の枝ぶりになりやすい。落葉前に円錐花序がのび，つぼみは球形ないし卵形で，長さ 7～12mm ある。大きいさく果も枝に残りやすい。

図 2.215　キ　リ

①：勢いよい，萌芽の一年生枝，a：枯れた枝先，b：発達しなかった仮頂芽，c：発達した側芽，d：葉痕，e：予備芽，f：中空の髄．②：一年生枝，③：花序，a：つぼみ，④：さく果．(新潟県佐渡郡新穂村，新穂川川岸，1972.4.11)

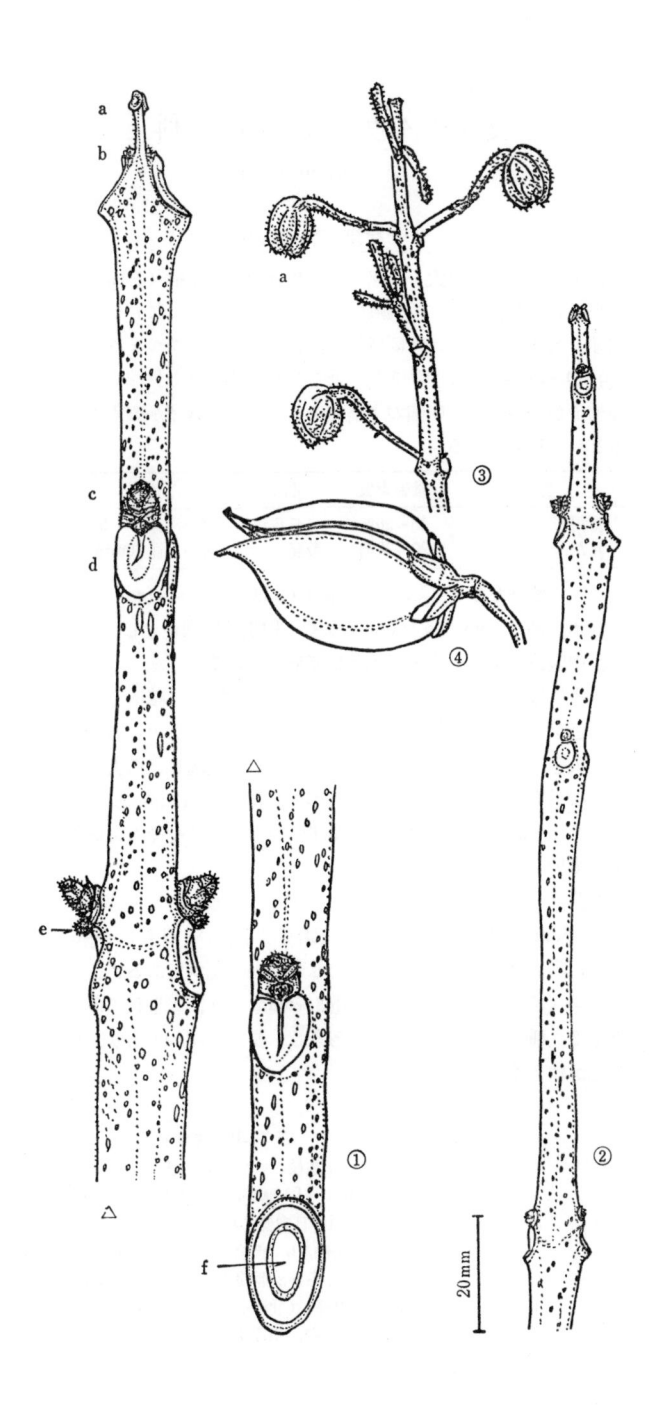

ゴマノハグサ科

297

50 ノウゼンカズラ科
Bignoniaceae

キササゲ属 *Catalpa* Scop.

高木。一年生枝は太く，無毛で，皮目および葉痕（日向側のものは小さい）が大きい。托葉痕はない。冬芽は三輪生ないし対生し，頂芽を欠き，小さく，ほぼ球形で，数対の芽鱗につつまれる。果実（角果）は豆果状で，細長く，いちじるしく偏平で長端に長毛をもつ種子が多数ある。中国および北アメリカから数種が導入され，庭木として植栽される。

種	産地	葉痕	維管束痕	芽鱗	角果
キササゲ	中国	だ円形～円形	15～20個	バラ花状	細い，径3～5mm
ハナキササゲ	北アメリカ	長だ円形～だ円形	20～30個	覆瓦状	太い，径10mmくらい

●キササゲ *Catalpa ovata* G. Don, Ki-sasage

高木。高さ15m，径50cmになる。樹皮は灰褐色をし，浅裂する。中国原産で，庭木・薬木として植えられる。

一年生枝は，きわめて太く，径5～15mmあり，暗灰色ないし帯褐灰色をし，無毛である。皮目はだ円形で，灰色ないし淡褐色をし，大きく，多数ある。葉痕はいちじるしく隆起し，中央が凹み，上下端が突出し，だ円形ないし円形で，長さ5～12mmある。維管束痕は15～20個くらいで，ほぼ環状に並ぶ。髄はやや六角形で，白く，太い。

冬芽は，三輪生ないし対生し，小さく，球形ないし半球形で，長さ1～3mm，幅2～4mmあり，仮頂芽は小さい。芽鱗は4～6対がみえ，明褐色をし，先がやや開出して，バラ花状である。

果実（角果）は長さ30cm，径3～5mmあり，1果軸に多数が垂下する。種子は薄質で，長だ円形をし，長さ6～8mmあり，長端に長毛がはえる。

図 2.216 キササゲ
①：一年生枝，a：枝先(拡大)，b：仮頂芽，c：枝痕，d～f：側芽，g：同(拡大)，h：日陰側の葉痕，i：日向側の葉痕，②：勢いよい一年生枝，a：果軸，b：仮頂芽，c：同(拡大)，d：枝の断面，③：冬芽が亜輪生の枝，④：果軸，a：角果，b：種子。(北海道中川郡中川町，北海道立林試道北支場内，1977.3.7)

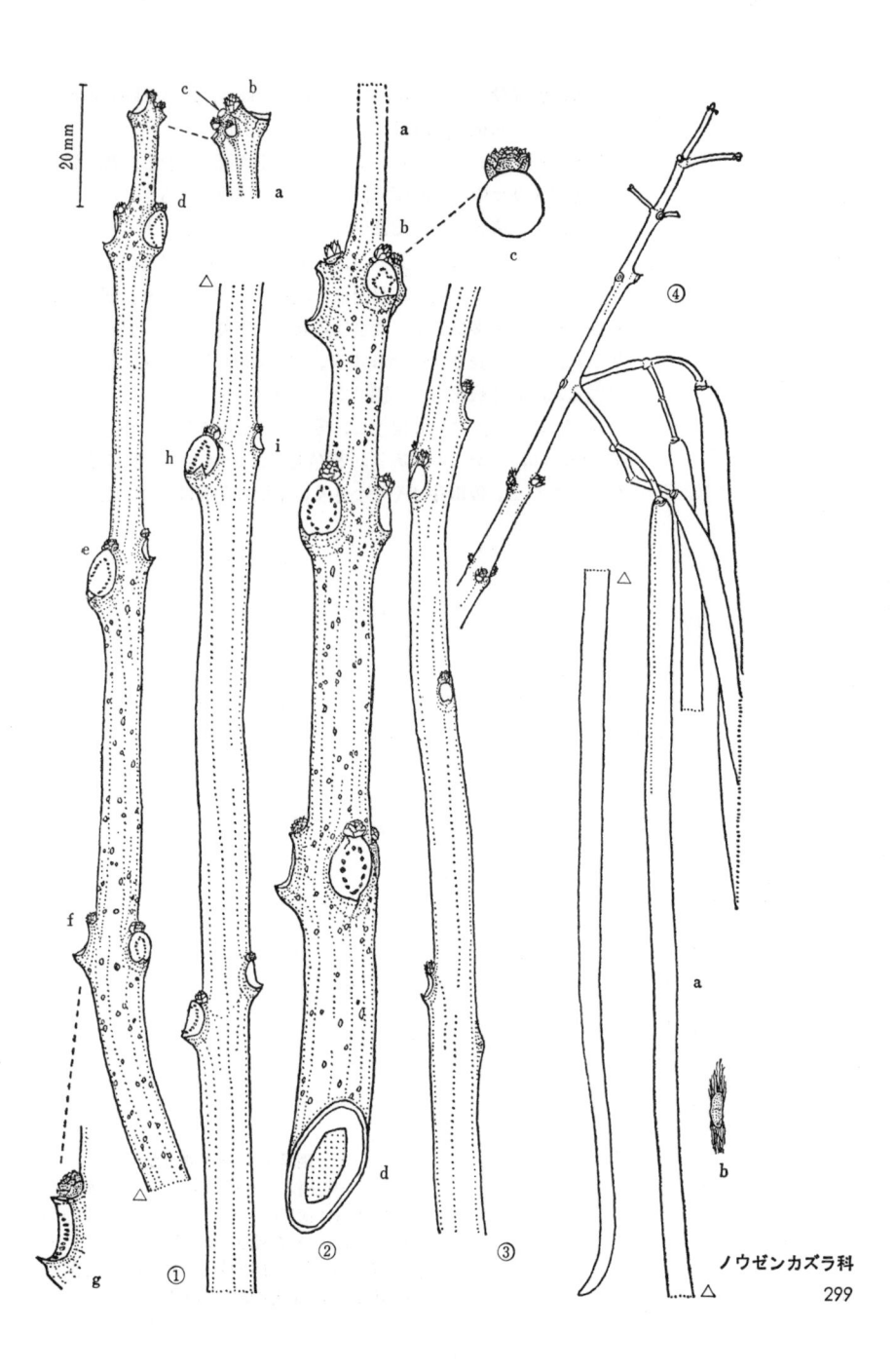

ノウゼンカズラ科

299

●ハナキササゲ *Catalpa speciosa* Warder, Hana-kisasage
(Northern catalpa)

　高木。高さ30m，径50cmになる。樹皮は灰褐色をし，浅く裂ける。北アメリカ中部の原産で，庭木として植栽される。

　小枝は，灰褐色をし，皮目が大きい。一年生枝は，太く，径4～10mm あり，ほぼ円く，灰褐色，帯紫褐色ないし帯緑褐色をし，無毛である。皮目は突出し，だ円形で，長さ1～2mm あり，灰色ないし淡褐色をし，多数ある。葉痕は隆起し，中央が凹み，長だ円形ないしだ円形で，長さ5～8mm あり，20～30個くらいの，長い環状に並んだ維管束痕をもつ。髄は太く，白い。

　冬芽は，三輪生ないし対生し，球形ないし円錐形で，小さく，長さ1～2mm，幅2～3mm あり，褐色をした3～4対の芽鱗に覆瓦状につつまれる。仮頂芽はやや小さく，下位の側芽は発達しない。

図 2.217　ハナキササゲ
①：一年生枝，a：仮頂芽，b：同，平面（拡大），c～e：側芽，f：同，側面，g：同，背面（f～g拡大），h：枝の断面，②：小枝，3年生，a～c：芽鱗痕，d：枯れた枝先，③：葉痕。（盛岡市下厨川，林試東北支場内，1978.2.1）

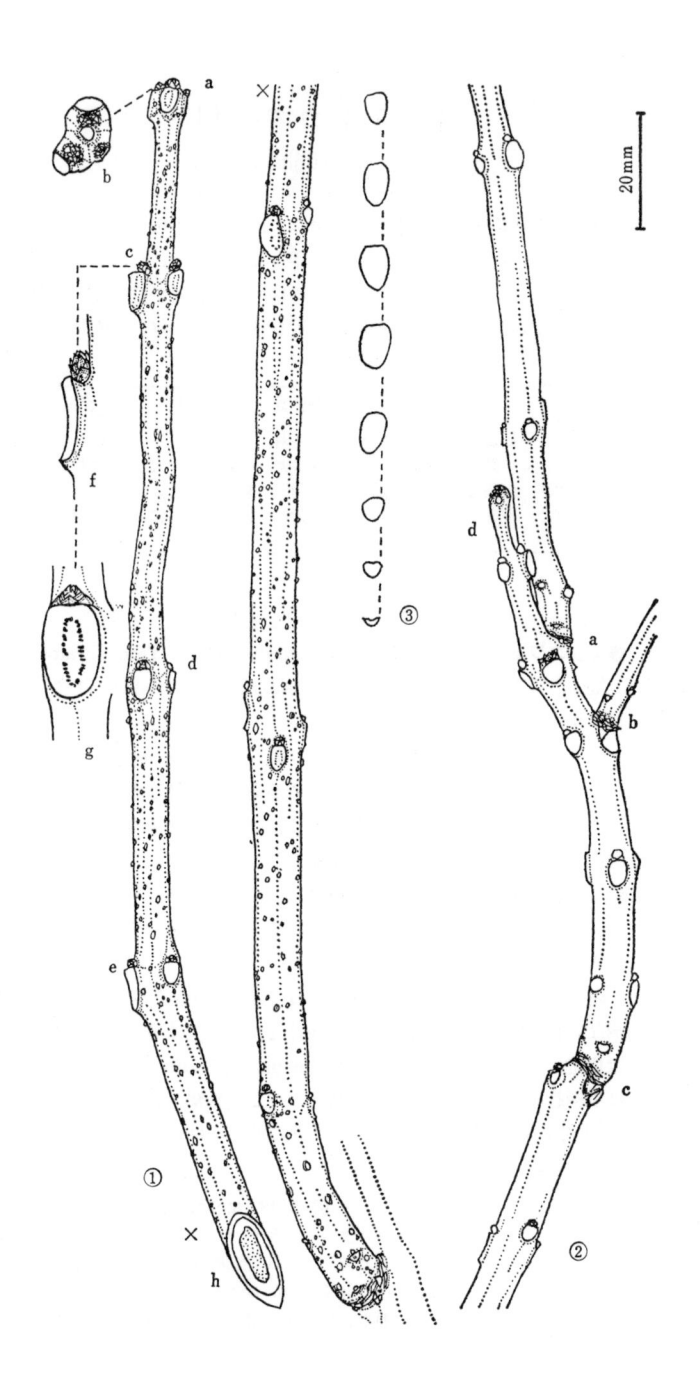

ノウゼンカズラ科
301

51 スイカズラ科
Caprifoliaceae

低木，ときに小高木。冬芽は対生し，頂芽ないし仮頂芽をもつ。仮頂芽は発達しないものもある。一年生枝は細めで，しばしば二股分岐する。芽鱗は葉柄起原で，ときに裸出し，数対が重なる。托葉痕はないか，微小である。多肉果ないしさく果をつけ，さく果は冬も残っている。

属	頂芽	芽鱗数	一年生枝	維管束痕
ニワトコ	仮頂芽，発達しない	5～8対	太い	5個
ガマズミ	頂芽ないし仮頂芽	1～2対	細い～やや太い	3個
タニウツギ	仮頂芽，発達しない	数対	細い～やや太い	3個
スイカズラ	頂芽ないし仮頂芽	数対	細い～やや細い	葉柄基部が残る

ニワトコ属 *Sambucus* LINN.

●エゾニワトコ *S. sieboldiana* var. *miquelii* HARA, Yezo-niwatoko

低木。高さ5m，径20cmになる。樹皮は灰色ないし暗灰白色をし，コルク質が発達して，縦裂する。

一年生枝は，太く，径5～15mmあり，長くのび，褐色，帯赤褐色ないし帯灰褐色をし，無毛で，つやがある。皮目は大きく，突出して，円形，だ円形ないし割れ目形で，長さ1～3mmあり，多数ある。葉痕は大きく，幅5～10mmあり，心形ないし腎形で，淡褐色をし，中央がいくらか凹む。維管束痕は5個あり，V字状に並ぶ。髄はきわめて太く，褐色をし，円く，顕微鏡用の切片支えに用いられる。

冬芽は対生して，大きく，葉芽は長さ7～18mmあり，だ円状卵形ないし紡錘形で，枝先のものは発達せず，下位に発達する。混芽は中位につき，卵形で，長さ10～15mm，幅7～10mmある。芽鱗は葉柄起原であり，帯紫褐色，紫色ないし帯緑褐色をし，無毛で，2～3対がゆるく重なる。なお，冬芽の基部には小さい芽鱗が3～5対ある。

図 2.218 エゾニワトコ
①：勢いよい一年生枝，a：枯れた頂生芽，b：発達しなかった側芽，c～e：混芽，f：葉芽，g：髄，②：葉痕，③：混芽，背面，④：小枝，a～b：枝の横断面，c～d：枯れた枝。(札幌市，北大構内，1966.11.25)

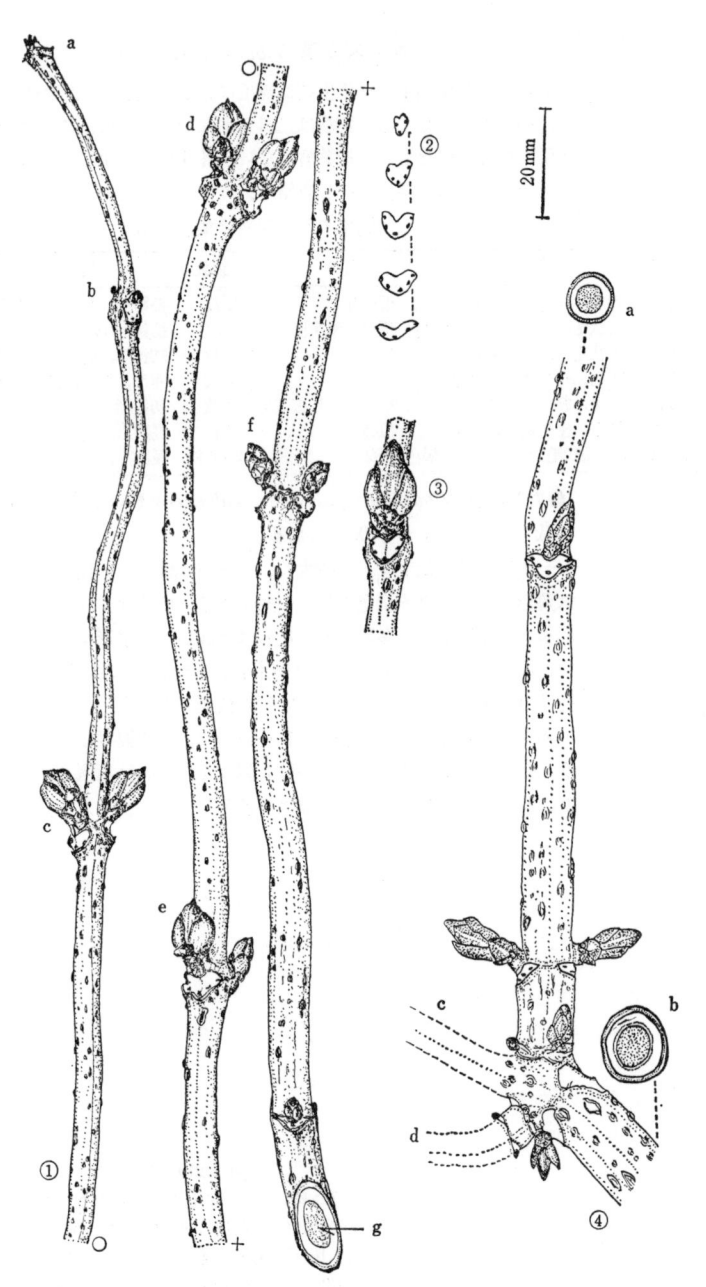

スイカズラ科
303

ガマズミ属 Viburnum LINN.

低木ないし小高木。一年生枝は無毛ないし有毛で、細いかやや太く、やや六角形となる。葉痕は三日月形ないし三角形がふつうで、3個の維管束痕をもつ。托葉痕はない。冬芽は、対生し、頂芽ないし仮頂芽をもち、裸出ないし有鱗で、有柄のものもあり、卵形ないし紡錘形で、いくらか偏平する。芽鱗は葉柄起原で、1～2対ある。

種		一年生枝	頂芽	芽鱗数	側芽
カンボク	低木	無毛, やや太い, 帯赤褐色	仮頂芽	1枚	長卵形, 無毛, 赤褐色
オオカメノキ	低木	垢状毛, やや太い, 赤褐色	頂芽と頂生側芽	裸出	紡錘形, 軟毛, 帯灰赤褐色
ヤブデマリ	低木	垢状毛, 細い, 紫褐色	頂芽	2枚	紡錘形, 垢状毛, 暗褐色
ガマズミ	低木	粗毛, やや太い, 帯紫褐色	頂芽	3枚	卵形, 粗毛, 帯紫暗褐色
オトコヨウゾメ	低木	無毛, 細い, 灰色	頂芽ないし仮頂芽	4枚	紡錘形, 無毛, 黒紫色
ミヤマガマズミ	低木	無毛, やや細い, 灰紫色	頂芽	4枚	長卵形, 短軟毛, 赤紫色
ゴマギ	小高木	やや垢状毛, やや太い, 灰褐色	頂芽	2～4枚	長卵形, 短軟毛, 帯灰褐色

●カンボク *Viburnum opulus* var. *calvescens* HARA, Kan-boku

低木。高さ3m、径10cmになる。

一年生枝は、無毛で、やや太く、径2～6mmあり、稜があって、六角形となり、帯赤褐色をし、つやがある。皮目はやや突出し、円形ないしだ円形で、多数ある。葉痕は隆起し、V字形ないし倒松形で、幅3～5mmあり、3個の維管束痕をもつ。材は帯緑色をし、髄は白色をして、ほぼ四角形ないし六角形である。

冬芽は、対生して、卵形ないし長卵形で、やや偏平し、先がとがり、長さ5～8mmある。仮頂芽は2個つく。芽鱗は葉柄起原であり、無毛で、赤褐色をし、基部は褐色をして、1枚みえる。

図 2.219 カンボク

①：勢いよい一年生枝，a：枯れた枝先，b：枝の断面，②：萌芽枝，a：髄，③：小枝，a：仮頂芽，b～d：側芽，④：葉痕(拡大)。(札幌市、北大植物園、1969.10.30)

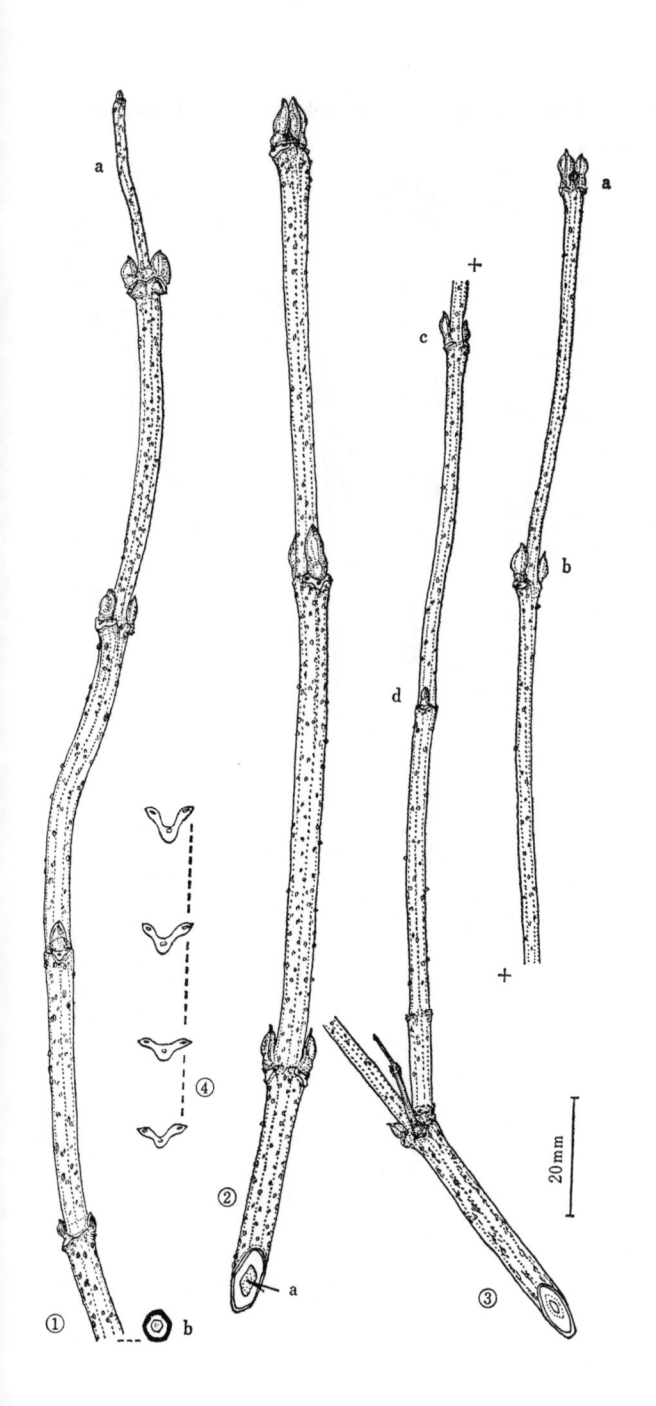

スイカズラ科
305

●オオカメノキ（ムシカリ）*Viburnum furcatum* Blume, Ookameno-ki (Mushikari)

低木。高さ5m，径10cm になる。樹皮は暗灰褐色をし，枝は鹿角状に水平にのびる。

小枝は，帯黒紫色をし，表皮に細かい割れ目ができる。頂生枝は短枝化しやすく，葉痕部が太くなり，節くれる。一年生枝は，頂生側芽からのび，やや太く，径3〜6mm あり，円く，節間が長く，赤褐色ないし紫褐色をし，上部と基部に垢状毛ないし星状毛がはえる。皮目は円形ないしだ円形で，多数ある。葉痕はやや隆起し，大きく，倒松形ないし三角形で，幅5〜8mm あり，中央が凹む。維管束痕は3個ある。髄はほぼ六角形で，白く，中央が帯褐色で，太い。

冬芽は，対生であり，紡錘形で，頂芽よりも頂生側芽が長い。長さ10〜15mm あり，長さ5〜12mm の柄をもち，帯灰赤褐色をし，軟毛がはえ，裸出する。側芽は発達しない。花芽は頂生するが，開いて短枝化し，頂生側芽が長枝になる。花芽は球形で，やや偏平し，長さ10mmくらいある。

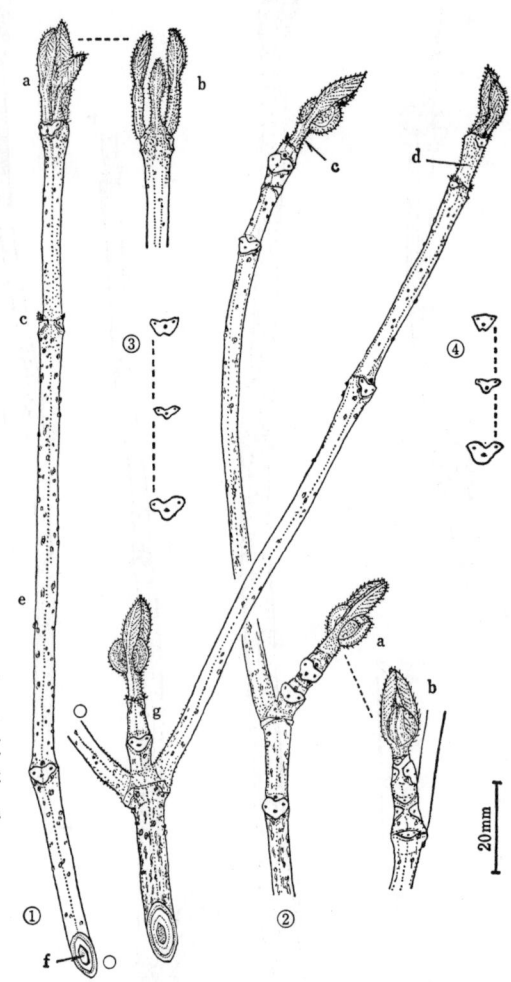

図 2.220 オオカメノキ
①：小枝，a：頂芽および頂生側芽，b：同，正面，c：発達しない側芽，d：垢状毛，e：側生の長枝，f：髄，g：頂生の短枝，②：鹿角状の小枝，a：花芽，b：同，側面，c：芽柄，③〜④：葉痕。（札幌市，北大植物園，1969.3.31）

●ヤブデマリ　*Viburnum plicatum* var. *tomentosum* Miq., Yabu-demari

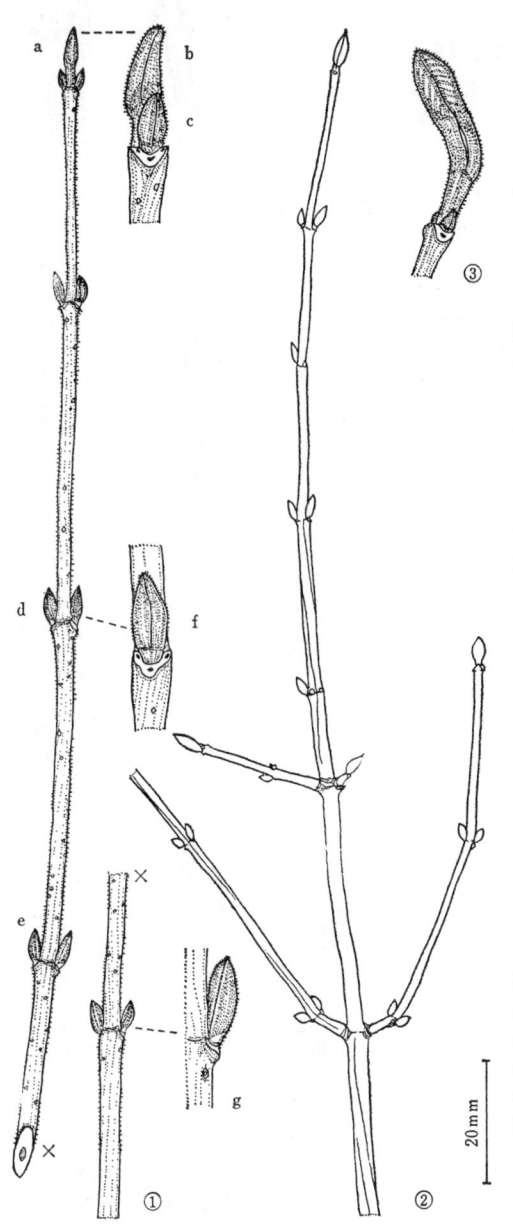

低木。高さ3mになる。

小枝は，暗紫色ないし帯紫灰褐色をし，ほぼ円く，いくらか垢状毛が残る。一年生枝は細く，径1.5～4mmあり，紫褐色ないし帯黄褐色をし，暗灰色の垢状毛ないし短軟毛が密にはえ，やや六角形である。皮目は灰褐色をし，円形で，やや少ない。葉痕は隆起し，V字形ないし三日月形で，3個の維管束痕をもつ。髄は細く，白い。

冬芽は，対生し，やや開出して，長だ円形ないし紡錘形で，先がとがり，長さ4～7mmあり，いくらか短柄がある。頂芽は紡錘形で，長さ5～10mmある。芽鱗は帯灰紫色ないし暗褐色で，垢状毛がはえ，2枚が接合状に冬芽をつつむ。

図 2.221　ヤブデマリ
①：一年生枝，a：頂芽，b：同(拡大)，c：頂生側芽，d～e：側芽，f：同，背面，g：同，側面 (f～g 拡大)，②：小枝，2年生，③：頂芽(拡大)。(京都市，京大植物園，1978.1.27)

スイカズラ科

●ガマズミ *Viburnum dilatatum* Thunb., Gamazumi
低木。高さ2mになる。

　小枝は，帯紫褐色をし，2年生でも毛が残り，側生枝は短枝化しやすい。一年生枝は，やや太く，径3〜6mmあり，六角形をして，短粗毛がはえ，帯紫褐色ないし灰褐色である。皮目は大きく，だ円形で，褐色をし，多数ある。葉痕は隆起し，倒松形ないし浅いV字形で，幅3〜6mmあり，3個の維管束痕をもつ。髄は六角形で，白色をし，太い。

　冬芽は，対生して，卵形で，長さ4〜7mmある。頂芽は1個で，やや大きく，頂生側芽をともない，側芽はやや開出する。芽鱗は帯紫暗褐色をし，粗毛がはえて，3枚みえる。

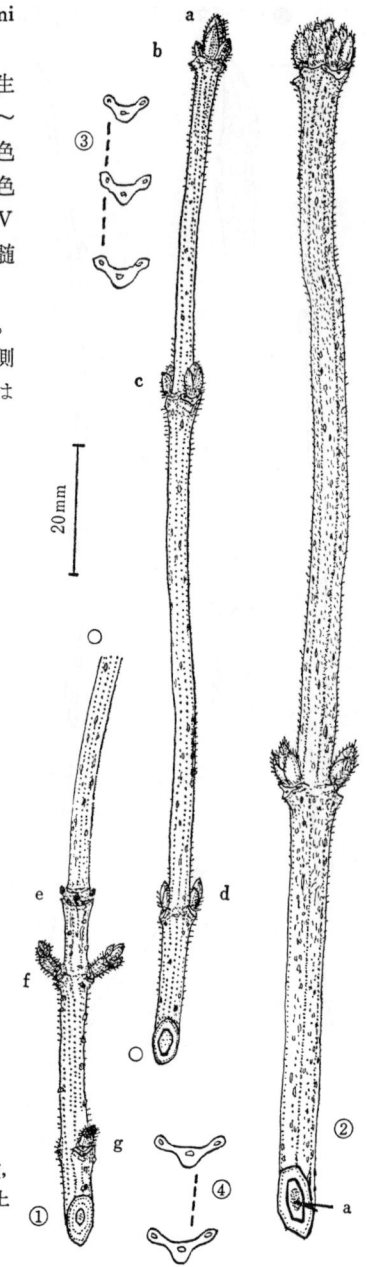

図 2.222　ガマズミ
　①：小枝，a：頂芽，b：頂生側芽，c〜d：側芽，e：芽鱗痕，f〜g：短枝，②：勢いよい一年生枝，a：六角形の髄，③〜④：葉痕(拡大)。(北海道桧山郡上ノ国町，北大桧山地方演習林，1969.3.15)

各　論
308

●オトコヨウゾメ *Viburnum phlebotrichum* Sieb. et Zucc., Otoko-yōzome

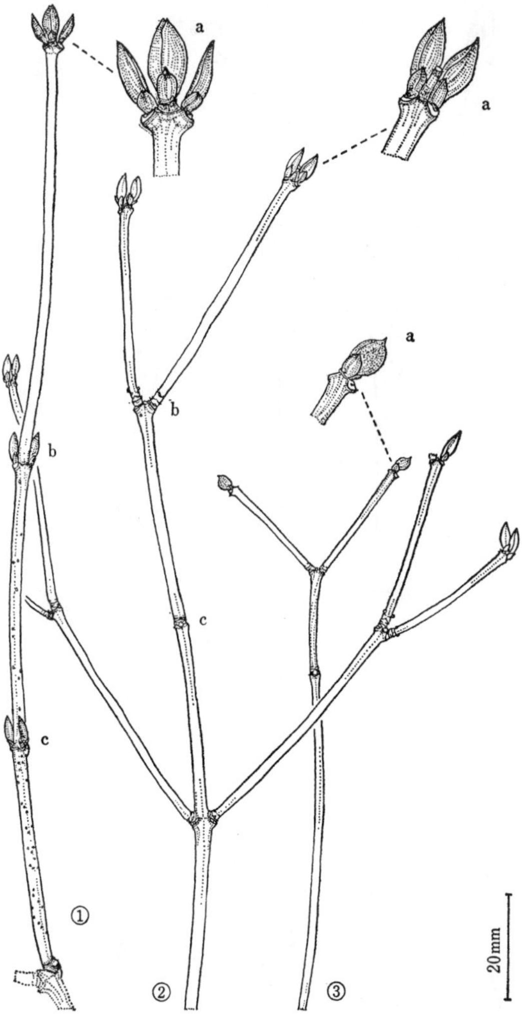

低木。高さ2mくらいになり，樹皮は灰色である。

小枝は，帯褐灰色をし，側枝は広く開出し，しばしば二股分岐する。短枝が発達しやすい。一年生枝は，細く，径1〜2.5mm あり，帯褐灰色ないし灰色をし，無毛である。皮目は小さく，やや多数ある。葉痕は隆起し，小さく，V字形ないし三日月形で，3個の維管束痕をもつ。髄は白く，細い。

冬芽は，対生し，紡錘形で，先がとがり，やや開出して，短柄をもち，長さ4〜7mm ある。芽鱗は黒紫色ないし暗紅色で，つやがあり，無毛で，2対が重なる。頂芽はやや大きく，長卵形で，長さ5〜7mm あり，しばしば頂生側芽をともなう。しかし，仮頂芽が2個つくことも多く，二股分岐につながる。花芽は短枝化した枝先につき，卵状球形で，先がややとがり，長さ3〜4mm ある。

図 2.223　オトコヨウゾメ
①：一年生枝，a：頂芽と頂生側芽（拡大），b〜c：側芽，②：小枝，3年生，a：仮頂芽と枝痕（拡大），b〜c：芽鱗痕，③：小枝，3年生，a：花芽（拡大）。（仙台市川内，東北大植物園，1978. 2.20）

スイカズラ科

● ミヤマガマズミ *Viburnum wrightii* Miq., Miyama-gamazumi

低木。高さ2.5mくらいになる。

一年生枝は，やや細く，径2〜5mm あり，灰紫色ないし灰褐色をし，無毛で，やや六角柱状となる。側生枝は短枝化しやすい。皮目は小さく，褐色で，やや多数ある。葉痕は隆起し，V字形ないし三日月形で，3個のやや突出した維管束痕をもつ。髄はやや六角形で，淡褐色をし，太い。

冬芽は，対生し，長卵形で，やや偏平し，長さ4〜6mm あり，いくらか開出する。頂芽は大きく，長卵形で，長さ6〜10mm ある。芽鱗は赤紫色をし，2対がみえ，内側のものの上部に短軟毛がはえる。

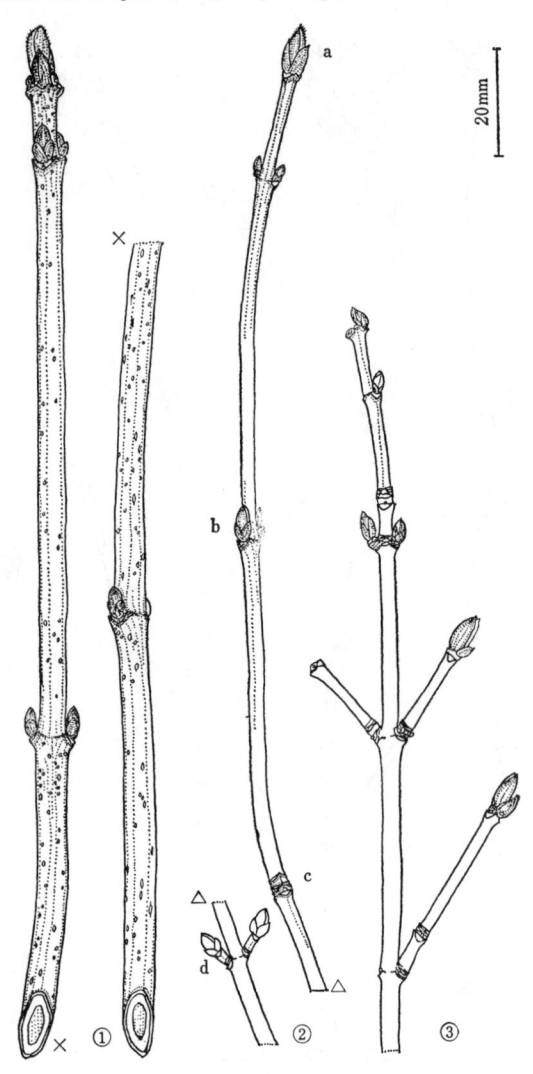

図 2.224 ミヤマガマズミ
①：一年生幹，②：小枝，2年生，a：頂芽，b：側芽，c：芽鱗痕，d：短枝，③：短枝化した小枝，3年生。（北海道中川郡中川町中川，北大中川地方演習林，1976.4.10）

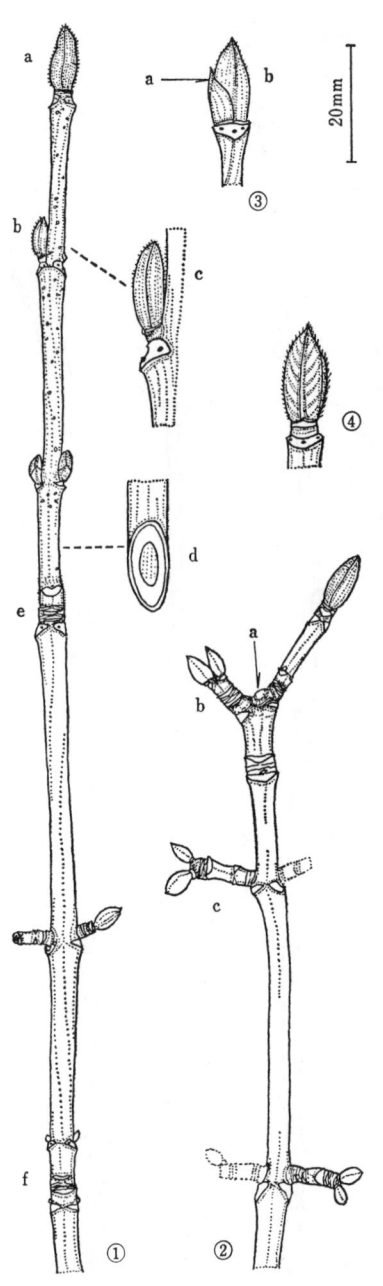

●ゴマギ *Viburnum sieboldi* Miq., Goma-gi
小高木。高さ5mになる。

　小枝は，暗灰褐色をし，無毛である。側生枝は短枝化しやすい。果軸が頂生し，二股分岐の枝ぶりをつくることがある。一年生枝は，やや太く，3～5mm あり，灰褐色をし，垢状毛が残る。皮目は小さく，やや少ない。葉痕は隆起し，倒松形・V字形ないし三角形で，3個の維管束痕をもつ。髄は白色で，やや太い。

　冬芽は，対生し，長卵形で，いくらか偏平し，長さ5～8mm あり，短柄をもち，いくらか開出する。頂芽は大きく，長卵形で，先がややとがり，長さ7～15mm ある。芽鱗は葉身起原で，帯灰褐色をし，4枚あり，最外側の2枚は小さく，革質である。次外側の2枚は短軟毛がはえる。

図 2.225　ゴマギ
　①：小枝，3年生，a：頂芽(外側2枚の芽鱗を除く)，b：側芽，c：同(拡大)，d：枝の断面(拡大)，e～f：芽鱗痕，②：小枝，3年生，a：果軸痕，b～c：短枝，③：頂芽(花芽)，a：最外側の芽鱗，b：次外側の芽鱗，④：芽鱗を除いた頂芽(拡大)。
(京都市，京大植物園，1978.1.27)

スイカズラ科

スイカズラ属 Lonicera LINN.

●ウグイスカグラ L. gracilipes var. glabra MIQ., Uguisu-kagura

低木。高さ 3m になる。

小枝は，灰色ないし帯褐灰色をし，表皮が繊維状にはげる。一年生枝は，細く，径 1〜2mm あり，明褐色をし，無毛で，つやがある。皮目は明らかでない。葉柄が残存するから，葉痕はない。髄は汚白色で，細い。

冬芽は，対生し，だ円形で，長さ 2〜4mm あり，開出し，淡褐色ないし黄白色で無毛の，2〜4枚の薄い芽鱗につつまれる。頂芽はやや大きく，卵形である。

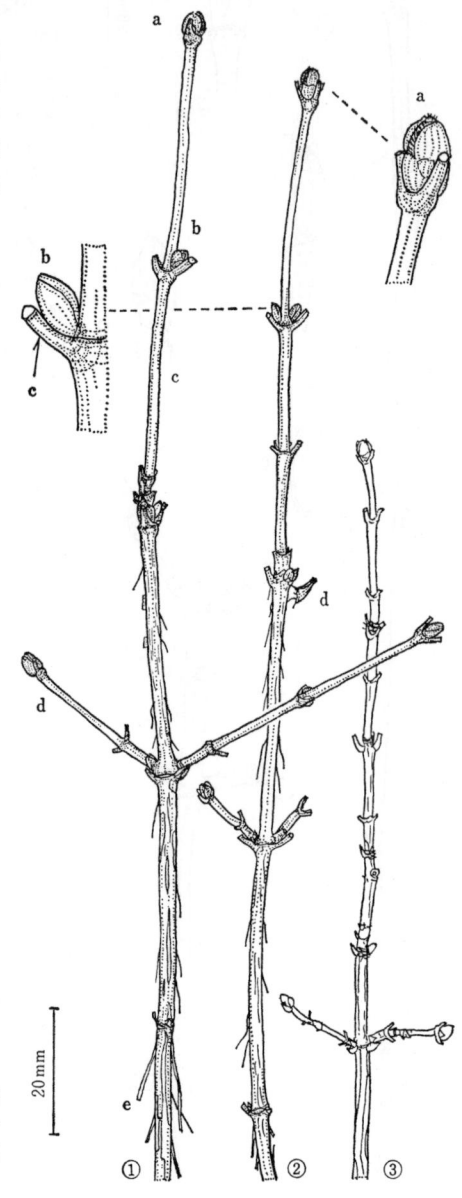

図 2.226 ウグイスカグラ
①：小枝，2年生，a：頂芽，b：側芽，c：頂生枝，d：側生枝，e：はく皮，②：小枝，3 年生，a：頂芽，b：側芽，c：残存する葉柄(a〜c 拡大)，d：はがれた葉柄，③：短枝化した小枝，5 年生。（盛岡市下厨川，林試東北支場内，1978.2.1）

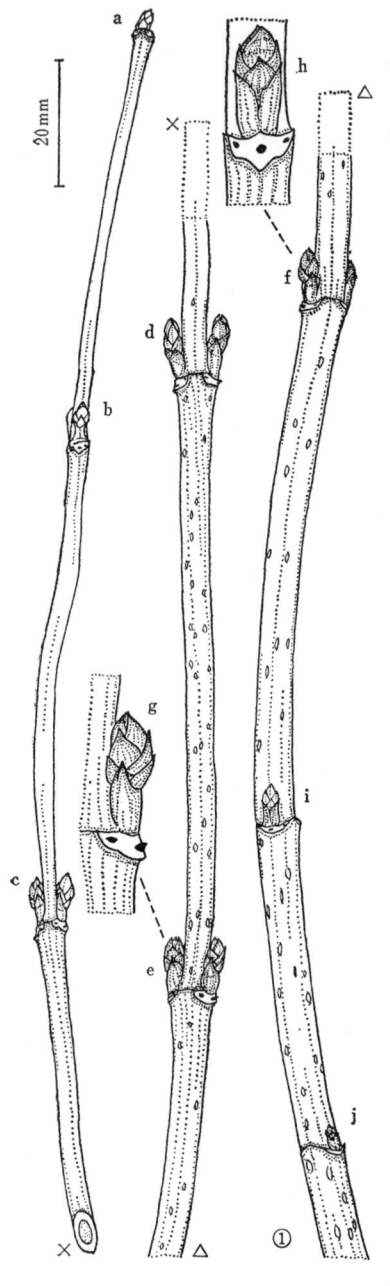

タニウツギ属 *Weigela* Thunb.

●タニウツギ *W. hortensis* K. Koch, Tani-utsugi

　低木。高さ3mになり，多数の小幹を出して，叢生株をつくる。庭木に用いられる。

　一年生枝は，長くのび，枝先は枯れ，やや太く，径2～7mmあり，明褐色ないし帯赤褐色をし，無毛である。皮目は長だ円形ないし割れ目形で，淡褐色をし，やや多数ある。葉痕は大きく，やや隆起し，三日月形・三角形ないし倒松形で，幅3～7mmあり，3個の維管束痕をもつ。托葉痕はない。髄は太く，ほぼ白色をし，ほぼ円形ないしやや六角形である。

　冬芽は，対生し，ほぼ伏生し，枝先は枯れ，上位の側芽も開葉しないことが多い。中位の側芽は卵形ないし球形で，先がとがり，長さ3～5mmあって，長さ2～4mmの柄をもつ。芽鱗は無毛で，赤褐色をし，4～6対が覆瓦状に重なる。下位の側芽は小さく，偏平である。

　冬にも，さく果は残存する。

図 2.227　タニウツギ
　①：一年生枝，a：枯れた仮頂芽，b～c：枯れた上位の側芽，d～f：発達した中位の側芽，g：同，側面，h：同，背面（g～h 拡大），i～j：下位の側芽。（北海道中川郡中川町誉，北海道立林試道北支場内，1978.4.15）

スイカズラ科

3 冬芽からみた落葉樹林の歴史

1 落葉広葉樹の出現

a. 生活形

落葉広葉樹（Deciduous broad-leaved tree）の起源を考察するにあたり，はじめに生活形についてふれておこう。

生活形（Life form）とは，植物の形態が，それが成育している環境によく適応していることを明らかにしたものであり，特定の環境条件に密接に適応（対応）した植物の形態をいうのである[30),36)]。

木本植物の生活形を分類すると，季節性に由来する常緑性・落葉性，葉の形態による針葉・広葉，そして成木のサイズによる高木・低木の3通りがある。これらはおもに低温および乾燥に関係しているが，そのほかに，緯度，標高，光，風などもまた，生活形—むしろ，樹形（Tree form）—になんらかの影響を与える。

葉の季節性の違いからみると，1年のうち，成長休止期に入れば落葉してつぎの成長期をまつ落葉性（Deciduous）と，常に葉のついている常緑性（Evergreen）とがある。後者には，休眠期をもつ隔伸性（Periodically growing）と，休まずに伸びつづける常伸性（Evergrowing）とがある[8)]。つまり，落葉性，隔伸常緑性および常伸性の3タイプである（図3.2参照）。しかし，熱帯多雨林の常伸樹を別にすれば，落葉樹と常緑樹の2タイプとなり，ともに隔伸性である。

葉の形状からみると，1枚の葉の表面積が広い広葉（Broad-leaf）と，針状か針状に近くて幅の狭い針葉（Needle-leaf）とがある。もっとも，広葉は被子植物の双子葉木本，つまり，広葉樹（Broad-leaved tree in Dicotyledoneae of Angiospermae）につき，針葉は裸子植物の針葉樹（Needle-leaved tree in Gymnospermae）につくのであるから，この2タイプは進化の系統が異なり，出現した時代が違い，その後の気候の変化への適応の方法も異なっている，といえよう。

針葉樹は，広葉樹より地史的に古いタイプであって，好条件の場所では個体間の競争（Competition）に負けやすいが，広葉という生活形よりも，低温や乾燥に耐える針葉という生活形によって，広葉樹の生育に適しない場所に生育し[30)]，これによって生存競争（Struggle for existence）をしのいでいる，とみられる。

わが国では，常緑・針葉，常緑・広葉，落葉・針葉，および落

葉・広葉という4つの組合せがみられる。これらの代表的な樹木は，高木に限ると，表3.1のようである。

成木のサイズによる生活形の分類は，高木（Tree），低木

表3.1 生活形と代表的な樹木

生活形	科・属・類	分布
常緑・針葉	マツ科*，スギ科*，ヒノキ科など	暖温帯〜亜寒帯
落葉・針葉	マツ科カラマツ属	冷温帯〜亜寒帯
常緑・広葉	ブナ科コナラ属カシ類，クスノキ科* など	暖温帯
落葉・広葉	ヤナギ科，カバノキ科，ブナ科コナラ属ナラ類**，ニレ科** など	暖温帯〜亜寒帯

＊落葉性の種を含む，＊＊常緑性の種を含む；大井（1961），ほかから作表した。

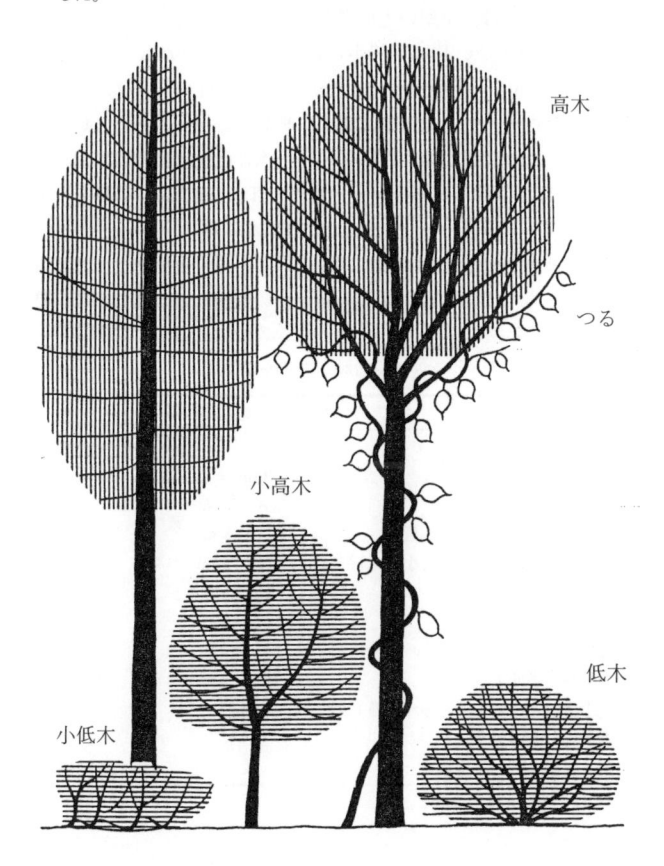

図3.1 成木のサイズによる生活形の分け方

落葉広葉樹の出現

(Shrub), およびつる（木本性つる, Woody climber）の3つにするのがふつうであるが, さらに, 小高木 (Small tree) および, 小低木 (Small shrub) を加えて5つとすることもある（図3.1）。

ラウンケル (RAUNKIER, C., 1907) は, 冬季ないし乾燥季という生育不良時における抵抗芽（休眠芽）の, 地表面に対する高さを基準にして, 植物の生活形を表3.2のように分類した。ただし, ここでいう抵抗芽は, 植物の最高位置にあるもの—頂生する抵抗芽—を指すのである。

高木は, 永年生きつづけ, きわめて高く太くなる幹（上達幹, Excurrent）をもつが, 環境条件としての水と温度が不足しない地方にしか生育できない。1年を通じて, これらが不足すると, 呼吸消費量が光合成生産量を上まわってしまうからである。枯れないで生存するためには, 小型の生活形をとらなければならない。

低木は, 根元ないし地下部から数本の小幹が分かれて, 枝分幹 (Deliquescent) の形式をとる。それぞれの小幹の寿命は, 数年間から十数年間くらいと比較的に短く, 枯れると根元から新しい小幹が立って, そう生株をつくる。これは, 水と温度が高木に不適な地域に適応した生活形であり, 樹木限界 (Timber line) を越えた高山帯やステップの低木林 (Scrub) に好例がみられる。

なお, 森林内の低木層 (Bush layer) に生育する低木は, 水と温度が不足しなくとも, 弱い光しか届かない環境におかれるので, 低

表3.2 ラウンケルの生活形分類（1907）[36]

生活形	抵抗芽（頂芽）の高さ
地上植物	
巨形地上植物（巨木）	30m以上
大形地上植物（高木）	8～30m
小形地上植物（小高木～低木）	2～8m
わい形地上植物（低木～小低木）	0.3～2m
（つる性植物, つる）	（～20m）
多肉茎植物	
着生植物	
地表植物（小低木）	0.3m以下
半地中植物（二年生草～多年生草）	0 m
地中植物（多年生草）	
夏生一年植物（一年生草）	

（）は, 筆者による加筆。

木の生活形を余儀なくされる[30]。弱い光でも生存できるものを，陰性低木（Shade-bearing shrub）という。高木層（Tree layer）が疎開して，到達光が増加すると，陽性低木（Intolerant shrub）が生育できるようになる。

　低温期間ないし乾燥期間が長くつづく地方では，休眠期の厳しい環境に対応して，地上部分が全部枯れ，地表ないし浅い地下部分に越冬芽をもつ植物（多年生草，Perennial plant）が生育する。気候がより厳しい環境下では，生育に都合のよい季節にだけ芽を出し，成長をつづけ，休止期になると，種子だけを残して，植物体が全部枯れてしまうもの（一年生草，Annual plant）しか生存できなくなる。

　植物進化（むしろ，生活形）の終点は，浅間（1975）によると，草本であって，地質時代の年較差漸増の気候変化が，成長期間（Growing season）を短縮させ，大型の木本（高木）を小型化し，小型の木本（低木）を草本へと，栄養体を縮小させてきた，と考えられている。

　しかしながら，同一地域において高木，低木および草本が共存する事実は，地史における気候変化に対応して，それぞれがそれぞれの適応をしてきた結果であることを示す，といえよう（表3.12参照）。

b．熱帯の樹木の生活形

　熱帯多雨（常雨）地方は，気温が高く，その年較差がきわめて小さく，年降水量が2000mm以上あり，一年を通して平均に降雨がある。この高温多湿地方は，芽が伸芽で休眠性をもたず，常に伸長しつづける常伸樹（Evergrowing tree）の生育に適していて，熱帯降雨林（Tropical rain forest）が成立している。

　けれども，気候的には，樹木に常伸性が保証されているにもかかわらず，熱帯降雨林の構成者の中には，シンガポールの例では[8]，暖温帯にふつうに成育する隔伸性の常緑樹（Periodically growing evergreen tree）が数多く存在し，さらに，落葉樹（Deciduous tree）さえもかなり存在するのである。

　郡場（1948）によると，熱帯多雨地方の隔伸性常緑樹および落葉樹が占める割合は，決して少なくない。むしろ，隔伸性常緑樹が最も多く，ついで常伸樹，落葉樹の順序になるのであって，しかも後2者の間にはいちじるしい差がみられない。ただし，この他方で

表 3.3 気候帯と広葉樹の生活形

生活形 気候帯	常伸性	隔伸常緑性		落葉性		
		高木	低木	高木	低木	小低木
寒　帯						○
亜寒帯					○	○
冷温帯			○	○	○	○
暖温帯		○	○	○	○	○
亜熱帯		○	○	○	○	○
熱　帯	○	○	○	○	○	○

は，隔伸樹の伸長休止期間および落葉樹の裸木期間は，きわめて短かく，わずか数日間から十数日間がふつうである。

　熱帯地方であっても，同属種ないし同一種の常伸樹が，気温の年較差のいくらか大きい地域に，あるいはいくらか乾季のある地域に生育する場合には，隔伸性である[9]。これらは，気候条件がより不適な地域では，隔伸性がより明白であり，さらに落葉性である場合さえある。

　これら3つの生活型—常伸（常緑）性，隔伸常緑性および落葉性—と気候帯との関係は，ごくおおまかにみると，表3.3のようになる。つまり，熱帯から寒帯に向うとともに，常緑樹が減って，落葉樹に限られてくるし，また，高木（性）がなくなって，低木（性）に限られてくる。ただし，この表は，雨量が森林の成立に不足しないことを前提として，気温だけからみたものである。

c．落葉樹の出現過程

　広葉樹（被子・双子葉植物の木本類）の揺らんの地が熱帯地方であって—被子植物は熱帯の高地に出現したと考えられている[2]—，それらがここから低温地方へ，乾燥地方へとその分布域を広げていったと仮定すれば，あるいは移動の途次に地史的な気候の変遷および季節周期の出現に出会ったと仮定すれば，より厳しい気候条件に耐えるための形質（耐寒性ない耐乾性）を獲得してゆかなければならなかったにちがいない。

　気候の年較差の漸増（Gradual increase of annual range of climate）[1] に耐えてゆくために，樹木は伸芽（Non-sleeping bud）だけをつける常伸性の生活形をやめて，休眠芽（Sleeping bud）をつける隔伸常緑性へと生活形を変えてきたのである。さらに，常緑

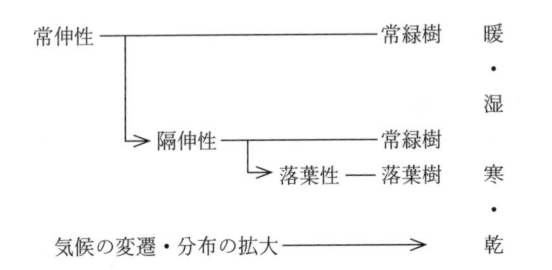

```
常伸性 ─────────────── 常緑樹    暖
                                ・
      ┌─ 隔伸性 ───── 常緑樹    湿
      │         └── 落葉性 ── 落葉樹  寒
      │                              ・
  気候の変遷・分布の拡大 ─────→    乾
```

図 3.2 落葉樹の出現過程

性では耐えられなくなると,不適期に光合成器官(葉)を切り捨てる落葉性へと変わってきたのである。年較差の漸増する気候のうち,気温に対しては夏緑性(Summer green)の生活形が,乾湿に対しては雨緑性(Rain green)の生活形が生じてきた,といえる。

この仮定から,落葉樹の出現過程を要約すると,図3.2のようになる。

ただし,AXELROD (1966) は,落葉性の起源を乾燥気候との出会いであるとし,この性質が前適応(Preadaptation)として,広葉樹の冷涼気候地方への移住を可能にした,と指摘している。

針葉樹に落葉性の生活形がきわめて少ない—カラマツ属,メタセコイア,ラクウショウなど—理由として,針葉は低温や乾燥に対して耐性が大きく,落葉しなくても不適期をしのげることがあげられるが[31],さらに,地史的にみて,針葉樹が広葉樹とほぼ同じ地質時代に落葉性を獲得するためには,すでに定向進化が進みすぎていた,と考えられる。

なお,熱帯多雨地方の気候が常伸性の生活形に適しているにもかかわらず,この地方に隔伸常緑樹および落葉樹がきわめて高い割合で存在することは,好条件下における各樹種の特性—内的な性質—とみられている[9]。しかし,筆者は,むしろ,このことは地史的な気候の変遷と関係するのであって,これらが環境的遺存種(Environmental relic)—以前の生活環境に適した形質を,新しい環境でも残しているもの[5]—である,と考えたい。

つまり,常伸性でない樹木は,①落葉性ないし隔伸性を別の地方で獲得してから,この地方へ移動(移住)してきたか,あるいは,②この地方がかつて気候的に常伸性を許さなかった時代からの生残りであるか,のどちらかであろう。ただし,熱帯多雨林の最上層の樹木に限って落葉樹の比率が高いという事実は[2],好条件下においても乾湿の季節変化がいくらか存在し,それに対応して落葉性が生

じた，とも考えられる．

d．落葉性の獲得

　落葉（Leaf abscission）とは，葉がある限度の生理的齢に達して，細胞が老衰し，葉内の養分が失われて枯死し，枝から脱落することである．このとき，葉柄の基部に離層（Abscission layer）が発達し，葉身が離層のところでたやすくはがれ落ち，傷跡（葉痕，Leaf-scar）はコルク層でおおわれる（図 3.3）．

　1 年以上にわたり枯死しない葉をもつものを常緑樹というが，暖

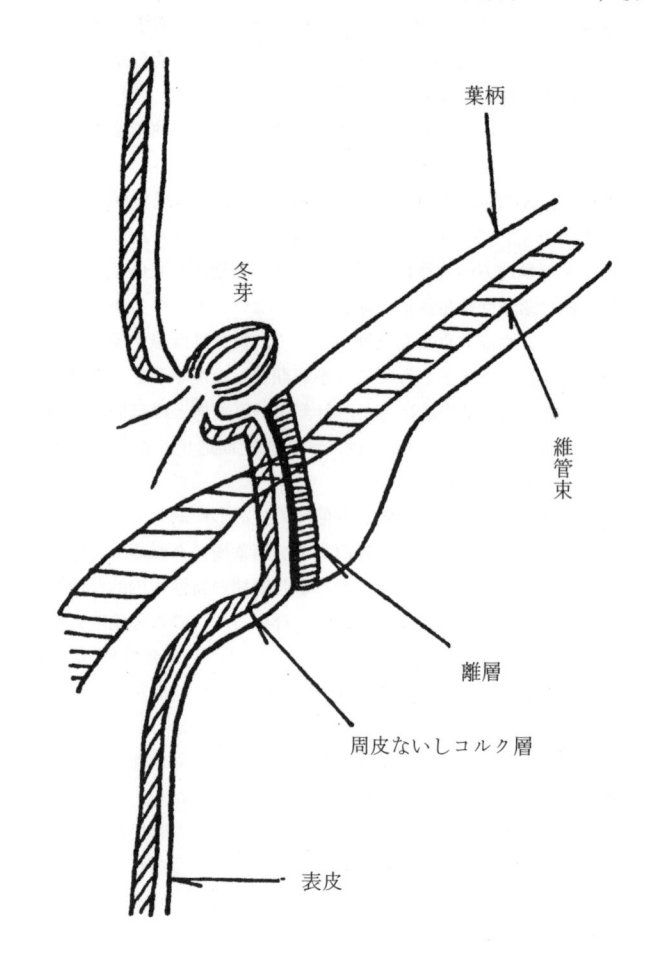

図 3.3　離層の形成

温帯の常緑広葉高木の葉は，ふつう，1年目の中春〜初夏から晩秋までの期間および2年目の春に光合成活動をし，冬季にはほぼ休眠して，2年目の初夏に，若葉が十分に展開した後に落葉してゆく。それで，常緑樹（Evergreen trees）とは，旧葉と新葉とがある期間に同時に着生していて，裸木期間がないものである。

これに対して，落葉樹とは，1年以内に枯死する葉をもち，すべての葉を一斉に失って，ある期間は休眠状態に入るものをいう。休眠期間は，冷温帯では5〜7カ月間に達し，1年の半分以上が裸木状態にある地方さえある。これが暖温帯になると，3〜5カ月と短かくなって，熱帯では数日間〜十数日間に限られる。それゆえ，熱帯においては，常緑性と落葉性の違いはほとんどなくなってしまい，一斉落葉が一斉開葉に先立つものが落葉樹である[8]，ということになる。

落葉することは，常緑のままでいるよりも，低温（越冬）に対して好都合である。わが国のコナラ属（*Quercus*）には，常緑性のものと落葉性のものとがある。前者がカシ類（樫，Cyclobalanopsis）であり，後者がナラ類（楢，Lepidobalanus）である。カシ類は暖温帯に分布し，照葉樹林（Laurel forest）の主要構成者であり，照葉と呼ばれる革質の葉をつけたまま越冬する。

他方，ナラ類は，冷温帯から暖温帯に分布して，落葉（広葉）樹林（Deciduous forest）の主要構成者であり，耐寒性に富む。ただし，ナラ類のうち，ウバメガシ（*Q. phillyraeoides*）だけは，常緑性であって，照葉よりもさらに耐乾性のある硬葉をつけ，沿海地に生育する（表3.4）。

浅間（1975）は，成長遅滞の原則（Principles of growth retardation, GR説ともいう）を述べ，地質時代を通じて，環境は常に成長を遅滞させるような悪化の方向をたどってきたとし，環境の悪化とは，年較差漸増の気候変化であり，生物はこれに適応して，単純なものから複雑なものへ変化（レヴェルの向上）するとともに，耐性（Tolerance）の小なるものから大なるものへと変化せざるをえなかったが，このレヴェルの向上と耐性の増大とが進化である，という。

環境の厳しさの漸増は，常伸樹にある期間の成長休止という適応を余儀なくさせたのであり，休眠性（隔伸性）が落葉性の前提条件である。休眠（Dormancy）とは，成長がほとんど停止し，水分含量が減り，物質代謝活動もいちじるしく低下する状態である。これ

表 3.4　コナラ属のカシ類とナラ類の違い

		総ほうの鱗片	生活形	果実の成熟	分布（森林帯）
カシ類 Cyclobalanopsis	輪層状	シラカシ類	常緑性	1生長期	東北南部〜九州 （暖温帯，カシ型）
		アカガシ類	常緑性	2生長期	同上
ナラ類 Lepidobalanus	覆瓦状	ウバメガシ Phillyraeoides	常緑性	2生長期	神奈川県以西の沿海地 （暖温帯，シイ型）
		コナラ類 Leucobalanus	落葉性	1生長期	北海道〜九州 （冷温帯〜暖温帯）
		クヌギ類 Erythrobalanus	落葉性	2生長期	東北中南部〜九州 （冷温帯，ブナ型〜暖温帯）

（註）大井（1961），吉良（1977），ほかを参考にして作成した。

により，生物体は不良な環境条件に対して，高い抵抗性を得ることができる。

このように，①一斉落葉のための離層の形成，②休眠による抵抗性の増大，③伸芽から休眠芽への変化などが，落葉性の生活形を行うための前提条件となっている。

伸芽が休眠芽となったとき，形態上の大きな変化は，芽を低温および乾燥から保護する器官としての芽鱗が形成されたことである。

2　休眠芽の形態

a．休眠芽の分類・形態と技

芽（Bud）とは，新条の未発育の状態をいい，発育すれば，新条，葉ないし花となる。芽とは，成長のもとになるもの，始まり，起こりの意味をもつようである。ある器官が分裂組織から分化の途中にあって，いまだはい的状態にあるものが原基（Primordium）であり，形態的・機能的に成熟したものが芽である。

これは，定芽と不定芽に分けられる。後者については，根萌芽更新の項で述べる。ふつう，芽は，茎端とか葉えきの近くとかの，定まった位置，一定の部位に生じる。これが，定芽（Definite bud）である。

芽は，一時的に成長を止めるのがふつうであるが（隔伸性），止

めずに伸長しつづけるものもあり（常伸性），前者を休眠芽（抵抗芽，Resistant bud），後者を伸芽という。

いったん形成された後に，成長を止めて休眠している状態の休眠芽は，次の2つに分けられる。

休眠芽のうち，枝上にみえて，冬越ししているものを冬芽（Winter bud）という。低温に関係した休眠芽は，冬芽といってよい。冬芽は，春になれば，新条，葉ないし花となる（図3.4）。乾燥に関係した休眠芽は，抵抗芽と呼ばれるようである。本稿では，冬芽と抵抗芽の両者を，休眠芽で代表させる。

枝上にあった休眠芽のうち，頂芽優勢（Apical dominance）によって開葉を抑制されたもの（下位の側芽に多い）は，春になっても休眠したままで終り，やがて，材の肥大成長により，材の中に埋まってしまう。これを潜伏芽（Latent bud）という。これについては，萌芽性の項で述べる。頂芽優勢（側芽抑制）は，頂芽型樹種に明らかであり，これらでは頂芽と側芽のサイズがいちじるしく違う傾向にある[21]。

なお，枝上にみえない休眠芽があるが，これは1年目から潜伏芽になってしまったのではなく，はじめから葉枕（Pulvinus, leaf cushion）内に形成されたのであり，春になれば，芽吹いてくる。これを隠芽（Concealed bud）といい，ニセアカシア（*Robinia pseudoacacia*），サルナシ（*Actinidia arguta*）などにしられる[21]。

休眠芽は，また，その着生する位置により，次のように分類される。

枝の先端に大きく発達したものを，頂芽（Terminal bud）といい，ふつう，葉痕をもたず，側芽より大きく，開けば新条となって伸長する。一年生幹の先端につくのも頂芽であるが，頂芽優勢と関係して，とくに幹頂芽（Apical bud）と呼ばれる。それで，枝の先端につく頂芽は，詳しくは枝頂芽という。頂芽をつける樹種を，頂

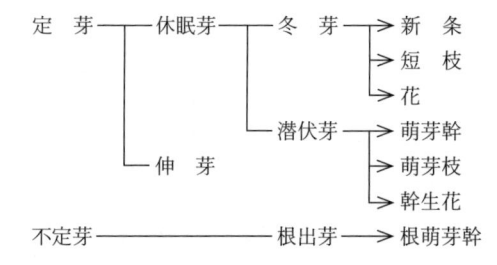

```
定 芽 ─┬─ 休眠芽 ─┬─ 冬 芽 ─┬→ 新 条
       │          │          ├→ 短 枝
       │          │          └→ 花
       │          │
       │          └─ 潜伏芽 ─┬→ 萌芽幹
       │                     ├→ 萌芽枝
       │                     └→ 幹生花
       │
       └─ 伸 芽

不定芽 ──────────── 根出芽 ─→ 根萌芽幹
```

図3.4 芽の分類

休眠芽の形態

芽型の樹種という。

枝の先端以外の場所につくものを，側芽（Lateral bud）といい，開けば，ふつうは弱い枝（Lesser branch）になるが，花や短枝になったり，開かないで潜伏芽になったりする。葉痕の直上，つまり葉えきにつくので，えき芽（Axillary bud）ともいう。

側芽のうち，頂芽の周囲に輪生状（らせん生）に集まったものを，頂生側芽（Terminally lateral buds）という。針葉樹のモミ属，マツ属，トウヒ属などにみられ，これが強い枝に発達し，枝階（Limb layer）をつくり，それらの枝を輪生枝（Whorled branches）という。広葉樹でも，ミズナラ，カシワ，オニグルミなどは頂生側芽をつけ，ふつうの側芽は開葉しない傾向にある。

枝の先端にありながら，サイズが側芽とあまり違わず，葉痕があり，よくみると枝痕さえもつ休眠芽を，仮頂芽（Pseudo-terminal bud）という。側芽よりいちじるしく小さいときには，新条とならずに枯死する。仮頂芽をつける樹種を，仮頂芽型の樹種という。仮頂芽は，頂芽とほぼ同じ機能をもつ（図3.5）。

休眠芽は，さらに内容によって，次のように分けられる。

休眠芽が開いたときに，葉ないし新条になるものを葉芽（Leaf bud）という。葉だけが出て，新条が伸びないものは短枝になる。

開いたら，花ないし花序となるものが花芽（Flower bud）である。これは葉芽より大きく，丸味があるのがふつうである。短枝の頂生花芽や一年生枝の側生花芽には，花だけを含んだものがある。春に，開葉前に開く花（葉前開花）は，この花芽の場合が多く，葉芽と形態が異なる。花芽は葉芽より耐寒性が乏しい傾向にあり，厳しい冬を過ごすと，しばしば開花しないことがある。

休眠芽の中で，花と葉が，あるいは花，葉および新条がいっしょに含まれるものが混芽（Mixed bud）である。混芽は大きく，ふつう，ただ単に花芽と呼ばれることが多い。これには，新条の先端に

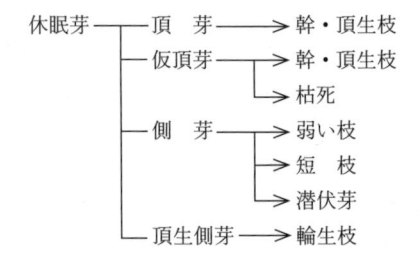

```
休眠芽 ─┬─ 頂  芽 ──→ 幹・頂生枝
        ├─ 仮頂芽 ─┬─→ 幹・頂生枝
        │          └─→ 枯死
        ├─ 側  芽 ─┬─→ 弱い枝
        │          ├─→ 短  枝
        │          └─→ 潜伏芽
        └─ 頂生側芽 ──→ 輪生枝
```

図3.5　位置による休眠芽の分類

花をつけるものと，花が新条の葉えきにつくものとがある。後者は，新条が伸びてから咲く，初夏から夏の花に多くみられ，冬には花芽か混芽かの区別がむずかしい（図3.6）。成長期が冷涼な年には，遅く咲く花は，冬の寒さの影響が少ないとしても，結実が困難になりやすい。

このほか，主芽と予備芽の区別もある。1個の葉痕上に，休眠芽が2つ以上つく場合があり，大きい方を主芽（Proper bud）といい，これが春に開く。小さい方を予備芽（Reserve bud）といい，春に開かないのがふつうで，休眠したまま潜伏芽になる。予備芽は，主芽の異常に対して機能を発現する。

休眠芽と枝の関係を述べておく必要があろう。

落葉広葉樹（高木）をみると，中心に幹があり，それから大枝（Limbs, boughs）が出，次に多数の枝（Branches）が分かれ，さらに枝分かれして細い小枝（Branchlets）になり，最後に一年生枝（Twigs）になる（図3.7）。

秋に木化して，落葉したものが一年生枝であり，まだ木化が十分でなく，緑色をし，葉のついているものが新条（Shoot）である。幹の上端について真上に伸長する1年生の部分は，枝と区別して，一年生幹（Leader, one-year trunk）という。木化が不十分なときに寒気がくると，枝は枯死しやすい。

葉（冬芽）が離れてつく枝を長枝（Long shoot）といい，ふつう，一年生枝といえば長枝をさす。葉のつく場所を節（せつ，Node）といい，節と節の間の部分を節間（Internode）という。

新条が伸長せず，節間が全く伸びずに，数枚の葉を密にそう生させる枝を，短枝（Dwarf shoot）という。短枝では，葉痕群と芽鱗痕群とが交互に密につき，いも虫状となって，1個の冬芽が頂生する。節間がいくらかある場合，あるいは前年の枝よりずっと短くなった場合には，これを短枝化した小枝（Dwarfed branchlet）という。

ふつう，短枝は日陰の枝につき，ときに枝の基部について，葉か

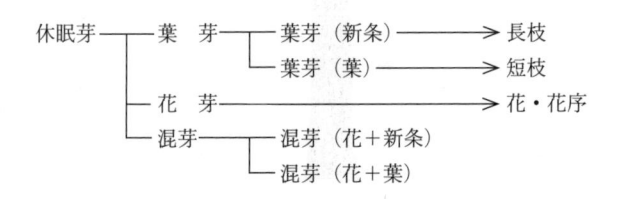

```
休眠芽─┬─葉　芽─┬─葉芽（新条）──────→ 長枝
　　　　│　　　　└─葉芽（葉）────────→ 短枝
　　　　├─花　芽──────────────→ 花・花序
　　　　└─混　芽─┬─混芽（花＋新条）
　　　　　　　　　└─混芽（花＋葉）
```

図3.6　内容による休眠芽の分類

休眠芽の形態

花をつけ，やがて，枯死ないし休眠して，脱落するか，大枝の材中に取り込まれてしまう。けれども，短枝ないし短枝化した小枝は，環境条件が好転—頂芽優勢の異常，光の増大など—すると，しばしば長枝化する。短枝と長枝の関係は，予備芽と主芽の関係と対比される。

なお，休眠芽（冬芽）と枝については，本書の「総論」とかなり

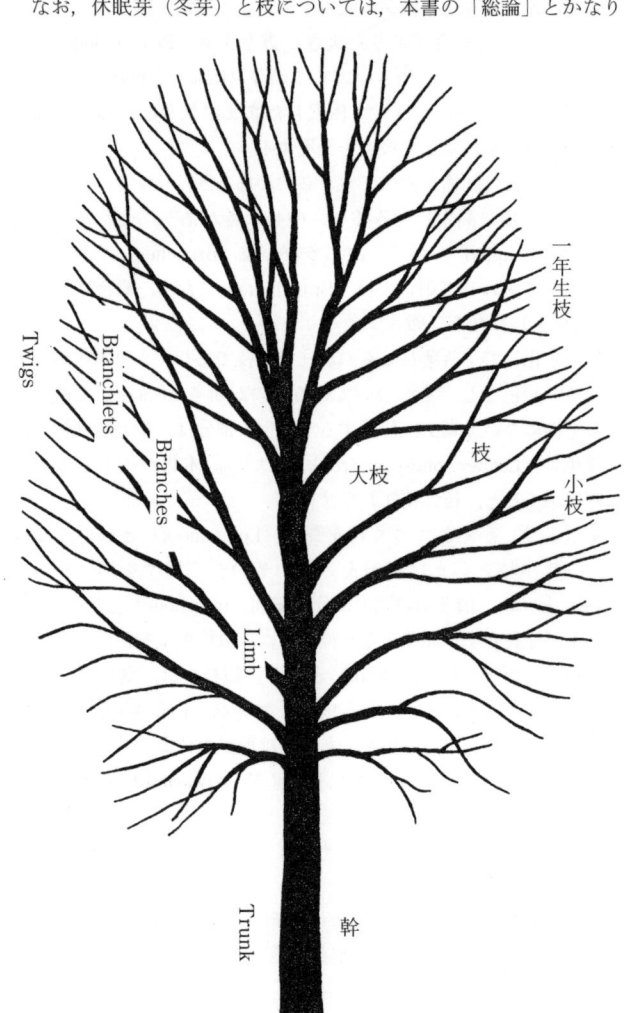

図 3.7　落葉広葉高木の幹と枝

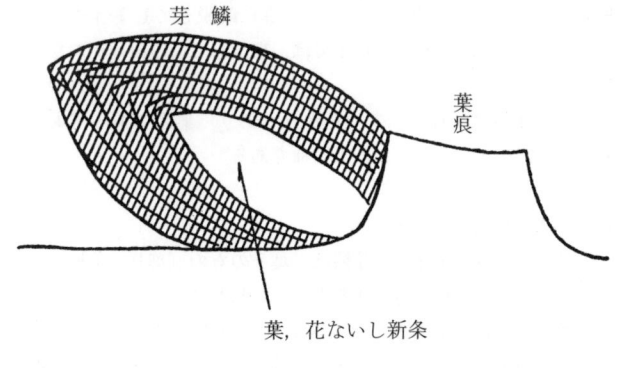

図 3.8 休眠芽の縦断面模式図

(図中ラベル: 芽鱗／葉痕／葉, 花ないし新条)

重複しているが，落葉樹の歴史を語るためにここでも取り上げた。お許し願いたい。

b．芽鱗

芽鱗（Bud-scales）は，単に鱗片とも呼ばれ，冬芽の本体である原生組織の軸（Embryonic axis）をつつみ，低温および乾燥から保護している（図3.8）。暖温帯から亜寒帯にかけて分布する落葉広葉樹の大半は―暖温帯の隔伸常緑広葉樹の多くも―芽鱗をもっているが，もたないものもいくらかある。芽鱗は，開葉すれば役目を終えて離脱し，その跡が芽鱗痕（Scale-scars）となる。

多数の芽鱗が瓦ぶき屋根のように重なった状態を，覆瓦状の（Imbricate）という。重ならずに，2～3枚が縁で接した状態を，接合状の（Valvate）という。外からみえる芽鱗の数は，重要な樹種判別の要素であるが，耐寒性や芽鱗の起源とも関係するはずである*。

芽鱗をもたない冬芽を，裸芽（無鱗芽，Naked bud）という。裸芽は熱帯から亜熱帯の多雨地方にふつうにみられるが，冷温帯の樹種でも裸芽のままのものもある（表3.6参照）。裸芽は未開の葉および新条からなり，その最も外側の葉は，芽鱗の役目をしていて，

＊芽鱗の数とおもな樹種，およびその重なり方についても，「総論」とかなり重複している。

寒気のとくに厳しい冬をすごすと，春に離脱してしまうことがある。また，花芽，とくに雄花序では，裸出している樹種がかなりある。

なお，芽鱗は，有毛なものがかなりあり，無毛であっても，樹脂，ろう質物などでつつまれる樹種もある。

c．芽鱗の起源

休眠芽の本体を保護する芽鱗は，葉そのもの（葉身，葉柄および托葉）が鱗片化したものであるが，その起源は2つに分けられる。

休眠芽の横断面をみると，外からみえる芽鱗に加え，内側にも芽鱗をもつ樹種があるが，いずれも内部にふつう葉（Foliage leaf），つまり，葉身（Blade）がある。そして，托葉が芽鱗化したものを，Stipular scales（托葉鱗片）といい，葉身と葉柄が，あるいは葉身基部と葉柄が芽鱗に変態したものを，Leafy scales（葉身鱗片）という。

托葉（Stipules）とは，葉柄の上ないし葉柄基部付近の茎の上に発生する，葉身以外のすべての葉的器官をいい[36]，対をなしている。これが，葉柄の離層より下位につく場合だけ，葉痕の両側ないし茎の周りに狭い托葉痕（Stipular-scars）が残る。また，托葉は葉の展開初期に落ちてしまうことがふつうであるが，宿存して針状のもの（托葉針，Stipular-spines），サイズが割合に大きくて葉身の光合成を補完するものなどもある。

早落性の托葉の機能は，LUBBOCK（1891）によると，光合成にではなく，葉身の保護にあり，とくに休眠芽における未開の葉の保護器官である。

休眠芽の芽鱗は，托葉起源の場合に，外側のものは縮小・肥厚して，よく芽鱗に変態しているが，内側のものは托葉そのままである。つまり，1組の葉のうち，葉身および葉柄を欠いて，托葉だけが残って芽鱗化したといえる。また，低温ないし乾燥に対応するために，外側の葉身が退化した結果として，托葉が芽鱗化した，ともいえる。

葉身を保護する形状に，2つのタイプがある。一方はモクレン科（Magnoliaceae）のように，托葉がその組より内側の葉身をつつむものである。他方はカバノキ科，ブナ科のように，同じ組の葉身をつつむものである。このことは，開葉時に明らかとなる（図3.9）。

休眠芽の芽鱗数，外側の葉身の欠如，雄花序および雌花序の芽鱗

の有無などから，カバノキ科（Betulaceae）の各属を比較すると，表3.5のように要約できる．多数の芽鱗をもち，花序が有鱗な属ほど，栄養体および繁殖体の生存に関して，厳しい気候に適応している，と考えられる．

菊沢（1980）によると，ハンノキ属（*Alnus*）の4節のうち，ヤシャブシ節（Bifurcatus）とミヤマハンノキ節（Alnobetula）は，最外側の葉身を欠き，雌花序も有鱗であって，低温および乾燥への適応については，最外側にも葉身をもつ（裸芽とみなされる）ハンノキ節（Japonicae）とヤマハンノキ節（Glutinosae）よりも，進化した段階にある，とみられる．

なお，芽鱗と托葉との類似から，岡本（1978）は，前川の托葉起源論・葉類説をふまえて，芽鱗のなごりとして托葉をもったので

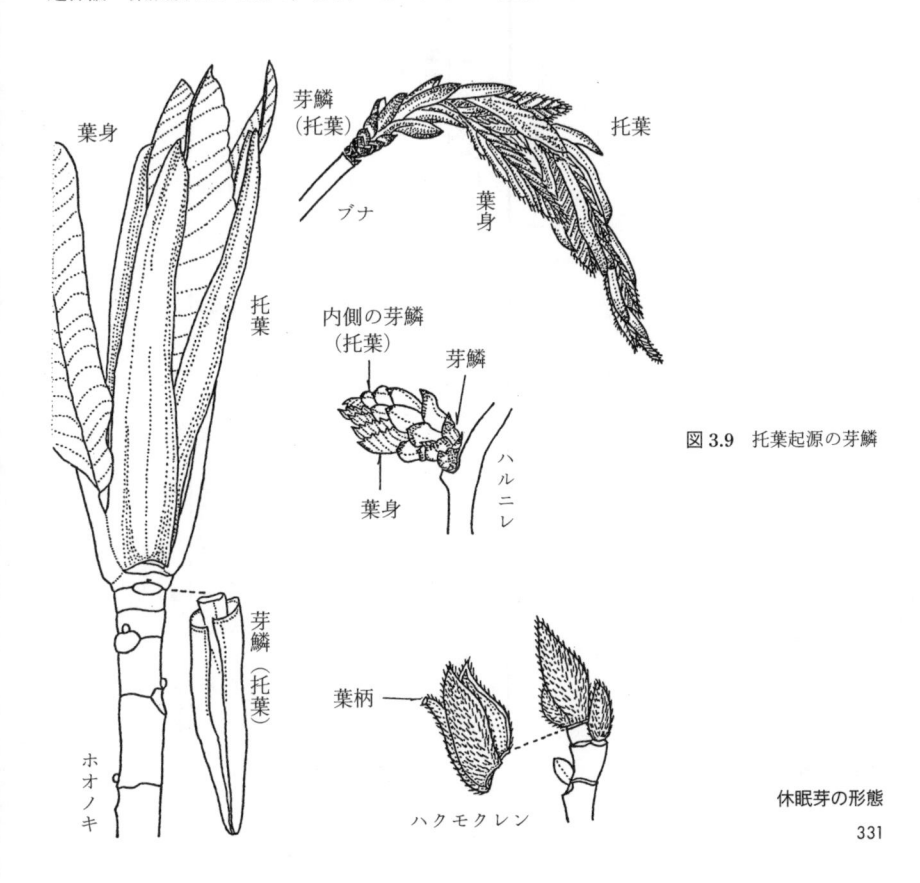

図3.9 托葉起源の芽鱗

休眠芽の形態

表 3.5 カバノキ科の属・節の比較 6),14),15),17),31)ほか

属	節	生活形	休眠芽 芽鱗数	休眠芽 最外側の葉身	♂花序	♀花序	開花期	花の季節変化
クマシデ Carpinus		高木	14〜24*	欠	有鱗	有鱗	開葉時	1-2/2-2
アサダ Ostrya		高木	6〜10	欠	裸出	有鱗	開葉時	1-2/2-2
ハシバミ Corylus		低木	4〜10	欠	裸出	有鱗	開葉前	1-1/2-2
シラカンバ Betula		高木〜低木	4〜6	欠	裸出	有鱗	開葉時	1-2/2-2
ハンノキ Alnus	ヤシャブシ Bifurcatus	低木	3	欠	裸出	有鱗	開葉時	1-2/2-2
	ミヤマハンノキ Alnobetula	小高木	2	欠	裸出	有鱗	開葉時	1-1/2-2
	ハンノキ Japonicae	高木	(3)	有	裸出	裸出	開葉前	1-1/2-2
	ヤマハンノキ Glutinosae	高木	(3)	有	裸出	裸出	開葉前	1-1/2-2

*外からみえる数

表 3.6 芽鱗の起源とおもな樹種[31]

起　源	樹　種
裸芽	オニグルミ，サワグルミ，ハクウンボク，ヤマウルシ，オオカメノキ，ケヤマハンノキ
葉身+葉柄	ツツジ類，ヤナギ類，ニシキギ類，ミズキ
葉身基部+葉柄	トチノキ，カエデ類，サクラ類，ヤチダモ，エゾニワトコ，ハリギリ，タラノキ
托葉	ハルニレ，ブナ，ホオノキ，モクレン，ミズナラ，シナノキ，ドロノキ，ツタ，ミヤマハンノキ

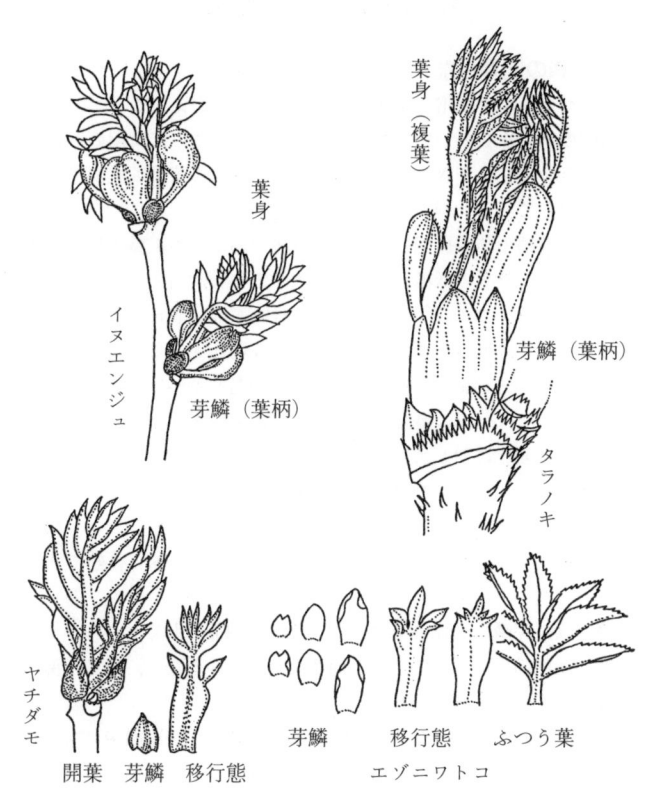

図 3.10　葉柄・葉身起源の芽鱗

あり，托葉は芽鱗に先行しなかった，と考えている。

　托葉をもたない樹種では——裸芽が本来の形であろうが——，葉身がわい性化するとともに，葉柄が革質ないし膜質の芽鱗に変態し，内側の未開の葉身および新条を保護している。LUBBOCK（1891）によ

休眠芽の形態

ると，托葉のない場合の休眠芽の保護が，葉身の基部，肥厚した葉柄の基部，鱗片，毛，樹脂などのいずれかでなされる。

このことは，Foster (1929) によって，セイヨウトチノキ (*Aesculus hippocastanum*) で詳しく観察された。ふつう葉，移行態そして芽鱗の展開は，休眠芽でみるよりも，開葉時に明らかとなる（図3.10）。

芽鱗の起源とおもな樹種は，表3.6のようである。

3. 低温への適応

a．芽鱗の防寒機能

寒さへの適応—漸増してきた気温の年較差に耐えること，とくに冬期間の低温をしのいで生存すること—のために，広葉樹の形質がどのように変化してきたかを，冷温帯に分布する落葉広葉樹について，検討してみる。

まず，芽鱗の防寒機能—休眠芽の本体である原生組織の軸を保護するために，外界の低温が芽内に侵入するのを遮断する能力—はどうであろうか。この芽鱗の断熱効果（Heat insulating effect）は，外界と芽内の温度差を測定することにより明らかとなる。

長い時間，一定温度が保たれると，この温度差がほとんどなくなり[18]，真冬には芽内の温度が$-20°C$以下にも低下する。ところが，急激な温度変化に対しては，芽鱗およびその付属物である毛，樹脂などが，いちじるしい断熱効果を発現する[13]。秋から冬にかけて，真冬，および春先には，気温の日較差が20°C以上あることも稀ではないので（表3.10参照），この断熱効果はきわめて有効であろう。

隠芽は，芽鱗を発達させないで，葉枕の内部にもぐりこみ，コルク層の断熱効果によって，枝と同じような条件となり，急激な温度変化に耐える，と考えられる。

けれども，芽鱗につつまれない休眠芽（裸芽）が冷温帯にも存在するのである。また，同じ科の樹木でありながら，裸芽をつけるものが，有鱗芽をつけるものより北方に分布する場合さえある。その代表的な例がクルミ科（Juglandaceae）の3属種にみられる（表3.7）。

芽鱗の防寒機能だけからみると，クルミ科の3種の休眠芽と分布との関係は，説明がむずかしい。これを単なる環境的遺存種として

表 3.7 クルミ科の3属種の比較[14),17),31)]

属種	休眠芽	♂花穂	♀花穂	分布
ノグルミ *Platycarya strobilacea*	有鱗 有柄	新条の先	新条の先	本州（ほぼ近畿以西）， 四国，九州，朝鮮，中国の暖温帯
サワグルミ *Pterocarya rhoifolia*	裸出* 有柄	新条の基部	新条の先	北海道（西南部），本州，四国， 九州の冷温帯（ブナ型）～暖温帯
オニグルミ *Juglans ailanthifolia*	裸出 無柄	冬の裸出	新条の先	日本各地の冷温帯（ナラ・シナノ キ型）～暖温帯

＊落葉時までは，薄い鱗片につつまれる。

片付けてしまうことは，きわめて不合理である。それで，芽鱗の機能を補完する別の形質，芽鱗を出現させた寒さ以外の因子，などを検討しなくてはならない。

b．耐寒性

　裸芽が存在することでもあり，芽鱗が必ずしも十分な防寒機能をもたない—絶対的な低温を防ぐのではなく，急冷を相対的に緩和する能力をもつ—のであるから，冬芽が越冬するための別の手段として，耐寒性をとり上げてみる。

　組織液・細胞液などは結氷点以下の温度にも凍結しにくいから，休眠芽および一年生枝は寒さに耐えることができる。この性質が耐寒性（Cold resistance）であり，これを発現するためには，過冷却できる能力が高いか，または耐凍性をもつ必要がある，とみられる[36)]。

　休眠芽の細胞液は，糖分・塩類・有機酸などを溶かしていて，休眠中にはこれらがきわめて濃厚になって，凍結および脱水を防ぐ。これが耐凍性（Freezing resistance）—冷却された生物が，体内に氷晶ができた状態で生存できる性質—である。

　休眠芽の本体とともに，芽鱗そのものも，付属の毛・樹脂だけでなく，内部に糖分，油脂を含み，コルク層が発達している[4)]。

　液体がその凝固点以下の温度に冷却されても液体のままでいる状態を，過冷却（Supercooling）という。冬芽の組織液・細胞液は，組織の細かさのために，過冷却できる能力がかなり高い。寒冷地の樹木や越冬昆虫は，気温が－20℃以下になっても凍死することがないのはこのためである，といわれる。

　Sakai（1979）によると，休眠芽の耐寒性は，耐凍性によるより

低温への適応

も，過冷却に負うところが大きい，とみられる。

隔伸性常緑広葉樹の照葉は，革質・無毛で，表面にクチクラ層がよく発達する。コナラ属の例では，芽鱗の形態はほぼ同じでありながら，暖温帯に分布するカシ類と，ナラガシワ（*Quercus aliena*），アベマキ（*Q. variabilis*）のナラ類とを比較すると，カシ類の照葉は越冬できるのに，ナラ類の葉は耐寒性に乏しくて，越冬前に脱落してしまう。

針葉は，質が厚く，表面積が少なくて，陥入気孔（Invaginate stoma）をもち，クチクラ層（Cuticle）が発達し，樹脂道（Resin canal）がある，などの特徴をもつから，耐乾・耐寒性に富む形態である。それで，針葉樹は，落葉しなくても，常緑のままで冷温帯から亜寒帯にまで広く生育できて，高木に限れば，むしろ落葉広葉樹よりも広い分布を示している。既述のように，このことが落葉針葉樹の乏しさと関係する，といえよう。ただ，カラマツ属（*Larix*）は，落葉することにより，マツ科（Pinaceae）のうちでは，最も耐寒性に富む，とみられる。

耐寒性は，休眠している冬には高く，成長している夏には低い。これが高い状態を Hardy といい，低い状態を Unhardy という[36]。

冬には高い耐寒性をもつ北方広葉樹であっても，開葉期の晩霜害ないし落葉前の早霜害には傷つきやすい。北方に成育する樹木は，開葉が遅く，落葉が早い傾向にあるが，これは耐寒性を高めるハードニング（Hardening）と関係するにちがいない。

たとえば，代表的な北方広葉樹のひとつであるヤチダモ（*Fraxinus mandshurica* var. *japonica*）は，春の霜に対して Unhardy であるために，開葉を遅らせるとともに，落葉を早めて，ハードニングを早く進行させ，冬の−40℃の低温にも Hardy であるように備える。それゆえ，北海道の北部では，ヤチダモの着葉期間は110日間ほどにすぎない（表3.10参照）。

秋の霜は，ハードニングの進んでいない休眠芽および一年生枝を，しばしば凍死させてしまう。また，三寒四温といわれる，春先の数日間周期の気温変動は，高温が耐寒性をゆるませ—デハードニング（Dehardening）して—，低温がしばしば休眠芽の凍死をもたらす。これは，既述のように，葉芽よりも花芽にいちじるしい。

とくに，植栽された南方系広葉樹は，その天然分布の北限よりも，北方の低温に耐えられる[26]としても，秋の落葉が遅く，春の開葉が早い傾向にあるから，それぞれの季節の急激な温度変化に十

分に対応できない場合が多い。この事例は，緑化樹植栽にしばしばみられる。

　耐寒性は漸進的に高まるのであって，十分に Hardy になるには，少なくとも数日間という時間を要するであろう。ハードニングが不十分な場合，あるいはデハードニングが進んでしまった場合には，冬芽が急激な気温の下降に対応できない，とみられる。ただし，芽鱗は，少なくとも，温度較差にもよるが，この急冷を数十分間〜数時間という程度で遅らせることができるにちがいない。

　葉柄内芽（Intrapetiolar bud）では，休眠芽形成期には葉柄に保護されていて，落葉期までにはハードニングがかなり進行し，耐寒性が高まっているにちがいない。ハクウンボク（*Styrax obassia*）は，代表的な葉柄内芽をつける樹種であり，落葉して裸芽となるが，耐寒性が高い。また，葉痕がV字形やU字形をした葉柄基部も，休眠芽をよく取り囲んでいて，着葉期には休眠芽がみえにくい（図3.11）。

　ネコヤナギ（*Salix gracilistyla*）の花芽を抱えた葉柄は，肥大して

図 3.11　葉柄内芽と葉痕
（サイズは不同）

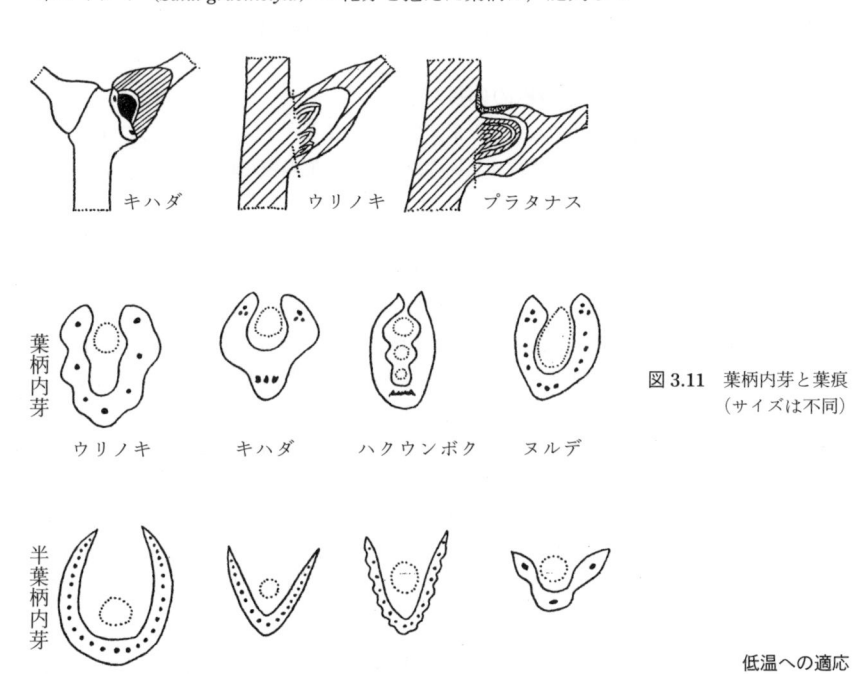

低温への適応

図 3.12 葉柄による休眠芽の保護(サイズは不同)

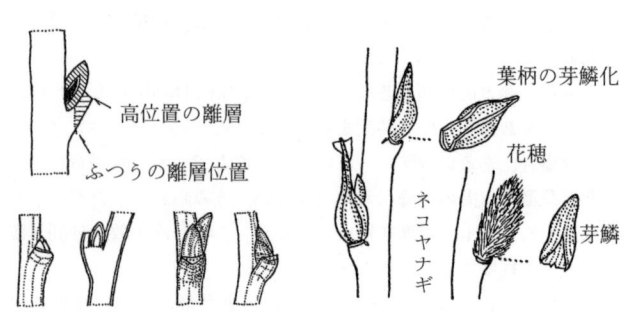

芽鱗化し,落葉後も残存する。この葉柄はハードニングと急冷緩和の 2 点に効果的である,と考えられる。また,離層がふつうの落葉樹よりも高い位置にできるため,葉柄の基部が残存して,休眠芽の基部をおおい,芽鱗の防寒機能を補完している,とみられる樹種がある。ナナカマド (*Sorbus commixta*),ワタゲカマツカ (*Pourthiaea villosa*) などはこの例とみられる(図 3.12)。

c. 夏緑樹の伸長パターン

頂芽型および仮頂芽型という頂芽タイプと,それらの伸長パターンとは,落葉広葉樹の寒さへの適応の現われのひとつである,とみられる。

頂芽型樹種の新条は,短期間に,まだ葉が十分に展開しきらないうちに伸長する。そのために必要な栄養は,前年の貯蔵養分に大きく依存し,しかも葉数が休眠芽の中で既にほぼ決まっている (Predetermined) ことがふつうである。その新条 (Shoot) は太く,基部と先端部の太さがあまり変わらず,ほぼ通直である[25]。

休眠芽および新条は早く充実し—細胞液が濃厚になり,コルク質が発達し,木質化が進み—,早く Hardy になる。けれども,夏から秋にかけて好天がつづくと,翌春まで休眠するはずの休眠芽が開きやすくなる。開けば,これを二次伸長 (Secondary shoot elongation) といい,Lammas shoot(二次一年生幹)を形成する[7]。二次伸長すると,デハードニングが生じて,早霜に傷つけられやすくなる。

仮頂芽型樹種の新条は,気温の許す限り,長期間にわたって伸長しつづけ,細長く,先へゆくほど細まり,ジグザグに屈折する傾向

表 3.8 頂芽タイプと伸長パターン

区分	新条	伸長期間	成長期の長い年	低温に対して	霜害
頂芽型	太く通直	短い	二次伸長	早く充実する	晩霜害
仮頂芽型	細くジグザグ状	長い	より長期の伸長	未熟部分を捨てる	早霜害

斎藤・菊沢（1976）に加筆．

にある．基部の葉（春葉，Early leaves）は休眠芽中にすでに形成されていたが，上部の葉（夏葉，Late leaves）は新条の伸長中に形成され，基部の葉と形が異なる（Heterophyllous）傾向にある．

伸長しつづけていた新条は，成長期の途中で，先端部が枯れ，離層が形成され，その上の部分が落ち，枝痕（Twig-scar）が残る．そして，最上位の側芽が頂芽の位置を占め，仮頂芽と呼ばれる．この新条端の枯死（Abortion of shoot tip）の原因は，よくわかっていない．この現象は，仮頂芽の低温に対するハードニングに役立つようにみえる．

成長期に限れば，この2つの伸長パターンは，頂芽型が隔伸性に，仮頂芽型が常伸性に対比される（表3.8）．

なお，頂芽タイプからみた伸長パターンと[7),25)]，Predetermined（葉数既決性）および Heterophyllous（異形葉性）樹種の伸長パターンとは[10)]，同じとみなすことができない．前者は成長期の新条の伸長パターンに関する分け方であり，後者は休眠芽中における葉原基（Leaf primordia）の形成に関する分け方である，とみられるからである．

d．萌芽性

休眠芽，落葉，コルク質，芽鱗，耐寒性，伸長パターンなど，いろいろな手段によって，広葉樹は寒さへの適応性を獲得してきた，と考えられる．

それでもなお，空中の越冬芽は，冬のきびしい気候下で，さまざまな成育阻害因子——低温，乾燥，風，冠雪，樹氷，霜，気温の日較差など——にさらされる．

既述のように，地史的な気候環境の悪化により[1)]，双子葉木本（Dicotyledonous woody plant，つまり，広葉樹）の栄養体（葉，枝および幹）は，わい性化することを余儀なくされ，ついには草本（Herbs and grasses）が出現した，と考えられている．

では，木本のまま生き残ってきた広葉樹は，厳しさを増す環境下

において，どのように対応してきたのであろうか。短枝の長枝化および浅い潜伏芽からの萌芽は，厳しさへのひとつの対応である，とみられる。

頂芽優勢に異常が生じたとき，それまで抑制されていた潜伏芽のうち，浅いものは，伸長して，新条となる。これを萌芽新条（Epicormic shoot）という。

そのうち，上方に伸びて幹になったものが，萌芽幹（Epicormic trunk）である。これが1株に数本立上ると，多幹型の樹形をつくり，その1本ずつが娘幹（Daughter trunk）と呼ばれる。

けれども，頂芽が正常であっても，潜伏芽に由来して幹に花が直接つく場合があり，これを幹生花（Cauliflory）といい，パンノキ（*Artocarpus communis*），カカオ（*Theobroma cacao*）などの多くの熱帯樹林にみられる[36]。花芽が，長く休眠している間に，材中に取り込まれたものであるが，乾燥，虫害などから保護されて，花芽が形成されるためである，とも考えられる（図3.4参照）。

潜伏芽・萌芽幹による更新の形式（栄養繁殖）を，萌芽更新（Regeneration by epicormic shoot）という。木材を収穫した後に放置して，萌芽更新をまつ方式の林を，萌芽薪炭林というが，自然状態でも，海岸線や尾根筋のような強風地では，寒風による萌芽更新が生じ，風衝樹形がみられる。

一見，潜伏芽・萌芽枝とみえても，幹や大枝の上の休眠芽が伸長したにすぎない場合がしばしばあり，この休眠芽が短枝（短枝の頂生芽）である。短枝は，樹冠の上部にはないことがふつうであり，頂芽のようには気候の影響を受けにくいから，これが花芽の場合は予備的とはいえない。

頂芽異常や光の増大などが生じると，この短枝は新条となって伸長する。これを短枝の長枝化（Elongation of dwarf shoot）という[22]。潜伏芽からの場合には，樹皮の近くにある，埋まって年数が少ししか経てないものである。

こうした潜伏芽・萌芽幹および短枝の長枝化を，「萌芽性」とよぶことにする。低温ないし乾燥が厳しい地方では，高木は幹を欠いて樹冠だけの形態（低木状）を余儀なくされるし，低木はそうした地方に適応した生活形をとっているが，いずれもこの萌芽性と関係する。換言すると，萌芽性によって，厳しさを増す環境に対応してきたのであり，その結果として，低木という生活形が生じた，ともいえそうである。

e. 根萌芽および伏条更新

　定芽に由来する萌芽性に対して，不定芽に由来する根萌芽性があり，これも環境に対する樹木の適応とみられる。

　広葉樹では，ふつうには芽を形成しない，葉や茎の節間に不定芽（Adventitious bud）が生じることはほとんどない。一般に，根にできる根出芽（Radical bud）だけである。しかし，不定芽は，茎にも，とくに幹の基部にも生じるといわれ，その場所は形成層（Cambium）の傷の周囲のカルス組織，あるいは内皮（Endodermis）ないし内鞘部（Pericyclic region）の成熟組織であるらしい。幹の基部からの枝が，定芽起源であるか不定芽起源であるかの判定は，Bud trace があるか否かである。多くの場合，これは定芽に由来していて，不定芽とするのは見誤りのようである[10]。

　根出芽は，おもに，水平に伸びた側根に発生する。これが地上に出てきたものを，根萌芽幹（Sucker, root-sucker, root-sprout）といい（図3.4参照），ニセアカシア，ポプラ類（*Populus* sp.），ギンドロ（*P. alba*）などによくみられる。浅い水平根・根出芽によって，親株の近くに子株が生じ，やがて子株が独立した根系を発達させるようになると，元の水平根はヘソの緒の役目を終えて，退化する。こうした無性繁殖の方法を，根萌芽更新（Regeneration by root sucker）といい，ヤマナラシ（*Populus sieboldii*）では，ごくふつうの更新パターンである。

　低木には，根萌芽幹を出し，そう生株をつくるものがかなり多くある。地上の休眠芽と比較して，地下の根出芽は低温および乾燥から保護されるため，より厳しい休眠期を過すのに都合がよい。この不適期の過し方は，多年生草本の根茎，球茎などの越冬芽に近い，といえよう。

　なお，伐り株（Stump）から出る小幹には，幹の基部および幹と根の境界部（頭領，Rootcollars）につくロングバット（長生きの芽，Long bud）ないし潜伏芽に由来するものと，根そのものにつく根出芽に由来するものとがある。両者の区別はしばしば困難なために，あわせて「ひこばえ」と呼ばれている（図3.13）。

　根もまた，広葉樹の生活形と密に関係している。根は，発生的に，本来の根（Root）と，それ以外の器官（幹，枝，葉）から二次的に形成される不定根（Adventitious root）とに分けられる。

　不定根は広葉樹に発生しやすく，その代表的なものが細葉ヤナギ類であり，その枝さし増殖方法（Branch-cutting）はよくしられ

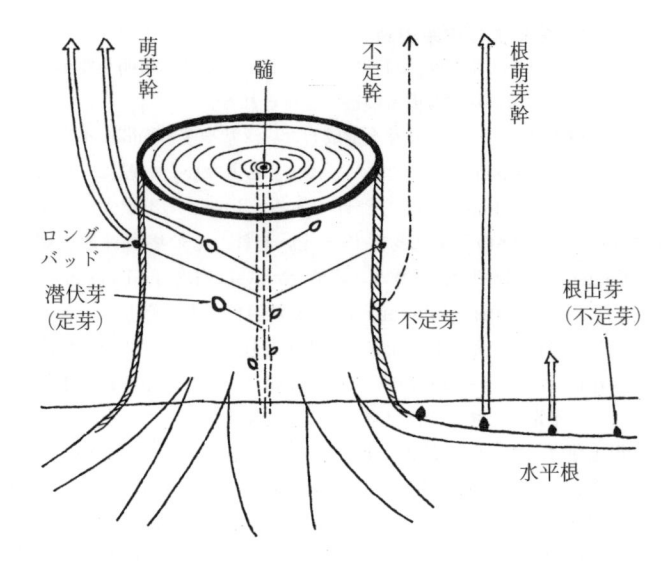

図 3.13 ひこばえの模式図

(図中ラベル：萌芽幹、髄、不定幹、根萌芽幹、ロングバッド、潜伏芽（定芽）、不定芽、根出芽（不定芽）、水平根)

る。似たものに根ざし増殖方法（Root-cutting）があるが、両者は形態的にいちじるしく異なる[20]。

　幹や枝が接地ないし埋没すると、不定根が発生し、発達して、本来の根にとって代わる。この性質を利用したものが、とりき増殖方法（Layering）であり、枝さしとともに、不定根の発生しやすさを利用した栄養増殖方法であって、園芸方面でよく用いられる。

　親株の下枝が長くのび、垂下して接地すると、そこから不定根が出て、枝先は上向きに伸長し、子株となり、ついには独立した株となる。これを伏条更新（Regeneration by natural layering）という。これは、針葉樹のヒバ（*Thujopsis dolabrata* var. *hondae*）、スギ（*Cryptomeria japonica*、とくにウラスギ）、ハイマツ（*Pinus pumila*）などによくしられる。広葉低木では、かなり多くのものが、広葉高木でもエゾノウワミズザクラ（*Prunus padus*）が、また、つる性木本の多くが伏条更新をする。伏条は、多雪地の樹木にしばしばみられるが、単なる幹の根元曲りの場合もある。

f．無性繁殖

　萌芽、根萌芽ないし伏条による更新は、無性繁殖（Asexual reproduction）であって、数世代ないしより多くの世代を、花・果実・種子を欠いても、重ねることが可能である。

高山帯では，この繁殖方法によって，長期間にわたり生存つづけている低木が数多くある。また，高山帯でなくても，氷河時代のように，厳しい低温ないし短い成長期が数百年～数千年も継続したとすれば，有性繁殖（Sexual reproduction）は短い期間だけ存在したであろう亜間氷期にのみ行われ，残りの大部分の期間は無性繁殖でしのいだ，と考えられる。

　広葉樹の1個体の寿命は，数十年～数百年間がふつうである。ただし，針葉樹には1個体が数千年間生きつづけるものもある。開花が困難な，ないしは結実が困難なほどの低温が成長期に卓越するか，あるいは成長期が短く限定されるかすれば―現在の冷害年の不作・不稔粒のように―，有性繁殖は不可能となってしまう。それでも，これが数百年～数千年ほどの周期なら，数世代～数十世代を，萌芽，根萌芽ないし伏条更新でしのげばよい，といえよう。それゆえ，ある地方において，花粉が検出されなくも―虫媒花は花粉分析には検出されにくいが―，氷河時代に，そこにこうした広葉樹が存在しなかったとはいえない，のではなかろうか？

g．積雪と生活形

　低温に適応するための樹木のわい性化は，積雪とも関係する。四手井（1971）は，積雪と樹木の生活形を検討して，多雪地方にはわい性変種が多いことを指摘した。ただし，これらの多くは，常緑性である（表3.9）。

　高山植物と呼ばれるもののうちには，常緑性の低木，小低木が数多くあり―キバナシャクナゲ（*Rhododendron aureum*），コケモモ（*Vaccinium vitis-idaea*），ガンコウラン（*Empertum nigrum* var. *japonicum*），ハイマツなど―，これらは照葉，硬葉ないし針葉をもつので，ある程度の耐寒性を有するが，それでもなお，積雪におおわれることによって，高山帯の厳しい低温をしのいでいる。

　また，落葉性の低木，小低木の多くも，高山帯の積雪下に冬を過している。ウラジロナナカマド（*Sorbus matsumurana*），ミヤマハンノモドキ（*Rhamnus ishidae*），ミネヤナギ（*Salix reinii*），エゾマメヤナギ（*S. pauciflora*）などがこれであり，小幹が数多く出て，ほふくし，雪害を受けにくい樹形をとっている。

　ダケカンバ（*Betula ermanii*），ミヤマハンノキ（*Alnus maximowiczii*）は，低地であれば直立した高木になるが，樹木限界を越えると，小型の生活形を余儀なくされて，幹を取り除いたよう

表 3.9 積雪と樹木の生活形[29]

属名	少雪地		多雪地	
スギ	スギ	(40)	アシオスギ*	
モミ	シラベ	(25)	オオシラビソ	(25)
カヤ	カヤ	(25)	チャボガヤ*	(2)
イヌガヤ	イヌガヤ	(15)	ハイイヌガヤ*	(2)
イチイ	イチイ	(15)	キャラボク*	(3)
コナラ	ミズナラ**	(25)	ミヤマナラ*,**	(3)
アオキ	アオキ	(3)	ヒメアオキ*	(1)
ユズリハ	ユズリハ	(10)	エゾユズリハ*	(1)
モチノキ	モチノキ	(10)	ヒメモチ	(1)
	イヌツゲ	(5)	ハイイヌツゲ*	(1)
ツバキ	ツバキ	(10)	ユキツバキ	(3)

*変種，**落葉性，()は樹高(m)で筆者の加筆．

な，低木状の樹形となる（図3.1参照）。そして，風が強い場所では，積雪面から上の休眠芽および枝が枯死して，刈り込まれたような樹冠をつくる。

　積雪は，土壌凍結を防止ないし緩和するとともに，低木類を埋没させて，それらの休眠芽，小枝および葉を低温および寒風から保護する。この保温効果はきわめて大きいが，むしろ，それ以上に，防寒・保湿—寒風および低温に由来する生理的乾燥の防止—の効果が大きい，とみられる[13]。

　しかし，深い積雪は，沈降，冠雪，クリープなどをもたらし，幹折れ，幹曲り，枝抜け，根返りを生じやすくさせる。多雪地ないし豪雪地では，この生育阻害因子が大きく，高木が生育できなくなってしまう[27],[29]。また，根雪日数が長い地方になると，融雪期が同緯度の少雪地よりいちじるしく遅れる—融雪中は地温が上昇しないため，開葉することがむずかしい—から，成長期間がより一層短縮されてしまうのである（図3.10参照）。

　東北地方の日本海側の豪雪山地では，四手井（1978）によると，亜高山帯でありながら，最も耐雪性が高いオオシラビソ（*Abies mariesii*）でさえ欠如していて，ミヤマナラ（*Quercus mongolica* var. *undulatifolia*）が生育している。本来なら，常緑針葉樹から構成されるはずの亜高山帯林（Subalpine forest）が，雪圧に抵抗しない，ほふく型の低木からなる低木性の落葉広葉樹林におきかえら

れている。これを，偽高山帯（Pseudo-alpine zone）と呼ぶ。

　積雪の斜面移動（Creep）は，樹木を機械的にいちじるしく傷つけるから，多雪斜面に生育する樹木は，何らかの手段で雪の動きに対応している。幹の根元曲り（Trunk bending near the ground）が代表的なものであるが，ダケカンバは単幹で，シナノキ（*Tilia japonica*）はひこばえ状に多くの幹を立てて，クリープに耐える。

　ハイマツのほふく形は，傾伏（Decumbent）と呼ばれ，雪圧の軽減，積雪の防寒・保湿効果，伏条更新などにきわめてよく適応している。落葉・広葉・低木のヒメヤシャブシ（*Alnus pendula*），ツノハシバミ（*Corylus sieboldiana*），サワフタギ（*Symplocos chinensis* forma *pilosa*）などもまた，ハイマツに近い生活形をとって，多雪地の斜面に，クマイザサ（*Sasa senanensis*）およびチシマザサ（*S. kurilensis*）とともに，生育している。

h．春の光を利用するもの

　ナニワズ（*Daphne kamtschatica* var. *jezoensis*）は，初夏～夏に落葉し，初秋に開葉するという，冬緑性（Winter green）とでもいうべき生活形をもつ。これは地中海型気候における冬雨緑性（Winter rain green, 乾燥への適応）に由来するともみられるが，この逆季節性の着葉は，春と秋の，夏緑樹の無葉期間における光合成のための適応である，とみられる。

　二年生草（越年草，Biennial plant）および小型の多年生草には，こうした光の利用をする，とくに春の光を利用するものが多い。カタクリ（*Erythronium japonicum*），フクジュソウ（*Adonis amurensis*），ニリンソウ（*Anemone flaccida*），エゾエンゴサク（*Corydalis ambigua*）などは，早春に葉を広げ，花を咲かせ，上木が展葉するまでの短い期間に光を利用し，夏には地上部が枯れてしまう（表3.10）。

　こういう植物を，Spring ephemeral（春のかげろう）というようである。暖温帯でならば，冬植物というとしても[13]，冷温帯では早春季植物とでもいうのであろうか[24]。

　落葉性の広葉低木―とくに，林内に成育する陰生低木―もまた，上木が着葉していない春と秋の光を利用するとみられるが、開葉が上木とほぼ同時なので，ミツバウツギ（*Staphylea bumalda*），ハナヒリノキ（*Leucothoe grayana* var. *oblongifolia*），オオカメノキ（*Viburnum furcatum*）などは，夏の散光と秋の光を利用するのであろう。

表 3.10 冷温帯気候と落葉広葉樹の成長暦 (北海道中川郡中川町)

Month 1978	1			2	3	4			5			6			7			8			9			10			11			12		
						B	M	L	B	M	L	B	M	L	B	M	L	B	M	L	B	M	L	B	M	L	B	M	L	B	M	L
Temperature(℃) ave.	-10.2		-13.1		-5.1	0.6	3.3	6.5	9.7	11.4	12.0	16.0	17.8	21.7	20.3	14.1	14.2	14.7	10.1	6.2	5.9	3.2	0.7	0.0	-4.1
max.	0.9		-2.9		10.5	13.9	10.6	17.2	18.2	26.2	22.9	23.1	27.6	31.0	32.6	21.5	24.1	22.6	21.7	14.0	16.3	13.4	7.9	7.5	5.9
min.	-27.4		-30.2		-25.6	-10.6	-0.7	-2.2	0.0	0.0	-0.7	7.0	9.8	10.2	8.7	7.2	5.5	5.5	0.4	0.8	-2.8	-5.0	-9.0	-8.8	-23.2
Snow depth(cm)	132		127	194		96	60		7			–	–	–	–	–	–	–	–	–	0	0	0	6	5	56
Season of frost injury		—————————————————————————frost-free—————————————————————————	
Season of photosynthesis																	——————————growing season——————————													
Species
1 ドロノキ									—F—B—											—D—				
2 ケヤマハンノキ									—F—B—												—D—Fr			
3 ミズナラ												—B—	—Fr—								—Fr—			
4 ハルニレ									—F—			—B—									—D—			
5 ヤチダモ												—B—	—Fr—								—D—			
6 タニウツギ												—F—B—									—D—Fr			
7 ナニワズ								—F—														B┤			
8 カタクリ								B F			D Fr													

B: 開葉 Bud-bursting, F: 開花 Flowering, Fr: 果実の成熟 Fruit-ripening, D: 落葉 Defoliation
Species, 1. Populus maximowiczii, 2. Alnus hirsuta, 3. Quercus mongolica var. grosseserrata, 4. Ulmus davidiana var. japonica, 5. Fraxinus mandshurica var. japonica, 6. Weigela hortensis, 7. Daphne kamtschatica var. jezoensis, 8. Erythronium japonicum

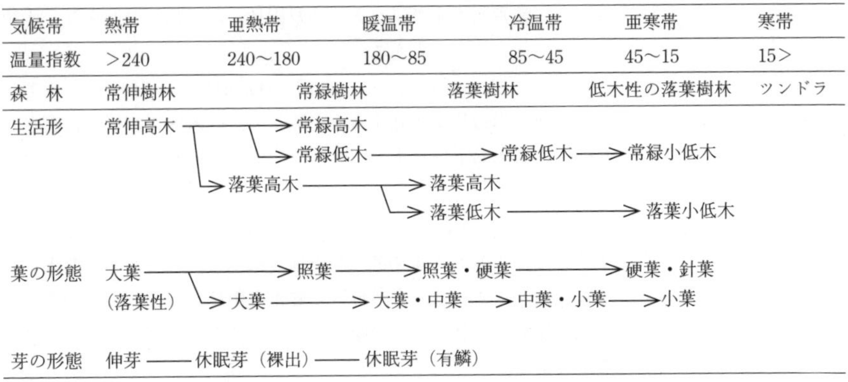

気候帯	熱帯	亜熱帯	暖温帯	冷温帯	亜寒帯	寒帯
温量指数	>240	240〜180	180〜85	85〜45	45〜15	15>
森 林	常伸樹林	常緑樹林		落葉樹林	低木性の落葉樹林	ツンドラ
生活形	常伸高木 →	常緑高木				
		常緑低木 ──→		常緑低木 ──→	常緑小低木	
		落葉高木 ──→	落葉高木			
			落葉低木 ──→		落葉小低木	
葉の形態	大葉 ──→		照葉 ──→	照葉・硬葉 ──→	硬葉・針葉	
	(落葉性)	大葉 ──→	大葉・中葉 ──→	中葉・小葉 ──→	小葉	
芽の形態	伸芽 ── 休眠芽(裸出) ── 休眠芽(有鱗)					

図3.14 気温の年較差と広葉樹の適応に関する模式図

エゾユズリハ (*Daphniphyllum macropodum* var. *humile*), フッキソウ (*Pachysandra terminalis*), イヌツゲ (*Ilex crenata*), ツルシキミ (*Skimmia japonica*) などの常緑低木もまた一夏にも着葉しているが一, ナニワズのように, 春と秋の光をおもに利用する生活形である, とみなせよう。

積雪, 耐陰性, 林内における較差の小さい微気候, その他の要素があるとしても, 樹林下の低木類の生活形は, 上木の開葉前の光および落葉後の光を利用することと関係しているはずである。つまり, 低温および乾燥と関係した落葉広葉樹林の出現が, 光に関係した低木類の生活形をもたらした要因である, といえよう。

ここで, 低温に対する広葉樹の適応について要約すると, 現在の気候帯と森林帯とからみて (図3.2, 表3.3参照), 地質時代を通じて, 生活形, 葉および芽の形態が, ごくおおまかには, 図3.14のように変化してきたのではあるまいか。

4 乾燥への適応

a. 乾燥気候と落葉性

これまでは, 落葉広葉樹の低温への適応について検討してきたが, ここでは, もうひとつの気候因子としての乾湿, つまり, 乾燥への適応について検討してみよう。

地球上における乾燥気候は, 大陸の内陸部にふつうにみられ, その程度もさまざまである。植物地理上からみると, 低緯度地方に限

っても，乾荒原，サヴァンナ，雨緑樹林，多雨林などがあり，中緯度地方にはステップもある。

乾荒原（Siccideserta）は，砂漠（Desert）とも呼ばれ，オアシス——一種の川辺林が成立する—を除くと，高木および低木は存在しない。小低木および草本も，特殊な形態・生態をもつものだけに限られる。

サヴァンナ（Savannah）は，年間降水量が200～1000mmで，はっきりした乾季のある亜熱帯～熱帯地方にみられる，樹木の混入した草原である。これは，赤道付近の熱帯多雨林をはさんで，その南と北に帯状にみられる。この傾向は，アフリカおよび南アメリカに明らかである。

そして，乾性サヴァンナは，5～7月間の乾燥期をもち，硬葉のイネ科植物が散生し，樹皮の厚い落葉樹が混生する。有刺サヴァンナは，8～10月間の乾燥期があり，200～700mmの不確実な降水のある地方にみられ，硬葉イネ科植物に加え，かさ状の有刺木，多肉広葉樹，無葉多肉茎の低木，そして，まれに高木が生育している。低木の多くは，雨緑小型葉をもち，一部が常緑の有刺低木である。無葉の棒状低木や多肉植物を混生することもある。多雨林からサヴァンナの周縁に向うと，常緑高木が減り，落葉高木の比率がいちじるしく高まる[2]。

より低温な地方には，ステップがみられる。草原ステップ（Grass steppe）は，冬期が寒冷で雨があり，夏季が高温で乾燥する大陸性気候下に発達し，少数の低木を混えることがある。

森林ステップ（Forest steppe）は，前者より降水量が多く，草本に加えて，耐乾性に富む低木および少数の高木が疎に生育する。

サヴァンナやステップでは，乾燥期間がいちじるしく長いために，耐乾性（Drought resistance）が発達し，①根系がよく発達して，吸水能力が高いこと，②植物体が多肉化して，水分貯蔵能力が大きいこと，③蒸散・しおれの回復を可能とする最少含水量に耐えられること[36]，などの特徴を植物はもっている。

これらの乾燥に対して特殊化した植物は，乾性植物（Xerophyte）と呼ばれるが，冷温帯の落葉広葉樹林とは関係が薄いようである。

乾燥地では，耐乾性を備えるだけでなく，耐寒性をもあわせもたなくてはならない。なぜなら，乾燥地方の気温は—多湿地方に比較して—日較差および年較差がともにきわめて大きい傾向にあるからである。

乾燥休眠（Drought dormancy）によって落葉する広葉樹林のひとつが，雨緑林（Rain green forest）である。これは季節風林（Monsoon forest）とも呼ばれ，年に1000〜2500mmの雨量があるが，3〜5月間の乾燥期がある。森林は2層からなり，上層は落葉高木であって，夏緑林とほぼ似た景観を示すが，下層は小型であり，乾生形態（Xeromorphism）をもつ常緑低木が主体である。

　上層の高木は，乾燥した空中に高く存在するから，乾燥期に落葉することによって，葉からの過度の蒸散を防がなければならない。しかし，林内の微気候下にある下層の低木は，乾燥期であっても，乾燥気候の影響がより小さいため，常緑のままでも休眠できる。ただし，葉は小型化し，クチクラ層が発達して，葉の乾燥に対する抵抗（Desiccation resistance）が大きくなっている（図3.15）。

　雨緑樹林地方であっても，川沿いの細長い帯状地に限っては，川から離れた樹林が落葉しているにもかかわらず，乾燥期にも常緑のままである。これを，川辺林（Riverside forest）という[31]。ここでは，強い乾生形態をとらなくてもすむから，耐乾性に乏しい裸出の休眠芽，あるいは芽鱗の発達が十分に進んでいない休眠芽をつける樹木でさえも，生育が可能である。

　この雨緑樹林は，全体的に，夏緑性で，東南アジアに広く，熱帯から温帯にかけてみられるが，温帯〜冷温帯では低温の影響が強くなり，乾燥の影響は明らかでなくなる。ただ，亜熱帯雨緑林には，温帯広葉樹林と同じ科・属に属する落葉樹が多く生育する傾向にあ

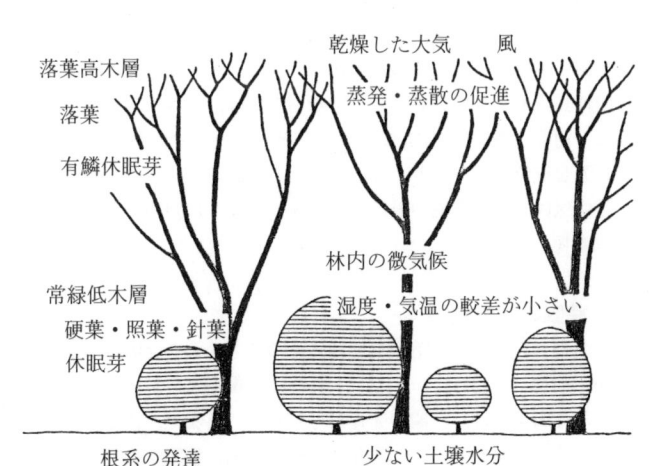

図3.15　乾季の雨緑樹林の模式図

乾燥への適応

る[2]）。

地中海植物区系区（Mediterranean floral region）では，夏に乾燥し，冬に湿度が高い気候であり，葉の硬い常緑樹―硬葉樹および針葉樹―がフロラの主体となっている。

乾燥の強まりに対して，落葉して休眠するか，常緑のままで休眠するかは，水分平衡（Water balance）と関係する。つまり，蒸散量が吸水量を上まわれば，多少の時間差はあっても，植物体はしおれ（凋萎，Wilting）てしまうから，乾燥期に耐えるためには蒸散を抑制することが重要となる。

葉からの蒸散速度（Transpiration speed）は，5要素―吸収放射量，気温，湿度，風による拡散速度，および気孔開度―に左右される[36]。植物による蒸散の抑制は，葉からの蒸散が大部分であるから，気孔蒸散（Stomatal transpiration）を調節するとともに，クチクラ蒸散（Cuticular transpiration）を小さくすればよい。

乾生葉としての硬葉（Scleroleaf）は，乾燥気候に適応したものであり，裸子植物の針葉と同時に，葉の小型化および肥厚化によって生じた，とみられる。暖温帯広葉樹の照葉もまた，硬葉に準じた乾生葉である，とみられる。針状葉は，硬葉よりもさらに進んだ乾生葉である，とみられる。これらの乾生葉は，亜熱帯から暖温帯の照葉樹林（Laurilignosa）の高木を別にすると，乾燥地方では低木にだけつき（照葉低木林，Laurifruticeta），冷温帯でも積雪の保護下に入る低木に限って（表3.9参照），常緑性を保っている。乾燥期に高木のままでいるには，落葉しなくてはならず，常緑のままでいるには，葉を乾生葉にし，生活形を小型化しなくてはならない。落葉樹の葉は，大きくて薄いのがふつうで，光合成能力が高く，幹枝の伸長量も大きい。しかし，常緑樹の葉は，小さく厚いのがふつうで，耐乾性を増すためにクチクラ層を発達させ，多肉化した結果，光合成能力がやや低くなった，とみられる。

乾燥気候への広葉樹の適応は，図3.16のように要約できよう（図3.14参照）。

b．芽鱗の防乾機能

暖温帯〜冷温帯の落葉広葉樹は，そのほとんどが芽鱗をもっているが，前述（3.a）のように，芽鱗の防寒機能は必ずしも大きくない。落葉広葉樹は，芽鱗の発達だけでなく，落葉性，休眠芽の耐寒性，新条の伸長パターン，萌芽性，伏条更新，積雪への対応などの

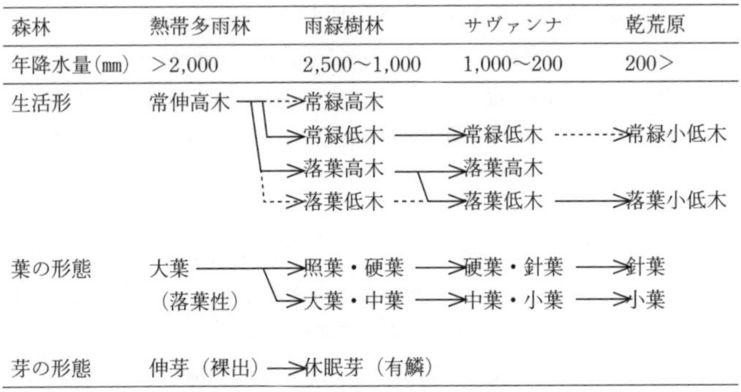

森林	熱帯多雨林	雨緑樹林	サヴァンナ	乾荒原
年降水量(mm)	>2,000	2,500～1,000	1,000～200	200>
生活形	常伸高木 →常緑高木 →常緑低木 →常緑低木 ⋯⋯→常緑小低木 ⋯→落葉高木 →落葉高木 ⋯⋯→落葉低木 →落葉低木 →落葉小低木			
葉の形態	大葉 →照葉・硬葉 →硬葉・針葉 →針葉 (落葉性) →大葉・中葉 →中葉・小葉 →小葉			
芽の形態	伸芽（裸出）→休眠芽（有鱗）			

図 3.16　乾燥気候と広葉樹の適応に関する模式図

手段によって，低温に適応している，とみられる．それなら，芽鱗の本来の役割は，何なのであろうか．

GRÜSS（1892）によると，芽鱗にはコルク層，クチクラ層，樹脂，毛などがみられ，また，糖分，油脂を含む．それで，芽鱗の機能は，耐寒，耐乾，養分の保持の3つである．しかし，芽鱗を取り除くと，芽内の未開の葉は水分を奪われて枯死してしまう．このことから，芽鱗の役割は水分の損失を妨げること（防乾機能）といえる．そして，例外はあるとしても，耐寒性は芽鱗に負うというより，芽内の未開の葉そのものの特性である（過冷却らしい），といえよう．

また，大泉（1951～52）によれば，トチノキ（*Aesculus turbinata*）の防寒機能について，冬芽内の温度は，外気温の変化に対応し，20～30分遅れるにすぎない．他方，水分の発散を防止する能力について，シモクレン（*Magnolia liliflora*），ガマズミ（*Viburnum dilatatum*），ブナ（*Fagus crenata*），ミズキ（*Cornus controversa*），トチノキなどの実験では，芽鱗を取り除かれた冬芽（Denuded bud）では，低温にはほとんど影響されず，水分が多く失われたものほど開葉率が低かった．

菊沢（1980）は，ハンノキ属種の葉の生存曲線と冬芽内の葉身の退化度（芽鱗化の進行度）とを比較して，ヒメヤシャブシを除くヤシャブシ節が，暖温帯に分布するにもかかわらず芽鱗化が進んでいること，ハンノキ節およびヤマハンノキ節が，冬芽の最外側にも葉身をもちながら冷温帯に分布すること，しかも，前者が乾燥地に生育し，後者が川辺にふつうに生育すること，などから，芽鱗化の進行は乾燥と関係することを指摘した（表3.5参照）．

乾燥への適応

有鱗芽と裸芽の分布および生育地を検討してみると，オニグルミ (*Juglas ailanthifolia*)，サワグルミ (*Pterocarya rhoifoia*)，ニガキ (*Picrasma quassioides*)，ヤマウルシ (*Rhus trichocarpa*)，オオカメノキ，ハクウンボク (*Styrax obassia*) などは，裸芽をつけるにもかかわらず（表3.6参照），冷温帯にまで分布している。しかし，これらはいずれも川辺ないし林床に生育している。逆に，ノグルミ (*Platycarya strobilacea*)，ヤシャブシ (*Alnus firma*) などは，発達した芽鱗をもちながら，暖温帯に分布が限られている（表3.7参照）。ただし，これらは乾燥する場所に生育する。
　コナラ属のカシ類は，照葉という乾生葉の一種をもち，暖温帯に分布しているにもかかわらず，冷温帯の落葉性ナラ類とほとんど同じ形態の，発達した芽鱗をもっている（表3.4参照）。
　そして，裸芽ないし裸芽に近い程度の芽鱗しか発達していない樹種は，上述のサワグルミ，オニグルミ，ハンノキ節，ヤマハンノキ節のほかにも，ヤナギ属にみられ，いずれも川辺に生育するし，新条の葉は異形葉性であり，基部の数枚は小さく，早落性の傾向にある[6),10),31)]。
　また，サワグルミ属，ハンノキ節などは，有柄の冬芽（有柄芽，Stalked bud）をもつが，これは川辺に生育しているからであって，乾燥に対しては無柄芽（Non-stalked bud）の方が有利であり，より耐乾性の形態は隠芽・半隠芽である，とみられる。
　このように，芽鱗の除去実験，裸芽と川辺林，芽鱗の発達と乾燥地での生育，照葉と芽鱗，などからみると，芽鱗の機能は，防乾にあって，その防寒機能は二次的なものである，と考えられる。

c. 気候の変化と落葉性の出現

　初期の被子植物は，AXELROD (1966) によると，二畳紀〜三畳紀に熱帯〜暖温帯の高地に出現し，つづく三畳紀〜ジュラ紀には，熱帯サヴァンナや温帯〜冷温帯にまで分布を拡大し，熱帯と熱帯外において系統的に進化して，白亜紀初期には裸子植物と交代して低地に移動し，そして，白亜紀中期には世界中に広がって，三大植物群—熱帯，周北極および周南極白亜紀植物群—に分化した。
　浅間 (1975) によると，上部シルル紀〜デボン紀における初期の陸上植物の出現（胞子段階），上部二畳紀〜三畳紀における中生代型化（裸子段階），上部白亜紀における被子植物の出現など，植物界の大きな変革期はいずれも大規模な乾燥期と一致する。

被子植物の出現時代は、寒冷気候というより、赤色層が堆積し、風成層が広く分布する、乾燥気候の卓越する時代であった。また、その出現場所は熱帯の高地であり、低温の地というより、むしろ乾燥する場所であった、とみられる[2]。そして、この古生代末期から中生代にかけての、年較差漸増の気候の変化は—造陸・造山運動と関係して—植物に対して、気温差よりも、乾湿差の方が大きく影響したにちがいない。厳しい低温が現われたのは、新生代になってからであるとみられる[2]からである。

それまでの湿潤・温暖な、海洋的な気候から、乾湿差および寒暖差のいちじるしい、乾燥した、大陸的な気候へと変化していくと、植物は、生存を続けるために、必然的に、その形態・体制を変えざるをえなくなる。AXELROD (1966) は、北半球の大陸の大きさと落葉樹林、南半球のそれと常緑樹林を比較し、後者の常緑性は海洋性気候による年較差の小さいことと関係する、と指摘した。

年較差の漸増する気候の変化に対応して、植物は、単純なものから複雑なものへ変化・発展する(レヴェルの向上)とともに、耐性(Tolerance)の小なるものからより大なるものへ変化せざるをえなかった。このレヴェルの向上と耐性の増大とが進化(Evolution)である、とみられる(浅間, 1975)。

ここで、レヴェルの向上とは、胞子段階から裸子段階へ、そして被子段階への移行であり、また、裸葉植物から、シダ植物、シダ種子植物、裸子植物、そして、被子植物への発展である。耐性の増大は、常伸性、隔伸性、そして落葉性への生活形の変化であり、あるいは、伸芽から有鱗休眠芽への変化である、といえよう。

進化のほとんどなかった植物は、進化したものに駆逐され、その一部が今日までレリックとして生き残っているにすぎない。しかも、それらは、それらの繁栄期と比較して、生活形をいちじるしく縮小させたり、競争相手の乏しい場所に限定されたり、かつての気候の続いた熱帯多雨地方に閉じこめられたりして、いずれも細々と生育している(表3.11)。

被子植物の特徴は、心皮(Carpel)で包まれた、保護されたはい珠(Ovule)をもつこと、つまり、子房(Ovary)をつくることである。換言すれば、種子の本体(はい、Embryo)は、種皮(Seed-coats)の外側に、もうひとつの保護器官としての果皮(Pericarp)をもち、成熟するまで、あるいは成熟後も、果皮によって外界から保護される。

表3.11 乾燥気候に対する各レヴェルの生活形の変化

レヴェル	昔の生活形		現在の生活形	
胞子段階	常伸高木	プロトレピドデンドロン	草本	ヒカゲノカズラ
		レピドデンドロン（リンボク）		イワヒバ
		カラミテス（ロボク）		トクサ
裸子段階	常伸高木		常緑高木	マツ属（針葉）
			落葉高木	イチョウ・カラマツ
			常緑低木	ビャクシン
被子段階	常伸高木		落葉高木	
			常緑低木（硬葉）	
			草本	

これに対して，裸子植物の針葉樹では，はいは，種皮だけで保護されていて，果皮を欠く。

この果皮の役割は，生態的には種子散布（Seed dispersal）と関係があるが，形態的な乾果と多肉果の違いはあっても，種子の乾燥を防止することにある，とみられる。乾果類（Dry fruits）は，成熟後に果皮が乾燥するが，その耐乾性は大きい。他方，多肉果類（Succulent fruits）の果皮は，肉質で水分含量が多く，成熟後も乾燥しないで，保湿効果をもつ。多肉果および乾果の一部（不裂果，Indehicent fruit）では，成熟後も，果皮を除くと，種子は乾燥して枯死しやすい[23]。

気温の年較差の増大は，むしろ，新生代になってからであろう。新生代の中期～後期になると，夏の気温と冬の気温の差がいちじるしく大きくなり，低温による休眠期が生じて，しかも成長期がだんだん短くなって，樹木の栄養器官は小型化の一途をたどり，ついに草本が出現したといわれる[1]。

果実は，春から夏に花が咲いて，1シーズンで成熟するのがふつうであるが，2シーズンかかって成熟するものもあり，これを二年果（越年果，Biennial fruit）という。針葉樹のマツ属（*Pinus*）は，二年球果（Biennial cone）をつける。高山帯のハイマツに注目すると，この二年球果は低温への適応である，とみられる。しかし，マツ属全体としては，同じマツ科（Pinaceae）であって，一年球果をつけるトウヒ属（*Picea*）およびモミ属（*Abies*）よりも，温暖地方に分布している。それゆえ，マツ属は，乾燥気候に適応した針葉および二年球果をつけたのであって，この過去に獲得した形質がそのまま現在にまで残っている，とみるべきであろう。

コナラ属の二年果は，常緑性のアカガシ類のアカガシ（*Quercus acuta*），ハナガガシ（*Q. hondai*），ウラジロガシ（*Q. salicina*），ツクバネガシ（*Q. paucidentata*），ウバメガシ，および落葉性のクヌギ類のクヌギ（*Q. acutissima*），アベマキにしられる（表-4参照）。二年果が暖温帯の照葉樹と硬葉樹にみられ，また，落葉性であっても，クヌギ類はコナラ類のコナラ（*Q. serrata*），ミズナラ（*Q. mongolica* var. *grosseserrata*），カシワ（*Q. dentata*），ナラガシワよりも温暖な地方に分布する事実などから，2年がかりの果実の成熟は，低温への適応とは考えられず，乾燥への適応であった，と考えられる。

森林の成立が可能な範囲の環境下—熱帯多雨林〜サヴァンナ，および熱帯〜冷温帯—において，乾燥に対して最も適応性の高い，最も進化したタイプの樹木は，

①種子が果皮につつまれた，被子植物（Angiosperms）であり，

②幹および枝が成長の不適期間を休眠して過ごす，隔伸性の伸長（Periodical growing）をして，

③葉が不適期間に一斉に落ちて（Deciduous），蒸散を抑制し，

④休眠芽が芽鱗につつまれて（Sleeping bud with scales），未開の葉からの蒸散抑制（脱水阻止）をするものである。

これらの条件を備えた—適応進化した—樹木こそが，被子・双子葉植物の木本，つまり，落葉広葉樹である（図3.15，16など参照）。地球の気候変化に適応した，繁殖および栄養器官の全面的な対応（レヴェルの向上）こそ，進化（発展）と呼ばれるものである。

これに対して，古いタイプの樹木とは，乾燥気候の卓越に対して，器官を部分的に適応させたり，分布を狭くすることで対応している，といえる。

つまり，

①裸子植物（Gymnosperms）は，仮種皮ないし球果によって果皮の役割を補完し，

②常伸性のものは，熱帯多雨林域に限られて生育しているし，

③常緑性のものは，葉の小型化および硬葉化によって乾燥に対応するか，さもなければ，熱帯〜亜熱帯多雨林ないし川辺林に生育することを余儀なくされ，

④休眠芽が無鱗のものは，未開の葉の耐乾性を高めるとともに，吸水が可能な川辺に限られて生育する（表3.3，11など参照）。

表 3.12　樹木の乾燥気候への適応

古いタイプ	器官	新しいタイプ
裸子植物	種子	被子植物
仮種皮・球果による補完		果皮による保護
常伸性	幹枝	隔伸性
乾期のない地方に限られる		乾期を休眠して過ごす
常緑性	葉	落葉性
わい性化，硬葉による蒸散抑制		落葉による蒸散抑制
裸出	休眠芽	有鱗
川辺に限られる		芽鱗による蒸散抑制

　これらの，個々の，あるいは部分的な対応は，レヴェルの向上とはいえず，同一レヴェルにおける特殊化（展開）と呼ばれるものである。古いタイプと新しいタイプの違いは，表3.12に要約される。

　上述してきた，気候の変化と広葉樹の落葉性の出現との関係を要約すると，次のようになろう。

　①中生代に乾燥気候が先に現われ，繁殖器官が被子段階にレヴェルアップされた植物が出現した。

　②被子植物が多雨林の周縁に進出するにともない，耐乾性の発展（隔伸性，落葉性）が促された。

　③落葉性にともない，有鱗芽をもつ樹木が出現した。

　④そして，新生代になって，寒冷気候が明らかに現われたときには，耐乾性が前適応として，耐寒性としても有効であった——低温は，一種の生理的乾燥である。

　⑤落葉広葉樹が耐寒性として新しく獲得したものは，それほど大きなものではなかった——進化の段階までゆかず，特殊化の範囲内であった——とみられる（図3.14と16の比較参照）。

　なお，適応（Adaptation）とは，生物のもつ形態学的ならびに生理学的性質が，その環境のもとでの生活に適合していること，または適合していく過程（とくに進化の過程で）を意味するようである。しかしながら，適応とは，過去にある原因によって出来上った植物の形質と，現在の環境との間に成立した二次的な関係が，良好でよく調和がとれている状態を意味するにすぎない場合もある，といえる。

　ここでは，広葉樹の落葉性の起源について，外因を年較差漸増の気候変化（乾燥）に，内因を耐乾性向上としての器官の対応進化に，そして，耐乾性が現在の年較差漸増の気候変化（低温）にも適

冬芽からみた
落葉樹林の歴史

応していることに，おくことができよう。

5 要　約

1) 地史における年較差漸増の気候変化は，植物に適応進化を促し，植物の進化が胞子，裸子，そして被子段階に進んだと考えられる[1]。次々に成長を抑制する環境に応じて，繁殖方法を改め，しかも栄養器官の耐性を増大させた植物は，高木の生活形を保ち，広い生育地をもっている。しかし，特殊化しかできなかった植物は，生活形を小型化したか，生育地を狭く限定されてしまった（表3.11）。
2) 広葉樹（被子・双子葉植物）は，乾燥気候に適応し，繁殖方法を被子段階に高めることによって，中生代に出現した。はいは，果皮と種皮で二重に保護されている。ところが，ひとつ古い裸子段階にある針葉樹の種子は，球果，仮種皮などによって補完されたにすぎず，耐乾性が大きいとしても，その針葉は常緑性のままである（表3.12）。
3) 広葉樹の落葉性の出現過程をみると，年較差漸増の気候変化によって，その生活形は，常伸性，隔伸常緑性，そして落葉性へと適応してきた（図3.2）。繁殖方法の進化した被子植物であっても，常伸性のままで生存するためには，分布域を熱帯多雨林に限定しなければならなかった（表3.3）。
4) 常緑性を保ち続けるために，広葉樹は，樹体の小型化，葉の小型・肥厚化による照葉・硬葉・針状葉への変態，林内微気候を利用した下層木化，春と秋の光の利用，などの生活形の変化によって，厳しくなる乾燥気候に対応してきた（図3.15, 16, 表3.10〜12）。ただし，南半球にあっては，海洋性気候のために[2]，常緑樹林が発達している。
5) 落葉性の生活形をとり，不適期間を休眠して過ごすことにより，広葉樹は，高木のままでも，雨緑林ないしサヴァンナまで分布域を保つことが，あるいは拡大することができた。このことは，低温域への分布と対応する（図3.14, 16）。
6) 休眠するためには，離層ができて落葉するだけでなく（図3.3），乾燥から休眠芽を保護するための芽鱗の発達が必要であった（図3.8〜10）。そして，芽鱗の数の多い樹種は，二次的に耐乾性が大きい，とみられる（表3.4〜6）。

7) 芽鱗の起源には2種類があり，ひとつは托葉起源であって，托葉が単に芽鱗化し，外側の葉身が退化したものである。もうひとつは葉身・葉柄起源であって，托葉がないか芽鱗化しない樹種にみられ，葉身および葉柄が小型・肥厚化したものであり，その移行態もみられる（図3.9，10および表3.6）。

8) 裸芽をつける樹種は，芽鱗の発達が十分でない樹種も，乾燥気候には耐えにくく，熱帯多雨林ないし雨緑林の川辺に限定されて分布・生育する（表3.7，11）。耐乾性からみると，隠芽および潜伏芽は，有鱗芽以上に有利であり，また，短枝の休眠芽は樹冠の頂きの休眠芽より有利である。さらに，地中の根出芽は，乾燥からいちじるしく保護される（図3.13）。

9) 上述のように，地史における低温よりも乾燥気候の先行，果皮をもつこと，乾季に落葉すること，常緑葉の小型化，芽鱗の発達，芽鱗の耐乾および耐寒機能，裸芽と川辺林，二年果，その他の諸事例からみて，広葉樹の落葉性の出現は，年較差漸増の気候変化のうち，低温への適応というより，乾燥への適応であった，と考えられる。

10) 広葉樹は，落葉性および芽鱗の発達によって，乾燥気候への適応性を獲得したが，これは前適応として，新生代になってから厳しさを増した低温への適応についても大いに有効であった[2]。

11) それでも，低温への適応とみられる事例もいくらかある。低温に対して，照葉・硬葉はより小型化しなければならず，ついには落葉性の生活形を余儀なくされたが（図3.14），一部のものは積雪の保護下に入って常緑性を保っている（表3.9）。

12) 成長期の長さと関係した頂芽タイプと伸長パターンは，厳しさを増す低温への適応とみられるし（表3.8），二次伸長のしやすさ，芽鱗による急激な温度変化の調節，葉柄内芽とハードニング，残存葉柄による冬芽の保護，主芽異常に備えた予備芽の存在，裸芽の外側の葉の芽鱗的な役割，なども低温への適応である，とみなされよう（図3.11，12）。

13) 氷河期のような厳しい低温の継続に対応して，落葉広葉樹の多くは，短枝・潜伏芽・根出芽・ひこばえなどの萌芽性により（図3.13），あるいは，不定根の発生による伏条更新のような無性繁殖によって，数百〜数千年間の極寒期を過ごし，亜間氷期には有性繁殖をしていたのであるまいか。

付 言

　乾燥によって落葉性が生じた，というのは AXELROD (1966) の説である。これを一言でいえば，中位の乾燥へ適応して落葉性が進化し，これが前適応として，落葉広葉樹の北方への移住に好都合であった，ということである。

　また，地史における年較差漸増の気候変化による被子植物の進化は，浅間 (1975) の説である。ただ，この説では，低温にウェイトがある，とみられる。

　筆者は，冷温帯広葉樹の休眠芽の形態を研究している立場から，諸先学の業績もふまえて，低温と芽鱗の関係を検討してみたが（第3章），地史からも芽鱗の機能の上からも，乾燥気候が落葉性および有鱗芽の出現の外因であり，ひいては被子植物の進化の外因である，という結論に達した。

　なお，進化（発展）と特殊化（展開）についての考え方は，井尻正二『ヘーゲル「大論理学」に学ぶ』(1980，築地書館) に負うところが大きい。また，菊沢喜八郎博士にも助言をいただいた。

　本稿は，概説というよりも，雑文というべきかもしれないが，AXELROD，浅間，そのほかの諸先学の業績の上に，わずかに筆者の考えをプラスしたものである，といえよう。

文 献

1) 浅間一男 (1975)：被子植物の起源．400pp.，三省堂，東京．
2) AXELROD, D. I. (1966) : Origin of deciduous and evergreen habits in temperate forests. *Evolution*, **20** : 1～15 (斎藤新一郎訳 (1986)：温帯広葉樹林の落葉性の起源．手記26pp.).
3) FOSTER, A. S. (1929) : Investigations on the morphology and comparative history of development of foliar organs —1.The foliage leaves and cataphyllary structures in the horse-chestnut(*Aesculus hippocastanum* L.). *American J. Botany*, **16** : 441～501.
4) GRÜSS, J. (1892) : Beitrage zur Biologie der Knospe. Pringsh. Jahrb. for. wiss. *Botanik*, **23** : 637～703.
5) 井尻正二 (1972)：古生物学汎論．372pp.，築地書館，東京．
6) 菊沢喜八郎 (1980)：ハンノキ属の葉はなぜ夏に落ちるか．日生態学誌，**30** : 359～368.
7) 菊沢喜八郎・斎藤新一郎 (1978)：広葉樹の二次伸長．北方林

業, **30**: 241〜244.

8) 郡場 寛 (1947): 馬来特にシンガポールにおける樹木生長の周期について. 生理生態, **1**: 93〜109, & 160〜170.
9) 郡場 寛 (1948): 熱帯樹木の習性より見たる落葉樹の由来と意義. 生理生態, **2**: 85〜93, & 130〜139.
10) KOZLOWSKI, T. T. (1971): Growth and development of trees. I: 443pp., II: 514pp., Academic Press, New York.
11) LUBBOCK, J. (1891): On stipules. *J. Linn. Society*, **28**: 217〜243.
12) 前川文夫 (1975): 植物の進化を考える. 植物の進化生物学, 第4巻別刷, 6pp., 三省堂, 東京.
13) 松村義敏 (1947): 植物の越冬. 96pp., 彰考書院, 東京.
14) 宮部金吾・工藤祐舜・須崎忠助 (1920〜31): 北海道主要樹木図譜. I〜III, 258pp., 北海道庁, 札幌.
15) 村井三郎 (1962〜64): 邦産ハンノキ属の植物分類地理学的研究. 林試研報, **141**: 141〜166, **154**: 21〜72, & **171**: 1〜107.
16) 野津良知 (1961): 植物の芽. 118pp., コロナ社, 東京.
17) 大井次三郎 (1961): 日本植物誌. 1383pp., 至文堂, 東京.
18) 大泉 徳 (1951〜52): 冬芽の生態学的研究. 植物生態研究, **1**: 22〜30, **2**: 66〜68.
19) 岡本素治 (1978): ブナ科の分類学的研究 (2) —冬芽の形態. 大阪市立自然史博物館研報, **31**: 81〜92.
20) 斎藤新一郎 (1973): 根ざし育苗方法について. 北林試季報, **18**: 6〜9.
21) 斎藤新一郎 (1977〜78): 冬の樹木学. 北海道林務部報「林」, no.308〜317.
22) 斎藤新一郎 (1979a): トドマツとカラマツの枝と冬芽の形態用語. 北方林業, **31**: 57〜61.
23) 斎藤新一郎 (1979b): 広葉樹のたね. 北林試季報, **42**: 17〜24.
24) 斎藤新一郎 (1982): スプリング・エフェメラル—春の光を利用するもの. 科学と実験, **33**(4): 12〜17.
25) 斎藤新一郎・菊沢喜八郎 (1976): 頂芽タイプと新条の伸長. 北方林業, **28**: 242〜244.
26) 酒井 昭 (1972): わが国に自生する常緑および落葉広葉樹の

耐凍性．日林誌，**54**：333〜339．
27) 酒井　昭（1976）：植物の積雪に対する適応．低温科学，生物篇，**34**：47〜76．
28) SAKAI, A. (1979): Freezing avoidance of primordial shoots of very hardy conifer buds. *Low Temp. Sci., Ser*. B. 37：1〜9.
29) 四手井綱英（1971）：積雪と樹木の生活形．雪氷，**33**：42〜43．
30) 四手井綱英（1979）：自然木の樹形．自然と盆栽，**113**：101〜107, **114**：85〜91．
31) 四手井綱英・斎藤新一郎（1978）：落葉広葉樹図譜．375pp.，共立出版，東京．
32) SHIRASAWA, H. (1895): Die Japanischen Laubholzer im Winterzustande—Bestimmungstabellen. *Bul. Agr. Col. Imp. Univ.*, **2**：229〜283.
33) 舘脇　操（1952）：樹木の形態．96pp.，日本林業技術協会，東京．
34) U. S. Forest Service (1974): Seeds of woody plants in the United States. Agriculture Handbook No.450, 883pp., Washington.
35) WARD, H. (M. 1904): Trees —1.Buds and twigs. 271pp., Cambridge.
36) 山田・前川・江上・八杉編（1960）：生物学辞典．1278pp.，岩波書店，東京．

検索図表

検 索 図 表

生活形

- 高木ないし低木 ———————————————————— 「冬芽のつき方」を見よ
- つる ———————————————————— Ⅳ

冬芽のつき方

- 冬芽は対生する ———————— Ⅰ
- 冬芽は輪生する ———————— キササゲ属 (p. 298)
- 冬芽は二列互生する ———————— Ⅱ
- 冬芽はらせん生につく ———————— Ⅲ

I. 冬芽は対生する

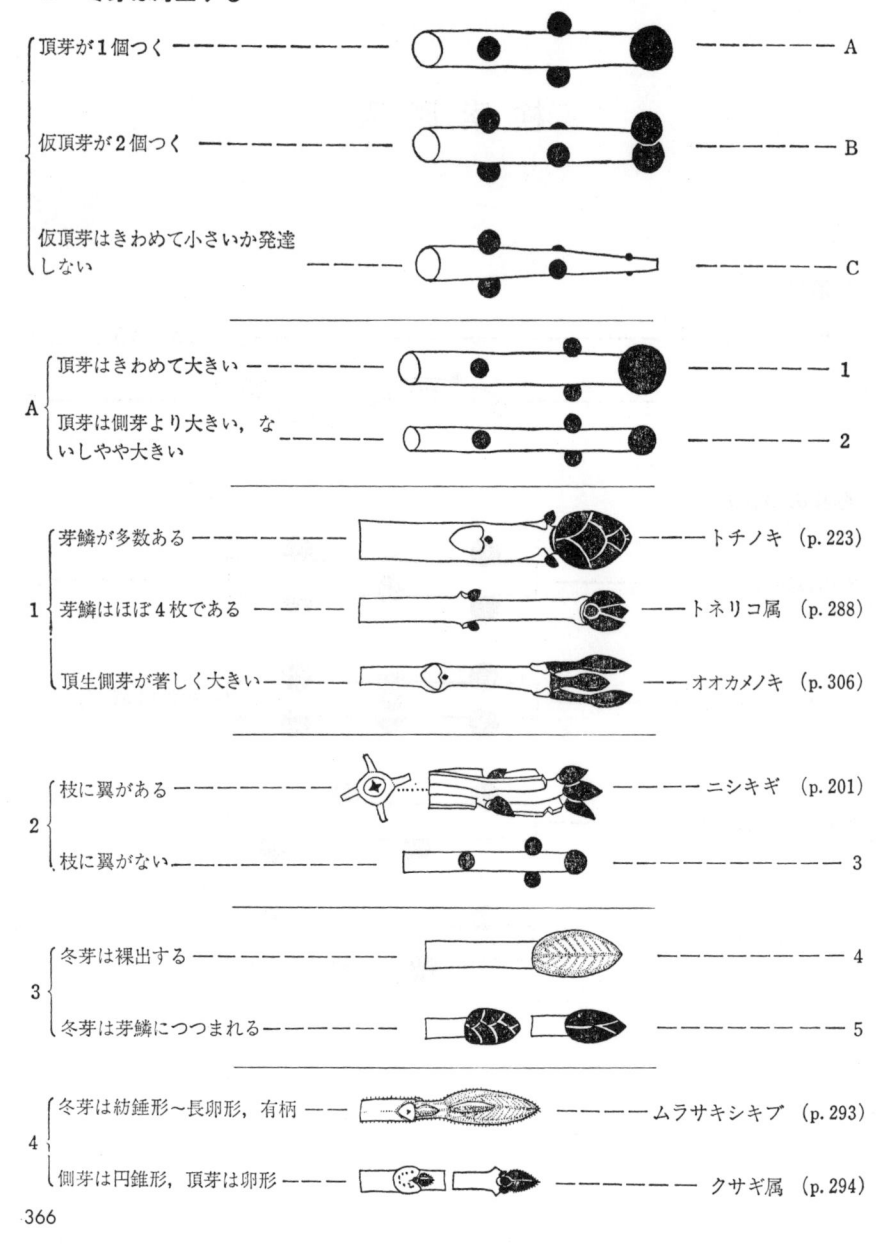

　頂芽が1個つく ──────── ──── A
　仮頂芽が2個つく ─────── ──── B
　仮頂芽はきわめて小さいか発達
　しない ─────── ──── C

A ┤頂芽はきわめて大きい ─────── ──── 1
　└頂芽は側芽より大きい，な
　　いしやや大きい ─────── ──── 2

1 ┤芽鱗が多数ある ─────── トチノキ (p.223)
　│芽鱗はほぼ4枚である ─── トネリコ属 (p.288)
　└頂生側芽が著しく大きい ─── オオカメノキ (p.306)

2 ┤枝に翼がある ─────── ニシキギ (p.201)
　└枝に翼がない ─────── 3

3 ┤冬芽は裸出する ─────── 4
　└冬芽は芽鱗につつまれる ─── 5

4 ┤冬芽は紡錘形〜長卵形，有柄 ─── ムラサキシキブ (p.293)
　└側芽は円錐形，頂芽は卵形 ─── クサギ属 (p.294)

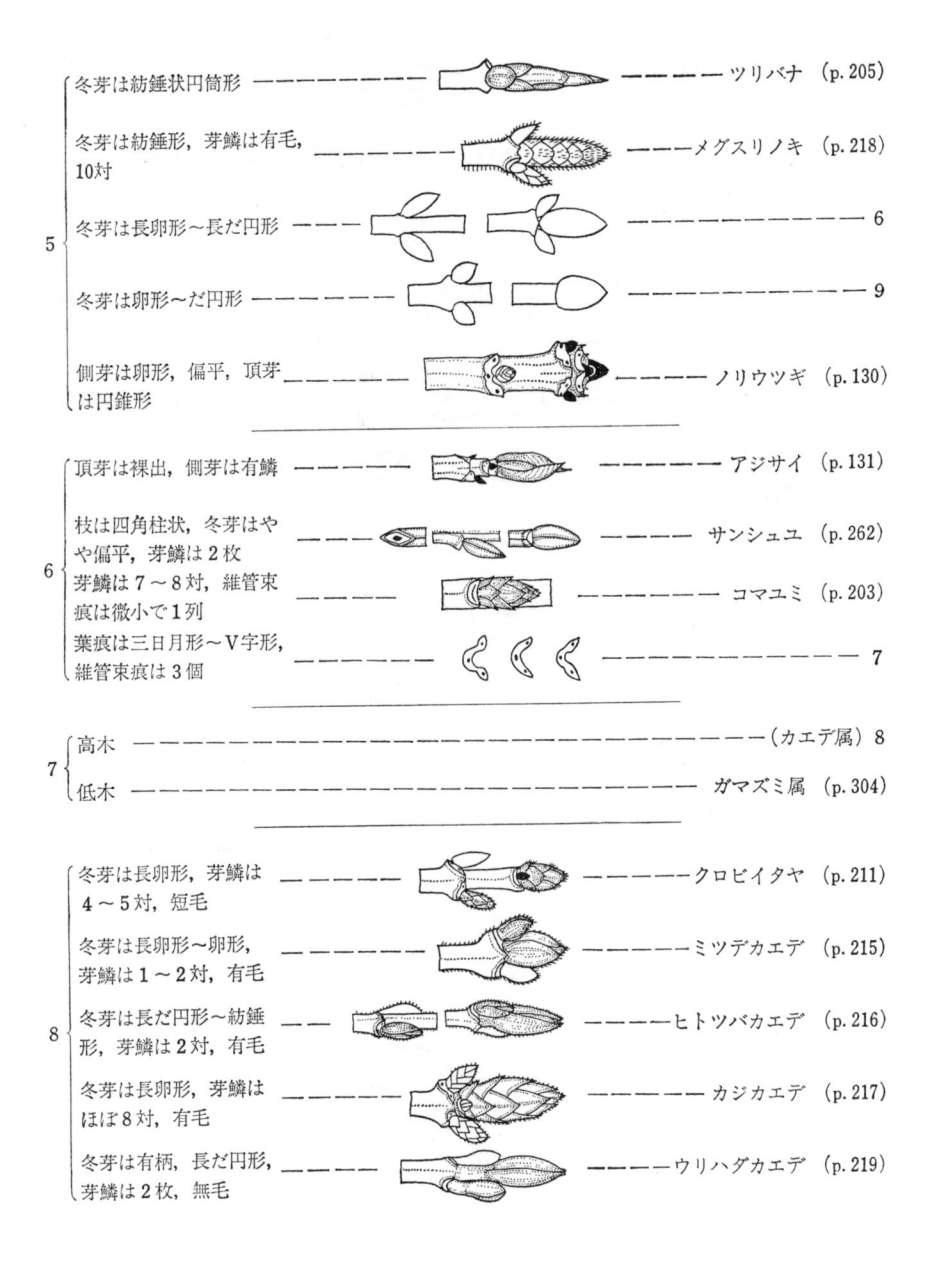

5	冬芽は紡錘状円筒形 ————————	———— ツリバナ（p. 205）
	冬芽は紡錘形，芽鱗は有毛，10対	———— メグスリノキ（p. 218）
	冬芽は長卵形〜長だ円形 ————	———————— 6
	冬芽は卵形〜だ円形 —————	———————— 9
	側芽は卵形，偏平，頂芽は円錐形 ————	———— ノリウツギ（p. 130）
6	頂芽は裸出，側芽は有鱗 ————	———— アジサイ（p. 131）
	枝は四角柱状，冬芽はやや偏平，芽鱗は2枚	———— サンシュユ（p. 262）
	芽鱗は7〜8対，維管束痕は微小で1列	———— コマユミ（p. 203）
	葉痕は三日月形〜V字形，維管束痕は3個 ————	———————— 7
7	高木 ————————————————	———（カエデ属）8
	低木 ————————————————	———— ガマズミ属（p. 304）
8	冬芽は長卵形，芽鱗は4〜5対，短毛	———— クロビイタヤ（p. 211）
	冬芽は長卵形〜卵形，芽鱗は1〜2対，有毛	———— ミツデカエデ（p. 215）
	冬芽は長だ円形〜紡錘形，芽鱗は2対，有毛	———— ヒトツバカエデ（p. 216）
	冬芽は長卵形，芽鱗はほぼ8対，有毛	———— カジカエデ（p. 217）
	冬芽は有柄，長だ円形，芽鱗は2枚，無毛	———— ウリハダカエデ（p. 219）

	芽鱗は5～6対，縁毛 ———————————————— マユミ (p. 204)
	芽鱗は2～5対，葉痕は 三日月形～V字形 ———————————————— カエデ属 (p. 208)
9	芽鱗は2対，有毛，枝は ほぼ六角柱状，短粗毛 ———————————————— ガマズミ (p. 308)
	芽鱗は1～2対，無毛， 葉柄が残る ———————————————— ウグイスカグラ (p. 312)

	冬芽は三角錐形，芽鱗は 2枚，有毛 ———————————————— キハダ (p. 183)
	冬芽は三角錐形～円錐形， 芽鱗は2枚 ———————————————— カツラ (p. 107)
	冬芽は紡錘形，芽鱗は 1枚 ———————————————— コリヤナギ (p. 45)
	冬芽は球形，芽鱗は5対 ———————————————— ハシドイ (p. 287)
B	冬芽は長卵形，偏平， 芽鱗は2枚 ———————————————— カンボク (p. 304)
	冬芽は球形～広卵形， 芽鱗は2枚 ———————————————— ミツバウツギ (p. 206)
	冬芽は卵形～長卵形 ———————————————— 1
	葉痕の上縁に縁毛がある ———————————————— カエデ属 (p. 208)

	冬芽は長卵形，やや 偏平，芽鱗は1枚 ———————————————— イヌコリヤナギ (p. 45)
1	髄は中空，芽鱗は4～5対 ———————————————— ウツギ (p. 132)
	冬芽は長卵形～卵形， 芽鱗は3～4対 ———————————————— ムラサキハシドイ (p. 288)

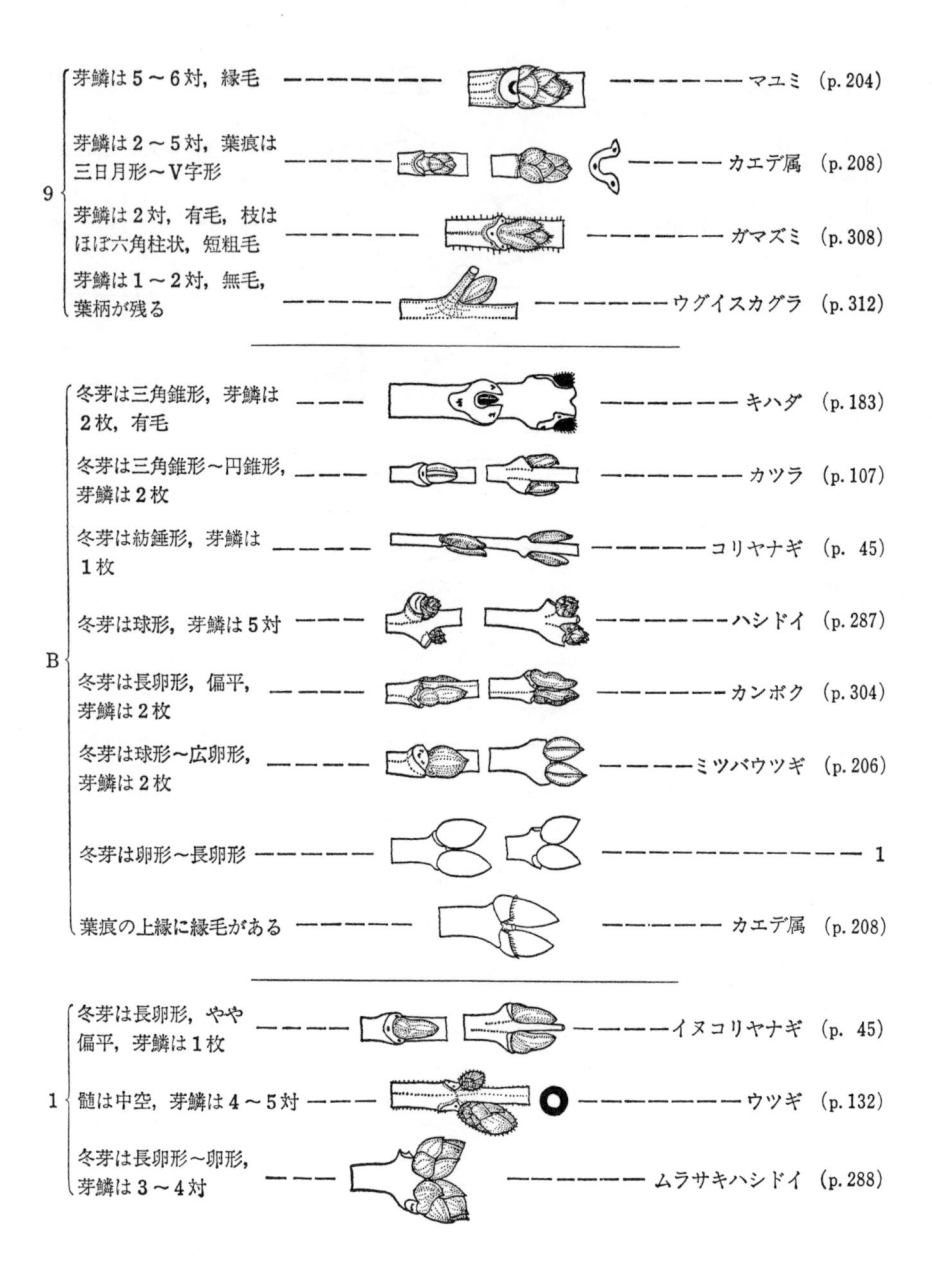

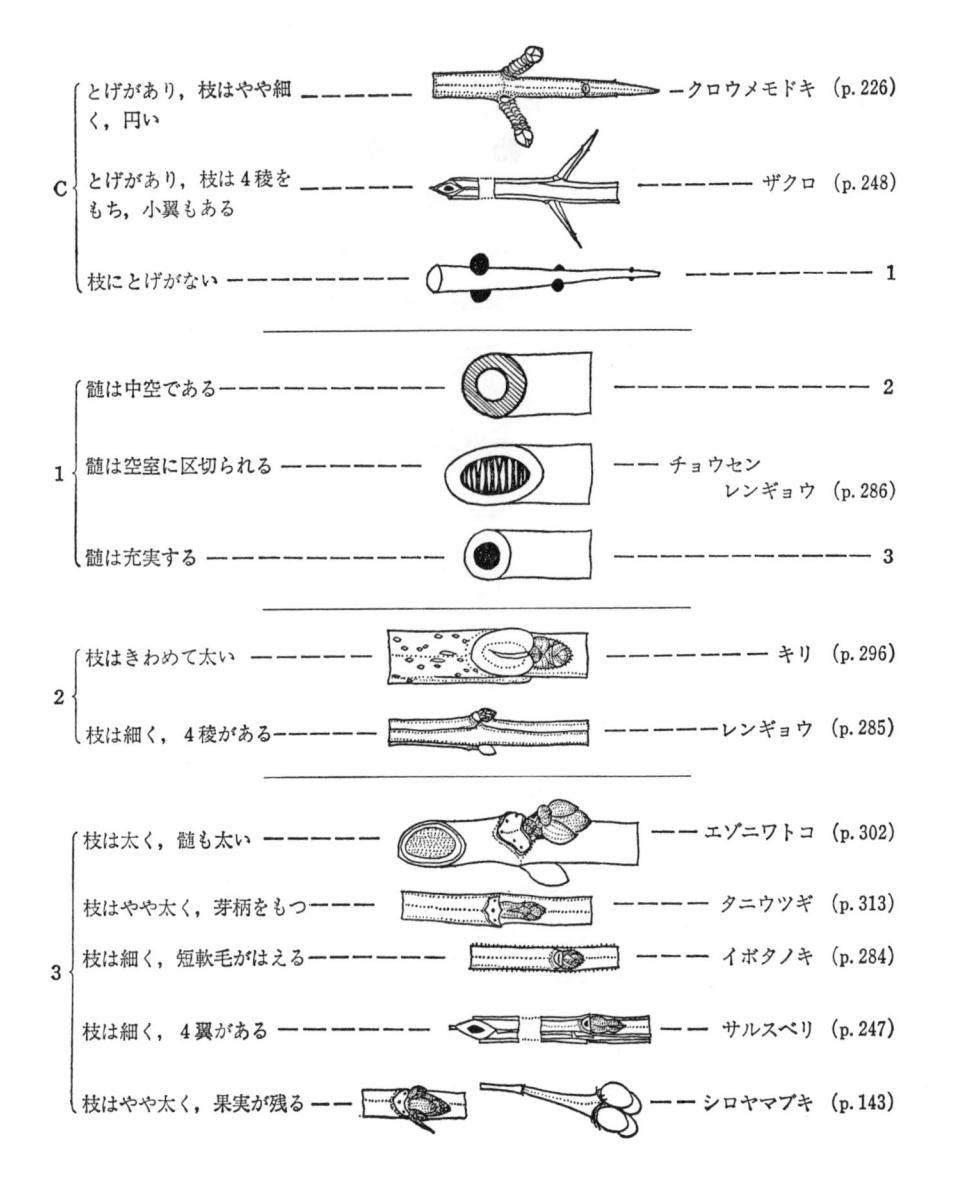

C { とげがあり，枝はやや細く，円い ——— クロウメモドキ (p. 226)
   { とげがあり，枝は4稜をもち，小翼もある ——— ザクロ (p. 248)
   { 枝にとげがない ——————— 1

1 { 髄は中空である ——————— 2
  { 髄は空室に区切られる ——— チョウセンレンギョウ (p. 286)
  { 髄は充実する ——————— 3

2 { 枝はきわめて太い ————— キリ (p. 296)
  { 枝は細く，4稜がある ——— レンギョウ (p. 285)

3 { 枝は太く，髄も太い ————— エゾニワトコ (p. 302)
  { 枝はやや太く，芽柄をもつ —— タニウツギ (p. 313)
  { 枝は細く，短軟毛がはえる —— イボタノキ (p. 284)
  { 枝は細く，4翼がある ——— サルスベリ (p. 247)
  { 枝はやや太く，果実が残る —— シロヤマブキ (p. 143)

II. 冬芽は二列互生する

一般に枝は細めで，多少ともジグザグに屈折し，仮頂芽型であることが多い。

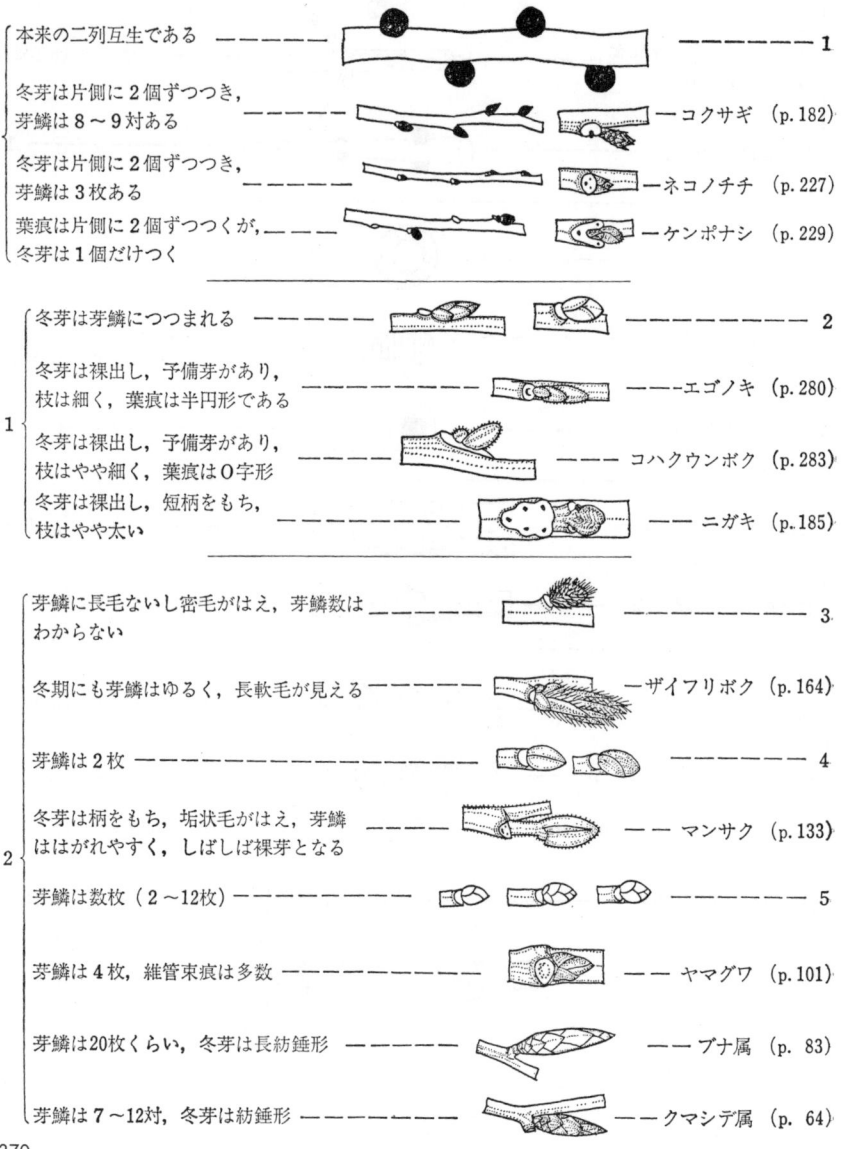

```
┌ 本来の二列互生である ──────              ─────── 1
│ ┌ 冬芽は片側に2個ずつつき，
│ │ 芽鱗は8～9対ある      ─────       ─── コクサギ (p.182)
│ │ 冬芽は片側に2個ずつつき，
│ │ 芽鱗は3枚ある        ─────       ─── ネコノチチ (p.227)
│ │ 葉痕は片側に2個ずつつくが，─────   ─── ケンポナシ (p.229)
│ └ 冬芽は1個だけつく

  ┌ 冬芽は芽鱗につつまれる ─────        ────── 2
1 │ 冬芽は裸出し，予備芽があり，
  │ 枝は細く，葉痕は半円形である ─────   ── エゴノキ (p.280)
  │ 冬芽は裸出し，予備芽があり，
  │ 枝はやや細く，葉痕はO字形       ──── コハクウンボク (p.283)
  │ 冬芽は裸出し，短柄をもち，
  └ 枝はやや太い         ─────         ── ニガキ (p.185)

  ┌ 芽鱗に長毛ないし密毛がはえ，芽鱗数は
  │ わからない            ─────          ─────── 3
  │ 冬期にも芽鱗はゆるく，長軟毛が見える ─── ザイフリボク (p.164)
  │ 芽鱗は2枚 ──────────               ─────── 4
  │ 冬芽は柄をもち，垢状毛がはえ，芽鱗
2 │ ははがれやすく，しばしば裸芽となる ─── マンサク (p.133)
  │ 芽鱗は数枚(2～12枚)─────            ─────── 5
  │ 芽鱗は4枚，維管束痕は多数 ──────    ── ヤマグワ (p.101)
  │ 芽鱗は20枚くらい，冬芽は長紡錘形 ──── ブナ属 (p.83)
  └ 芽鱗は7～12対，冬芽は紡錘形 ─────   ── クマシデ属 (p.64)
```

3	葉芽, 花芽とも長毛がはえる ————	——モクレン属 (p.111)
	密毛が下向きにはえる ————————	————ユクノキ (p.176)
	長毛がはえ, 葉痕はO字形 —————	————ウリノキ (p.250)

4	冬芽はだ円形, 先も基部もとがり, 長さ10〜16mm, 短柄をもつ ————	——トサミズキ (p.136)
	冬芽は三角状卵形, 先がとがり, やや偏平し, 長さ3〜5mm, 枝に稜	————シラキ (p.189)
	つるで, 巻ひげをもつ ————————	————ヤマブドウ (p.230)
	冬芽は卵形〜広卵形, 先が円く, 長さ4〜10mm	————シナノキ属 (p.233)
	冬芽は卵形, 先がとがり, 長さ5〜7mm	——ネジキ (p.270)
	冬芽は長卵形, 偏平, 長さ3〜4mm, 枝に2溝ある	——アクシバ (p.274)
	冬芽は卵形, 伏生, 先がとがり, 長さ3〜5mm	——マメガキ (p.277)

	芽鱗は4枚以上ある ————————	———————— 6
	吸盤をもつ —————————————	————ツタ (p.232)
	芽鱗はほぼ3枚, 冬芽は広卵形, 偏平, 短軟毛がはえ, 長さ5〜8mm	————イヌエンジュ (p.174)
5	芽鱗は2〜4枚, 冬芽は広卵形, 無毛 ——	————コウゾ (p.103)
	芽鱗はほぼ2対, 冬芽は三角形, 偏平, 長さ3〜5mm, 有毛	————エノキ (p. 97)
	雄花穂をもつ ————————————	————(カバノキ科) 7
	葉芽は紡錘形, 花芽は球形 —————	————(クスノキ科) 8
	芽鱗は3〜4枚, 外側の2枚はほぼ無毛, 冬芽は紡錘形	————ナツツバキ (p.242)

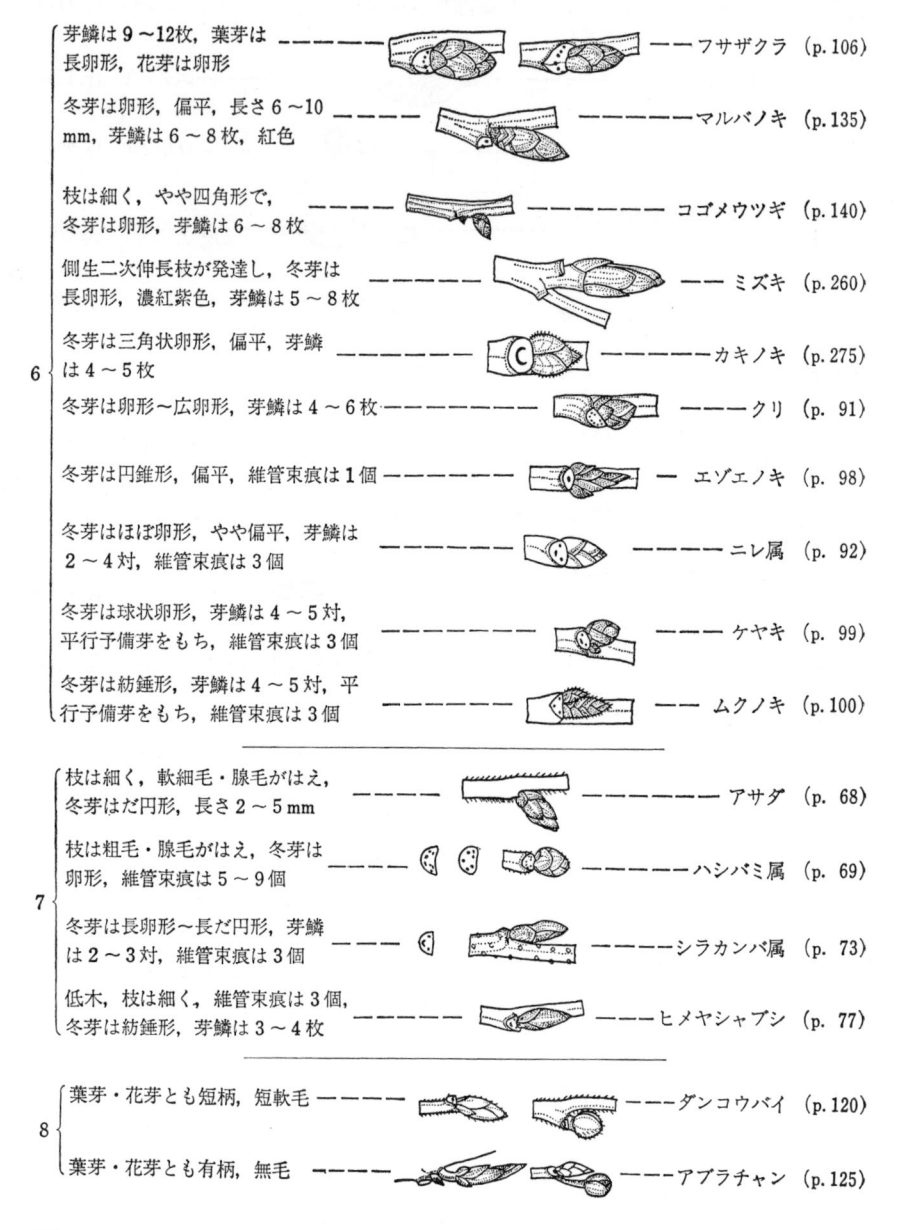

6 {
  芽鱗は9～12枚，葉芽は長卵形，花芽は卵形 ——— フサザクラ（p. 106）
  冬芽は卵形，偏平，長さ6～10 mm，芽鱗は6～8枚，紅色 ——— マルバノキ（p. 135）
  枝は細く，やや四角形で，冬芽は卵形，芽鱗は6～8枚 ——— コゴメウツギ（p. 140）
  側生二次伸長枝が発達し，冬芽は長卵形，濃紅紫色，芽鱗は5～8枚 ——— ミズキ（p. 260）
  冬芽は三角状卵形，偏平，芽鱗は4～5枚 ——— カキノキ（p. 275）
  冬芽は卵形～広卵形，芽鱗は4～6枚 ——— クリ（p. 91）
  冬芽は円錐形，偏平，維管束痕は1個 ——— エゾエノキ（p. 98）
  冬芽はほぼ卵形，やや偏平，芽鱗は2～4対，維管束痕は3個 ——— ニレ属（p. 92）
  冬芽は球状卵形，芽鱗は4～5対，平行予備芽をもち，維管束痕は3個 ——— ケヤキ（p. 99）
  冬芽は紡錘形，芽鱗は4～5対，平行予備芽をもち，維管束痕は3個 ——— ムクノキ（p. 100）
}

7 {
  枝は細く，軟細毛・腺毛がはえ，冬芽はだ円形，長さ2～5 mm ——— アサダ（p. 68）
  枝は粗毛・腺毛がはえ，冬芽は卵形，維管束痕は5～9個 ——— ハシバミ属（p. 69）
  冬芽は長卵形～長だ円形，芽鱗は2～3対，維管束痕は3個 ——— シラカンバ属（p. 73）
  低木，枝は細く，維管束痕は3個，冬芽は紡錘形，芽鱗は3～4枚 ——— ヒメヤシャブシ（p. 77）
}

8 {
  葉芽・花芽とも短柄，短軟毛 ——— ダンコウバイ（p. 120）
  葉芽・花芽とも有柄，無毛 ——— アブラチャン（p. 125）
}

III. 冬芽はらせん生につく

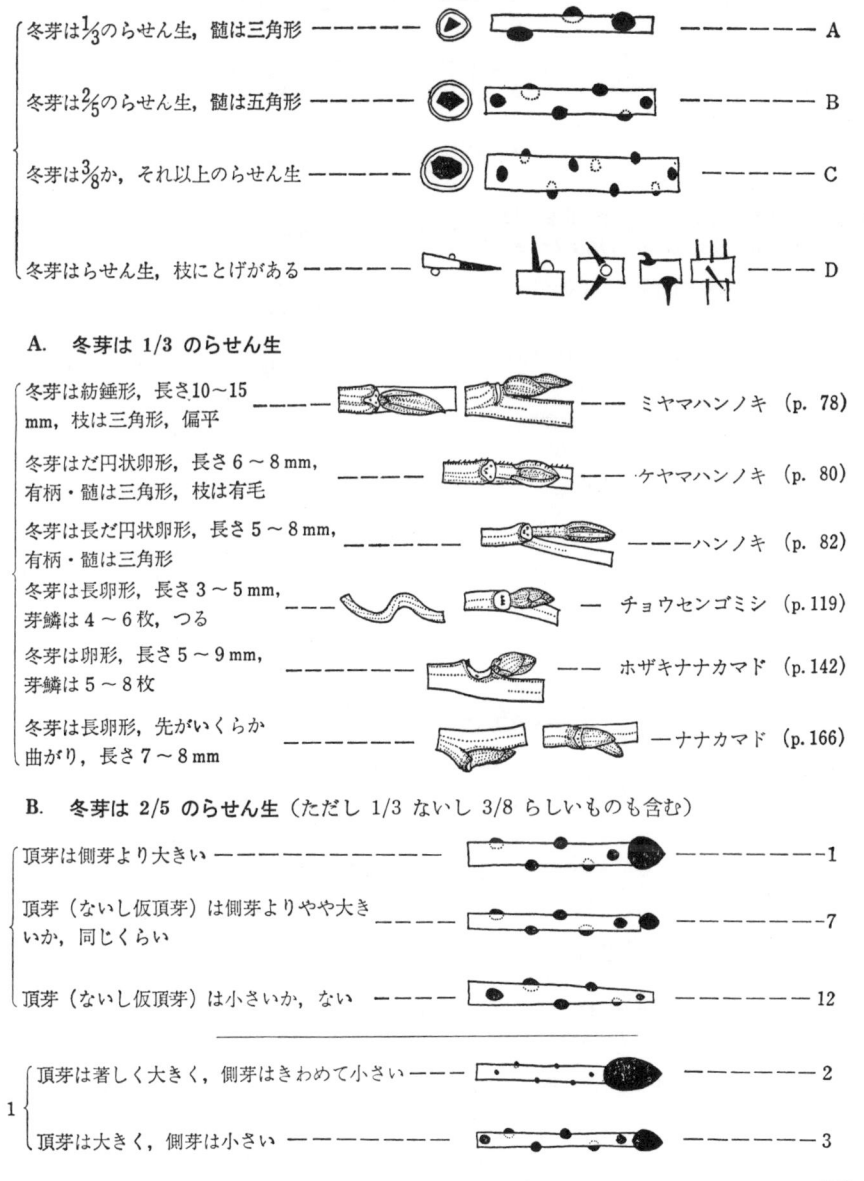

冬芽は1/3のらせん生，髄は三角形 ────────── A
冬芽は2/5のらせん生，髄は五角形 ────────── B
冬芽は3/8か，それ以上のらせん生 ────────── C
冬芽はらせん生，枝にとげがある ────────── D

A. 冬芽は 1/3 のらせん生

冬芽は紡錘形，長さ10～15 mm，枝は三角形，偏平 ───── ミヤマハンノキ (p. 78)
冬芽はだ円状卵形，長さ6～8mm，有柄・髄は三角形，枝は有毛 ───── ケヤマハンノキ (p. 80)
冬芽は長だ円状卵形，長さ5～8mm，有柄・髄は三角形 ───── ハンノキ (p. 82)
冬芽は長卵形，長さ3～5mm，芽鱗は4～6枚，つる ───── チョウセンゴミシ (p. 119)
冬芽は卵形，長さ5～9mm，芽鱗は5～8枚 ───── ホザキナナカマド (p. 142)
冬芽は長卵形，先がいくらか曲がり，長さ7～8mm ───── ナナカマド (p. 166)

B. 冬芽は 2/5 のらせん生（ただし 1/3 ないし 3/8 らしいものも含む）

頂芽は側芽より大きい ────────── 1
頂芽（ないし仮頂芽）は側芽よりやや大きいか，同じくらい ────────── 7
頂芽（ないし仮頂芽）は小さいか，ない ────────── 12

1 { 頂芽は著しく大きく，側芽はきわめて小さい ── 2
    頂芽は大きく，側芽は小さい ────────── 3

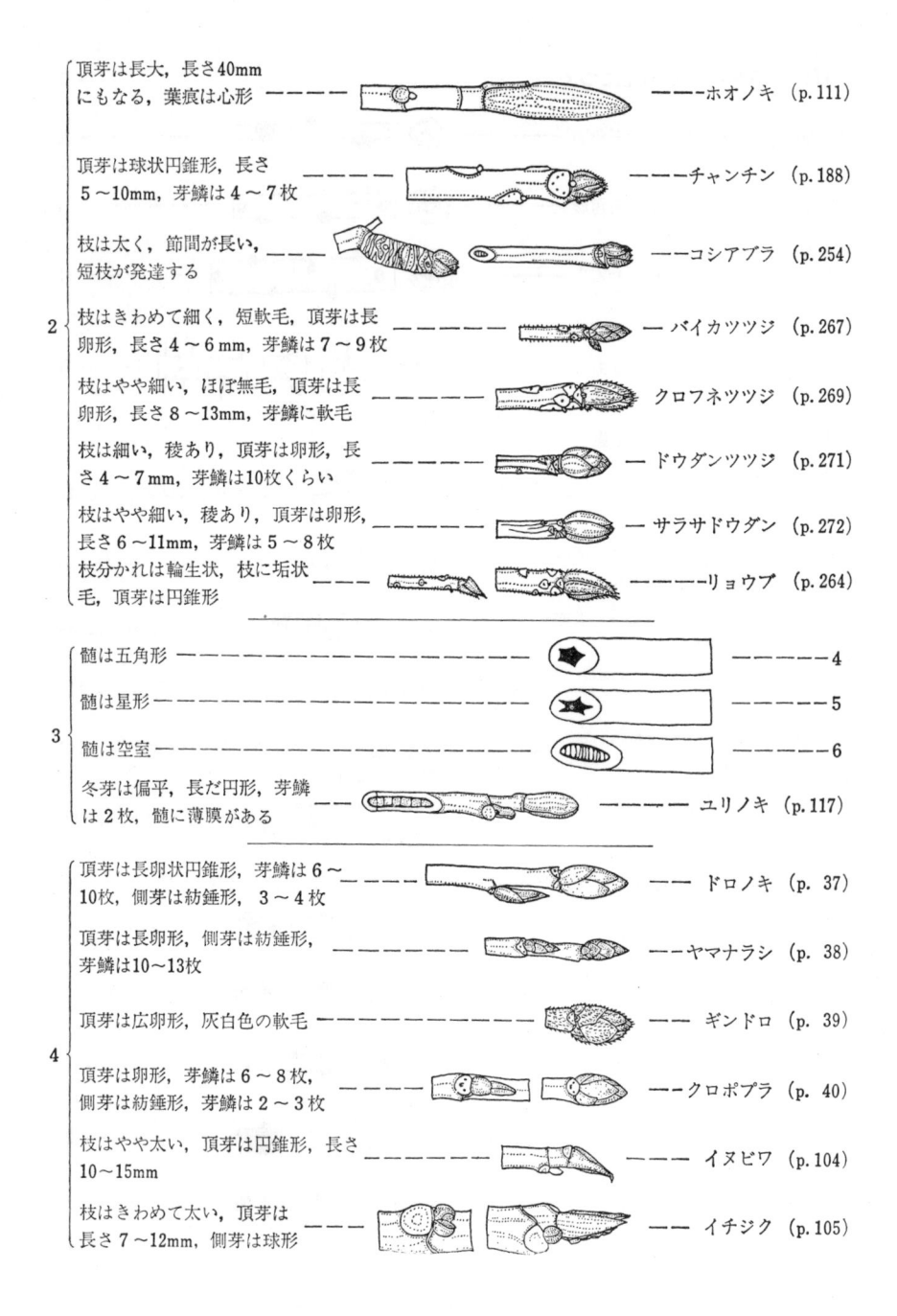

	頂芽は長大，長さ40mm にもなる，葉痕は心形	ホオノキ (p. 111)
2	頂芽は球状円錐形，長さ 5～10mm，芽鱗は4～7枚	チャンチン (p. 188)
	枝は太く，節間が長い，短枝が発達する	コシアブラ (p. 254)
	枝はきわめて細く，短軟毛，頂芽は長卵形，長さ4～6mm，芽鱗は7～9枚	バイカツツジ (p. 267)
	枝はやや細い，ほぼ無毛，頂芽は長卵形，長さ8～13mm，芽鱗に軟毛	クロフネツツジ (p. 269)
	枝は細い，稜あり，頂芽は卵形，長さ4～7mm，芽鱗は10枚くらい	ドウダンツツジ (p. 271)
	枝はやや細い，稜あり，頂芽は卵形，長さ6～11mm，芽鱗は5～8枚	サラサドウダン (p. 272)
	枝分かれは輪生状，枝に垢状毛，頂芽は円錐形	リョウブ (p. 264)

	髄は五角形	4
3	髄は星形	5
	髄は空室	6

	冬芽は偏平，長だ円形，芽鱗は2枚，髄に薄膜がある	ユリノキ (p. 117)
	頂芽は長卵状円錐形，芽鱗は6～10枚，側芽は紡錘形，3～4枚	ドロノキ (p. 37)
	頂芽は長卵形，側芽は紡錘形，芽鱗は10～13枚	ヤマナラシ (p. 38)
	頂芽は広卵形，灰白色の軟毛	ギンドロ (p. 39)
4	頂芽は卵形，芽鱗は6～8枚，側芽は紡錘形，芽鱗は2～3枚	クロポプラ (p. 40)
	枝はやや太い，頂芽は円錐形，長さ10～15mm	イヌビワ (p. 104)
	枝はきわめて太い，頂芽は長さ7～12mm，側芽は球形	イチジク (p. 105)

5	冬芽は卵形，有柄，予備芽をもち，芽鱗は10～20枚，維管束痕は3グループ	ノグルミ (p. 56)
	冬芽は広卵形～卵形，芽鱗は3～7枚	ペカン属 (p. 62)
	冬芽は卵形～長卵形，芽鱗は多く，20～35枚，葉痕は半円形	コナラ属 (p. 85)

6	冬芽は裸出，頂芽は紡錘形，側芽は有柄	サワグルミ (p. 58)
	冬芽は有鱗，頂芽は球状円錐形，側芽は球形，無柄	テウチグルミ (p. 61)

7	高木ないし小高木	8
	低木	11

8	葉痕はO字形，維管束痕は5グループ，冬芽は円錐状卵形，芽鱗は1枚	アメリカスズカケノキ (p. 138)
	葉痕はU字形，冬芽は半球形，密軟毛	ヌルデ (p. 195)
	葉痕は長いO字形，冬芽は裸出，密軟毛，予備芽つく	ハクウンボク (p. 282)
	葉痕は冬芽を取り囲まない	9

9	枝にとげ（茎針）がある	III-D-6
	枝にとげがない	10

10	枝はやや細く，軟毛，葉痕は半円形，冬芽は長卵形，長さ5〜10mm，黒褐色	フウ (p.137)
	枝は細く，冬芽は球形，長さ1〜3mm，開出，芽鱗は褐色，6〜8枚	アオハダ (p.198)
	枝はやや太く，赤褐色，葉痕はやや心形，維管束痕は多数，冬芽は広卵形	チャンチンモドキ (p.196)
	枝は細く，皮目はきわめて明らか，葉痕は著しく隆起，冬芽は卵形，長さ3〜5mm	アズキナシ (p.168)
	枝はやや太く，葉痕は三角形，冬芽は卵形，赤紫色，芽鱗は5〜8枚	クロミサンザシ (p.160)
	枝は細く，栗褐色，冬芽は伏生，卵形，偏平，長さ2〜5mm，芽鱗は5〜7枚	カイドウ (p.161)
	小高木，枝はやや太く，赤褐色，冬芽は伏生，卵形，やや偏平，芽鱗は3〜4枚	エゾノコリンゴ (p.162)
	枝は太く，葉痕は三日月形，冬芽は卵形〜長卵形，長さ5〜12mm，芽鱗は7〜10枚	ナシ (p.163)
	葉痕はほぼ三角形，3個の維管束痕，托葉痕あり，冬芽は卵形〜長卵形 （花芽）	サクラ属 (p.150)
11	枝は細く，切ると芳香あり，冬芽は紡錘形，有柄，芽鱗は3〜8枚，花芽は球形，長柄	クロモジ属 (p.120)
	枝は細く，綿毛〜長軟毛，冬芽は円錐形，4稜，芽鱗は3〜4枚	ワタゲカマツカ (p.165)
	枝は細く，やや偏平，稜あり，冬芽は卵形，芽鱗は6〜8枚	ナツハゼ (p.273)
	枝は細く，稜あり，ねじれ，冬芽は卵形，長い花穂がつく	キブシ (p.244)
	枝は細く，垢状毛〜短密毛，冬芽は半球形，長さ1mmくらい	ウメモドキ (p.197)

|冬芽は球形，芽鱗は6～10枚，つる ————————— ツルウメモドキ (p. 199)
|冬芽は葉枕内に隠れる，つる ————————— サルナシ (p. 238)
12|冬芽は長卵形，芽鱗は7～10枚，つる ————————— マツブサ (p. 118)
|冬芽は長卵形，偏平，芽鱗は2～3枚，つる ————————— フジ (p. 177)
|高木ないし低木，つるではない ————————— 13

|低木，枝は細く，冬芽は開出，卵形，長さ1～2mm，雄花穂は長さ5～10mm ————————— ヤチヤナギ (p. 54)
|枝は細く，緑色，冬芽は長卵形，長さ4～7mm，低木 ————————— ヤマブキ (p. 144)
13|低木，枝は細く，5稜，冬芽はやや開出，長さ1～2.5mm，芽鱗は4～5対 ————————— サワフタギ (p. 278)
|高木ないし低木，冬芽は伏生，芽鱗は1枚 ————————— 14

|冬芽は紡錘形，無毛，枝は帯紫紅色，白粉，細い ————————— ケショウヤナギ (p. 41)
|冬芽は卵状円錐形，偏平，長さ5～8mm，枝は赤褐色 ————————— オオバヤナギ (p. 42)
14|冬芽は卵形～長卵形，無毛 ————————— 丸芽ヤナギ類 (p. 46)
|冬芽は長だ円形～長円錐形 ————————— 長芽ヤナギ類 (p. 51)

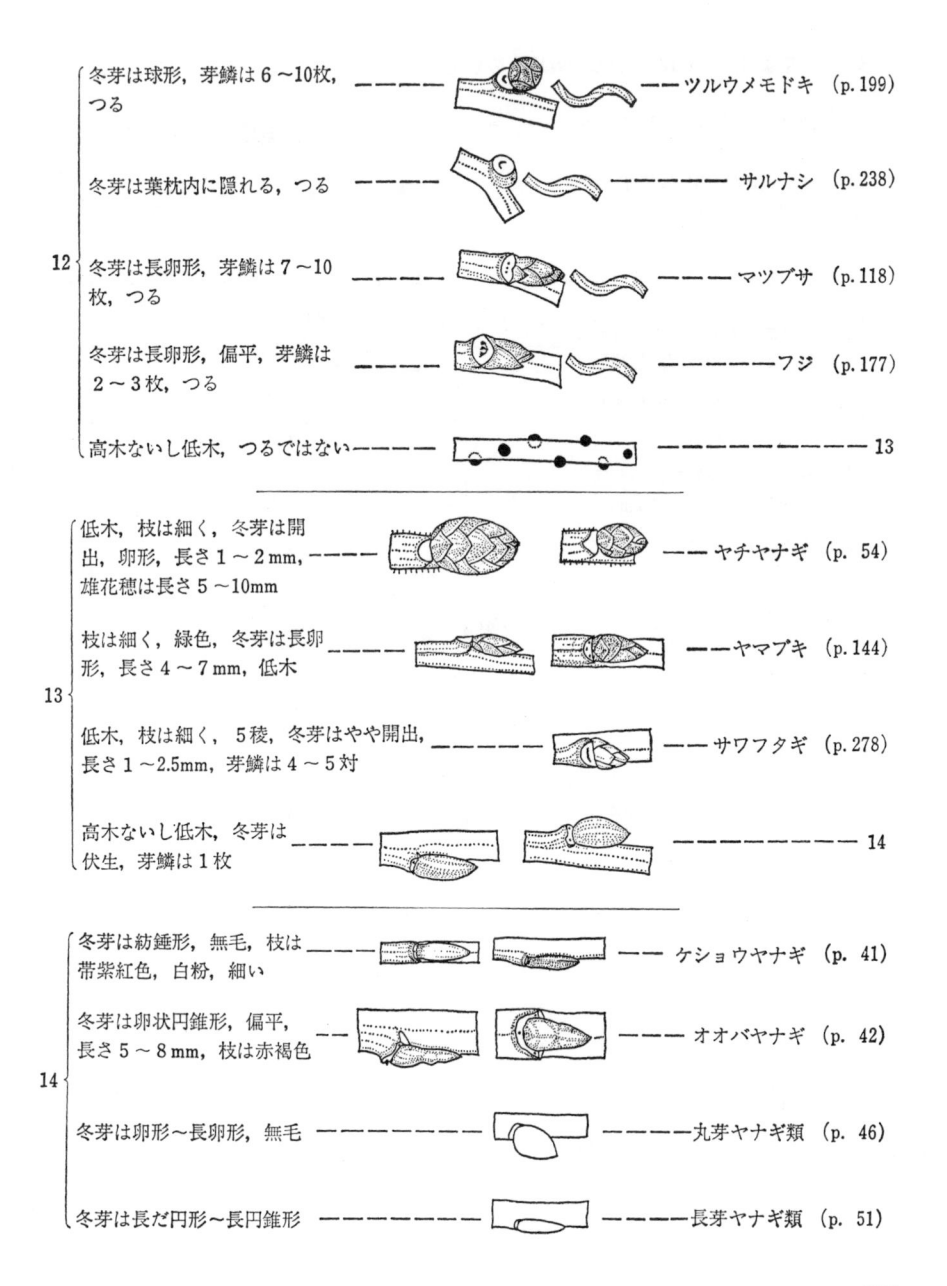

C. 冬芽は 3/8，5/13 ないしそれ以上のらせん生

｛頂芽は側芽より大きい，枝は太め ———————————— 1

頂芽（ないし仮頂芽）は側芽より
小さい，ないしほぼ同じ ———————————— 2

低木，頂芽は卵形，長さ 8～15mm ————————— レンゲツツジ (p.268)

枝はきわめて太く，径 7～17mm,
黄緑色，頂芽は半球形，黒褐色 ————— アオギリ (p.237)

枝は太く，栗褐色，やや稜あり，
頂芽は半球形，暗栗褐色 ————— イイギリ (p.243)

枝は軟らかく，暗緑色，頂芽は
卵形～球形，長さ 4～6 mm ————— ハナイカダ (p.262)

1 枝はやや細く，節間が長い，頂
芽は卵形，短枝化しやすい ————— タカノツメ (p.258)

つる，気根をもつ，頂芽は
だ円状円錐形，裸出 ————— ツタウルシ (p.190)

枝は太く，ウルシ液溝をも
つ，葉痕はほぼ心形 ————— ウルシ属 (p.190)

枝はきわめて太く，葉痕はT字形，
冬芽は裸出，黄褐色，短軟細毛 ————— オニグルミ (p.59)

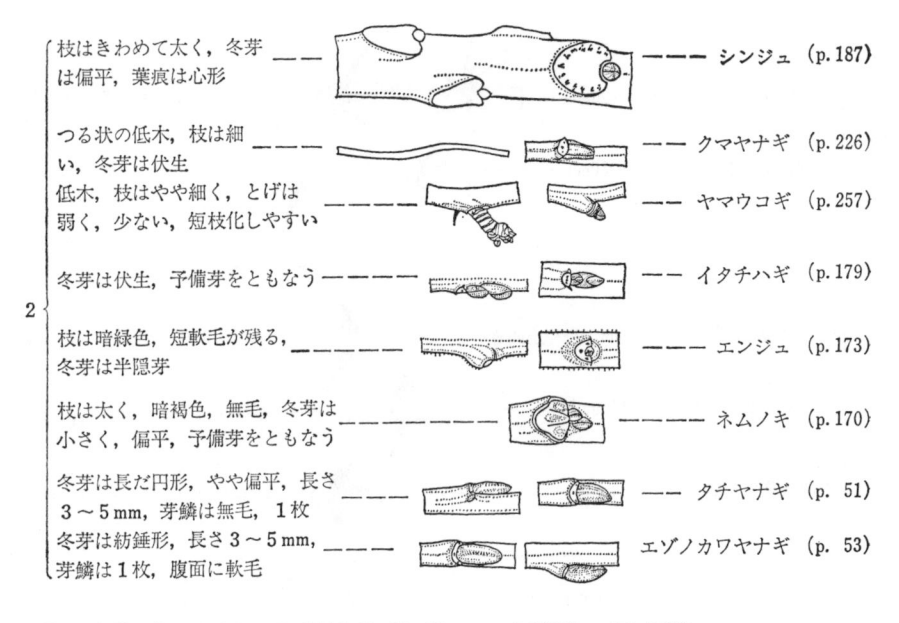

| 枝はきわめて太く，冬芽は偏平，葉痕は心形 ——— シンジュ (p. 187)
| つる状の低木，枝は細い，冬芽は伏生 ——— クマヤナギ (p. 226)
| 低木，枝はやや細く，とげは弱く，少ない，短枝化しやすい ——— ヤマウコギ (p. 257)
2 { 冬芽は伏生，予備芽をともなう ——— イタチハギ (p. 179)
| 枝は暗緑色，短軟毛が残る，冬芽は半隠芽 ——— エンジュ (p. 173)
| 枝は太く，暗褐色，無毛，冬芽は小さく，偏平，予備芽をともなう ——— ネムノキ (p. 170)
| 冬芽は長だ円形，やや偏平，長さ 3〜5 mm，芽鱗は無毛，1 枚 ——— タチヤナギ (p. 51)
| 冬芽は紡錘形，長さ 3〜5 mm，芽鱗は 1 枚，腹面に軟毛 ——— エゾノカワヤナギ (p. 53)

D.　冬芽はらせん生し，とげがある（とげについては総論 p. 26 参照）

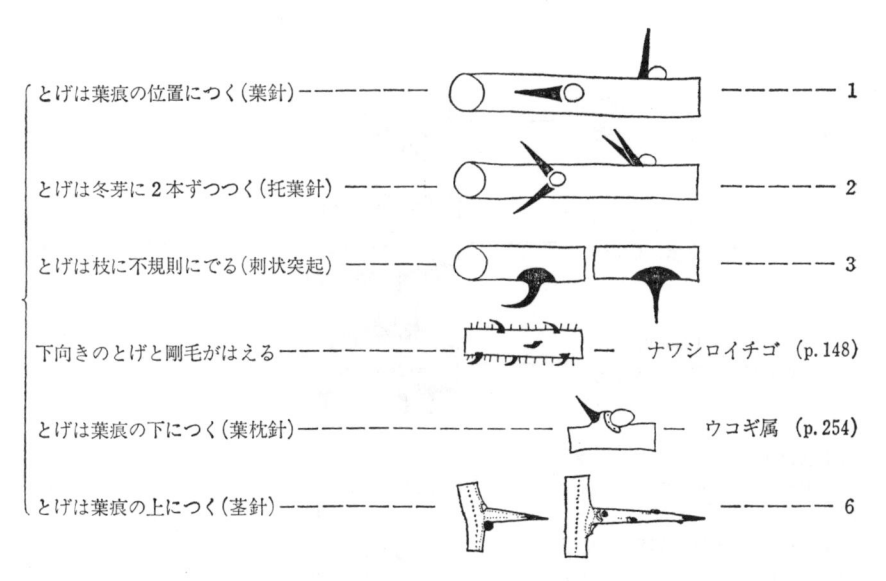

| とげは葉痕の位置につく（葉針）————— ————— 1
| とげは冬芽に 2 本ずつつく（托葉針）————— ————— 2
| とげは枝に不規則にでる（刺状突起）————— ————— 3
{ 下向きのとげと剛毛がはえる ————————— ナワシロイチゴ (p. 148)
| とげは葉痕の下につく（葉枕針）————————— ウコギ属 (p. 254)
| とげは葉痕の上につく（茎針）————————— ————— 6

379

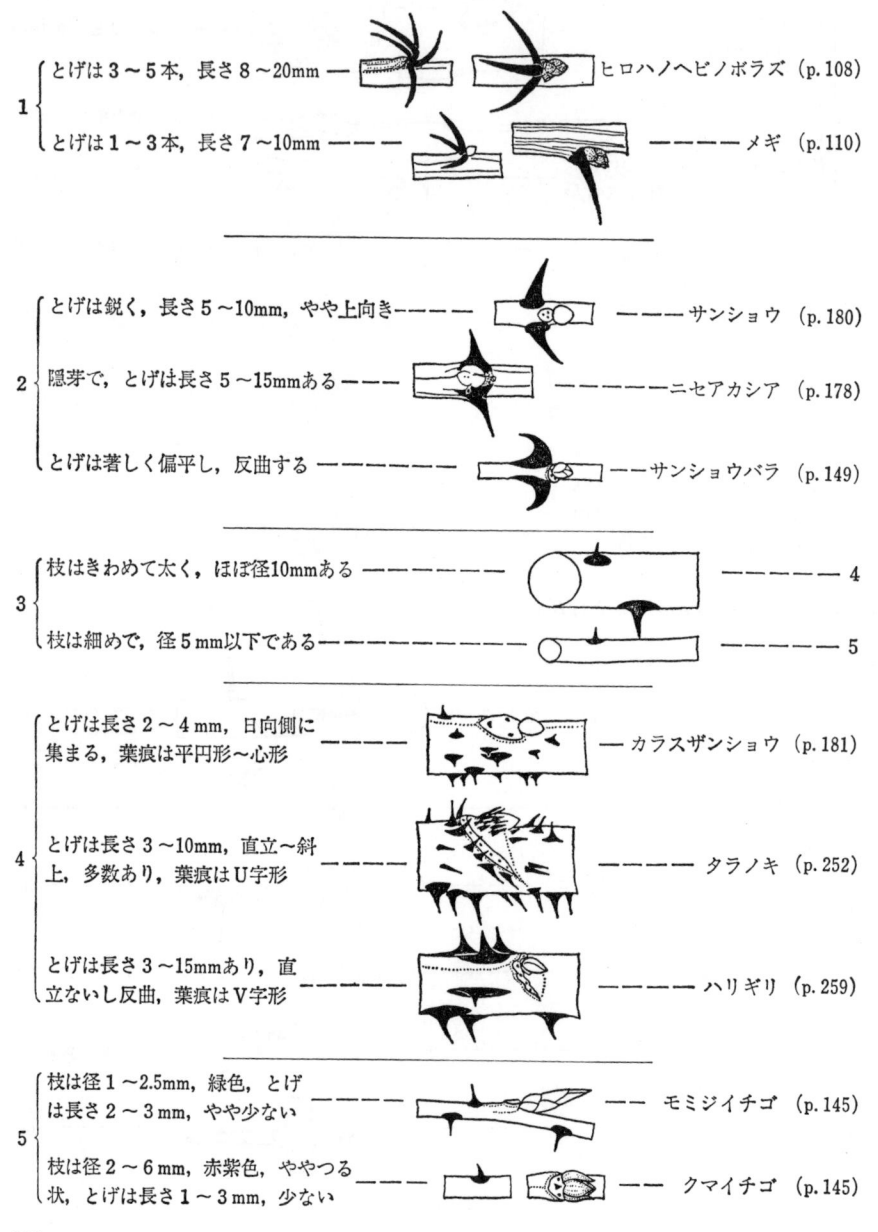

1 { とげは3～5本，長さ8～20mm ———————— ヒロハノヘビノボラズ (p. 108)
　 { とげは1～3本，長さ7～10mm ————————— メギ (p. 110)

2 { とげは鋭く，長さ5～10mm，やや上向き ———— サンショウ (p. 180)
　 { 隠芽で，とげは長さ5～15mmある ————— ニセアカシア (p. 178)
　 { とげは著しく偏平し，反曲する ————————— サンショウバラ (p. 149)

3 { 枝はきわめて太く，ほぼ径10mmある ————————— 4
　 { 枝は細めで，径5mm以下である ————————————— 5

4 { とげは長さ2～4mm，日向側に集まる，葉痕は平円形～心形 ———— カラスザンショウ (p. 181)
　 { とげは長さ3～10mm，直立～斜上，多数あり，葉痕はU字形 ———— タラノキ (p. 252)
　 { とげは長さ3～15mmあり，直立ないし反曲，葉痕はV字形 ———— ハリギリ (p. 259)

5 { 枝は径1～2.5mm，緑色，とげは長さ2～3mm，やや少ない ———— モミジイチゴ (p. 145)
　 { 枝は径2～6mm，赤紫色，ややつる状，とげは長さ1～3mm，少ない ———— クマイチゴ (p. 145)

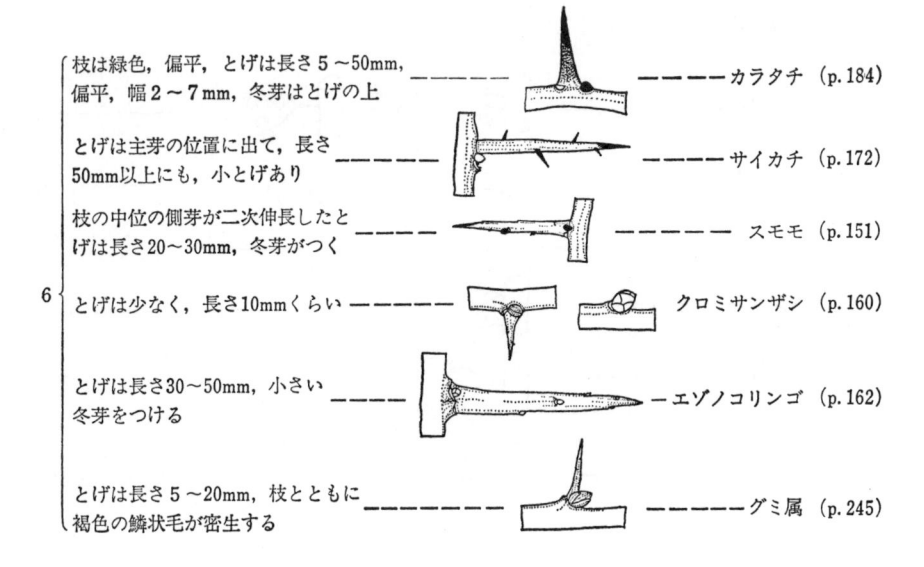

6 {
- 枝は緑色，偏平，とげは長さ5～50mm，偏平，幅2～7mm，冬芽はとげの上 ―――――― カラタチ（p.184）
- とげは主芽の位置に出て，長さ50mm以上にも，小とげあり ―――――― サイカチ（p.172）
- 枝の中位の側芽が二次伸長したとげは長さ20～30mm，冬芽がつく ―――――― スモモ（p.151）
- とげは少なく，長さ10mmくらい ―――――― クロミサンザシ（p.160）
- とげは長さ30～50mm，小さい冬芽をつける ―――――― エゾノコリンゴ（p.162）
- とげは長さ5～20mm，枝とともに褐色の鱗状毛が密生する ―――――― グミ属（p.245）

IV. つる

- よじのぼり器官をもつ ――――― ――――― A
- よじのぼり器官がない ――――― ――――― B

A
- 気根をもつ ―――――― ――――――――― 1
- 吸盤をもつ ―――――― ―――――― ツタ（p.232）
- 巻きひげをもつ ――――― ――――― ヤマブドウ（p.230）

1
- 冬芽はらせん生, 有毛 ――――― ―――― ツタウルシ（p.190）
- 冬芽は対生, 無毛 ――――― ――――――― 2

2
- 冬芽は卵形, 葉痕は倒松形 ――― ――― イワガラミ（p.126）
- 冬芽は紡錘形, 葉痕は三日月形 ――― ――― ツルアジサイ（p.128）

B
- 冬芽は見えない ――――― ―――― サルナシ属（p.238）
- 冬芽は見える ―――――― ――――――― 1

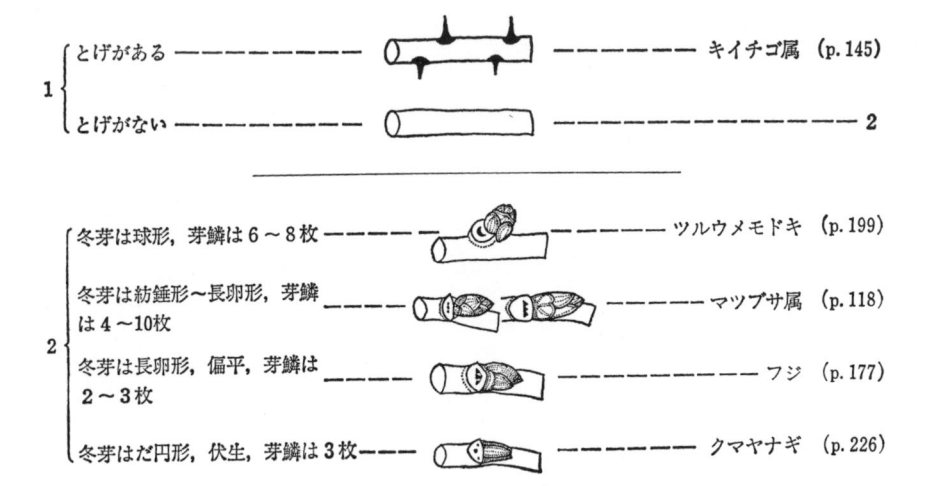

1 { とげがある ―――――――　　　　　　　　―――――― キイチゴ属（p.145）
　　とげがない ―――――――　　　　　　　　―――――――― 2

2 { 冬芽は球形, 芽鱗は6～8枚 ―――　　　　―――― ツルウメモドキ（p.199）
　　冬芽は紡錘形～長卵形, 芽鱗
　　は4～10枚 ――――　　　　　　　　　　―――― マツブサ属（p.118）
　　冬芽は長卵形, 偏平, 芽鱗は
　　2～3枚 ―――――　　　　　　　　　　―――――― フジ（p.177）
　　冬芽はだ円形, 伏生, 芽鱗は3枚 ―――　　　　　―――― クマヤナギ（p.226）

索引

和 名 索 引

——ページのイタリック体は別名，地方名ないし俗名である——

ア

アオギリ……………………237
アオギリ科…………………237
アオギリ属…………………237
アオジナ……………………*235*
アオダモ……………………291
アオハダ……………………198
アカイタヤ…………………*210*
アカシデ………………………66
アカジナ……………………*233*
アカダモ………………………*92*
アカヒッコリー………………63
アキグミ……………………245
アキニレ………………………96
アクシバ……………………274
アクシバ属…………………274
アサダ…………………………68
アサダ属………………………68
アジサイ……………………131
アジサイ属…………………128
アズキナシ…………………168
アズマヒガン………………*154*
アツシ…………………………*94*
アブラコ……………………*254*
アブラチャン………………125
アベマキ………………………90
アマクサギ…………………295
アメリカスズカケノキ……138
アメリカトチノキ…………*225*
アメリカハナノキ…………*222*
アラハダヒッコリー…………62

イ

イイギリ……………………243
イイギリ科…………………243
イイギリ属…………………243
イタチハギ…………………179
イタチハギ属………………179
イタヤカエデ………………209
イチジク……………………105
イチジク属…………………104
イヌエンジュ………………174
イヌエンジュ属……………174

イヌコリヤナギ………………45
イヌビワ……………………104
イヌブナ………………………85
イボタノキ…………………284
イボタノキ属………………284
イモノキ……………………*258*
イワガラミ…………………126
イワガラミ属………………126

ウ

ウグイスカグラ……………312
ウコギ………………………256
ウコギ科……………………252
ウコギ属……………………254
ウシコロシ…………………*165*
ウシブドウ…………………*118*
ウダイカンバ…………………73
ウツギ………………………132
ウツギ属……………………132
ウメモドキ…………………197
ウラジロハコヤナギ…………*39*
ウリノキ……………………250
ウリノキ科…………………250
ウリノキ属…………………250
ウリハダカエデ……………219
ウルシ科……………………190
ウルシ属……………………190
ウワミズザクラ……………159

エ

エゴノキ……………………280
エゴノキ科…………………280
エゴノキ属…………………280
エゾイタヤ…………………*209*
エゾエノキ……………………98
エゾニワトコ………………302
エゾノウワミズザクラ……159
エゾノカワヤナギ……………53
エゾノキヌヤナギ……………50
エゾノコリンゴ……………162
エゾノバッコヤナギ…………47
エゾヤマネコヤナギ…………*47*
エゾヤマザクラ……………156
エドヒガン…………………154

エノキ……97
エノキ属……97
エリマキ……*205*
エンジュ……173

オ
オオカメノキ……306
オオバクロモジ……124
オオバボダイジュ……235
オオバヤナギ……*42*
オオバヤナギ属……*42*
オオヤマザクラ……*156*
オオヤマレンゲ……113
オトコヨウゾメ……309
オニグルミ……59
オニグルミ属……59
オニモミジ……*217*
オノエヤナギ……*52*
オヒョウ……94

カ
カイドウ……161
カエデ科……208
カエデ属……208
カ キ……275
カキノキ……*275*
カキノキ科……275
カキノキ属……275
カジカエデ……217
カシグルミ……*61*
カシワ……88
カスミザクラ……157
カタスギ……*168*
カツラ……107
カツラ科……107
カツラ属……107
カナギノキ……122
カバノキ科……64
ガマズミ……308
ガマズミ属……304
カマツカ属……165
カラスザンショウ……181
カラタチ……184
カラタチ属……184
カンボク……304

キ
キイチゴ属……145

キササゲ……298
キササゲ属……298
キタコブシ……114
キツネヤナギ……48
キハダ……183
キハダ属……183
キブシ……244
キブシ科……244
キブシ属……244
キ リ……296
キリ属……296
ギンドロ……39

ク
クサギ……294
クサギ属……294
クスノキ科……120
クヌギ……89
クマイチゴ……145
クマシデ……67
クマシデ属……64
クマツヅラ科……293
クマヤナギ……226
クマヤナギ属……226
グミ科……245
グミ属……245
クララ属……173
ク リ……91
クリ属……91
クルミ科……56
クロウメモドキ……227
クロウメモドキ科……226
クロウメモドキ属……227
クログルミ……61
クロバナエンジュ……*179*
クロビイタヤ……211
クロフネツツジ……269
クロポプラ……40
クロミサンザシ……160
クロモジ……123
クロモジ属……120
クワ科……101
クワ属……101

ケ
ケショウヤナギ……41
ケショウヤナギ属……41
ケヤキ……99

ケヤキ属	99	サンショウ属	180
ケヤマハンノキ	80	サンショウバラ	149
ケンポナシ	229		
ケンポナシ属	229	**シ**	
		シコロ	*183*
コ		シナノキ	233
コウゾ	103	シナノキ科	233
コウゾ属	103	シナノキ属	233
コクサギ	182	シモクレン	*115*
コクサギ属	182	シャグバークヒッコリー	*62*
コクワ	*238*	シャラノキ	*242*
コゴメウツギ	140	シラカンバ	76
コゴメウツギ属	140	シラカンバ属	73
コシアブラ	254	シラキ	189
ゴトウヅル	*128*	シラキ属	189
コナラ	87	シラクチヅル	*238*
コナラ属	85	シロモジ属	125
コハクウンボク	283	シロヤマブキ	143
コバノトネリコ	*291*	シロヤマブキ属	143
コブニレ	94	シンジュ	187
ゴマギ	311	シンジュ属	187
ゴマノハグサ科	296		
コマユミ	203	**ス**	
コリヤナギ	45	スイカズラ科	302
ゴンゼツ	*254*	スイカズラ属	312
		スズカケノキ科	138
サ		スズカケノキ属	138
サイカチ	172	スノキ属	273
サイカチ属	172	スモモ	151
ザイフリボク	164		
ザイフリボク属	164	**セ**	
サクラ属	150	セイヨウハシバミ	72
ザクロ	248	センダン科	188
ザクロ科	248	センノキ	*259*
ザクロ属	248		
サビタ	*130*	**ソ**	
サラサドウダン	272	ソメイヨシノ	155
サルスベリ	247		
サルスベリ属	247	**タ**	
サルナシ	238	タカノツメ	258
サルナシ属	238	タカノツメ属	258
サワグルミ	58	ダケカンバ	75
サワグミ属	58	タチヤナギ	51
サワシバ	64	タニウツギ	313
サワフタギ	278	タニウツギ属	313
サンザシ属	160	タラノキ	252
サンシュユ	262	タラノキ属	252
サンショウ	180	ダンコウバイ	120

チ

チシマザクラ …………………………153
チシャノキ ……………………………*280*
チドリノキ ……………………………220
チャンチン ……………………………188
チャンチン属 …………………………188
チャンチンモドキ ……………………196
チャンチンモドキ属 …………………196
チョウジザクラ ………………………152
チョウセンゴミシ ……………………119
チョウセンレンギョウ ………………286

ツ

ツ　タ …………………………………232
ツタ属 …………………………………232
ツタウルシ ……………………………190
ツツジ科 ………………………………266
ツツジ属 ………………………………266
ツノハシバミ …………………………71
ツバキ科 ………………………………242
ツリバナ ………………………………205
ツルアジサイ …………………………128
ツルウメモドキ ………………………199
ツルウメモドキ属 ……………………199

テ

テウチグルミ …………………………61

ト

トウグミ ………………………………246
トウダイグサ科 ………………………189
ドウダンツツジ ………………………271
ドウダンツツジ属 ……………………271
トサミズキ ……………………………136
トサミズキ属 …………………………136
ドスナラ ………………………………*287*
トチノキ ………………………………223
トチノキ科 ……………………………223
トチノキ属 ……………………………223
トネリコ ………………………………290
トネリコ属 ……………………………288
トネリコバノカエデ …………………*221*
ドロノキ ………………………………37
ドロヤナギ ……………………………*37*

ナ

ナガバヤナギ …………………………52

ナ　シ …………………………………163
ナシ属 …………………………………163
ナツヅタ ………………………………*232*
ナツツバキ ……………………………242
ナツツバキ属 …………………………242
ナツハゼ ………………………………273
ナナカマド ……………………………166
ナナカマド属 …………………………166
ナワシロイチゴ ………………………148

ニ

ニガキ …………………………………185
ニガキ科 ………………………………185
ニガキ属 ………………………………185
ニシキギ ………………………………201
ニシキギ科 ……………………………199
ニシキギ属 ……………………………201
ニセアカシア …………………………178
ニレ科 …………………………………92
ニレ属 …………………………………92
ニワウルシ ……………………………*187*
ニワトコ属 ……………………………302

ヌ

ヌルデ …………………………………195

ネ

ネグンドカエデ ………………………221
ネコノチチ ……………………………227
ネコノチチ属 …………………………227
ネコヤナギ ……………………………49
ネジキ …………………………………270
ネジキ属 ………………………………270
ネムノキ ………………………………170
ネムノキ属 ……………………………170

ノ

ノウゼンカズラ科 ……………………298
ノグルミ ………………………………56
ノグルミ属 ……………………………56
ノダフジ ………………………………*177*
ノニレ …………………………………96
ノブノキ ………………………………*56*
ノリウツギ ……………………………130
ノリノキ ………………………………*130*

ハ

バイカツツジ …………………………267

ハイノキ科	278	ブドウ属	230
ハイノキ属	278	ブナ	83
ハウチワカエデ	212	ブナ科	83
ハクウンボク	282	ブナ属	83
ハクモクレン	116	プラタナス	*138*
ハクヨウ	*39*		
ハゲシバリ	*77*	**ヘ**	
ハコヤナギ	*38*	ペカン属	62
ハシドイ	287	ベニイタヤ	210
ハシドイ属	287	ベニマンサク	*135*
ハシバミ	70		
ハシバミ属	69	**ホ**	
ハゼノキ	192	ホオノキ	111
バッコヤナギ	46	ホザキナナカマド	142
ハナイカダ	262	ホザキナナカマド属	142
ハナイカダ属	262	ホソバアオダモ	*292*
ハナカイドウ	*161*	ボダイジュ	236
ハナキササゲ	300	ポプルス属	36
バラ科	140		
バラ属	149	**マ**	
ハリエンジュ	*178*	マカンバ	*73*
ハリエンジュ属	178	マタタビ	240
ハリギリ	259	マタタビ科	238
ハリギリ属	259	マツブサ	118
ハルニレ	92	マツブサ属	118
ハンテンボク	*117*	マメ科	170
ハンノキ	82	マメガキ	277
ハンノキ属	77	マユミ	204
		マルバアオダモ	292
ヒ		マルバカエデ	*216*
ヒトツバカエデ	216	マルバノキ	135
ヒメウコギ	*256*	マルバノキ属	135
ヒメトチノキ	225	マンサク	133
ヒメヤシャブシ	77	マンサク科	133
ヒロハノヘビノボラズ	108	マンサク属	133
		マンシュウニレ	*96*
フ			
フウ	137	**ミ**	
フウ属	137	ミカン科	180
フウリンツツジ	*272*	ミズキ	260
フサザクラ	106	ミズキ科	260
フサザクラ科	106	ミズキ属	260
フサザクラ属	106	ミズナラ	86
フジ	177	ミソハギ科	247
フジ属	177	ミツデカエデ	215
フジキ属	176	ミツバウツギ	206
フシノキ	*195*	ミツバウツギ科	206
ブドウ科	230	ミツバウツギ属	206

ミヤマガマズミ …………………310
ミヤマハンノキ……………………78
ミヤマフジキ ……………………*176*
ミヤママタビ ……………………240

ム
ムクノキ …………………………100
ムクノキ属 ………………………100
ムシカリ …………………………*306*
ムラサキシキブ …………………293
ムラサキシキブ属 ………………293
ムラサキハシドイ ………………288

メ
メイゲツカエデ …………………*212*
メ　ギ ……………………………110
メギ科 ……………………………108
メギ属 ……………………………108
メグスリノキ ……………………218

モ
モクセイ科 ………………………284
モクレン …………………………115
モクレン科 ………………………111
モクレン属 ………………………111
モチノキ科 ………………………197
モチノキ属 ………………………197
モミジイチゴ ……………………145

ヤ
ヤチダモ …………………………289
ヤチヤナギ ………………………54
ヤナギ科 …………………………36
ヤナギ属 …………………………43
ヤブデマリ ………………………307
ヤマウコギ ………………………257
ヤマウルシ ………………………194
ヤマグリ …………………………*91*
ヤマグワ …………………………101

ヤマシバカエデ …………………*220*
ヤマナラシ ………………………38
ヤマネコヤナギ …………………*46*
ヤマハゼ …………………………193
ヤマブキ …………………………144
ヤマブキ属 ………………………144
ヤマブドウ ………………………230
ヤマモミジ ………………………214
ヤマモモ科 ………………………54
ヤマモモ属 ………………………54

ユ
ユキノシタ科 ……………………126
ユクノキ …………………………176
ユリノキ …………………………117
ユリノキ属 ………………………117

ラ
ライラック ………………………*288*

リ
リュウキュウハゼ ………………*192*
リョウブ …………………………264
リョウブ科 ………………………264
リョウブ属 ………………………264
リ　ラ ……………………………*288*
リンゴ属 …………………………161

ル
ルブルムカエデ …………………222
ルリミノウシコロシ ……………*278*

レ
レンギョウ ………………………285
レンギョウ属 ……………………285
レンゲツツジ ……………………268

ワ
ワタゲカマツカ …………………165

Latin Index (学名索引)

A

Acanthopanax
  sciadophylloides 254
  sieboldianus 256
  spinosus 257
Aceraceae 208
Acer
  carpinifolium 220
  cissifolium 215
  diabolicum 217
  distylum 216
  japonicum 212
  miyabei 211
  mono 209
    var. *mayrii* 210
  negundo 221
  nikoense 218
  palmatum
    var. *matsumurae* 214
  rubrum 222
  rufinerve 219
Actinidiaceae 238
Actinidia
  arguta 238
  kolomikta 240
  polygama 240
Aesculus
  glabra 225
  turbinata 223
Ailanthus
  altissima 187
Alangiaceae 250
Alangium
  platanifolium
    var. *trilobum* 250
Albizzia
  julibrissin 170
Alnus
  hirsuta 80
  japonica 82
  maximowiczii 78
  pendula 77
Amelanchier
  asiatica 164
Amorpha
  fruticosa 179
Anacardiaceae 190
Aphananthe
  aspera 100
Aquifoliaceae 197
Araliaceae 252
Aralia
  elata 252

B

Berberidaceae 108
Berberis
  amurensis
    var. *japonica* 108
  thunbergii 110
Berchemia
  racemosa 226
Betulaceae 64
Betula
  ermani 75
  maximowicziana 73
  platyphylla
    var. *japonica* 76
Bignoniaceae 298
Broussonetia
  kazinoki 103

C

Callicarpa
  japonica 293
Caprifoliaceae 302
Carpinus
  cordata 64
  japonica 67
  laxiflora 66
Carya
  ovalis 63
  ovata 62
Castanea
  crenata 91
Catalpa
  ovata 298

speciosa ·······300
Cedrela
　sinensis ·······188
Celastraceae ·······199
Celastrus
　orbiculatus ·······199
Celtis
　jessoensis ·······98
　sinensis
　　var. japonica ·······97
Cercidiphyllaceae ·······107
Cercidiphyllum
　japonicum ·······107
Chaerospondias
　axillaris ·······196
Chosenia
　arbutifolia ·······41
Cladrastis
　sikokiana ·······176
Clerodendron
　trichotomum ·······294
　　var. yakusimense ·······295
Clethraceae ·······264
Clethra
　barbinervis ·······264
Cornaceae ·······260
Cornus
　controversa ·······260
　officinalis ·······262
Corylopsis
　spicata ·······136
Corylus
　avellana ·······72
　heterophylla
　　var. thunbergii ·······70
　sieboldiana ·······71
Crataegus
　chlorosarca ·······160

D

Deutzia
　crenata ·······132
Diospyros
　kaki ·······275
　lotus ·······277
Disanthus
　cercidifolius ·······135

E

Ebenaceae ·······275
Elaeagnaceae ·······245
Elaeagnus
　multiflora
　　var. hortensis ·······246
　umbellata ·······245
Enkianthus
　perulatus ·······271
　campanulatus ·······272
Ericaceae ·······266
Euonymus
　alatus ·······201
　　forma striatus ·······203
　oxyphyllus ·······205
　sieboldianus ·······204
Euphorbiaceae ·······189
Eupteleaceae ·······106
Euptelea
　polyandra ·······106
Evodiopanax
　innovans ·······258

F

Fagaceae ·······83
Fagus
　crenata ·······83
　japonica ·······85
Ficus
　carica
　　var. johannis ·······105
　erecta ·······104
Firmiana
　platanifolia ·······237
Flacourtiaceae ·······243
Forsythia
　koreana ·······286
　suspensa ·······285
Fraxinus
　japonica ·······290
　lanuginosa ·······291
　mandshurica
　　var. japonica ·······289
　sieboldiana ·······292

G

Gleditsia

japonica ·····172

H

Hamamelidaceae ·····133
Hamamelis
  japonica ·····133
Helwingia
  japonica ·····262
Hippocastanaceae ·····223
Hovenia
  dulcis ·····229
Hugeria
  japonica ·····274
Hydrangea
  macrophylla
    var. *macrophylla*
      forma *otaksa* ·····131
    paniculata ·····130
    petiolaris ·····128

I

Idesia
  polycarpa ·····243
Ilex
  macropoda ·····198
  serrata ·····197

J

Juglandaceae ·····56
Juglans
  ailanthifolia ·····59
  nigra ·····61
  regia
    var. *orientis* ·····61

K

Kalopanax
  pictus ·····259
Kerria
  japonica ·····144

L

Lagerstroemia
  indica ·····247
Lauraceae ·····120
Leguminosae ·····170
Ligustrum
  obtusifolium ·····284
Lindera

erythocarpa ·····122
obtusiloba ·····120
umbellata ·····123
  var. *membranacea* ·····124
Liquidambar
  formosana ·····137
Liriodendron
  tulipifera ·····117
Lonicera
  gracilipes
    var. *glabra* ·····312
Lyonia
  elliptica ·····270
Lythraceae ·····247

M

Maackia
  amurensis
    var. *buergeri* ·····174
Magnoliaceae ·····111
Magnolia
  denudata ·····116
  kobus
    var. *borealis* ·····114
  liliflora ·····115
  obovata ·····111
  sieboldii ·····113
Malus
  baccata
    var. *mandshurica* ·····162
  halliana ·····161
Meliaceae ·····188
Moraceae ·····101
Morus
  bombycis ·····101
Myricaceae ·····54
Myrica
  gale
    var. *tomentosa* ·····54

O

Oleaceae ·····284
Orixa
  japonica ·····182
Ostrya
  japonica ·····68

P

Parabenzoin

praecox ·····125
Parthenocissus
 tricuspidata ·····232
Paulownia
 tomentosa ·····296
Phellodendron
 amurense ·····183
Picrasma
 quassioides ·····185
Platanaceae·····138
Platanus
 occidentalis ·····138
Platycarya
 strobilacea ·····56
Poncirus
 trifoliata ·····184
Populus
 alba ·····39
 maximowiczii ·····37
 nigra ·····40
 sieboldii ·····38
Pourthiaea
 villosa·····165
Prunus
 apetala ·····152
 grayana ·····159
 nipponica
  var. kurilensis ·····153
 padus ·····159
 salicina ·····151
 sargentii ·····156
 subhirtella
  var. pendula
   forma ascendens·····154
 verecunda ·····157
 yedoensis ·····155
Pterocarya
 rhoifolia ·····58
Punicaceae·····248
Punica
 granatum ·····248
Pyrus
 pyrifolia
  var. culta ·····163

Q

Quercus
 acutissima ·····89

dentata·····88
 mongolica
  var. grosseserrata·····86
 serrata ·····87
 variabilis ·····90

R

Rhamnaceae ·····226
Rhamnella
 franguloides ·····227
Rhamnus
 japonica ·····227
Rhododendron
 japonicum ·····268
 schlippenbachii ·····269
 semibarbatum ·····267
Rhodotypos
 scandens·····143
Rhus
 ambigua·····190
 javanica·····195
 succedanea·····192
 sylvestris ·····193
 trichocarpa ·····194
Robinia
 pseudo-acacia ·····178
Rosaceae·····140
Rosa
 hirtula ·····149
Rubus
 crataegifolius·····145
 palmatus
  var. coptophyllus ·····145
 parvifolius ·····148
Rutaceae·····180

S

Salicaceae ·····36
Salix
 bakko·····46
 gracilistyla ·····49
 hultenii
  var. angustifolia·····47
 integra ·····45
 koriyanagi ·····45
 miyabeana ·····53
 pet-susu ·····50
 aschalinensis·····52

subfragilis ·····51
vulpina ·····48
Sambucus
　sieboldiana
　　var. *miquelii* ·····302
Sapium
　japonicum ·····189
Saxifragaceae ·····126
Schisandra
　chinensis ·····119
　nigra ·····118
Schizophragma
　hydrangeoides ·····126
Scrophulariaceae ·····296
Simaroubaceae ·····185
Sophora
　japonica ·····173
Sorbaria
　sorbifolia
　　var. *stellipila* ·····142
Sorbus
　alnifolia ·····168
　commixta ·····166
Stachyuraceae ·····244
Stachyurus
　praecox ·····244
Staphyleaceae ·····206
Staphylea
　bumalda ·····206
Stephanandra
　incisa ·····140
Sterculiaceae ·····237
Stewartia
　pseudo-camellia ·····242
Styracaceae ·····280
Styrax
　japonica ·····280
　obassia ·····282
　shiraiana ·····283
Symplocaceae ·····278
Symplocos
　chinensis
　　var. *leucocarpa*
　　　forma *pilosa* ·····278
Syringa
　reticulata ·····287
　vulgaris ·····288

T

Theaceae ·····242
Tiliaceae ·····233
Tilia
　japonica ·····233
　maximowicziana ·····235
　miqueliana ·····236
Toisusu
　urbaniana ·····42

U

Ulmaceae ·····92
Ulmus
　davidiana
　　var. *japonica* ·····92
　　　forma *suberosa* ·····94
　laciniata ·····94
　parvifolia ·····96
　pumila ·····96

V

Vaccinium
　oldhami ·····273
Verbenaceae ·····293
Viburnum
　dilatatum ·····308
　furcatum ·····306
　opulus
　　var. *calvescens* ·····304
　　phlebotrichum ·····309
　plicatum
　　var. *tomentosum* ·····307
　sieboldi ·····311
　wrightii ·····310
Vitaceae ·····230
Vitis
　coignetiae ·····230

W, Z

Weigela
　hortensis ·····313
Wisteria
　floribunda ·····177
Zanthoxylum
　ailanthoides ·····181
　piperitum ·····180
Zelkova
　serrata ·····99

用 語 索 引（1. 総論のみ）

あ行

赤 枝 …………………………2
秋伸び …………………………8
亜対生 …………………………11
亜輪生 …………………………12
維管束痕 ………………………23
異形葉の ………………………9
一年生枝 ………………………2
一年生幹 ………………………3
隠 芽 …………………………6
腋 芽 …………………………7
枝 ……………………………2
越冬芽 …………………………4
縁 毛 …………………………16
大 枝 …………………………2

か行

開 出 …………………………14
開 舒 …………………………32
開 度 …………………………14
開 葉 ………………………21,32
外 皮 …………………………21
海綿状髄 ………………………21
花 芽 …………………………5
花軸痕 …………………………29
果軸痕 …………………………29
花柄痕 …………………………28
果柄痕 …………………………28
仮頂芽 …………………………7
仮頂芽型の ……………………7
芽 鱗 …………………………18
芽鱗痕 …………………………18
芽鱗数 …………………………20
芽鱗の重なり …………………19
芽鱗の起源 ……………………19
気 根 …………………………28
吸 盤 …………………………28
休眠芽 …………………………4
偽輪生 …………………………12
均質髄 …………………………21
茎 針 …………………………26
形成層 …………………………21
原生組織の軸 …………………18

剛毛針 …………………………28
小 枝 …………………………2
互 生 …………………………12
コルク質の翼 …………………30
混 芽 …………………………5

さ行

三輪生 …………………………11
枝 痕 …………………………7
刺 針 …………………………26
刺状突起 ………………………27
主 芽 …………………………11
樹 形 …………………………2
樹 脂 …………………………21
樹皮の離脱 ……………………30
十字対生 ………………………11
充実髄 …………………………21
小 枝 …………………………2
シレプティック枝 ……………8
新 条 …………………………2
新条の伸長 ……………………33
新条の伸長パターン …………9
髄 ……………………………21
髄の形 …………………………22
髄の構造 ………………………21
するどくとがる ………………15
Stipular scales ………………18
節 ……………………………3
節 間 …………………………3
接合状の ………………………21
潜伏芽 …………………………6
叢 生 …………………………12
側 芽 …………………………7
側上芽 …………………………10
粗造な …………………………28

た行

対 生 …………………………11
托 葉 …………………………30
托葉痕 …………………………23
托葉針 …………………………26
托葉鱗片 ………………………18
短 枝 …………………………3
短枝化した小枝 ………………4

中空髄	22
長 枝	3
頂 芽	6
頂芽型の	7
頂芽タイプ	9,10
頂生側芽	7
頂生枝	3
つぼみ	5
抵抗芽	4
展 葉	33
冬 芽	4
冬芽の形	4
冬芽のつき方	6
当年生枝	2
とがる	16
と げ	26
土用芽	8
鈍端の	16

な行

内 皮	21
二次伸長	8
二次伸長枝	8
二次側生枝	8
二次頂生枝	8
二次頂生側枝	8
二列互生	12
根萌芽幹	6
年 輪	21

は行

薄膜髄	21
裸 芽	18
花 芽	5
尾状花序	18
皮 目	28
皮目の形	29
皮目の構造	29
副 芽	10
覆瓦状の	19
伏 生	14
ふつう葉	33
不定芽	6
冬 芽	4
プロレプティック枝	8
Predetermined	9
平滑度	30
平滑な	30

平行芽	10
偏平な	15
Heterophyllous	9
萌芽幹	6

ま行

巻きひげ	28
幹	2
幹頂芽	6
無柄芽	15
無皮目の	28
無毛の	16
芽 木	32
芽ぐむ	32
芽立つ	32
芽吹く	32
木質部	21

や行

有室髄	21
有皮目の	28
有柄芽	15
有毛度	16
有毛の	16
有鱗芽	18
葉 芽	5
葉 痕	23
葉痕の形	24
葉 序	11
葉 針	26
葉身鱗片	18
葉柄内芽	24
よじのぼり器官	28
予備芽	11
弱い枝	3

ら行

裸 芽	18
落枝痕	29
らせん生	13
ラマス枝	8
離 層	23
緑 枝	3
輪 生	12
鱗 片	18
Leafy scales	18
ろう	21
ロングバッド	6

扉版画　著者

扉——シンジュ
1——ホオノキ
2——キハダ
3——オオカメノキ
検索図表——オニグルミ
索引——ミズナラ

Memorandum

Memorandum

[著者略歴]

斎藤 新一郎（さいとう しんいちろう）
1966年　北海道大学農学部林学科卒業
1970年　北海道大学大学院農学研究科林学専攻博士課程中退
　　　　北海道立林業試験場勤務
1995年　専修大学北海道短期大学勤務
2003年　環境林づくり研究所設立
専　門　林学，森林生態，環境緑化工学
　　　　農学博士

机上版 落葉広葉樹図譜 Winter Dendrology in Japan 2009年2月1日　初版1刷発行	著　者　斎藤新一郎 ©2009 発行者　南條光章 発行所　共立出版株式会社 　　　　〒112-8700 　　　　東京都文京区小日向4丁目6番19号 　　　　電話（03）3947-2511（代表） 　　　　振替口座 00110-2-57035番 　　　　URL http://www.kyoritsu-pub.co.jp/ 印　刷　藤原印刷 製　本　中條製本 　　　　　　　　　社団法人 　　　　　　NSPA　自然科学書協会 　　　　　　　　　会員
検印廃止 NDC 471.8 ISBN 978-4-320-05679-4	Printed in Japan

JCLS ＜(株)日本著作出版権管理システム委託出版物＞
本書の無断複写は著作権法上での例外を除き禁じられています．複写される場合は，そのつど事前に
(株)日本著作出版権管理システム（電話03-3817-5670，FAX 03-3815-8199）の許諾を得てください．

■生物科学関連書　　　　　　　　　http://www.kyoritsu-pub.co.jp/　共立出版

細胞工学入門……………………小田鈎一郎著	植物は形を変える……………………柴岡弘郎著
細胞バンク・遺伝子バンク　日本組織培養学会細胞バンク委員会編	ニッチ構築………………………………佐倉　統他訳
動物実験代替法マニュアル………大野忠夫編著	進化のダイナミクス………………竹内康博他監訳
免疫学概説　第8版………………大沢利昭他訳	ゲノム進化学入門……………………斎藤成也他著
脳と神経………………………………金子章道他編	生き物の進化ゲーム…………………酒井聡樹他著
生命の数理……………………………巌佐　庸著	進化論は計算しないとわからない……星野　力著
アレックス・スタディ………………渡辺　茂他訳	分子進化………………………………宮田　隆編
図説 動物実験の手技手法…………新井規矩雄監修	動物発生段階図譜……………………石原勝敏編著
湖と池の生物学………………………占部城太郎監訳	プラナリアの形態分化………………手代木　渉他編著
地球環境と生態系……………………武田博清他編	社会微生物学……………………………関　文威訳
ゼロからわかる生態学………………松田裕之著	細菌の栄養科学………………………石田昭夫他著
昆虫と菌類の関係……………………梶村　恒他訳	発酵ハンドブック……………………栃倉辰六郎他監修
個体群生態学入門……………………佐藤一憲他訳	きのこ学………………………………古川久彦編
葉の寿命の生態学……………………菊沢喜八郎著	よくわかる生物電子顕微鏡技術………臼倉治郎著
ヒトと森林……………………………只木良也他編	講義と実習生細胞蛍光イメージング……原口徳子他編
フィールド必携森林野生動物の調査　森林野生動物研究会編	ナノバイオロジー……………………竹安邦夫編
海と大地の恵みのエッセンス………宮澤啓輔監修	生命工学………………………………熊谷　泉他編
環境生態学序説………………………松田裕之著	栽培漁業と統計モデル分析…………北田修一著
乾燥地の自然と緑化…………………吉川　賢他編著	21世紀の食・環境・健康を考える……唐澤　豊編